Managementwissen für Studium und Praxis

Herausgegeben von
Professor Dr. Dietmar Dorn und
Professor Dr. Rainer Fischbach

Lieferbare Titel:

Arrenberg · Kiy · Knobloch · Lange, Vorkurs in Mathematik, 2. Auflage
Barth · Barth, Controlling
Behrens · Kirspel, Grundlagen der Volkswirtschaftslehre, 3. Auflage
Behrens · Hilligweg · Kirspel, Übungsbuch zur Volkswirtschaftslehre
Behrens, Makroökonomie – Wirtschaftspolitik, 2. Auflage
Blum, Grundzüge anwendungsorientierter Organisationslehre
Bontrup, Volkswirtschaftslehre, 2. Auflage
Bontrup, Lohn und Gewinn
Bontrup · Pulte, Handbuch Ausbildung
Bradtke, Mathematische Grundlagen für Ökonomen, 2. Auflage
Bradtke, Übungen und Klausuren in Mathematik für Ökonomen
Bradtke, Statistische Grundlagen für Ökonomen, 2. Auflage
Bradtke, Grundlagen im Operations Research für Ökonomen
Breitschuh, Versandhandelsmarketing
Busse, Betriebliche Finanzwirtschaft, 5. Auflage
Camphausen, Strategisches Management, 2. Auflage
Dinauer, Allfinanz – Grundzüge des Finanzdienstleistungsmarkts
Dorn · Fischbach, Volkswirtschaftslehre II, 4. Auflage
Dorsch, Abenteuer Wirtschaft · 75 Fallstudien mit Lösungen
Drees-Behrens · Kirspel · Schmidt · Schwanke, Aufgaben und Lösungen zur Finanzmathematik, Investition und Finanzierung
Drees-Behrens · Schmidt, Aufgaben und Fälle zur Kostenrechnung, 2. Auflage
Fiedler, Einführung in das Controlling, 2. Auflage
Fischbach · Wollenberg, Volkswirtschaftslehre I, 13. Auflage
Götze, Techniken des Business-Forecasting
Götze, Mathematik für Wirtschaftsinformatiker
Götze · Deutschmann · Link, Statistik
Gohout, Operations Research, 2. Auflage
Haas, Kosten, Investition, Finanzierung – Planung und Kontrolle, 3. Auflage
Haas, Marketing mit EXCEL, 2. Auflage
Haas, Access und Excel im Betrieb
Hans, Grundlagen der Kostenrechnung
Hardt, Kostenmanagement, 2. Auflage
Heine · Herr, Volkswirtschaftslehre, 3. Auflage
Hildebrand · Rebstock, Betriebswirtschaftliche Einführung in SAP® R/3®
Hoppen, Vertriebsmanagement
Koch, Marketing
Koch, Marktforschung, 4. Auflage
Koch, Betriebswirtschaftliches Kosten- und Leistungscontrolling in Krankenhaus und Pflege, 2. Auflage
Laser, Basiswissen Volkswirtschaftslehre
Martens, Statistische Datenanalyse mit SPSS für Windows, 2. Auflage
Martin · Bär, Grundzüge des Risikomanagements nach KonTraG
Mensch, Investition
Mensch, Finanz-Controlling, 2. Auflage
Mensch, Kosten-Controlling
Peto, Grundlagen der Makroökonomik, 13. Auflage
Piontek, Controlling, 3. Auflage
Piontek, Beschaffungscontrolling, 3. Aufl.
Plümer, Logistik und Produktion
Posluschny, Controlling für das Handwerk
Posluschny, Kostenrechnung für die Gastronomie, 2. Auflage
Rau, Planung, Statistik und Entscheidung – Betriebswirtschaftliche Instrumente für die Kommunalverwaltung
Reiter · Matthäus, Marktforschung und Datenanalyse mit EXCEL, 2. Auflage
Reiter · Matthäus, Marketing-Management mit EXCEL
Rothlauf, Total Quality Management in Theorie und Praxis, 2. Auflage
Rudolph, Tourismus-Betriebswirtschaftslehre, 2. Auflage
Rüth, Kostenrechnung, Band I, 2. Auflage
Sauerbier, Statistik für Wirtschaftswissenschaftler, 2. Auflage
Scharnbacher · Kiefer, Kundenzufriedenheit, 3. Auflage
Schuster, Kommunale Kosten- und Leistungsrechnung, 2. Auflage
Schuster, Doppelte Buchführung für Städte, Kreise und Gemeinden, 2. Auflage
Stahl, Internationaler Einsatz von Führungskräften
Stender-Monhemius, Marketing – Grundlagen mit Fallstudien
Strunz · Dorsch, Management
Strunz · Dorsch, Internationale Märkte
Weeber, Internationale Wirtschaft
Wilde, Plan- und Prozesskostenrechnung
Wilhelm, Prozessorganisation, 2. Auflage
Wörner, Handels- und Steuerbilanz nach neuem Recht, 8. Auflage
Zwerenz, Statistik, 3. Auflage
Zwerenz, Statistik verstehen mit Excel – Buch mit CD-ROM

Prozessorganisation

von
Professor
Dr. Rudolf Wilhelm

2., überarbeitete und ergänzte Auflage

R. Oldenbourg Verlag München Wien

Bibliografische Information der Deutschen Nationalbibliothek

Die Deutsche Nationalbibliothek verzeichnet diese Publikation in der Deutschen Nationalbibliografie; detaillierte bibliografische Daten sind im Internet über <http://dnb.d-nb.de> abrufbar.

© 2007 Oldenbourg Wissenschaftsverlag GmbH
Rosenheimer Straße 145, D-81671 München
Telefon: (089) 45051-0
oldenbourg.de

Das Werk einschließlich aller Abbildungen ist urheberrechtlich geschützt. Jede Verwertung außerhalb der Grenzen des Urheberrechtsgesetzes ist ohne Zustimmung des Verlages unzulässig und strafbar. Das gilt insbesondere für Vervielfältigungen, Übersetzungen, Mikroverfilmungen und die Einspeicherung und Bearbeitung in elektronischen Systemen.

Lektorat: Wirtschafts- und Sozialwissenschaften, wiso@oldenbourg.de
Herstellung: Anna Grosser
Satz: DTP-Vorlagen des Autors
Coverentwurf: Kochan & Partner, München
Cover-Illustration: Hyde & Hyde, München
Gedruckt auf säure- und chlorfreiem Papier
Gesamtherstellung: Druckhaus „Thomas Müntzer" GmbH, Bad Langensalza

ISBN 978-3-486-58302-1

Für Gülçin

Vorwort zur 2. Auflage

Ich habe mich über die positive Resonanz, die das Buch ‚Prozessorganisation' in der Hochschulausbildung und in der betrieblichen Praxis gefunden hat, sehr gefreut.

Für die Neuauflage wurde die Grundkonzeption des Buchs beibehalten. Alle Kapitel wurden überarbeitet und teilweise erheblich ergänzt.

Herr Dr. Bernd Weidmann hat wie schon bei der 1. Auflage das Skript komplett durchgesehen. Für seine sorgfältige Arbeit und Vorschläge zur Verbesserung des Textes bedanke ich mich sehr herzlich.

Herrn Dr. Jürgen Schechler vom Oldenbourg Verlag danke ich für die angenehme Zusammenarbeit bei der Vorbereitung der Neuauflage.

Vorwort zur 1. Auflage

Geschäftlich tätig zu sein bedeutet, Produkte und Dienstleistungen (oder beides zusammen) für den Kunden bereitzustellen. Diese Produkte und Dienstleistungen sind das Ergebnis vieler Prozesse, die im Unternehmen (und zuvor bei dessen Lieferanten) durchgeführt worden sind.

Typische betriebliche Prozesse sind z. B.
- die Bearbeitung von Angeboten,
- die Entwicklung neuer Produkte,
- der Einkauf von Materialien,
- die Fertigung und der Versand von Produkten oder
- die Durchführung von Dienstleistungen.

Jedes Unternehmen ist durch seine speziellen Prozesse geprägt, ganz gleich, ob es sich um eine Fabrik, ein Softwareunternehmen, ein Restaurant oder um eine Tankstelle handelt.

Anliegen der Prozessorganisation
Die Prozessorganisation befasst sich mit den betrieblichen Prozessen, die innerhalb des Unternehmens, zwischen dem Unternehmen und den Kunden sowie zwischen dem Unternehmen und den Lieferanten stattfinden. Ihr Ziel ist es, dafür zu sorgen, dass die Prozesse optimal durchgeführt und fortlaufend weiterentwickelt werden. Gut durchdachte und konsequent

durchgeführte Prozesse sind eine wichtige Voraussetzung für den wirtschaftlichen Erfolg des Unternehmens.

Die meisten Betriebe haben sich bislang wenig mit ihren Prozessen befasst. Die Auseinandersetzung mit organisatorischen Fragen konzentriert sich in der Regel auf die Aufbauorganisation – welche Abteilungen es geben soll, wer welche Weisungsbefugnisse bekommt, wie die Leitungspositionen besetzt werden usw. –, während die Prozesse sich selbst überlassen werden. Aufgrund dessen sind die Prozesse häufig unstrukturiert, oft unlogisch bzw. umständlich aufgebaut und ergeben wegen mangelnder Abstimmung zwischen den Abteilungen häufig kein sinnvolles Ganzes. Dies führt dazu, dass die Prozesse länger dauern, als sie müssten, fehleranfällig sind und unnötig hohe Kosten verursachen.

In den vergangenen Jahren hat sich jedoch in der betrieblichen Praxis zunehmend die Erkenntnis durchgesetzt, dass die bisherige Vernachlässigung der Prozesse falsch gewesen ist. Angesichts eines wirtschaftlichen Umfeldes, in dem der Kunde zwischen vielen Anbietern wählen kann und die Unternehmen unter einem enormen Konkurrenz- und Kostendruck stehen, kann es sich kaum ein Betrieb noch leisten, seine Prozesse nicht im Griff zu haben. Aufgrund dessen hat die Beschäftigung mit den Prozessen in vielen Unternehmen mittlerweile einen hohen Stellenwert.

Die Prozessorganisation liefert Methoden und Erkenntnisse, die für die Auseinandersetzung mit den Prozessen nützlich sind. Im Einzelnen unterstützt die Prozessorganisation die Unternehmen dabei,

- ihre wesentlichen Prozesse zu erkennen,
- die Prozesse mit geeigneten Mitteln darzustellen,
- die Prozesse so festzulegen, dass die gewünschten Prozessergebnisse sicher, schnell und kostengünstig erreicht werden, und
- die Prozesse zu bewerten, um so Schwachstellen und Verbesserungsmöglichkeiten zu erkennen.

Inhalte des Lehrbuchs

Im ersten Drittel des Lehrbuchs werden die theoretischen und v. a. methodischen Grundlagen der Prozessorganisation erläutert. In Teil I wird behandelt,

- auf welche betrieblichen Problemstellungen sich die Prozessorganisation bezieht,
- wie betriebliche Prozesse mit verschiedenen Darstellungsmitteln veranschaulicht werden können und
- wie bei der Beurteilung und Weiterentwicklung der Prozesse vorzugehen ist.

Im Mittelpunkt des zweiten und dritten Drittels des Buches stehen die sogenannten Kernprozesse des Unternehmens. Diese führen dazu, dass dem Kunden Produkte und Dienstleistungen zur Verfügung gestellt werden. Grundlage der Beschreibungen ist die in Teil II vorgestellte Übersicht, aus der hervorgeht, welche Prozesse in Unternehmen ‚normalerweise' gegeben sind.

In den anschließenden Teilen III bis IX werden die in dieser Übersicht aufgeführten Prozesse jeweils unter den Aspekten dargestellt,

- welche Ergebnisse diese Prozesse liefern müssen und

Vorwort zur 1. Auflage

- in welchen Schritten die Prozesse ausgeführt werden können, um die Ergebnisse auf eine günstige Weise zu erreichen

Die in dem Lehrbuch behandelten Prozesse sind durchgängig in Flussdiagrammen dargestellt. In der Praxis werden neben Flussdiagrammen häufig auch Ereignisgesteuerte Prozessketten verwendet. Dieses Darstellungsmittel wird in Teil X behandelt, um auf diese Weise die Methoden der Prozessorganisation weiter zu vertiefen.

Nutzen für den Leser
Das Buch richtet sich an Studenten und Dozenten der Betriebswirtschaftslehre, insbesondere mit dem Schwerpunkt Organisation, sowie des Wirtschaftsingenieurwesens und der Wirtschaftsinformatik. Es ist weiterhin interessant für Praktiker in Produktions- und Dienstleistungsunternehmen, die sich mit der Gestaltung und Optimierung betrieblicher Prozesse befassen.

Wer das Buch gelesen hat, sollte über das notwendige methodische Wissen verfügen, um in einem Betrieb die wesentlichen Prozesse erkennen und analysieren zu können.

Darüber hinaus werden in dem Buch Vorgehensweisen vermittelt, wie in der betrieblichen Praxis Prozesse kontinuierlich überprüft und verbessert werden können.

Von den in dem Lehrbuch vorgestellten Prozessabläufen profitiert der Leser insofern, als sie ihm die Darstellung der Prozesse in seinem Betrieb erleichtern. Einige Prozessverläufe können vom Leser direkt übernommen werden, da sie in allen Unternehmen im Wesentlichen gleich sind. Für andere Prozesse, die branchen- und unternehmensabhängig unterschiedlich sind, werden typische Varianten bzw. Musterlösungen präsentiert, die der Leser im Hinblick auf sein Unternehmen anpassen bzw. ergänzen kann.

Das Lehrbuch sollte weiterhin den Blick dafür schärfen, mit welchen typischen Schwierigkeiten bei den verschiedenen betrieblichen Prozessen zu rechnen ist. Es wird dargestellt, welche Ursachen diesen Problemen zugrunde liegen und mit welchen Lösungsmöglichkeiten ihnen begegnet werden kann.

Danksagung
Ich bin seit 1998 Professor für Qualitätsmanagement an der Hochschule Merseburg (FH), Fachbereich Wirtschaftswissenschaften. Das Buch ist aus mehreren Lehrveranstaltungen entstanden, die ich innerhalb der Studiengänge Betriebswirtschaftslehre und Wirtschaftsingenieurwesen durchführe.

Ich möchte mich bei den Studenten bedanken, die mir in den letzten Jahren durch ihre Diskussionsbeiträge in den Lehrveranstaltungen und durch Seminararbeiten das notwendige Feedback gaben.

Prof. Dr. Wolfgang Söhnchen hat mich auf die Idee gebracht, das Buch zu schreiben. Prof. Dr. Justus Engelfried hat die Entstehung des Buchs mit nützlichen Hinweisen und viel Sympathie begleitet. Prof. Dr. Klaus von Sicherer hat mir vorgeschlagen, das Buch im Oldenbourg Verlag zu veröffentlichen, und den Kontakt hergestellt. Herzlichen Dank dafür!

Bei dem Rektor der Hochschule Merseburg (FH), Prof. Dr. habil. Heinz W. Zwanziger, und den beiden Prorektoren, Prof. Dr. Jörg Kirbs und Prof. Dr. Maria Nühlen, bedanke ich mich dafür, dass mir die Möglichkeit gegeben wurde, die Arbeit an dem Buch im Wintersemester 2002/03 im Rahmen eines Forschungssemesters abzuschließen.

Herrn Bernd Weidmann danke ich für die äußerst sorgfältige Durchsicht des Skripts und für viele stilistische Anregungen und Verbesserungsvorschläge.

Frau Peggy Henning hat das Layout des Lehrbuchs gestaltet und das Skript in die Endfassung gebracht. Für ihre sehr gute Arbeit möchte ich mich ebenfalls herzlich bedanken.

Schließlich bedanke ich mich bei Herrn Martin Weigert vom Oldenbourg Verlag für die freundliche Betreuung bei der Erstellung des Lehrbuchs.

Inhaltsverzeichnis

I	**Grundlagen**	**1**
1	Die Aufgaben der Prozessorganisation	1
1.1	Einführung	1
1.2	Ein Beispiel: Prozess ‚Angebot bearbeiten' bei einem Gerätehersteller	6
1.3	Zum Verhältnis von Prozess- und Aufbauorganisation	10
1.4	Prozessorganisation als Teil der Unternehmensführung	21
2	Merkmale betrieblicher Prozesse	23
2.1	Folge der betrieblichen Prozesse	24
2.2	Kunde-Lieferant-Beziehungen innerhalb der Prozessfolge	24
2.3	Input-Output-Relation eines betrieblichen Prozesses	26
2.4	Prozessschritte innerhalb eines Prozesses	28
2.5	Steuerung der Prozessschritte durch Informationen	28
2.6	Exkurs: IT-Unterstützung betrieblicher Prozesse	31
3	Darstellungsmittel für Prozesse	34
3.1	Prozesslandkarten	34
3.2	Flussdiagramme	44
4	Die Praxis der Prozessorganisation	58
4.1	Prozesse standardisieren	58
4.2	Prozesse überwachen	72
4.3	Prozesse messen	77
4.4	Prozesse verbessern und erneuern	83
II	**Übersicht der in diesem Buch dargestellten Prozesse**	**91**
5	Entwicklung einer Systematik für die Teile III bis IX	91
III	**Prozesse zur Festlegung der angebotenen Produkte und Dienstleistungen**	**97**
6	Prozess ‚neue Produkte und Dienstleistungen planen'	97
IV	**Kundenbezogene Prozesse I**	**107**
7	Prozess ‚Kundenbestellung annehmen'	108
8	Prozess ‚Angebot bearbeiten'	112

V	**Prozesse zur Herstellung von Produkten**	**123**
9	Prozess ‚neues Produkt entwickeln'..	125
10	Prozess ‚Fertigung vorbereiten'	132
11	Prozess ‚Fertigung planen und steuern'...	136
12	Prozess ‚Produkte liefern'..	143
VI	**Prozesse zur Erbringung von Dienstleistungen**	**149**
13	Prozess ‚neue Dienstleistung konzipieren'	152
14	Prozess ‚Dienstleistung durchführen'..	164
VII	**Prozesse zur Durchführung von Projekten**	**175**
15	Prozess ‚Projekt planen und überwachen'...	175
VIII	**LIEFERANTENBEZOGENE PROZESSE**	**185**
16	Prozess ‚Lieferant auf Basis eines Angebots beauftragen'................................	186
17	Prozess ‚beim Lieferanten bestellen'	190
18	Prozess ‚Wareneingangsprüfung durchführen'..	194
19	Ausgelagerte Prozesse (Outsourcing)	196
IX	**Kundenbezogene Prozesse II**	**201**
20	Prozess ‚Kundenbeschwerde bearbeiten'...	201
X	**Vertiefung zur Darstellung betrieblicher Prozesse**	**207**
21	Ereignisgesteuerte Prozessketten (EPK)..	207
21.1	Elemente von Ereignisgesteuerten Prozessketten (EPK)...................................	208
21.2	Elemente von erweiterten Ereignisgesteuerten Prozessketten (eEPK)................	215
21.3	Verknüpfung von Ereignissen und Funktionen	219
21.4	Vor- und Nachteile von EPK gegenüber Flussdiagrammen	226
XI	**Ausblick**	**231**
XII	**Lösungen zu den Kontrollfragen**	**233**
XIII	**Literaturverzeichnis**	**255**
XIV	**Stichwortverzeichnis**	**263**

I   Grundlagen

1   Die Aufgaben der Prozessorganisation

1.1   Einführung

Was ist ein betrieblicher Prozess?

Ein betrieblicher Prozess (synonym ‚Geschäftsprozess', englisch ‚Business Process') besteht aus mehreren Schritten (Tätigkeiten), die in einer bestimmten Reihenfolge durchzuführen sind und durch die gewünschte Ergebnisse erreicht werden. Er führt dazu oder trägt dazu bei, dass das Unternehmen seinen Kunden Produkte und/oder Dienstleistungen anbieten kann.

Kennzeichnend für einen betrieblichen Prozess ist eine Input-Output-Beziehung. Der Prozess wird durch ein Ereignis oder eine Situation ausgelöst (Input). In dem Prozess werden diese Vorgaben in Ergebnisse umgewandelt (Output) (DIN ISO 9000 2005, S. 8).

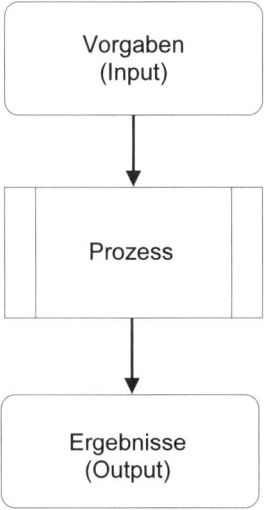

Abb. 1-1:   Grundstruktur eines betrieblichen Prozesses

Einige Prozesse haben Ergebnisse, die der (externe, zahlende) Kunde direkt erhält, wie etwa Angebote oder hergestellte Produkte. Andere Prozesse führen zu Resultaten, die für den externen Kunden zwar nicht sichtbar sind, die aber nötig sind, um ihm aufgrund weiterer Prozesse gewünschte Leistungen zur Verfügung stellen zu können.

Beispiel: Der Prozess ‚Angebot bearbeiten' wird durch die Anfrage eines Kunden ausgelöst. Dieser möchte z. B. wissen, ob das Unternehmen bestimmte Produkte herstellen kann und wie viel dies kosten würde. Um das Angebot zu erstellen, müssen im Unternehmen verschiedene Prozessschritte durchgeführt werden. Der Prozess ist abgeschlossen, wenn das Angebot für den Kunden fertiggestellt ist und dieser auf dessen Grundlage entscheiden kann, ob er dem Unternehmen den Auftrag gibt.

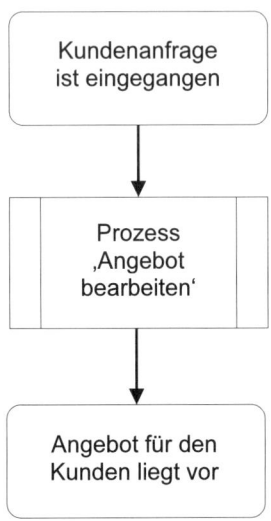

Abb.1-2:   Input-Output-Beziehung bei dem Prozess ‚Angebot bearbeiten'

An der Ausführung der Prozesse sind in der Regel mehrere betriebliche Organisationseinheiten beteiligt. Lediglich wenige Prozesse spielen sich ausschließlich innerhalb einer Abteilung ab. In der Regel werden die Schritte, aus denen die Prozesse bestehen, von verschiedenen Unternehmensbereichen ausgeführt. Diese müssen insofern gut zusammenarbeiten, um die gewünschten Ergebnisse zu erreichen. In dem Prozess ‚Angebot bearbeiten' nimmt z. B. die Vertriebsabteilung die Kalkulation vor, die Entwicklungs- und die Fertigungsabteilung beurteilen die technische Machbarkeit, der Einkauf beschäftigt sich mit den zu beschaffenden Materialien. Die Prozesse lassen sich insofern nicht den betrieblichen Funktionsbereichen zuordnen, sondern sie bestehen aus Prozessschritten, die auf mehrere Abteilungen verteilt sind.

Was soll Prozessorganisation leisten?
Die Aufgaben der Prozessorganisation[1] bestehen darin, dafür zu sorgen,
(1) dass die betrieblichen Prozesse so festgelegt werden, dass mit ihnen die gewünschten Ergebnisse erreicht werden können und die Prozesse auf optimale Weise durchgeführt werden, und

---

[1] In der Literatur werden anstelle von ‚Prozessorganisation' auch die Bezeichnungen ‚Prozessmanagement' (z. B. Becker 2005; Feldmayer/Seidenschwarz 2005; Osterloh/Frost 2006) oder ‚Geschäftsprozessmanagement' (z. B. Allweyer 2005; Schmelzer/Sesselmann 2006; Schwab 2006; Rosenkranz 2006) verwendet. Inhaltliche Unterschiede zwischen den drei Begriffen sind nicht zu erkennen. In diesem Lehrbuch wird ausschließlich der Begriff ‚Prozessorganisation' verwendet.

1 Die Aufgaben der Prozessorganisation

(2) dass die Prozesse darüber hinaus ständig verbessert bzw. erneuert werden, um auf ihre Weise die Leistungsfähigkeit fortlaufend zu erhöhen.

(1) Festlegung der betrieblichen Prozesse
Typische Problemstellungen, mit denen sich die Prozessorganisation in diesem Zusammenhang beschäftigt, sind:

- Welche Prozesse muss ein Unternehmen überhaupt haben, um die von ihm angebotenen Produkte herstellen bzw. seine Dienstleistungen durchführen zu können?
- Zu welchen Ergebnissen sollen die Prozesse führen?
- Welche Schritte müssen in welcher Reihenfolge stattfinden, sodass gesichert ist, dass die angestrebten Ergebnisse auf möglichst günstigem Wege erreicht werden?
- Welche Organisationseinheiten sollen für die Ausführung der Prozessschritte verantwortlich sein?

Wichtig für die Festlegung der Prozesse ist v. a., dass die Vorgänge zwischen den Abteilungen gut geregelt werden. Da an den betrieblichen Prozessen in der Regel mehrere Unternehmensbereiche beteiligt sind, kommt es insbesondere darauf an, sicherzustellen, dass die von verschiedenen Abteilungen vollzogenen Prozessschritte richtig aufeinander abgestimmt sind und diese gut zusammenspielen. Insofern kann man sagen, dass sich Prozessorganisation mit „dem weißen Platz zwischen den Kästen des Organigramms" beschäftigt (Hunt 1996, S. 3).

Die Festlegung der (abteilungsübergreifenden) Prozesse führt dazu, dass die vorgesehenen Prozessergebnisse sicher, schnell und kostengünstig erreicht werden. Die gewünschten Ergebnisse sollen gewissermaßen automatisch aufgrund einer guten Organisation sichergestellt werden – und nicht davon abhängen, dass sich die Beteiligten überdurchschnittlich engagieren oder glückliche Umstände Organisationsmängel kompensieren.

(2) Verbesserung bzw. Erneuerung der betrieblichen Prozesse
Kein Unternehmen kann es sich leisten, sich mit der erreichten Leistungsfähigkeit seiner Prozesse zufriedenzugeben. Stattdessen müssen aufgrund des Wettbewerbsdrucks immer wieder Möglichkeiten gefunden werden, die Produkte und Dienstleistungen in gesteigerter Qualität, schneller und kostengünstiger erstellen zu können. Insofern besteht der zweite Aufgabenbereich der Prozessorganisation darin, eine ständige Verbesserung der betrieblichen Prozesse zu gewährleisten.

Die mit diesem Aufgabenbereich verbundenen Fragen sind,
- wie die Prozesse im Hinblick auf ihre gegebene Leistungsfähigkeit zu beurteilen sind,
- sodass die Prozesse verbessert bzw. erneuert werden können und sie dadurch immer leistungsfähiger werden.

Warum soll man sich mit den betrieblichen Prozessen beschäftigen?
Die Prozesse im Unternehmen vollziehen sich, gleichgültig ob man sich ihrer bewusst ist oder nicht. Insofern besteht die Wahl, die Prozesse entweder sich selbst zu überlassen und zu hoffen, dass sie zu den gewünschten Ergebnissen führen, oder sie zu analysieren, zu verstehen, was bei ihnen passiert, und sie kontinuierlich weiterzuentwickeln.

Wenn sich ein Betrieb dazu entschieden hat, sich systematisch mit seinen Prozessen zu befassen, profitieren die Eigentümer des Unternehmens, seine Kunden, die Lieferanten, die Führungskräfte und die Mitarbeiter davon.

(1) *Gut organisierte Prozesse sind eine Voraussetzung für die Rentabilität des Unternehmens.*

Der Gewinn eines Unternehmens ist bekanntlich die Differenz von Umsatz und Kosten. Gut organisierte Prozesse beeinflussen sowohl den Umsatz als auch die Kosten.

Wenn die Prozesse eines Unternehmens klar definiert sind und sie zuverlässig ausgeführt werden, besteht die Möglichkeit, dass die Kunden die guten Leistungen mit wiederholten und verstärkten Käufen honorieren – was zu einer Erhöhung des Umsatzes führt.

Der Einfluss auf die Kosten ergibt sich daraus, dass ein gut organisiertes Unternehmen für die Erstellung seiner Leistungen nur so viel ausgeben muss, wie dafür wirklich notwendig ist. Darüber hinausgehende Kosten, die durch schlechte Prozessleistungen verursacht werden und die z. B. infolge der Vergeudung von Material oder für die Fehlerbeseitigung entstehen, entfallen in dem Maße, in dem es dem Unternehmen gelingt, seine Prozesse stabil und sicher durchzuführen.

(2) *Gut organisierte Prozesse bewirken, dass die Kunden mit den Leistungen des Unternehmens zufrieden sind.*

Wenn das Unternehmen seine Prozesse im Griff hat, machen die Kunden die Erfahrung, dass der Betrieb in der Lage ist, ihre Anforderungen dauerhaft und mit großer Verlässlichkeit zu erfüllen. Damit ist eine wichtige Voraussetzung dafür gegeben, dass eine längerfristige Kundenbindung an das Unternehmen entstehen kann (s. o.).

Falls die Prozesse des Unternehmens hingegen unzureichend sind, wird es immer wieder dazu kommen, dass sich die Kunden über fehlerhafte oder falsche Produkte, über Pannen und Verzögerungen ärgern – bis sie irgendwann genug haben und zu einem Wettbewerber wechseln.

(3) *Gut organisierte Prozesse liegen im Interesse des Lieferanten, da dieser dann mit einem zuverlässigen Partner zusammenarbeiten kann.*

Der Lieferant stellt für das Unternehmen benötigte Materialien bereit bzw. führt Dienstleistungen durch. Bei gut organisierten Unternehmen kann sich der Lieferant auf die vom Unternehmen gemachten Aussagen verlassen. Bei einer schlechten Organisation wird er hingegen immer wieder die Erfahrung machen müssen, dass in dem Betrieb ‚die linke Hand nicht weiß, was die rechte tut' und deshalb erteilte Aufträge immer wieder verändert oder storniert werden.

Wenn der Lieferant aus den fortgesetzt schlechten Erfahrungen mit dem Unternehmen seine Konsequenzen zieht und die Geschäftsbeziehung aufkündigt, kann dies für den Betrieb zumindest bei nicht standardisierten Produkten und Dienstleistungen zu großen Problemen führen.

(4) *Gut organisierte Prozesse sind wichtig dafür, dass sich die Führungskräfte ihren eigentlichen Aufgaben widmen können.*

Wenn die betrieblichen Prozesse ‚von alleine laufen', haben die Führungskräfte die Freiräume, die sie brauchen, um über strategische Fragen wie z. B. die künftige grundsätzliche Ausrichtung des Unternehmens nachzudenken.

1 Die Aufgaben der Prozessorganisation

In vielen Betrieben sind die Führungskräfte jedoch so mit Arbeit eingedeckt, dass ihnen für die Beschäftigung mit konzeptionellen Fragen keine Zeit mehr bleibt. Dies liegt oft daran, dass sie sich aufgrund allgemeiner Verwirrung in den Betriebsabläufen immer wieder in das Alltagsgeschäft einschalten und Krisen bei der Abwicklung von Aufträgen bewältigen müssen.

(5) *Gut organisierte Prozesse liegen schließlich auch im Interesse der Mitarbeiter, da sich dadurch ihre Arbeitssituation verbessert.*

In vielen schlecht organisierten Unternehmen kann man immer wieder eine interessante Beobachtung machen: Trotz verhältnismäßig chaotischer Abläufe werden die Kunden nur selten enttäuscht. Größere Katastrophen können meistens vermieden werden. Der Grund dafür ist, dass die Mitarbeiter durch Improvisation, Feuerwehraktionen und zusätzliche Arbeit die bestehenden Mängel kompensieren und dadurch das Schlimmste abwenden.

Allerdings bezahlen die Mitarbeiter (und damit letztlich auch das Unternehmen) hierfür einen hohen Preis: Der betriebliche Alltag ist durch starke Hektik gekennzeichnet. Die Arbeitsbelastung ist enorm, da alle ständig unter der Anspannung stehen, drohende Katastrophen abwenden zu müssen. Oft fühlen sich die Beteiligten an ein Irrenhaus erinnert. Das Betriebsklima ist schlecht, weil es ständig Streit darüber gibt, wer daran Schuld ist, dass ‚schon wieder' etwas schiefgegangen ist.

Wenn die betrieblichen Prozesse hingegen klar strukturiert sind, vergrößert sich die Handlungssicherheit der Mitarbeiter und sie werden nicht durch die schlechte Organisation immer wieder zu neuen Heldentaten gezwungen. Letztlich profitieren hiervon nicht nur die Mitarbeiter durch bessere Arbeitsbedingungen, sondern auch das Unternehmen, weil es bessere Möglichkeiten hat, seine Mitarbeiter langfristig zu halten.

Wegen dieser (und anderer) Argumente hat in den vergangenen Jahren das Thema betriebliche Prozesse in vielen Unternehmen an Bedeutung gewonnen. Dennoch sind viele Betriebe von einer systematischen Auseinandersetzung mit ihren Prozessen noch weit entfernt. Prozessorganisation ist in der betrieblichen Praxis nach wie vor ein noch weitgehend neues und ungewohntes Thema. Wenn sich Betriebe mit ihrer Organisation beschäftigen, geht es nach wie vor in aller Regel um Fragen der Aufbauorganisation, z. B. darum, wer Abteilungsleiter wird, welche Aufgaben welchen Abteilungen zugeordnet werden sollen, wer wem Weisungen erteilen darf usw. Demgegenüber findet eine Beschäftigung mit den Prozessen eher selten statt.

Aufgrund des bisher eher geringen Stellenwerts des Themas Prozessorganisation wird man in vielen Betrieben keine oder nur wenige Prozesse finden, die gut durchdacht sind und die systematisch weiterentwickelt werden. Stattdessen sind die Prozesse in den Betrieben häufig über Jahre und Jahrzehnte durch eine Mischung von Erfahrungen und Zufällen zustande gekommen. Die Führungskräfte und die Mitarbeiter sind sich dieser ‚historisch gewachsenen' Prozesse nur in geringem Maße bewusst, und es ist schon gar nicht so, dass sie in einer konsistenten und durchdachten Weise gemanagt werden.

Im nächsten Kapitel wird als Beispiel für einen solchen, auf irgendeine Art entstandenen Prozess die Angebotsbearbeitung in einem Maschinenbauunternehmen geschildert.

1.2 Ein Beispiel: Prozess ‚Angebot bearbeiten' bei einem Gerätehersteller

Das Unternehmen, in dem sich der Beispielprozess abspielt, ist ein Maschinenbauunternehmen, das Geräte im Kundenauftrag entwickelt und fertigt. In diesem Unternehmen soll festgestellt werden, wie der Prozess der Bearbeitung von Angeboten für den Kunden gegenwärtig verläuft und welche (zu überwindenden) Schwachstellen gegeben sind. Um dies herauszufinden, wird ein zufällig ausgewählter Angebotsvorgang exemplarisch nachvollzogen.

An dem untersuchten Beispielprozess sind folgende Personen beteiligt (in der Reihenfolge ihres Auftretens):

Herr Walter	*Kunde*
Frau Reimann	*Sekretärin*
Herr Schneider	*Geschäftsführer*
Herr Köster	*Vertriebsleiter*
Frau Sperling	*Entwicklungsleiterin*
Frau Francke	*Einkaufsleiterin*
Herr Meyer	*Fertigungsleiter*

Die Analyse des Beispielprozesses ergibt folgenden Ablauf der Ereignisse:

Der betreffende Vorgang wird dadurch ausgelöst, dass eine Anfrage von Herrn Walter, einem langjährigen Kunden des Unternehmens, eingeht. Die Anfrage betrifft ein Gerät, das entwickelt und anschließend gefertigt werden soll. Herr Walter möchte wissen, wie viel dies kosten würde und wann das Unternehmen liefern kann. Dazu will er ein Angebot haben.

Die Sekretärin, Frau Reimann, legt das Schreiben in die Mappe des Geschäftsführers, Herrn Schneider. Dieser liest den Brief von Herrn Walter und leitet ihn anschließend an den Vertriebsleiter, Herrn Köster, weiter. Herr Köster erkennt, dass für die Bearbeitung der Anfrage verschiedene technische Probleme zu klären sind. Deshalb fertigt er eine Kopie der Kundenanfrage an und übergibt diese der Leiterin der Entwicklung, Frau Sperling.

Dann passiert zunächst einmal nichts. Da Herr Köster sehr viele Kundenanfragen zu bearbeiten hat, fällt ihm erst zehn Tage später durch die Nachfrage von Herrn Walter auf, dass Frau Sperling noch nicht reagiert hat. Diese ist – wie sich herausstellt – ebenfalls wegen hoher Arbeitsbelastung noch nicht dazu gekommen, sich mit der Angelegenheit zu befassen.

Nach der Erinnerung macht sich Frau Sperling daran, die Anfrage von Herrn Walter hinsichtlich ihrer (entwicklungs)technischen Realisierbarkeit zu prüfen und anhand früherer ähnlicher Entwicklungsarbeiten die benötigte Zeit und den Aufwand abzuschätzen. Für eine endgültige Beurteilung benötigt sie allerdings noch einige technische Angaben des Kunden, was sie Herrn Köster mitteilt. Da beide davon ausgehen, dass der jeweils andere die fehlenden Kundeninformationen einholen wird, entsteht eine weitere Verzögerung von einigen Tagen.

1 Die Aufgaben der Prozessorganisation

Nachdem die (technische) Überprüfung der Kundenanfrage abgeschlossen ist, gibt Frau Sperling den Vorgang an die Einkaufsleiterin, Frau Francke, mit der Bitte weiter, die Preise für die benötigten Beschaffungsmaterialien zusammenzustellen. Von Frau Francke erhält Herr Köster eine ausgedruckte Excelliste, in der sie die preisgünstigsten Einkaufsmöglichkeiten zusammengestellt hat.

Damit hat Herr Köster endlich alle Informationen zusammen, die er für die Erstellung des Angebots braucht. Ausgehend von den Sätzen, die üblicherweise für Entwicklungs- und Fertigungstätigkeiten angesetzt werden, und den Materialkosten aus der Excelliste errechnet er mit einem Kalkulationsprogramm die Selbstkosten, die bei der Durchführung des Kundenauftrags entstehen werden. Auf dieser Basis legt er den Preis fest, zu dem das Gerät Herrn Walter angeboten werden soll.

Herr Walter ist inzwischen ungeduldig geworden. Er teilt telefonisch mit, dass die Sache für ihn uninteressant werde, falls das Gerät nicht „sehr bald" zur Verfügung stehe. Herr Köster sieht dies ein und nimmt den vom Kunden gewünschten kurzfristigen Liefertermin in das Angebot auf.

Nachdem mit der Festlegung des Preises und des Lieferdatums das Angebot fertiggestellt ist, legt Herr Köster dieses Herrn Schneider, dem Geschäftsführer, vor. Dieser unterschreibt das Angebot aufgrund seines großen Vertrauens zu Herrn Köster blind und lässt es von Frau Reimann an den Kunden schicken. Frau Reimann fertigt zugleich Kopien des Angebots an und schickt diese den Leitern der verschiedenen Abteilungen.

Als Frau Sperling und der Fertigungsleiter, Herr Meyer, die Kopien erhalten, gehen beide an die Decke – Frau Sperling, weil sie den zugesagten Liefertermin im Hinblick auf die notwendige Dauer der Entwicklungstätigkeiten abwegig findet, und Herr Meyer, weil er in die Angebotserstellung nicht einbezogen worden war und darüber hinaus befürchtet, dass sich das dem Kunden zugesagte Gerät mit den vorhandenen Betriebsmitteln nicht herstellen lässt.

Herr Köster reagiert auf die gegen ihn erhobenen Vorwürfe ungehalten und beleidigt. Angesichts der Vorgeschichte, speziell der Schlampereien in der Entwicklung, sei es ohnehin eine Leistung, dass er das Angebot überhaupt noch zustande bekommen hätte. Darüber hinaus dürfe man angesichts der harten Marktbedingungen nicht so zimperlich sein. Schließlich wäre der Kunde ja abgesprungen, hätte man ihm nicht eine zügige Lieferung zugesagt. Zu der fraglichen fertigungstechnischen Realisierbarkeit meint er, dass sich die Kollegen in der Fertigungsabteilung eben Mühe geben müssten. Er erinnert daran, dass von der Fertigung in der Vergangenheit schon häufiger behauptet worden sei, bestimmte Kundenwünsche seien nicht durchführbar. Am Ende habe sich dann aber fast immer herausgestellt, dass es doch gegangen sei.

Die wesentlichen Mängel des geschilderten Prozesses lassen sich folgenden Themenbereichen zuordnen:

(1) *Prozessergebnisse*
Das Ergebnis des Prozesses ‚Angebot bearbeiten' ist das fertiggestellte Angebot für den Kunden. Nimmt der Kunde es an, muss das Unternehmen die im Angebot gemachten Zusagen erfüllen. Die Angebotsbearbeitung dient insofern (u. a.) dazu, für die anschließenden Entwicklungs- und Fertigungsprozesse eine brauchbare Arbeitsgrundlage zu liefern und sich

zu vergewissern, dass die technische und zeitliche Realisierbarkeit der dem Kunden versprochenen Leistungen gegeben ist.

In dem Beispielprozess ist ein Angebot entstanden, das diesen Ansprüchen nicht genügt. Dem Kunden werden unrealistische Zusagen gemacht. Denn es ist offensichtlich, dass nicht ausreichend geprüft worden ist, ob der Kundenauftrag ausführbar ist. Ob die Zeit bis zum Liefertermin für die notwendigen Entwicklungstätigkeiten reicht, ist ebenso unklar wie die Frage, ob das Gerät mit den vorhandenen Betriebsmitteln gefertigt werden kann.

Der Ärger der Entwicklungsleiterin und des Fertigungsleiters ist verständlich. Die beiden werden mit hoher Wahrscheinlichkeit bei der Abwicklung des Kundenauftrags mit großen Schwierigkeiten zu kämpfen haben.

Ein wesentlicher Grund, der zu diesem unzureichenden Ergebnis führt, besteht darin, dass es für den Vertriebsleiter im Wesentlichen nur darum ging, dass der Kunde das Angebot annimmt und dem Unternehmen den Auftrag gibt. Ob die Entwicklungs- und die Fertigungsabteilung den Auftrag später umsetzen können, interessiert ihn hingegen nur marginal (Problem des Ressortegoismus). Wenn sich bei der späteren Auftragsabwicklung die Zeit bis zum Liefertermin als zu knapp erweist oder das dem Kunden zugesagte Gerät sich mit den vorhandenen Maschinen nicht herstellen lässt, wird dies das Problem der Entwicklung und der Fertigung sein. Der Vertriebsleiter wird seine Hände in Unschuld waschen. Er hat seine Arbeit gemacht, indem er den Auftrag eingeworben hat.

(2) *Prozessschritte*
Die Folge der Prozessschritte in dem Beispielprozess ist insgesamt ungünstig und teilweise unlogisch, sodass die angestrebten Prozessergebnisse nicht auf dem optimalen Weg erreicht werden.

Ganz am Anfang fehlt ein Prozessschritt, bei dem festgestellt wird, ob zu der Anfrage überhaupt ein Angebot abgegeben oder ob dem Kunden gleich eine Absage erteilt werden soll – z. B. weil das Unternehmen die vom Kunden gewünschten Produkte nicht anbietet oder weil sich der Auftrag wirtschaftlich nicht lohnen würde.

Überflüssig ist, dass der Geschäftsführer am Anfang die Anfrage des Kunden liest und am Ende das Angebot blind unterschreibt. Beide Prozessschritte tragen nicht zur Erstellung des Angebots bei.

Ein fehlender Prozessschritt ist, dass der Fertigungsleiter im Zuge der Angebotserstellung nicht nach der technischen Realisierbarkeit gefragt wird. Die Folge davon ist, dass er mit dem Thema erst zu einem Zeitpunkt konfrontiert wird, zu dem sich das Unternehmen gegenüber dem Kunden bereits festgelegt hat.

Ein Beispiel für eine falsche Reihenfolge von Prozessschritten ist, dass dem Kunden das Angebot erst zugeschickt wird und die betroffenen Abteilungsleiter erst danach erfahren, was dem Kunden versprochen worden ist.

Ungünstig ist schließlich auch, dass die Entwicklungsleiterin die Kundenanfrage erst vollständig bearbeitet und dann den Vorgang an die Einkaufsleiterin weitergibt. Sobald klar ist, welche Beschaffungsmaterialien benötigt werden, könnte diese bereits mit ihren Recherchen beginnen, wodurch die Zeit für eine Angebotserstellung verkürzt würde.

1 Die Aufgaben der Prozessorganisation

(3) *Informationstechnische Unterstützung*

Grundsätzlich fällt an dem Beispielprozess auf, dass die informationstechnische Infrastruktur des Betriebs offenbar sehr heterogen ist. In einigen Abteilungen wird mit Papier und Bleistift gearbeitet, in anderen werden Softwarelösungen eingesetzt, die aber untereinander nicht kompatibel sind. Folge ist, dass bereits erfasste Daten, z. B. die aus der Excelliste der Einkaufsleiterin, nochmals eingegeben werden müssen.

Betriebswirtschaftliche Standardsoftware wird offenbar nicht eingesetzt. Es würde sich aber empfehlen, den Prozess der Angebotsbearbeitung durch ein kommerzielles Softwareprodukt zu unterstützen. Dies würde eine systematischere Vorgehensweise und einen besseren Überblick ermöglichen, welche Angebote gerade erstellt werden und bei welchen abgegebenen Angeboten man noch auf die Antwort des Kunden wartet.

Offenbar gibt es für die an der Angebotserstellung Beteiligten auch keine Möglichkeit, sich schnell über den gegebenen Stand eines sich gerade in Bearbeitung befindlichen Angebots zu informieren. Stattdessen weiß jeder von ihnen nur über seinen eigenen Anteil Bescheid. Hier könnte eine Kundendatenbank Abhilfe schaffen, mit der alle Informationen zum Angebot an einer Stelle hinterlegt werden. Auf diese Weise wäre es möglich, dass sich alle Beteiligten rasch eine Übersicht verschaffen könnten, was bisher in Hinblick auf ein zu erstellendes Angebot unternommen wurde, was mit dem Kunden besprochen wurde und welche Fragen noch offen sind.

Schließlich scheint auch die interne Kommunikation des Unternehmens nicht sehr effizient zu sein. Während verschiedener Prozessschritte werden Dokumente kopiert bzw. ausgedruckt und anschließend weitergegeben. Es wird kein System eingesetzt, mit dem Dokumente auf elektronischem Weg verteilt und den Prozessbeteiligten zugänglich gemacht werden.

(4) *Verantwortlichkeiten*

Bei dem Prozessschritt, bei dem durch Anfrage beim Kunden noch offene technische Fragen geklärt werden müssen, ist nicht klar, wer für dessen Ausführung verantwortlich ist.

Sowohl für die Zuständigkeit des Vertriebsleiters als auch für die der Entwicklungsleiterin lassen sich Argumente anführen: Für die Verantwortung des Vertriebsleiters spricht, dass er bisher den Kontakt zu dem Kunden hatte, für die Zuständigkeit der Entwicklungsleiterin, dass es sich um technische Fragen handelt.

Die beiden Beteiligten hätten sich offensichtlich darüber einigen müssen, wer von ihnen die offenen technischen Fragen mit dem Kunden zu klären hat. Dies ist jedoch nicht geschehen. Die Folge ist, dass sich jeder von ihnen auf den jeweils anderen verlässt und der Prozessschritt (zunächst) unterbleibt.

(5) *Prozessschnittstellen*

Eine Prozessschnittstelle ist dann gegeben, wenn innerhalb eines Prozesses der betreffende Vorgang von einer Abteilung an eine andere weitergegeben wird. Prozessschnittstellen sind stets mögliche Quellen für Fehler und Verzögerungen.

In dem Beispielprozess wird die Kundenanfrage vom Vertrieb an die Entwicklung weitergegeben, wo sie unbearbeitet liegen bleibt, ohne dass dies dem Vertriebsleiter auffällt. Der Grund dafür ist, dass er sich für den Vorgang nicht mehr verantwortlich fühlt, sobald dieser seinen Zuständigkeitsbereich verlassen hat, und er deshalb nicht mehr an die Kundenanfrage denkt.

In dem geschilderten Prozess hat die von der Entwicklungsleiterin verursachte und vom Vertriebsleiter nicht bemerkte Verzögerung gravierende Folgen. Sie führt letztlich dazu, dass aus Zeitnot ein Angebot abgegeben wird, das sich aller Voraussicht nach als zeitlich und (fertigungs)technisch nicht realisierbar herausstellen wird.

Ein kurzes Fazit
Die in dem Beispielprozess sichtbar gewordenen Mängel sind typische Probleme von Unternehmen, deren Prozesse sich ‚irgendwie' ergeben haben und die im Grunde nie systematisch durchdacht worden sind.

1.3 Zum Verhältnis von Prozess- und Aufbauorganisation

In den Unternehmen und in der (deutschen) betriebswirtschaftlichen Organisationslehre ist es weithin üblich, zwischen Aufbau- und Ablauforganisation zu unterscheiden.
- Die Aufbauorganisation gliedert das Unternehmen in Organisationseinheiten, d. h. in Abteilungen und Stellen.
- Die Ablauforganisation beschäftigt sich mit den Tätigkeiten, die innerhalb der Abteilungen von den Stelleninhabern ausgeführt werden.

Sowohl die betriebliche Praxis als auch die Betriebswirtschaftslehre haben von jeher die Aufbauorganisation höher gewichtet und die betrieblichen Abläufe demgegenüber weniger beachtet. Hierauf lassen sich die Mängel, die durch den Beispielprozess in Kap. 1.2 gezeigt wurden und die in vielen Unternehmen vorhanden sind, letztlich zurückführen.

In den 90er-Jahren wurde jedoch zunehmend erkannt, dass die Vernachlässigung der betrieblichen Abläufe falsch gewesen war. Aufgrund dieser Erkenntnis ist in den Betrieben und in der Betriebswirtschaftslehre „eine Schwerpunktverlagerung ... von dem Abteilungs- und Bereichsdenken hin zu den Prozessen erfolgt." (Corsten 1997 [b], S. 15)

Die neue Sichtweise war damit verbunden, dass der bisherige Begriff ‚Ablauforganisation' durch die Bezeichnung ‚Prozessorganisation' ersetzt wurde (Fischermanns 2006, S. 11). Der Unterschied besteht darin,
- dass sich die (traditionelle) Ablauforganisation lediglich mit den Vorgängen innerhalb der Abteilungen befasst hat,
- während sich die Prozessorganisation vor allem für die Prozesse interessiert, die unter Beteiligung mehrerer Abteilungen durchgeführt werden.

In diesem Kapitel wird dargestellt, welche Folgen sich aus der Vernachlässigung der betrieblichen Prozesse ergeben und welche Schlussfolgerungen hieraus zum Verhältnis von Prozess- und Aufbauorganisation zu ziehen sind.

Die herkömmliche Sichtweise: Aufbau- vor Ablauforganisation
In den allermeisten Unternehmen werden die anfallenden Tätigkeiten arbeitsteilig ausgeführt. Da es weder sinnvoll noch möglich ist, dass jeder alles macht, müssen die Tätigkeiten zwischen den Organisationseinheiten aufgeteilt werden.

1 Die Aufgaben der Prozessorganisation

Die wesentlichen Aufgaben der Aufbauorganisation bestehen darin
- zu regeln, wie die verschiedenen Tätigkeiten den verschiedenen Organisationseinheiten zugeordnet werden (d. h., wer ist für was zuständig?), und
- dafür zu sorgen, dass die Beiträge der Organisationseinheiten koordiniert werden (d. h., wer darf wem Weisungen erteilen?).

Die Aufgabenzuordnung zwischen den Organisationseinheiten kann nach verschiedenen Kriterien vorgenommen werden. In den meisten Unternehmen werden die Aufgaben der Abteilungen nach dem Kriterium der betriebswirtschaftlichen Funktionen festgelegt und voneinander abgegrenzt.

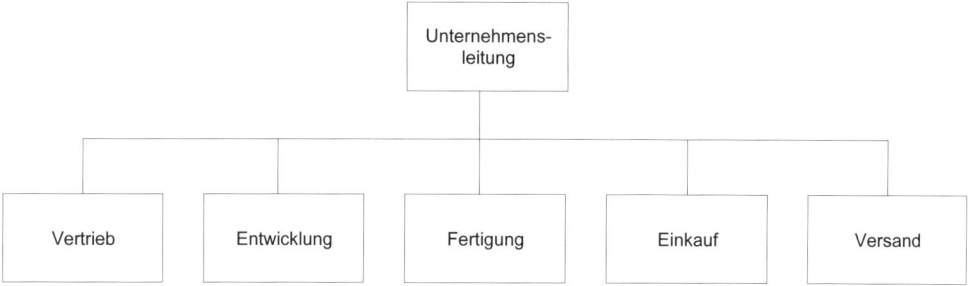

Abb. 1-3: Funktionale Aufbauorganisation eines Fertigungsunternehmens

Innerhalb der so gebildeten Aufbauorganisation beschäftigt sich in einem Fertigungsunternehmen die eine Abteilung mit Akquisition und der Bearbeitung von Kundenbestellungen, die andere entwickelt neue Produkte, die dritte ist dafür zuständig, Fertigungsaufträge durchzuführen, usw. (Abb. 1-3). Bei einem technischen Dienstleister mit funktionaler Aufbauorganisation wird es eine Abteilung geben, in der eingehende Kundenaufträge angenommen werden, die zweite installiert Neuanlagen, die nächste führt Reparaturaufträge durch usw.

In den Betrieben wird über die Fragen, welche Abteilungen es geben soll und welche Aufgaben diese haben sollen, häufig nachgedacht und teilweise heftig gestritten. Demgegenüber wird den betrieblichen Abläufen weniger Aufmerksamkeit gewidmet. Der Leser kann dies leicht überprüfen: Bittet man einen Manager oder einen Mitarbeiter eines Unternehmens, ein Bild des Betriebs darzustellen, wird er meistens ohne zu zögern ein Organigramm zeichnen. Erkundigt man sich hingegen danach, was die wesentlichen Prozesse des Unternehmens sind, wird der Befragte oft wenig zu sagen wissen bzw. teilweise nicht verstehen, was mit der Frage gemeint ist.

Der wesentliche Grund für die höhere Gewichtung der Aufbau- gegenüber der Ablauforganisation liegt darin, dass die Aufbauorganisation die Interessen der Führungskräfte stärker und unmittelbarer betrifft. Wie ‚ihre' Abteilungen geschnitten werden und wie ihnen Zuständigkeiten zugewiesen bzw. ‚weggenommen' werden, entscheidet darüber, wer im Betrieb etwas zu sagen hat, welche Karrieremöglichkeiten bestehen, wie viel die Abteilungsleiter verdienen, ob sie als Zeichen ihrer Bedeutung einen Firmenwagen bekommen usw. Es ist verständlich, dass die Führungskräfte an diesen Fragen, die über die Gestaltung der Aufbauorganisation geklärt werden, am meisten interessiert sind.

Auch die betriebswirtschaftliche Organisationslehre hat bis in die 90er-Jahre der Aufbauorganisation größere Bedeutung beigemessen als der Ablauforganisation. Autoren wie M. Gaitanides, die bereits Anfang der 80er-Jahre auf die Bedeutung der Prozesse hingewiesen haben (Gaitanides 1983), waren zunächst hoffnungslos in der Minderheit. Nach dem traditionellen betriebswirtschaftlichen Verständnis, das von E. Kosiol in den 60er-Jahren entwickelt wurde (Kosiol 1962), muss zuerst vollständige Klarheit über die Aufbauorganisation hergestellt werden. Erst danach kann die Regelung der Abläufe angegangen werden. „In dieser Sichtweise ... liefert die Aufbauorganisation den Rahmen, innerhalb dessen sich dann die Prozesse vollziehen, sodass sich die betrieblichen Abläufe einer gegebenen Aufbaustruktur anzupassen haben." (Corsten 1997 [b], S. 11)

Die Mängel der herkömmlichen Sichtweise
In Abb. 1-3 wurde dargestellt, aus welchen Abteilungen ein funktional gegliedertes Fertigungsunternehmen üblicherweise besteht. Abb. 1-4 zeigt, wie sich innerhalb eines solchen Unternehmens die Prozesse prinzipiell vollziehen.

Die Folge der Prozesse wird durch die Bestellung des Kunden eingeleitet. Um den Kundenauftrag auszuführen, müssen (in diesem Fall drei) Prozesse ausgeführt werden. Die Prozesse bauen aufeinander auf. Jeder Prozess liefert Ergebnisse, mit denen im Folgeprozess weitergearbeitet wird. Das Ergebnis des letzten Prozesses ist, dass die Produkte fertig sind und dem Kunden geliefert werden können.

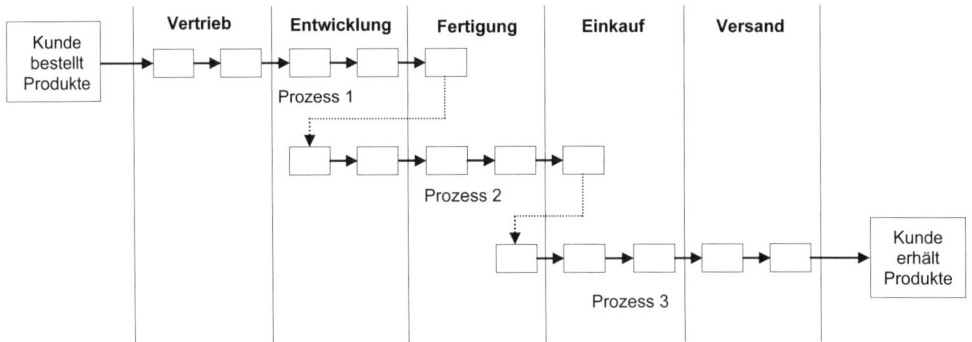

Abb. 1-4: Prozesse in einem Fertigungsunternehmen mit funktionaler Aufbauorganisation

Wie aus der Abbildung ersichtlich ist, sind in einer funktionalen Aufbauorganisation die verschiedenen Schritte eines Prozesses auf unterschiedliche Organisationseinheiten verteilt. Es kommt nur selten vor, dass eine Abteilung für einen Prozess komplett verantwortlich ist. Stattdessen ist jede Abteilung immer nur für bestimmte Teilprozesse zuständig. Hieraus ergeben sich verschiedene Probleme, die bislang jedoch aufgrund des vergleichsweise geringen Stellenwerts der Ablauforganisation kaum beachtet wurden – mit der Folge, dass zu wenig getan wurde, um diese Probleme zu lösen oder sie wenigstens zu vermindern.

Im Folgenden werden die Probleme beschrieben, die mit der Vernachlässigung der Prozesse in einer funktionalen Aufbauorganisation verbunden sind. (Die Darstellung erfolgt entlang den fünf Themenbereichen, denen im vorigen Kap. 1.2 die Mängel des Beispielprozesses zugeordnet wurden.)

1 Die Aufgaben der Prozessorganisation

(1) *Prozessergebnisse*

Die Prozesse des Unternehmens folgen (logisch) aufeinander. In Abb. 1-4 liefert Prozess 1 Ergebnisse, mit denen in Prozess 2 weitergearbeitet wird. Prozess 2 stellt den notwendigen Input von Prozess 3 bereit. Welche Ergebnisse die Prozesse liefern müssen, wird insofern davon bestimmt, welche Folgeprozesse sich anschließen und wozu diese Ergebnisse in den Folgeprozessen verwendet werden.

Die mangelhafte Auseinandersetzung mit den Prozessen führt dazu, dass es kaum klare und verbindliche Absprachen darüber gibt, wie zu liefernde Prozessergebnisse auszusehen haben. Aufgrund dessen wissen die Mitarbeiter, die einen Prozess ausführen, oft nicht oder nur ungefähr, wozu die von ihnen bereitgestellten Prozessergebnisse eigentlich gebraucht werden. Die unmittelbare Folge ist, dass die Anforderungen der Empfänger der Prozessergebnisse nicht erfüllt werden und diese deshalb nicht zufrieden sind. Unter diesen Bedingungen ist ein reibungsloses Ineinandergreifen der Prozesse nicht möglich.

Die hiermit verbundene Problematik wird oft mit dem Bild von den geistigen Mauern zwischen den Abteilungen des Unternehmens veranschaulicht, über die alle Abteilungen ihre Arbeitsergebnisse werfen, ohne sich dafür zu interessieren, was mit diesen weiter geschieht.

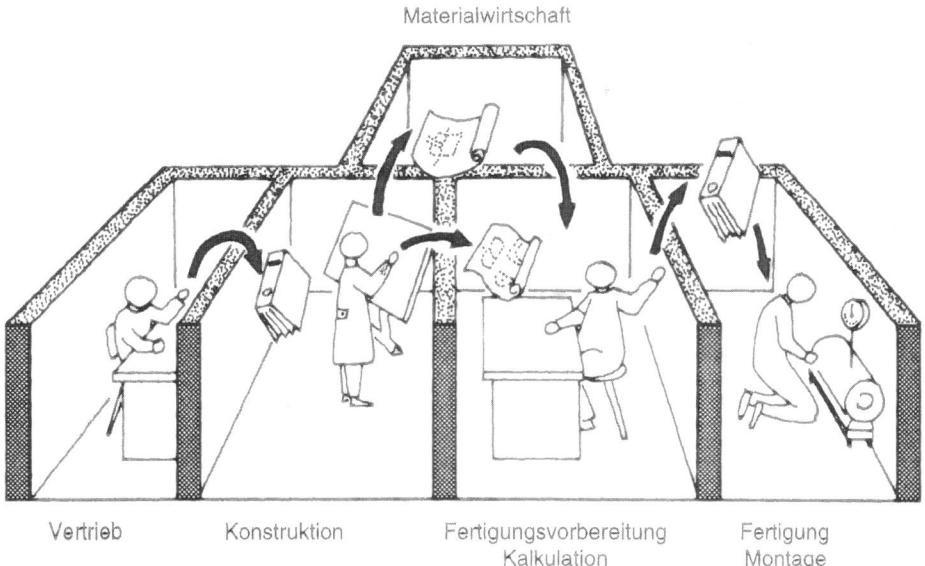

Abb. 1-5: Geistige Mauern zwischen den Abteilungen des Unternehmens (Ehrlenspiel 1995, S. 148)

Der Ressortegoismus, der in dem Bild von den Mauern zum Ausdruck kommt, besteht darin, dass jede beteiligte Organisationseinheit darum bemüht ist, die für sie geltenden Zielsetzungen möglichst gut auszuführen (im Vertrieb hohe Absatzzahlen, in der Fertigung eine hohe Auslastung der Betriebsmittel, im Einkauf günstige Beschaffungspreise usw.). Leider ist es nicht so, dass es auch für einen Prozess insgesamt das Beste ist, wenn jede der an ihm beteiligten Organisationseinheiten ihre Zielsetzungen möglichst konsequent verfolgt. Eher ist das Gegenteil der Fall. Der Grund dafür ist, dass die Interessen der Abteilungen teilweise gegensätzlich sind. Wenn eine Abteilung ihre Belange erfolgreich durchsetzt, kann dies auf Kosten anderer Abteilungen gehen. Die Konsequenz für den Prozess ist, dass in seinem weiteren Verlauf ggf. für die anderen Abteilungen Schwierigkeiten entstehen und der Prozess insgesamt unzulänglich durchgeführt wird.

Ressortegoismus ist in einer funktionalen Aufbauorganisation aufgrund der Interessengegensätze zwischen den Abteilungen unvermeidbar. Eine unzureichende Auseinandersetzung mit den Prozessen führt dazu, dass die verschiedenartigen Interessen der an den Prozessen beteiligten Organisationseinheiten nicht erkannt und insofern auch nicht ausgeglichen werden können. Insofern wird auch nichts dafür getan, das Problem des Ressortegoismus zu vermindern.

(2) *Prozessschritte*

Eine ganz wesentliche Folge mangelhafter Beschäftigung mit den Prozessen liegt darin, dass die Reihenfolge der Schritte, aus denen die Prozesse bestehen, nicht durchdacht ist, sondern sich im Laufe der Zeit irgendwie ergibt.

Die Folge der Prozessschritte ist deshalb oft ungünstig, teilweise werden überflüssige Prozessschritte durchgeführt, während auf der anderen Seite sinnvolle Schritte fehlen. Manchmal würden Prozessschritte besser in umgekehrter Reihenfolge stattfinden. Häufig werden Schritte nacheinander vollzogen, obwohl eine parallele Durchführung möglich wäre.

Aufgrund dieser Mängel werden die Prozessschritte nicht unbedingt so durchgeführt, dass die gewünschten Ergebnisse auf dem optimalen Weg erreicht werden. Die Prozesse sind stattdessen fehleranfällig, langsam und unnötig aufwendig.

(3) *Informationstechnische Unterstützung*

Um Prozessschritte ausführen zu können, benötigen die Beteiligten Informationen. Eine optimale Ausführbarkeit der Prozesse setzt voraus, dass die benötigten Informationen vorhanden sind und rechtzeitig zur Verfügung stehen.

Die unzureichende Auseinandersetzung mit den Prozessen ist damit verbunden, dass die informationstechnische Unterstützung nicht gut auf die Prozesse abgestimmt ist und dadurch die Prozessdurchführung holperig und fehleranfällig wird. Beispiele dafür sind, dass Informationen im Prozessverlauf auf verschiedene Informationsträger gebracht werden müssen (z. B. von Papier auf elektronische Informationsträger), dass dieselben Daten mehrfach geführt werden (z. B. gleichzeitig in Listen und in einer Datenbank) oder dass bei aufeinanderfolgenden Prozessschritten miteinander nicht kompatible Hardwarekomponenten oder Softwareprodukte benutzt werden, sodass die Informationen manuell übertragen werden müssen.

Ein weiteres Grundproblem ist die nicht ausreichende Softwareunterstützung der Prozesse. Vielfach werden Informationen noch mit Papier und Bleistift erfasst, zusammengeführt und weitergegeben, obwohl es viel besser wäre, hierzu betriebswirtschaftliche Standardsoftware einzusetzen. Ist sich das Unternehmen seiner Prozesse nicht ausreichend bewusst, wird nicht erkannt, dass Softwareprodukte eingesetzt werden können, mit deren Hilfe die Prozesse leichter und besser durchgeführt werden können. Oft werden auch Softwarelösungen eingeführt, ohne zu bedenken, innerhalb welcher Prozesse sie angewandt werden sollen. Folge ist, dass die Softwareprodukte nicht zu den Prozessen passen und sich deshalb als ungeeignet erweisen.

1 Die Aufgaben der Prozessorganisation

(4) Verantwortlichkeiten

Es ist wichtig, dass für jeden Prozessschritt festgelegt ist, welche Organisationseinheit für dessen Ausführung zuständig ist. Wenn die Definition der Zuständigkeiten unterbleibt oder unklar ist, können sich verschiedene negative Konsequenzen ergeben.

In den meisten Fällen ist die Folge, dass der betreffende Prozessschritt nicht oder nicht immer ausgeführt wird. In anderen Fällen, z. B. wenn in dem Prozessschritt eine wichtige Entscheidung getroffen wird, kommt es bei ungeregelten Verantwortlichkeiten immer wieder zum Streit zwischen den Abteilungen bezüglich der Zuständigkeiten – eine Situation, die oft als Kompetenzgerangel bezeichnet wird.

Das wesentliche Problem bei der Festlegung der Verantwortlichkeiten liegt darin, wie die Zuordnung der Prozessschritte zu den Abteilungen vorgenommen werden soll. (Im Unterschied dazu ist die Zuordnung von Prozessschritten zu Stellen innerhalb der Abteilungen meistens ein geringeres Problem.) Denn die Verteilung der Verantwortlichkeiten ergibt sich weder vollständig noch immer zwingend aus den betriebswirtschaftlichen Funktionen. Sollen z. B. die bei der Herstellung von Produkten durchzuführenden Prüfungen von der Entwicklungs- oder von der Fertigungsabteilung festgelegt werden? Sollen die Materialien, die für die Produktion gebraucht werden, von der Fertigungs- oder von der Einkaufsabteilung bestellt werden? Soll für die Beurteilung, ob eine Kundenbeschwerde berechtigt ist, die Vertriebs-, die Entwicklungs- oder die Fertigungsabteilung zuständig sein?

Wenn die Prozesse sich selbst überlassen werden, bleiben diese Fragen ungeklärt.

(5) Prozessschnittstellen

An einer Prozessschnittstelle wird innerhalb eines Prozesses der betreffende Vorgang von einer Abteilung zu einer anderen weitergegeben. Innerhalb der funktionalen Aufbauorganisation ist jede Abteilung dafür verantwortlich, dass die Teilprozesse ausgeführt werden, die in ihren Zuständigkeitsbereich fallen. Es gibt jedoch keine Organisationseinheit, die für die Koordination der von den verschiedenen Abteilungen ausgeführten Prozessschritte verantwortlich ist und die dafür zu sorgen hat, dass ein Prozess insgesamt zu vernünftigen Ergebnissen führt.

Dies kann innerhalb der Prozesse v. a. an den Schnittstellen zum Problem werden, an denen der Stab an eine andere Abteilung weitergegeben wird, die dann für die Folgeschritte zuständig ist. An diesen Schnittstellen entstehen leicht Verzögerungen und Missverständnisse, sodass die Prozesse insgesamt nicht optimal durchgeführt werden.

Größere Bedeutung des Prozessgedankens

Die beschriebenen Defizite, die eine Vernachlässigung der Prozesse mit sich bringt, sind in der betrieblichen Praxis etwa seit Beginn der 90er-Jahre weithin bekannt. Auch wenn aufgrund der Interessen der Abteilungsleiter die Beschäftigung mit der Aufbauorganisation nach wie vor dominiert, findet in den Betrieben eine mehr oder weniger intensive Auseinandersetzung mit den Prozessen statt.

Der wesentliche Grund dafür ist – wie für so vieles – der Wandel vom Verkäufer- zum Käufermarkt. In der guten alten Zeit des Verkäufermarkts waren ungenügend beherrschte betriebliche Prozesse noch tolerierbar. Unter Marktbedingungen hingegen, bei denen die Be-

triebe einem enormen Wettbewerbsdruck ausgesetzt sind und um jeden Kunden kämpfen müssen, können sich die Unternehmen unsichere Prozesse nicht mehr leisten.
Darüber hinaus haben weitere voneinander weitgehend unabhängige Entwicklungen in den Bereichen Wirtschaftsinformatik, betriebliche Kostenrechnung und Qualitätsmanagement dazu geführt, dass sich die Unternehmen stärker für ihre Prozesse interessieren:

- Der betriebliche Einsatz von Softwareprodukten bezieht sich nicht mehr nur auf einzelne Tätigkeiten und kurze Arbeitsabläufe. Mit betriebswirtschaftlicher Standardsoftware wird das Ziel verfolgt, abteilungsübergreifende betriebliche Prozesse durchgängig mit Informationstechnik zu unterstützen (Kap. 2.6). Daraus ergibt sich zwangsläufig, dass stärker darüber nachgedacht werden muss, welche Prozesse im Unternehmen es gibt und wie diese verlaufen.
- In der traditionellen Kostenrechnung werden die Gemeinkosten über Zuschlagsätze auf die Produkte und Dienstleistungen verteilt. Seit ca. zwei Jahrzehnten ist bekannt, dass auf diese Weise kein realistisches Bild der Kosten erreicht werden kann. Die Prozesskostenrechnung sucht dieses Problem zu lösen, indem die Kosten für die Prozesse ermittelt werden, die zur Erstellung der Produkte und Dienstleistungen durchzuführen sind. Die Ermittlung der Prozesskosten setzt ebenfalls voraus, dass die betrieblichen Prozesse identifiziert und analysiert werden.
- Mit Qualitätsmanagement soll erreicht werden, dass das Unternehmen fehlerfreie Produkte und Dienstleistungen erstellt, die den Kundenanforderungen entsprechen. Früher ging man davon aus, dass Qualitätsmanagementmaßnahmen neben und zusätzlich zu den betrieblichen Tätigkeiten durchzuführen sind. In den 90er-Jahren setzte sich die Erkenntnis durch, dass fehlerhafte und unzureichende betriebliche Leistungen in den meisten Fällen auf Mängel in den betrieblichen Prozessen zurückzuführen sind und insofern stabile und sichere Prozesse die wesentliche Voraussetzung für Qualität sind (DIN ISO 9001 2000; DIN ISO 9004 2000). Diese Entwicklung im Qualitätsmanagement hat gleichfalls das Interesse an den betrieblichen Prozessen gefördert.

Auch in der betriebswirtschaftlichen Organisationslehre ist die Bedeutung der Prozesse mittlerweile unumstritten. Die entscheidenden Impulse kamen Anfang der 90er-Jahre von amerikanischen Unternehmensberatungen mit dem Konzept des Business Process Reengineering. Das wesentliche Kennzeichen dieses Managementkonzepts ist, dass die betrieblichen Prozesse als „die wichtigste Dimension der Organisationsgestaltung" angesehen werden (Wirtz 1996, S. 1024). Den Unternehmensberatungen gelang es, das Business Process Reengineering-Konzept sehr erfolgreich zu vermarkten, sodass in den 90er-Jahren in vielen Betrieben entsprechende Beratungsprojekte durchgeführt wurden.

Die vom Business Process Reengineering geforderte Vorgehensweise kommt in dem Titel des Standardwerks von M. H. Hammer und J. C. Champy ‚Business Reengineering. Die Radikalkur für das Unternehmen' gut zum Ausdruck (Hammer/Champy 1996). Es wird davon ausgegangen, dass sich das Unternehmen von seinen bisherigen Abteilungen und Abläufen völlig verabschieden und ganz von vorne anfangen müsse, um sich von Grund auf neu aufzubauen und seine Prozesse so gestalten zu können, dass sie ihrem Idealzustand entsprechen. Unternehmen, die zu einem solchen grundlegenden Neuanfang bereit sind, könnten – so wurde behauptet – ihre Wettbewerbsfähigkeit „in Größenordnungen" verbessern (ebd., S. 48).

1 Die Aufgaben der Prozessorganisation

Bei den von den Unternehmensberatungen in den 90er-Jahren betreuten Business Process Reengineering-Projekten konnten diese weitgehenden Versprechungen allerdings nicht eingelöst werden. Es gab mehr Projekte, die fehlschlugen als erfolgreich waren (Wirtz 1996). Der Hauptgrund dafür ist, dass es praktisch nie möglich und auch nicht sinnvoll ist, mit einem Schlag die bestehende Organisation zu beseitigen und das Unternehmen auf der ‚grünen Wiese' neu zu erfinden. Aus diesem Grund werden Business Process Reengineering-Projekte in der in den 90er-Jahren propagierten Form heute nicht mehr durchgeführt.

Die bleibende Veränderung, die Business Process Reengineering bewirkt hat, besteht darin, dass der Prozessgedanke in den Unternehmen und in der Betriebswirtschaftslehre eine enorme Verbreitung gefunden hat und damit sehr populär geworden ist. Mittlerweile spielen die betrieblichen Prozesse in allen modernen Managementkonzepten eine tragende Rolle. Ganz gleich, ob man als Beispiele Konzepte wie Total Quality Management, Lean Management, Balanced Scorecard, Supply Chain Management oder E-Business nimmt, man wird stets feststellen, dass alle diese Ansätze prozessorientiert ausgerichtet sind. Auch wenn sich die Konzepte mit dem Prozessthema jeweils aus verschiedener Perspektive befassen und hierbei zu unterschiedlichen (teilweise auch gegensätzlichen) Handlungsempfehlungen kommen, kann man davon sprechen, dass die Betrachtung der betrieblichen Prozesse einen gemeinsamen Kern heutiger Managementkonzeptionen ausmacht.

Diese Entwicklung wird von H.-C. Riekhof wie folgt zusammengefasst: „Eine in ihrer Tragweite gar nicht hoch genug einzuschätzende Idee, die sich in allen Managementkonzeptionen wiederfindet, ist die Idee des Geschäftsprozesses, die die heutigen Denkweisen und Auffassungen von Organisationsstrukturen radikal infrage stellt: Nicht mehr Strukturen oder Ergebnisse sind das Ziel von Gestaltungsüberlegungen, sondern vor allem Prozesse stehen im Fokus aller Betrachtungen." (Riekhof 1997, S. 9f.)

Prozessorganisation vor Aufbauorganisation?
Aufgrund der gewachsenen Bedeutung des Prozessgedankens vertreten in der betriebswirtschaftlichen Organisationslehre mittlerweile viele Autoren die Position, die funktionale Aufbauorganisation habe ausgedient und müsse durch eine prozessorientierte Aufbauorganisation ersetzt werden. Wurden in der Vergangenheit die betrieblichen Abläufe als Nebenprodukt der Aufbauorganisation angesehen, solle nun genau umgekehrt vorgegangen werden: Zunächst gelte es, die Prozesse zu definieren und anschließend eine dazu passende Aufbauorganisation zu finden (Osterloh/Frost 2006, S. 111; Schmelzer/Sesselmann 2006, S. 68f.).

Bei einer prozessorientierten Aufbauorganisation sind die Prozesse (und nicht die betriebswirtschaftlichen Funktionen) das entscheidende Kriterium, um die Abteilungen zu definieren. „Bei der Bildung von Organisationseinheiten heißt es, einen gesamten Prozess vorrangig einer Organisationseinheit zuzuordnen." (Kugeler/Vieting 2005, S. 223)

Beispiel: Ein technischer Dienstleister installiert Anlagen und führt regelmäßige Wartungstätigkeiten durch. Bei einer prozessorientierten Aufbauorganisation gibt es in diesem Unternehmen (u. a.) die beiden Abteilungen ‚Neuinstallationen' und ‚Wartung'. Diese sind für die entsprechenden Prozesse komplett zuständig und verfügen über alle dafür notwendigen Ressourcen (Abb. 1-6).

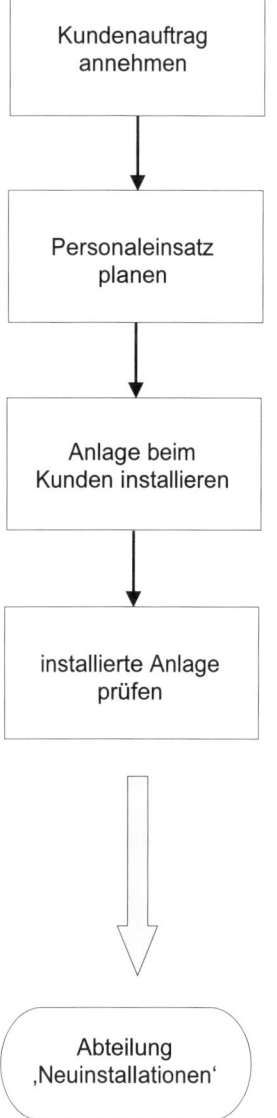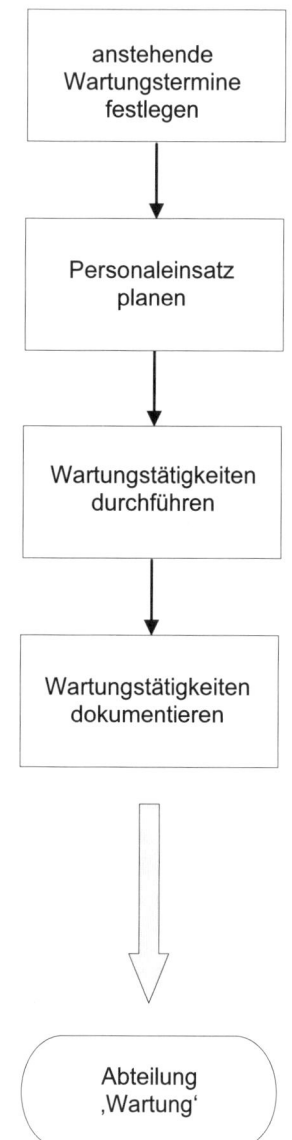

Abb. 1-6: Zuordnung kompletter Prozesse zu Abteilungen in einer prozessorientierten Aufbauorganisation (Beispiel technischer Dienstleister)

1 Die Aufgaben der Prozessorganisation

Die Idee der prozessorientierten Aufbauorganisation wirkt zunächst bestechend, löst sie doch auf einen Schlag alle (oben beschriebenen) Schwierigkeiten, die mit abteilungsübergreifenden Prozessen in einer funktionalen Aufbauorganisation verbunden sind: Das Problem des Ressortegoismus erledigt sich, da Abteilungs- und Prozessziele identisch sind. Die Verantwortung für die Gesamtprozesse ist klar geregelt. Es gibt innerhalb der Prozesse keine Übergänge zwischen den Abteilungen, sodass es nicht zu den für die funktionale Aufbauorganisation typischen Schnittstellenproblemen kommen kann. Alle Prozessschritte finden innerhalb einer Abteilung statt, was die Festlegung einer effizienten Reihenfolge der Prozessschritte ungemein erleichtert.

Angesichts dieser Argumente wird jedoch vergessen, dass die funktionale Aufbauorganisation dem Unternehmen nicht nur Nachteile, sondern auch enorme Vorteile bringt. Es kommt nicht von ungefähr, dass die Aufbauorganisation der weitaus meisten Unternehmen nach wie vor funktional ausgerichtet ist und dass sich bisher nur wenige Unternehmen dazu haben durchringen können, diese durch eine prozessorientierte Aufbauorganisation zu ersetzen.

Die Vorteile der funktionalen Aufbauorganisation ergeben sich aus der mit ihr möglichen Spezialisierung und der dadurch erreichbaren effizienten Nutzung von Ressourcen. Denn die Ausführung der verschiedenen Prozessschritte innerhalb der Prozesse erfordert in vielen Fällen besondere Kompetenzen, Betriebsmittel oder spezielle Materialien. Häufig werden in verschiedenen Prozessen Prozessschritte durchgeführt, die auf die Nutzung gleichartiger Ressourcen angewiesen sind. In einer funktionalen Organisation werden alle derartigen Prozessschritte denjenigen Abteilungen zugeordnet, in denen diese Ressourcen vorhanden sind. Auf diese Weise werden die Ressourcen optimal ausgelastet.

Beispiel: Ist der o. g. technische Dienstleister funktional organisiert, wird es in diesem Unternehmen (u. a.) die Abteilungen ‚Auftragsabwicklung' und ‚technischer Service' geben. Beide Abteilungen sind jeweils für bestimmte Schritte innerhalb der beiden Prozesse zuständig. Wie aus Abb. 1-7 hervorgeht, ist die Abteilung ‚Auftragsabwicklung' bei beiden Prozessen dafür verantwortlich, aufgrund eingegangener Kundenaufträge bzw. anstehender Wartungstermine die Personaleinsatzplanung vorzunehmen, während die Abteilung ‚technischer Service' jeweils für die technische Ausführung zuständig ist.
Diese Zuordnung hat den Nachteil, dass bei beiden Prozessen jeweils zwischen dem 2. und 3. Prozessschritt eine Prozessschnittstelle entsteht, an der die Zuständigkeit von der einen auf die andere Abteilung übergeht.
Der Vorteil besteht jedoch darin, dass hierdurch eine gute Nutzung der personellen Ressourcen möglich wird. Die Installation und die Wartung werden von Mitarbeitern vorgenommen, die dieselben technischen Kompetenzen haben. Wenn die Personaleinsatzplanung von derselben Abteilung vorgenommen wird, können diese Mitarbeiter optimal ausgelastet werden. Z. B. ist es möglich, Wartungstermine vorzuziehen, wenn bezüglich der Neuinstallationen einmal nicht so viel zu tun ist. Ein solcher Ausgleich ist jedoch nicht möglich, wenn die beiden Prozesse unterschiedlichen Abteilungen zugeordnet sind, die jeweils über eigene personelle Ressourcen verfügen und diese unabhängig voneinander verplanen.

In einer prozessorientierten Aufbauorganisation ist es nicht vorgesehen, dass dieselben Ressourcen von verschiedenen Prozessen genutzt werden. Dies führt häufig dazu, dass die Ressourcen nicht so optimal genutzt werden, wie dies möglich wäre. Insofern besteht zwischen

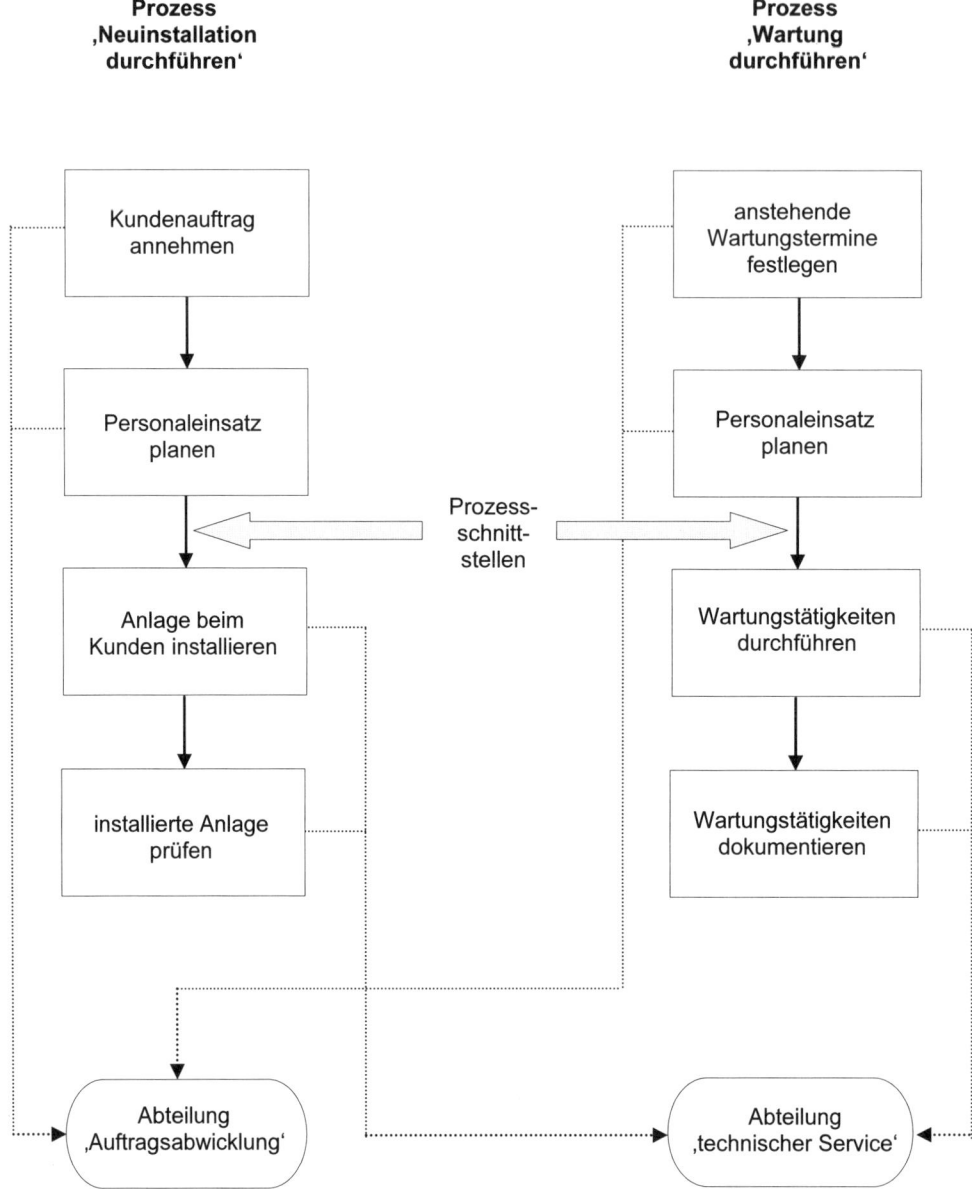

Abb. 1-7: Zuordnung von Prozessschritten zu Abteilungen in einer funktionalen Aufbauorganisation (Beispiel technischer Dienstleister)

der Prozessorientierung und dem effizienten Umgang mit Ressourcen ein Zielkonflikt (Mertens 1997, S. 110).

Nach der Meinung des Autors kann man allgemein nicht sagen, ob eine funktionale oder eine prozessorientierte Aufbauorganisation besser ist.

1 Die Aufgaben der Prozessorganisation   21

- Entscheidet sich ein Unternehmen für eine (eher) funktionale Aufbauorganisation, nutzt es den mit der Spezialisierung verbundenen Vorteil, dass die Ressourcen besser ausgelastet werden. Es wird jedoch mit dem Problem zu kämpfen haben, dass die über die Abteilungsgrenzen hinweglaufenden Prozesse schwerer zu steuern sind.
- Wählt ein Unternehmen hingegen eine (eher) prozessorientierte Aufbauorganisation, können innerhalb der Abteilungen schöne, elegante Prozesse definiert und durchgeführt werden – allerdings um den Preis einer nicht immer optimalen Auslastung von Ressourcen.

Um eine Lösung zu finden, müssen die beiden Formen der Aufbauorganisation im Einzelfall gegeneinander abgewogen werden. M. Rebstock hat recht, wenn er betont, „dass es sich bei der Frage Prozessorientierung versus Funktionsspezialisierung in der Regel nicht um ein Entweder-oder handelt, sondern dass eine konkrete organisatorische Lösung auf einem Punkt des *Kontinuums* zwischen den beiden Extremen anzusiedeln ist." (Rebstock 1997, S. 274)

1.4 Prozessorganisation als Teil der Unternehmensführung

Ein Unternehmen muss stabile, sichere Prozesse haben, wenn es sich im Wettbewerb behaupten will. Allerdings ist eine gute Organisation der betrieblichen Prozesse nicht die einzige Voraussetzung für wirtschaftlichen Erfolg.

Im Folgenden werden einige Überlegungen zu der Frage dargestellt, wie die Prozessorganisation in die Unternehmensführung einzuordnen ist. Die wichtigste Aussage dabei ist, dass sich das Unternehmen zuerst über die eigene Strategie im Klaren sein muss, bevor es sich sinnvoll mit den betrieblichen Prozessen auseinandersetzen kann.

Wird diese (logische) Reihenfolge nicht eingehalten, setzt man bei der Prozessorganisation unter Umständen falsche Schwerpunkte bzw. beschäftigt man sich mit Prozessen, die weniger wichtig sind. Ggf. erreicht man (lokale) Verbesserungen auf Prozessebene, die jedoch nicht zu erhöhten Umsätzen bzw. gesenkten Kosten führen und insofern die Gewinnsituation des Unternehmens nicht verbessern. Eine Auseinandersetzung mit den Prozessen unabhängig von der Unternehmensstrategie ist insofern nicht sinnvoll. Die Organisation betrieblicher Prozesse muss stattdessen in dem Sinne ‚strategiegerecht' sein, dass die Prozesse die Umsetzung der Unternehmensstrategie ermöglichen bzw. fördern.

Abb. 1-8 stellt den logischen Zusammenhang dar.

Festlegung der Unternehmensstrategie
Mit der Festlegung des Geschäftsfeldes wird die grundsätzliche Ausrichtung des Unternehmens bestimmt. Es wird entschieden, welche Produkte und Dienstleistungen das Unternehmen anbietet und welche Kunden angesprochen werden sollen. Aussagen, die das gewählte Geschäftsfeld beschreiben, sind z. B. ‚Wir liefern Handyherstellern Gehäuse', ‚Wir installieren und warten Lüftungsanlagen in großen Gebäuden' oder ‚Wir organisieren für Leute bis 30 Abenteuerreisen'.

Zur Definition der Unternehmensstrategie gehört weiterhin, dass die für das Geschäftsfeld wichtigen Erfolgsfaktoren verstanden werden, mit denen sich das Unternehmen gegenüber den Kunden profilieren und von den Wettbewerbern abheben kann. Beispiele für mögliche

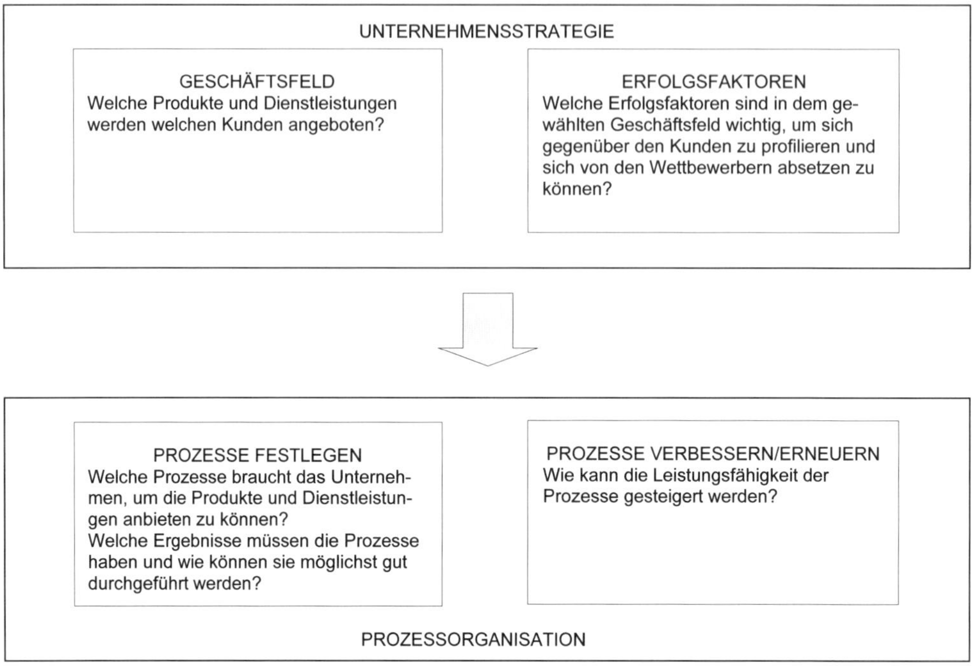

```
┌─────────────────────────────────────────────────────────────────────┐
│                      UNTERNEHMENSSTRATEGIE                          │
│  ┌──────────────────────────┐   ┌──────────────────────────────┐   │
│  │       GESCHÄFTSFELD      │   │       ERFOLGSFAKTOREN        │   │
│  │ Welche Produkte und      │   │ Welche Erfolgsfaktoren sind  │   │
│  │ Dienstleistungen werden  │   │ in dem gewählten Geschäfts-  │   │
│  │ welchen Kunden angeboten?│   │ feld wichtig, um sich gegen- │   │
│  │                          │   │ über den Kunden zu profi-    │   │
│  │                          │   │ lieren und sich von den      │   │
│  │                          │   │ Wettbewerbern absetzen zu    │   │
│  │                          │   │ können?                      │   │
│  └──────────────────────────┘   └──────────────────────────────┘   │
└─────────────────────────────────────────────────────────────────────┘
                                 ▼
┌─────────────────────────────────────────────────────────────────────┐
│  ┌──────────────────────────┐   ┌──────────────────────────────┐   │
│  │     PROZESSE FESTLEGEN   │   │ PROZESSE VERBESSERN/ERNEUERN │   │
│  │ Welche Prozesse braucht  │   │ Wie kann die Leistungs-      │   │
│  │ das Unternehmen, um die  │   │ fähigkeit der Prozesse       │   │
│  │ Produkte und Dienst-     │   │ gesteigert werden?           │   │
│  │ leistungen anbieten zu   │   │                              │   │
│  │ können?                  │   │                              │   │
│  │ Welche Ergebnisse müssen │   │                              │   │
│  │ die Prozesse haben und   │   │                              │   │
│  │ wie können sie möglichst │   │                              │   │
│  │ gut durchgeführt werden? │   │                              │   │
│  └──────────────────────────┘   └──────────────────────────────┘   │
│                      PROZESSORGANISATION                            │
└─────────────────────────────────────────────────────────────────────┘
```

Abb. 1-8: Beziehung zwischen Unternehmensstrategie und Prozessorganisation

Erfolgsfaktoren sind ein beeindruckendes Preis-Leistungs-Verhältnis, technisch hochwertige Produkte und Dienstleistungen, die Fähigkeit, sich auf geänderte Kundenanforderungen rasch einstellen zu können, oder kurze Reaktions- und Lieferzeiten.

Mit der Festlegung der Unternehmensstrategie wird bestimmt, *was* das Unternehmen will. Die Definition der Prozesse schafft Klarheit darüber, *wie* der Betrieb seine Leistungen ausführen kann.

Umsetzung der Unternehmensstrategie durch die Prozesse

Im Hinblick auf die Prozesse ist zunächst zu klären, welche Prozesse das Unternehmen überhaupt braucht, um in dem gewählten Geschäftsfeld seine Produkte und Dienstleistungen anbieten zu können. Die benötigten Prozesse ergeben sich teilweise zwingend aus der Art der betrieblichen Leistungen. Wenn es z. B. um die Herstellung von Handygehäusen in hohen Stückzahlen geht, wird das Unternehmen nicht um einen Prozess umhinkommen, in dem die Voraussetzungen der Serienfertigung geschaffen werden. Ebenso wenig wird man auf einen Prozess zur Planung und Durchführung der Fertigung verzichten können. Das Unternehmen, das sich mit Lüftungsanlagen befasst, wird die Prozesse zu deren Installation und Wartung regeln müssen. Der Anbieter von Abenteuerreisen wird festlegen müssen, wie diese vorbereitet und durchgeführt werden.

Steht fest, welche Prozesse nötig sind, gilt es, sich mit diesen im Einzelnen zu befassen. Hierzu ist zu entscheiden, welche Ergebnisse die verschiedenen Prozesse liefern müssen und auf welche Weise die Prozesse durchgeführt werden können, um die Ergebnisse auf dem günstigsten Weg zu erreichen.

Sind die Prozesse in ihrem Ablauf festgelegt, ist eine Grundlage gegeben, um nach Wegen zu suchen, die Leistungsfähigkeit der Prozesse zu erhöhen.

Die Erfolgsfaktoren in dem Geschäftsfeld lassen erkennen, worauf es bei der Verbesserung bzw. Erneuerung der Prozesse besonders ankommt. Ist es z. B. in dem Geschäftsfeld wichtig, schnell auf Kundenanforderungen reagieren zu können, wird man sich v. a. um eine raschere Durchführbarkeit der Prozesse bemühen. In anderen Fällen ist ein attraktives Preis-Leistungs-Verhältnis entscheidend. Dann wird es vorrangig sein, die Prozesse möglichst kostengünstig abwickeln zu können.

Änderung der Prozesse bei Änderung der Unternehmensstrategie
Die Unternehmensstrategie unterliegt häufigen Änderungen, z. B. weil sich neue Marktchancen oder neue technische Möglichkeiten bieten, neue Kundengruppen angesprochen werden sollen, weil einzelne Erfolgsfaktoren wichtiger oder weniger wichtig werden oder aus vielen anderen Gründen. Aufgrund der Abhängigkeitsbeziehung der Prozessorganisation von der Unternehmensstrategie „erfordert eine strategische Veränderung in der Regel auch eine (mehr oder weniger weitgehende) Anpassung der Organisation." (Hungenberg 2000, S. 221)

Die notwendigen Änderungen der Prozesse können darin bestehen, dass

- neue Prozesse hinzukommen oder bestehende wegfallen,
- die Prozesse auf eine andere Art durchgeführt werden oder
- bei der Festlegung und Verbesserung bzw. Erneuerung der Prozesse andere Kriterien eine Rolle spielen als in der Vergangenheit.

Ein kurzes Fazit
Über Prozessorganisation sinnvoll nachzudenken, setzt voraus, dass das Unternehmen weiß, was es will, was die Kunden wollen und was die wesentlichen Erfolgsfaktoren sind.

Insofern gilt folgende Reihenfolge:

- Zunächst muss das Unternehmen festlegen, welche Produkte und Dienstleistungen angeboten werden sollen, und ermitteln, welche Kundenanforderungen gegeben sind.
- Ausgehend davon wird durch die Prozessorganisation die interne Leistungsfähigkeit des Unternehmens geschaffen, indem überlegt wird, welche Prozesse es geben muss und wie diese möglichst gut organisiert werden können.

2 Merkmale betrieblicher Prozesse

In diesem Kapitel werden die wesentlichen Merkmale betrieblicher Prozesse erläutert. Diese lassen sich in folgende Aussagen zusammenfassen:

- Die Prozesse des Unternehmens bilden in ihrer Gesamtheit eine Folge von Prozessen, durch die die Anforderungen des Kunden in Produkte und/oder Dienstleistungen für den Kunden umgesetzt werden (Kap. 2.1).
- Innerhalb dieser Folge von Prozessen liefert jeder Prozess Ergebnisse, mit denen in den anschließenden Prozessen weitergearbeitet wird. Das Verhältnis zwischen aufeinanderfolgenden Prozessen kann insofern als Kunde-Lieferant-Beziehung aufgefasst werden (Kap. 2.2).

- In jedem Prozess werden Vorgaben in Ergebnisse umgewandelt. Anders gesagt: Ein Prozess wird durch einen Input initiiert und führt zu einem Output (Kap. 2.3).
- Innerhalb eines Prozesses finden Prozessschritte statt, durch die der Input in den Output überführt wird (Kap. 2.4).
- Die Durchführung der Prozessschritte wird durch Informationen gesteuert (Kap. 2.5).
- Die Möglichkeiten, Prozesse durchzuführen, können entscheidend verbessert werden, wenn zu deren Abwicklung betriebswirtschaftliche Standardsoftware verwendet wird (Kap. 2.6).

2.1 Folge der betrieblichen Prozesse

Die Folge der Prozesse beginnt beim Kunden und endet bei ihm. Ausgangspunkt ist, dass der Kunde betriebliche Leistungen in Anspruch nehmen möchte. Um die Anforderungen des Kunden umzusetzen, muss eine Folge (logisch) aufeinander aufbauender Prozesse durchlaufen werden. Mit dem letzten Prozess ist die Erstellung der betrieblichen Leistungen für den Kunden abgeschlossen, die bestellten Produkte wurden dem Kunden geliefert oder die Dienstleistungen sind durchgeführt worden.

Im einfachen Fall folgen die Prozesse, wie in Abb. 2-1 dargestellt, linear aufeinander. Es kann aber auch sein, dass sich eine eher verschachtelte Folge der Prozesse ergibt, Prozesse parallel ausgeführt werden oder dass abhängig von der Art des Kundenauftrags unterschiedliche Prozessfolgen durchlaufen werden.

Die Folge der Prozesse ermöglicht es dem Unternehmen, mit den betrieblichen Leistungen Gewinne zu erwirtschaften. Die Produkte und Dienstleistungen, die als Ergebnisse der Prozessfolge zur Verfügung stehen, haben einen höheren Wert als die Ressourcen, die bei der Durchführung der Prozesse verbraucht werden. Deshalb wird die Folge der Prozesse auch als Wertschöpfungskette oder als Wertkette bezeichnet (Porter 2000, S. 67f.).

2.2 Kunde-Lieferant-Beziehungen innerhalb der Prozessfolge

Im allgemeinen Sprachgebrauch wird als Kunde jemand bezeichnet, der von einem Lieferanten bestimmte Leistungen erhält und dafür bezahlt. Der Kunde möchte einen bestimmten Nutzen haben und richtet deshalb bestimmte Erwartungen an die vom Lieferanten bereitgestellten Leistungen. Stimmen erwartete und tatsächliche Leistungen überein, wird der Kunde (wahrscheinlich) zufrieden sein.

Innerhalb der Prozessfolge kann das Verhältnis zwischen Organisationseinheiten, die für aufeinanderfolgende Prozesse zuständig sind, ebenfalls als Kunde-Lieferant-Beziehung aufgefasst werden: Der Vorläuferprozess (Lieferant) liefert bestimmte Ergebnisse, die ihrerseits Input des Folgeprozesses (Kunde) sind. Die für den Folgeprozess zuständigen Organisationseinheiten müssen mit den bereitgestellten Ergebnissen weiterarbeiten. Sie müssen sich darauf verlassen können, dass sie von den vorgelagerten Prozessen nur einwandfreie Ergebnisse erhalten.

2 Merkmale betrieblicher Prozesse

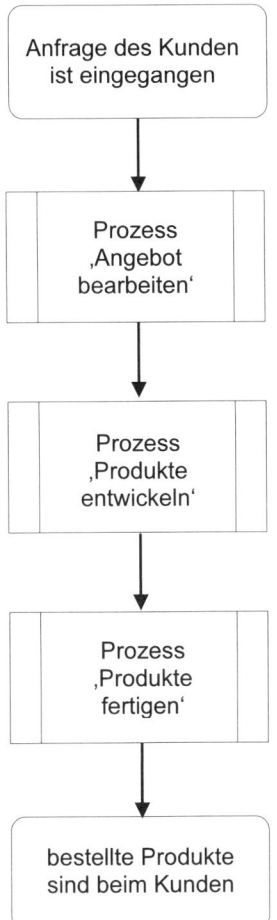

Abb. 2-1: Folge von Prozessen

In der Prozessorganisation werden die Begriffe ‚Kunde' und ‚Lieferant' insofern in einer erweiterten Bedeutung verwendet:

- Demnach ist der Kunde eines Prozesses derjenige, der die Ergebnisse des Prozesses erhält und mit ihnen etwas anfangen muss – und zwar unabhängig davon, ob es sich um eine interne Organisationseinheit des Unternehmens oder um den externen, zahlenden Empfänger der Prozessergebnisse handelt. Im ersten Fall spricht man vom internen Kunden, im zweiten vom externen Kunden.
- Lieferant ist grundsätzlich jeder, der einen Input für einen Prozess bereitstellt. Handelt es sich um eine Organisationseinheit des Unternehmens, wird diese als interner Lieferant bezeichnet. Stammen die Vorgaben für den Prozess von einem anderen Unternehmen, ist dieses ein externer Lieferant.

Die Erweiterung der Begriffe ‚Kunde' und ‚Lieferant' soll das Bewusstsein dafür schärfen, dass das Ziel der Kundenzufriedenheit nicht nur im Hinblick auf den externen Kunden verfolgt werden muss, sondern auch innerhalb der Prozessfolge wichtig ist. Jeder Lieferant von Prozessergebnissen muss genau verstehen, welche Wünsche seine (internen) Kunden haben, und diese mit derselben Sorgfalt erfüllen wie die Erwartungen des externen Kunden.

In Abb. 2-2 wird die interne Kunde-Lieferant-Beziehung am Beispiel des Verhältnisses der aufeinanderfolgenden Prozesse ‚neues Produkt entwickeln' und ‚Produkte fertigen' dargestellt.

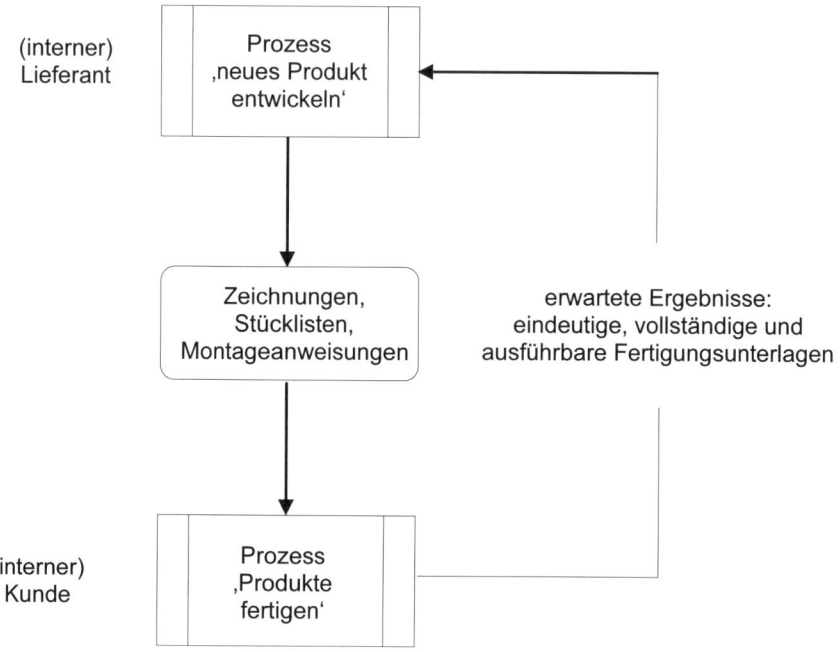

Abb. 2-2:   Interne Kunde-Lieferant-Beziehung

Die in den Kap. 2.1 und 2.2 dargestellten Merkmale ergeben sich aus dem Zusammenwirken der Prozesse.

In den Kap. 2.3 bis 2.5 geht es um die Eigenschaften, die einen einzelnen betrieblichen Prozess auszeichnen.

2.3 Input-Output-Relation eines betrieblichen Prozesses

Die grundlegendste Aussage, die man über einen betrieblichen Prozess machen kann, wurde bereits in Kap. 1.1 formuliert. Sie besteht darin, dass jeder Prozess durch einen definierten Anfangszustand (Input) und einen ebenfalls festgelegten Endzustand (Output) bestimmt ist. Input und Output sind Prozessbeginn und Prozessende. Durch die Festlegung der Prozessinputs und -outputs wird entschieden, welche Vorgänge im Unternehmen zu Prozessen zusammengefasst werden.

Prinzipiell muss es möglich sein, für jeden Prozess Input und Output anzugeben. „Gelingt es nicht, Start- und Endereignisse zu bestimmen, handelt es sich bei der betrieblichen Tätigkeit nicht um einen Prozess." (Allweyer 2005, S. 57)

Abb. 2-3 zeigt die Input-Output-Relation, die beim Prozess ‚Urlaubsreise buchen' gegeben ist.

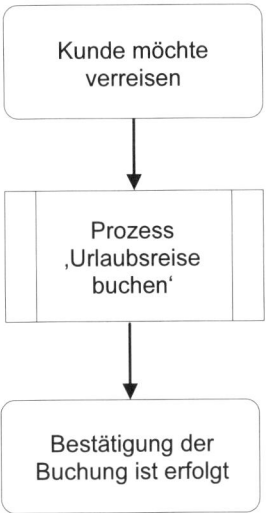

Abb. 2-3:   Input-Output-Relation eines betrieblichen Prozesses

Der Input löst den Prozess aus, indem z. B.

- etwas geschieht (z. B. ein Kundenauftrag geht ein),
- ein vorangegangener Prozess abgeschlossen worden ist (z. B. eine Kundenbestellung ist angenommen worden, sodass man mit der Durchführung des Auftrags beginnen kann),
- ein bestimmter Zeitpunkt eingetreten ist (z. B. der Zeitpunkt, an dem periodische Wartungstätigkeiten durchzuführen sind) oder
- eine Entscheidung getroffen wird (z. B. die Entscheidung, eine Produktidee umzusetzen und ein neues Produkt zu realisieren).

Der Output des Prozesses besteht darin, dass sich die in dem Prozess erzeugten oder veränderten Objekte in dem vorgesehenen Bearbeitungszustand befinden, z. B.:

- Die Fertigung des Produkts ist abgeschlossen und das Produkt ist nun versandfertig.
- Die Beratungsdienstleistung ist durchgeführt worden.
- Die Kundendaten sind aktualisiert worden.
- Das Problem, das der Kundenbeschwerde zugrunde lag, wurde gelöst.

Ein Prozess kann mehrere mögliche Inputs haben. Dies ist etwa dann der Fall, wenn er alternativ durch verschiedene Ereignisse oder Situationen ausgelöst werden kann. Ein Beispiel ist der in Kap. 8 beschriebene Prozess der Angebotsbearbeitung. Dieser wird entweder durchgeführt in Reaktion auf eine Kundenanfrage zu spezifischen Produkten bzw. Dienstleistungen oder infolge der Ausschreibung von entsprechenden Leistungen.

Ebenso kann ein Prozess auch mehrere Outputs haben. Der Angebotsprozess endet damit, dass der Kunde entweder das Angebot annimmt oder das Angebot endgültig abgelehnt hat.

2.4 Prozessschritte innerhalb eines Prozesses

Zwischen Prozessbeginn und -ende liegen die Prozessschritte, durch die die Vorgaben (Input) in die Ergebnisse (Output) überführt werden.

Um einen Prozessschritt zu definieren, muss festgelegt werden,

- welche Tätigkeit bei diesem Schritt im Hinblick auf das jeweilige Prozessobjekt zu vollziehen ist und
- welche Organisationseinheit für die Abwicklung des Prozessschritts verantwortlich ist.

Die bei einem Prozessschritt durchzuführenden Tätigkeiten können z. B. darin bestehen, dass

- ein materielles Erzeugnis geschaffen oder verändert,
- ein Sachverhalt überprüft,
- eine Entscheidung getroffen,
- ein Dokument erstellt wird, oder
- Daten erfasst und weitergegeben werden usw.

Die Organisationseinheit, der die Zuständigkeit für einen Prozessschritt zugewiesen wird, ist meistens eine Abteilung, manchmal eine Stelle und bei bestimmten Prozessen ein Team. In einer funktionalen Aufbauorganisation sind unterschiedliche Organisationseinheiten für die verschiedenen Schritte eines Prozesses verantwortlich. Bei der prozessorientierten Aufbauorganisation hingegen werden alle zu einem Prozess gehörenden Prozessschritte ausschließlich einer Organisationseinheit zugeordnet (Kap. 1.3).

Die Prozessschritte, aus denen ein Prozess besteht, müssen in eine logische Reihenfolge gebracht werden, um zu erreichen, dass der Weg von den Vorgaben zu den Ergebnissen möglichst günstig ist.

Logische Reihenfolge heißt, dass die Abfolge der Prozessschritte davon abhängig gemacht wird, ob bestimmte Bedingungen erfüllt sind. Solche Bedingungen können z. B. sein, dass

- ein vorheriger Prozessschritt abgeschlossen ist,
- eine Entscheidung getroffen wurde,
- bestimmte Sachmittel oder Informationen vorhanden sind usw.

Die Komplexität eines Prozesses kann unterschiedlich hoch sein. Sie hängt davon ab, wie viele Prozessschritte es gibt und wie verschiedenartig sie miteinander verknüpft sind.

Bei wenig komplexen Prozessen sind nur wenige Prozessschritte vorhanden, die linear aufeinanderfolgen. Komplexe Prozesse bestehen hingegen aus vielen Prozessschritten, zwischen denen nicht nur einfache Folgebeziehungen gegeben sind, sondern die darüber hinaus durch Verzweigungen, Verknüpfungen und Rückkopplungen verbunden sind.

Abb. 2-4 zeigt am Beispiel des Prozesses ‚Kinokarte verkaufen' den einfachen Fall einer Kette von unverzweigt aufeinanderfolgenden Prozessschritten.

2.5 Steuerung der Prozessschritte durch Informationen

„Jede Aufgabenerfüllung lebt von empfangenen Informationen und produziert neue Informationen, die wiederum für die nachgelagerten Aufgabenträger als Eingangsinformationen dienen." (Schwarzer/Krcmar 1996, S. 86)

2 Merkmale betrieblicher Prozesse

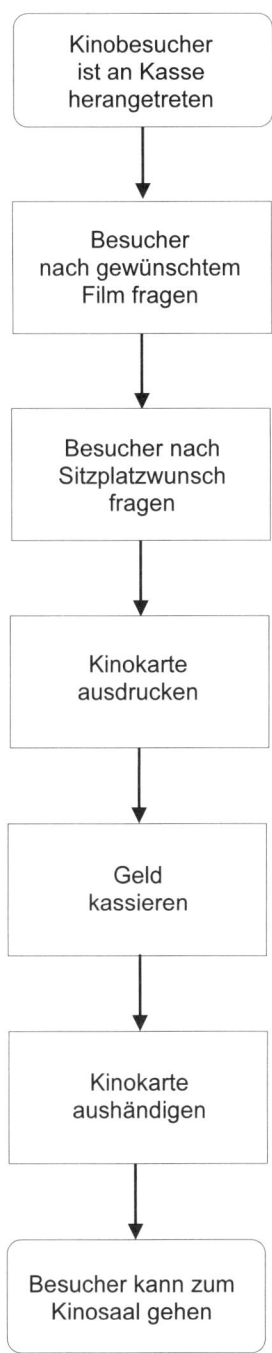

Abb. 2-4: Prozessschritte zur Überführung des Inputs in den Output

Um einen Prozessschritt auszuführen, müssen Informationen vorhanden sein. Aufgrund dieser Informationen wissen die für den Prozessschritt Verantwortlichen, wie das Prozessobjekt bearbeitet werden soll. Bei der Durchführung des Prozessschrittes entstehen in der Regel weitere Informationen. Durch diese werden die für die folgenden Schritte Verantwortlichen darüber in Kenntnis gesetzt, in welchem Zustand sich das Prozessobjekt nun befindet und was als Nächstes zu tun ist. Insofern wird die Ausführung von Prozessschritten stets von Informationsflüssen begleitet.

In dem Beispiel wird anhand von Prozessschritten zur Reparatur eines defekten Geräts verdeutlicht, wie Prozessschritte durch Informationsweitergaben verknüpft sind.

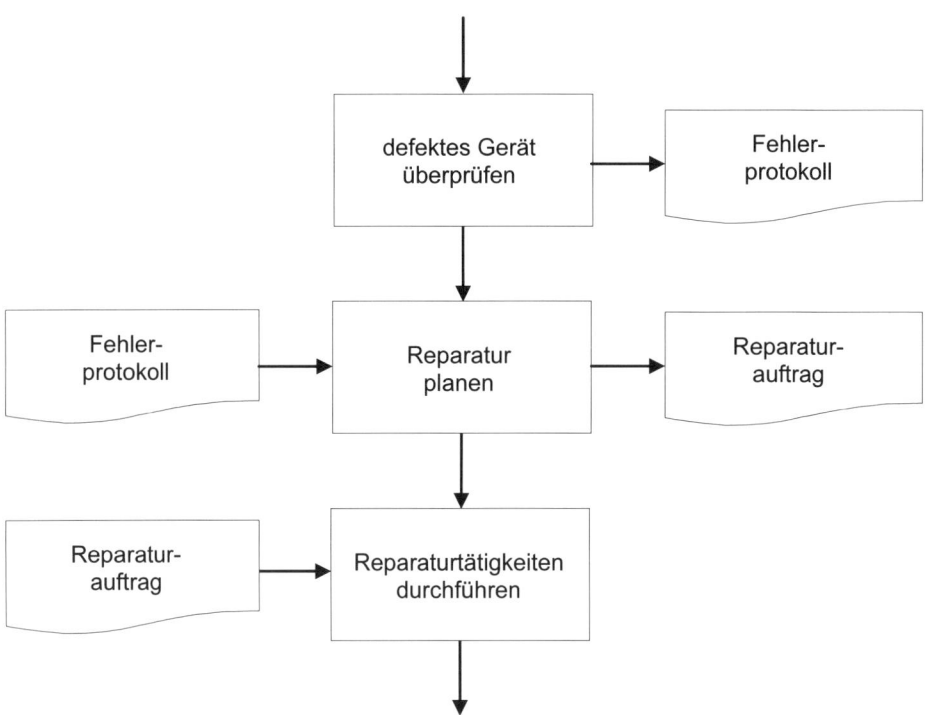

Abb. 2-5: Steuerung von Prozessschritten durch Informationen

Die innerhalb der Prozesse benötigten Informationen werden durch das betriebliche Informationssystem verarbeitet, übertragen und bereitgestellt. Es hängt wesentlich von der Leistungsfähigkeit des betrieblichen Informationssystems ab, wie gut die Prozesse sein können. Abhängig davon, ob und auf welche Weise das betriebliche Informationssystem technisch unterstützt wird, ergeben sich ganz andere Möglichkeiten, Prozesse im Unternehmen zu realisieren.

Dies soll im Folgenden in einem Exkurs näher dargestellt werden.

2.6 Exkurs: Informationstechnische Unterstützung betrieblicher Prozesse

Nach dem unterschiedlichen Grad der technischen Unterstützung des betrieblichen Informationssystems lassen sich – idealtypisch – ein informelles, ein papierbasiertes und ein computerunterstütztes Informationssystem unterscheiden (Bobby 2002, S. 13). Diese wirken sich jeweils unterschiedlich auf die betrieblichen Prozesse aus.

(1) *Informelles Informationssystem*

Ein informelles Informationssystem beruht im Wesentlichen auf menschlichen Denk- und Gedächtnisleistungen. Es wird wenig dokumentiert, vorhandene Softwarelösungen werden nur punktuell eingesetzt.

Die nachteiligen Folgen für die Prozesse liegen auf der Hand: Es passiert leicht, dass für die Ausführung von Prozessschritten notwendige Informationen nicht vorhanden sind oder nicht ankommen. Die Beteiligten sind in ihrem Erinnerungsvermögen überfordert und es werden deshalb Dinge vergessen. Schließlich ist im Nachhinein kaum nachvollziehbar, was bei den Prozessen aufgrund der gesetzten Vorgaben geschehen sollte und wer was bei welchem Prozessschritt getan hat.

Wenn es in Betrieben bei der Durchführung von Prozessen chaotisch zugeht, liegt dies oft daran, dass die für die Prozesse benötigten Informationen informell gehandhabt werden. Es wird zu viel auf Zuruf gearbeitet und zu wenig schriftlich dokumentiert.

(2) *Papierbasiertes Informationssystem*

Bei einem papierbasierten Informationssystem werden die für die Prozesse notwendigen Informationen (in angemessenem Umfang) in Formblättern, Listen, Tabellen, Aktennotizen und anderen Dokumenten aufgezeichnet.

Ein papierbasiertes Informationssystem hat gegenüber dem informellen im Hinblick auf die Prozesse erhebliche Vorteile: Für die Beteiligten ist klar, was bei anstehenden Prozessschritten zu tun ist. Die bei mündlich mitgeteilten Informationen gegebene Gefahr, dass die Empfänger sie nicht mitbekommen, ist verringert. Es kann im Nachhinein rekonstruiert werden, welche Vorgaben die internen oder externen Kunden an die Prozesse richten, wie die Prozesse ausgeführt wurden und welche Ergebnisse sie hatten. In vielen kleinen Unternehmen werden die für die Prozesse benötigten Informationen sehr effizient nur papierbasiert zur Verfügung gestellt.

Dennoch sind die Nachteile von papierbasierten Informationssystemen nicht zu übersehen:

- Wenn in Prozessen größere Informationsmengen zu verarbeiten sind, ist dies mit Papier und Bleistift kaum zu bewältigen.
- Große Probleme gibt es mit der Zugänglichkeit von Informationen. Es ist oft nur schwer möglich, den Mitarbeitern alle Informationen bereitzustellen, die sie zur (optimalen) Ausführung von Prozessschritten eigentlich benötigen.
- Die Weitergabe von in Dokumenten enthaltenen Informationen an andere Prozessbeteiligte ist umständlich und dauert lange.
- Es ist ausgesprochen schwierig, dieselben Informationen mehreren Beteiligten zur selben Zeit zur Verfügung zu stellen.

- Es ist ebenfalls schwierig, die Informationen, die bei der Durchführung der Prozesse entstehen, so zu archivieren, dass sie später bei Bedarf leicht wieder gefunden werden können.

Aus diesen Gründen sind papierbasierte Informationssysteme nur für kleine Unternehmen bzw. für Betriebe mit recht einfachen betrieblichen Abläufen empfehlenswert.

(3) *Computerunterstütztes Informationssystem*

In computerunterstützten Informationssystemen werden Hardware, Software, Datenbanken und Kommunikationseinrichtungen benutzt. Mit ihnen können die Nachteile von papierbasierten Informationssystemen überwunden werden:

- Mit einem computerunterstützten Informationssystem können für die Prozesse größere Mengen detaillierter Informationen zugänglich gemacht werden. Z. B. können Kundenanfragen dadurch optimal bearbeitet werden, dass die Mitarbeiter sofort auf sämtliche Kunden- und Produktdaten zurückgreifen können.
- Wenn Informationen elektronisch weitergegeben werden, treten die Verzögerungen nicht mehr auf, die durch die Schwerfälligkeit des Informationsträgers Papier entstehen. Die Prozesse werden dadurch schneller. Prozessschritte, die zuvor nacheinander stattfinden mussten, können auch parallel durchgeführt werden.
- Wenn an verschiedenen Stellen im Unternehmen auf eine gemeinsame Datenbank zugegriffen werden kann, müssen die Informationen nur einmal eingegeben werden und stehen dann allen Prozessen zur Verfügung, in denen sie benötigt werden.
- Schließlich wird es in einem computerbasierten Informationssystem möglich, die Informationen, die bei der Durchführung der Prozesse entstehen, leicht zugänglich zu archivieren, sodass das entstandene Wissen auf diese Weise in der Zukunft genutzt werden kann.

Aufgrund dieser Vorzüge werden heute in fast allen Unternehmen computerbasierte Informationssysteme eingesetzt.

Der früheren Konzentration auf die betrieblichen Abteilungen und der damit verbundenen Vernachlässigung der Prozesse (Kap. 1.3) entsprach, dass in den 70er- und 80er-Jahren die verschiedenen Unternehmensbereiche unabhängig voneinander mit ‚Datenverarbeitung' ausgestattet wurden. Dadurch wurde erreicht, dass die in den Abteilungen verlaufenden Prozessschritte sehr viel effizienter durchgeführt werden konnten, als dies bis dahin möglich gewesen war. Der Nachteil war, dass durch die abteilungsbezogene Ausstattung mit Hard- und Software keine durchgängigen computerbasierten Informationssysteme entstehen konnten. Die Ungereimtheiten der IT-Landschaft vieler Unternehmen, mit denen die Betriebe bis heute zu kämpfen haben – Medienbrüche, nicht miteinander kompatible Hardwareplattformen und Programme, redundante und deshalb inkonsistente Datenbestände in den verschiedenen Abteilungen –, sind die späten Folgen davon, dass in den Anfangsjahren die einzelnen Bereiche unabhängig voneinander durch den Einsatz von Informationstechnik optimiert wurden.

Etwa ab Beginn der 90er-Jahre setzte sich die Erkenntnis durch, dass nicht nur die Vorgänge in den Abteilungen, sondern auch komplette abteilungsübergreifende Prozesse informationstechnisch unterstützt werden müssen. „Die wichtigste Entwicklung in der geschäftlichen

Nutzung von Informationstechnik in den 90er-Jahren" war die zunehmende Verbreitung von betriebswirtschaftlicher Standardsoftware (auch ERP-Software [Enterprise Resource Planning]) (Davenport 1999, S. 89). Betriebswirtschaftliche Standardsoftware unterstützt auf Basis einer zentralen Datenbank alle Prozesse im kaufmännischen Bereich des Unternehmens – Produktion, Materialwirtschaft, Vertrieb und Marketing, Personalwirtschaft, Rechnungswesen. Weltmarktführer für ERP-Software ist die SAP AG.

Der mit der betriebswirtschaftlichen Standardsoftware verbundene Anspruch, für die unterschiedlich gestalteten Prozesse in vielen Unternehmen eine einheitliche Lösung anbieten zu können, wird wie folgt umgesetzt: In der ERP-Software sind so genannte Referenzprozesse (oder Prozessmodelle) enthalten, auf die die angebotene informationstechnische Unterstützung zugeschnitten ist. Dabei handelt es sich um vorgedachte betriebliche Prozesse, durch die festgelegt wird, was bei realen Prozessen in den Unternehmen ‚durchschnittlich' passiert und nach Meinung des (jeweiligen) ERP-Anbieters als ‚Best Practice' für die verschiedenen Prozesse anzusehen ist. Wenn ein Unternehmen ERP-Software einsetzen möchte, sind folgende Möglichkeiten gegeben:

- Die vorgegebenen Referenzprozesse entsprechen denen des Unternehmens bzw. sind diesen sehr ähnlich, sodass sie unverändert übernommen werden können.
- In einem zweiten Bereich können die Referenzprozesse durch das Verstellen von Parametern an den jeweiligen Betrieb angepasst werden (Customizing), ohne den Programmcode ändern oder erweitern zu müssen. Hierbei handelt es sich um mögliche bzw. erwartete Prozessmodifikationen, die in ERP-Software bereits berücksichtigt sind.
- In einem dritten Bereich kann die Anpassung an die Besonderheiten konkreter Prozesse durch Programmierung mit einem Werkzeug erreicht werden, das mit der Standardsoftware mitgeliefert wird.
- In vielen Unternehmen bleibt darüber hinaus ein Rest an Besonderheiten, dem durch weitere Programmierung bzw. ergänzende Softwareprodukte entsprochen werden muss (Staud 2006, S. 34f.).

Für die Einführung betriebswirtschaftlicher Standardsoftware in einem Unternehmen müssen zunächst die vorhandenen Prozesse ermittelt und optimiert werden. Denn es macht wenig Sinn, wenn bestehende Schwachstellen bzw. umständliche Vorgehensweisen in die Software übernommen werden. Darüber hinaus ist zu überlegen, ob die Durchführung der Prozesse mit ERP-Software Möglichkeiten eröffnet, die Prozesse auf eine neue und bessere Weise durchzuführen (Shields 2002, S. 206f.).

„Die wichtigste bei der Einführung von betriebswirtschaftlicher Standardsoftware ... zu klärende Frage ist, auf welche Weise die immer existierenden Unterschiede zwischen den realen Geschäftsprozessen des Unternehmens und denen der betriebswirtschaftlichen Standardsoftware überwunden werden können." (Staud 2006, S. 46) Die Lösungsmöglichkeiten liegen zwischen den Extremen, entweder die betrieblichen Prozesse an die ERP-Software anzugleichen oder umgekehrt die Standardsoftware an das Unternehmen anzupassen.

- Die erste Variante ist bei der Einführung und bei Releasewechseln die preiswertere Lösung. Nachteile sind, dass durch das Verwenden der vorgegebenen Standardprozesse ggf. Vorgehensweisen aufgegeben werden, die bislang Stärken des Unternehmens ausmachten, und dass sich die Mitarbeiter oft auf grundsätzlich veränderte Prozesse einstellen müssen.

- Wird umgekehrt die Standardsoftware angepasst, besteht für das Unternehmen die Möglichkeit, genau die Prozesse zu realisieren, die als zum Unternehmen passend angesehen werden – allerdings um den Preis, dass bei der Einführung und bei jedem Releasewechsel ein immenser Aufwand entsteht.

Jedes Unternehmen muss bei der Nutzung von ERP-Software einen Kompromiss zwischen diesen entgegengesetzten Gesichtspunkten finden.

3 Darstellungsmittel für Prozesse

Grundlage jeder Beschäftigung mit den betrieblichen Prozessen ist, dass diese grafisch dargestellt werden. Zunächst gilt es, sich ‚ein Bild davon zu machen', wie diese (gegenwärtig) verlaufen. Auf dieser Grundlage kann man dann darangehen, eine möglichst günstige Vorgehensweise für die Durchführung der Prozesse festzulegen und darüber nachzudenken, wie diese verbessert bzw. erneuert werden können (dazu Kap. 4).

In diesem Kapitel werden zwei Darstellungsmittel für betriebliche Prozesse vorgestellt – Prozesslandkarten und Flussdiagramme. Ziel des Kapitels ist es, den Leser dazu zu befähigen, diese Darstellungsmittel im Unternehmen anwenden zu können.

Prozesslandkarten und Flussdiagramme bauen aufeinander auf. Es ist empfehlenswert, bei der Darstellung betrieblicher Prozesse in folgenden zwei Schritten vorzugehen:

In einer Prozesslandkarte werden die betrieblichen Prozesse in ihrer Gesamtheit betrachtet. Es wird klar, welche Prozesse es in dem Unternehmen überhaupt gibt (Kap. 3.1).

Mit der Darstellung in Flussdiagrammen wird jeder Prozess, der in der Prozesslandkarte enthalten ist, für sich betrachtet. Aus einem Flussdiagramm geht hervor, in welchen Schritten ein Prozess im Einzelnen durchgeführt wird (Kap. 3.2).

Der logische Zusammenhang zwischen einer Prozesslandkarte und den Flussdiagrammen wird in Abb. 3-1 veranschaulicht.

Flussdiagramme sind nur eines von mehreren Darstellungsmitteln, um betriebliche Prozesse zu visualisieren. In Teil X dieses Lehrbuchs wird mit den Ereignisgesteuerten Prozessketten eine weitere Darstellungsmethode vorgestellt, die von der Anwendung her aufwendiger ist, sich dafür aber durch einen höheren Informationsgehalt auszeichnet.

3.1 Prozesslandkarten

Eine Prozesslandkarte stellt die „Abfolge und Wechselwirkung der Prozesse" (DIN ISO 9001 2000, S. 17) eines Betriebes dar. Aus ihr ist ersichtlich,

- welche Prozesse im Unternehmen vorhanden sind,
- welche Beziehungen zwischen (internen) Kunden und Lieferanten durch die Prozesse gegeben sind und
- über welche Prozesse das Unternehmen mit seinen (externen) Kunden und Lieferanten verbunden ist.

3 Darstellungsmittel für Prozesse

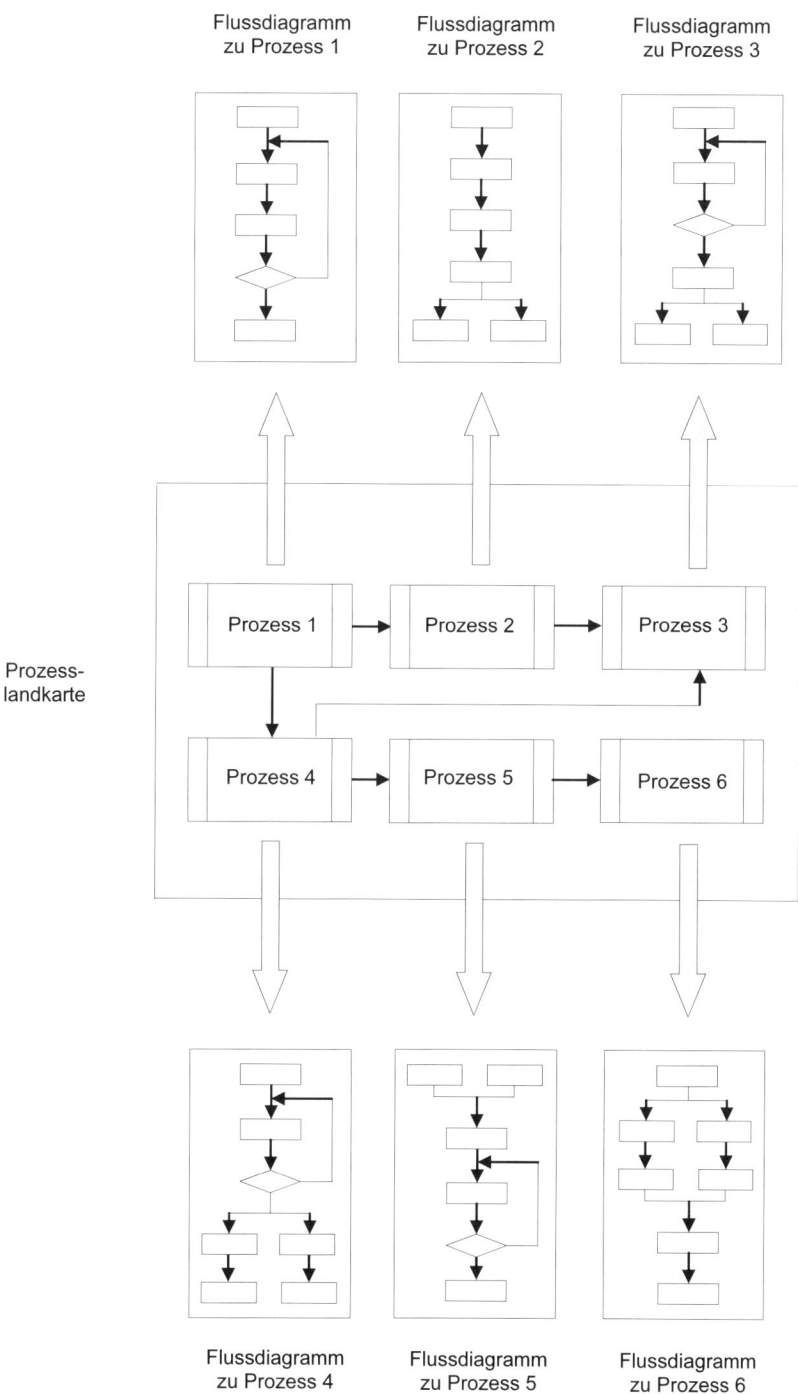

Abb. 3-1: Aufeinander aufbauende Darstellungsmittel für betriebliche Prozesse

Sie hat für die Prozessorganisation dieselbe Bedeutung, die das Organigramm für die Aufbauorganisation hat:
- Ein Organigramm macht anschaulich, wie die Abteilungen des Unternehmens heißen und in welchen Beziehungen sie zueinander stehen.
- Aus der Prozesslandkarte gehen die wesentlichen Prozesse des Unternehmens und deren logische Anordnung hervor.

Um eine Prozesslandkarte zu erstellen, müssen die betrieblichen Aktivitäten sinnvoll zu Prozessen zusammengefasst werden.

Um hierbei mögliche Verwechslungen von Abteilungen und Prozessen vorzubeugen, sollten die in der Prozesslandkarte aufgeführten Prozesse mit Bezeichnungen versehen werden, die sich deutlich von den Bezeichnungen der Abteilungen unterscheiden, z. B. ‚neues Produkt entwickeln' statt ‚Entwicklung', ‚Fertigungsauftrag ausführen' statt ‚Fertigung', ‚Kundenbeschwerde bearbeiten' statt ‚Kundenservice' usw.

Da die Prozesslandkarte lediglich dem Überblick dient, finden sich in ihr über die Prozessbezeichnungen hinaus keine weiteren Informationen zu den Prozessen. Ebenso wie man einem Organigramm nicht entnehmen kann, welche Aufgaben die in ihm genannten Abteilungen im Einzelnen haben, geht aus einer Prozesslandkarte nicht hervor, welche Input-Output-Relationen bei den einzelnen Prozessen gegeben sind, welche Prozessschritte aufeinanderfolgen, welche Informationen bei diesen genutzt und erzeugt werden usw.

Bei der Erstellung einer Prozesslandkarte ist zunächst zu entscheiden, welche der im Unternehmen vorhandenen Prozesse überhaupt berücksichtigt werden sollen. Die Kriterien für die Aufnahme in die Prozesslandkarte sind, dass die dargestellten Prozesse
- den wesentlichen Teil der Geschäftstätigkeit des Unternehmens ausmachen sollen und
- sich mit nennenswerter Regelmäßigkeit wiederholen müssen.

In fast jedem Unternehmen gibt es Aktivitäten, die nur relativ selten vorkommen und deren Anteil an Umsatz und Gewinn gering ist. Diese Nebenbereiche sind z. B. aus mittlerweile aufgegebenen Geschäftsfeldern übrig geblieben oder aufgrund irgendwelcher Zufälle zustande gekommen. Da die Prozesse in diesen Bereichen nur von untergeordneter Bedeutung sind bzw. nicht häufig vorkommen, werden sie in der Prozesslandkarte nicht berücksichtigt.

Zweck einer Prozesslandkarte ist also nicht eine vollständige Erfassung der betrieblichen Vorgänge, sondern es geht darum, eine Übersicht über die wesentlichen Prozesse zu erhalten, die zur Erstellung der angebotenen Produkte und Dienstleistungen notwendig sind.

Falls ein Unternehmen nicht nur ein, sondern mehrere Geschäftsfelder hat, müssen für diese in der Prozesslandkarte in der Regel unterschiedliche Prozesse vorgesehen werden. Wenn sich z. B. in einem Betrieb der eine Geschäftsbereich mit dem Verkauf und der andere mit der Reparatur von Geräten befasst, hat dies jeweils unterschiedliche Prozesse zur Folge. Es kann jedoch auch vorkommen, dass in den Geschäftsfeldern ungeachtet verschiedener betrieblicher Leistungen identische Prozesse stattfinden. Dies könnte etwa der Fall sein, wenn sich ein Geschäftsbereich mit dem Verkauf von Geräten und der andere sich mit dem Verkauf von Farben befasst. Obwohl es sich um unterschiedliche Produkte handelt, dürften die Prozesse in den beiden Geschäftsfeldern gleich sein und müssen deshalb auch nur einmal in der Prozesslandkarte aufgeführt werden.

Es kann sinnvoll sein, in einer Prozesslandkarte bei bestimmten Prozessen Varianten zu unterscheiden, bei denen diese Prozesse jeweils verschieden durchgeführt werden. So ist es manchmal angebracht, bei dem Prozess ‚Angebot bearbeiten' eine Prozessvariante A für ‚große' Angebote und eine Variante B für ‚kleine' Angebote vorzusehen, wobei im Falle von A alle und im Falle von B nur eine Teilmenge der Prozessschritte zu durchlaufen ist. Der Vorteil von Prozessvarianten ist, dass mit ihnen ein Prozess unterschiedlichen Prozessobjekten angepasst werden kann.

Aus einer Prozesslandkarte soll hervorgehen, wie die Prozesse logisch aufeinander aufbauen. Um sich die Zusammenhänge zwischen den Prozessen klarzumachen, ist es oft sinnvoll, die Prozesse nach dem Kriterium ‚Auftragsabwicklung' oder ‚Produkt- bzw. Dienstleistungslebenszyklus' zu ordnen.

- Bei dem Kriterium Auftragsabwicklung werden die Prozesse danach sortiert, welche Reihenfolge von Prozessen notwendig ist, um einen Kundenauftrag zu bearbeiten und dem Kunden die gewünschten Produkte bzw. Dienstleistungen liefern zu können. Dieses Kriterium dürfte sich meistens anbieten, wenn die Leistungen des Unternehmens durch individuelle Kundenaufträge veranlasst werden.
- Erfolgt die Gliederung der Prozesse nach dem Lebenszyklus der Produkte bzw. Dienstleistungen, beginnt die Folge der Prozesse damit, dass neue Produkte bzw. Dienstleistungen geplant werden, und wird mit dem Überprüfen der bestehenden Leistungen abgeschlossen. Diese Strukturierungsmöglichkeit ist v. a. bei Unternehmen anwendbar, die Standardprodukte bzw. Standarddienstleistungen anbieten, etwa bei einem Hersteller von Fotoapparaten oder bei einem Anbieter von Investmentfonds.

Viele Unternehmen bieten sowohl kundenspezifische als auch Standardleistungen an. Bei diesen Betrieben ist es sinnvoll, die beiden genannten Kriterien kombiniert anzuwenden.

Bei der Erstellung einer Prozesslandkarte sollte man darauf achten, dass in ihr tatsächlich auch nur Prozesse dargestellt werden – und nicht darüber hinaus alle möglichen anderen Dinge. Denn oft werden in Prozesslandkarten betriebliche Sachverhalte als Prozesse aufgeführt, obwohl es sich bei ihnen nicht um Prozesse handelt, etwa ‚Marketingprozess', ‚Qualitätsmanagementprozess', ‚Personalprozess' usw.

Solche Konstruktionen beruhen auf einer falschen Verwendung des Prozessbegriffs. Der Begriff ‚Marketing' z. B. fasst alle Aktivitäten zusammen, die mit der Beziehung des Unternehmens zum Markt zu tun haben. Marketing ist insofern ein betrieblicher Aufgabenbereich, aber kein Prozess, für den sich Input und Output und aufeinanderfolgende Prozessschritte angeben ließen. Selbstverständlich kann man innerhalb des Marketings Prozesse unterscheiden – ‚Markteinführung eines neuen Produkts vorbereiten', ‚Kundenbefragung durchführen', ‚Internetpräsentation aktualisieren' – und es ist völlig in Ordnung, diese Prozesse in der Landkarte aufzuführen. Wenn aber Marketing als solches als Prozess bezeichnet wird und in der Prozesslandkarte ein ‚Marketingprozess' auftaucht, weiß niemand, was gemeint ist (Allweyer 2005, S. 54, 64).

Manchmal findet man auch in Prozesslandkarten – mit dem üblichen ‚Prozess'-Symbol dargestellt – Bezeichnungen wie ‚Kundenorientierung', ‚Qualität', ‚Dokumente' usw. Was damit gesagt werden soll, ist schleierhaft. Jedenfalls handelt es sich bei den genannten Begriffen ganz offensichtlich nicht um Prozesse. Derartige Begriffe in einer Prozesslandkarte führen nur zur Verwirrung und haben deswegen in ihr nichts zu suchen.

Wie viele Prozesse?
In den Betrieben, aber auch in der Fachliteratur wird immer wieder über die Frage diskutiert, wie viele Prozesse in einer Prozesslandkarte aufgeführt werden sollten.

Die Zahl der dargestellten Prozesse hängt davon ab, wie die betrieblichen Aktivitäten zu Prozessen zusammengefasst werden. Es können entweder eher größere oder eher kleinere Folgen von Tätigkeiten als eigenständige Prozesse definiert werden. Im ersten Fall ergeben sich weniger, dafür aber ‚längere' Prozesse, während man im zweiten Fall zahlenmäßig mehr Prozesse erhält, die dann aber ‚kürzer' sind.

Die Frage nach der optimalen Anzahl der Prozesse, die in einer Prozesslandkarte enthalten sein sollen, lässt sich allgemein kaum beantworten (Schober 2002, S. 17f.). Die in der Literatur über Prozessorganisation genannten Obergrenzen für die Gesamtzahl betrieblicher Prozesse (die im Übrigen recht verschieden sind) „lassen sich nicht sinnvoll begründen." (Hess 1996, S. 166)

Als Faustregel kann formuliert werden, dass es in den meisten Unternehmen sinnvoll sein dürfte, zwischen fünf und fünfzehn Prozessen zu unterscheiden. Wenn die Vorgänge zur Erstellung der betrieblichen Leistungen in nur einem oder zwei Prozessen gebündelt werden, sind die so gebildeten Prozesse sehr umfangreich, heterogen und kompliziert. Unterscheidet man hingegen sehr viele Prozesse, wird die Prozesslandkarte unübersichtlich, der Überblick geht leicht verloren und man hat Schwierigkeiten zu verstehen, wie die Prozesse zusammenhängen (Schmelzer/Sesselmann 2006, S. 76f.).

Erstellung einer Prozesslandkarte
Bei der Erstellung einer Prozesslandkarte geht man am besten wie folgt vor:
- Zunächst sollten die Prozesse, die es in dem Unternehmen gibt und die notwendig sind, um die betrieblichen Leistungen durchführen zu können, in einer Liste zusammengestellt werden.
- Die Prozesse, die in dieser Liste aufgeführt sind, müssen mit Bezeichnungen versehen werden, die kurz und einprägsam den Inhalt der jeweiligen Tätigkeiten umschreiben.
- Als Nächstes ist zu entscheiden, ob alle diese Prozesse in die Prozesslandkarte aufgenommen werden oder ob bestimmte Prozesse nicht berücksichtigt werden sollen.
- Die gewählten Prozesse sind in eine logische Reihenfolge zu bringen. Hierbei kann man sich – wie erwähnt – an der der Abwicklung eines Kundenauftrags und/oder am Lebenszyklus der Produkte bzw. Dienstleistungen orientieren.
- Schließlich sind die Prozesse in der Prozesslandkarte darzustellen.

Komplette Prozesse werden in Flussdiagrammen üblicherweise durch folgendes Symbol abgebildet (Kap. 3.2):

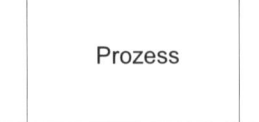

3 Darstellungsmittel für Prozesse

Im Hinblick auf eine konsistente Verwendung von Symbolen empfiehlt es sich, dieses Symbol auch in der Prozesslandkarte zu verwenden.

Die Prozesslandkarten in den Unternehmen sind recht verschieden, ebenso die in der Fachliteratur (Beispiele für unterschiedliche Darstellungsmöglichkeiten von Prozesslandkarten bei Fischermanns 2006, S. 115f.). Anders als bei Flussdiagrammen (Kap. 3.2) hat sich bei Prozesslandkarten insofern noch kein Standard etabliert, an den man sich halten könnte.

Auf den folgenden Seiten sind exemplarisch Prozesslandkarten dargestellt – für einen Messgerätehersteller, ein Medizintechnikunternehmen und für eine Wohnungsgesellschaft. Die Beispiele sind als Anregung für den Leser gedacht, wie er die Überblicksdarstellung der Prozesse seines Unternehmens gestalten könnte.

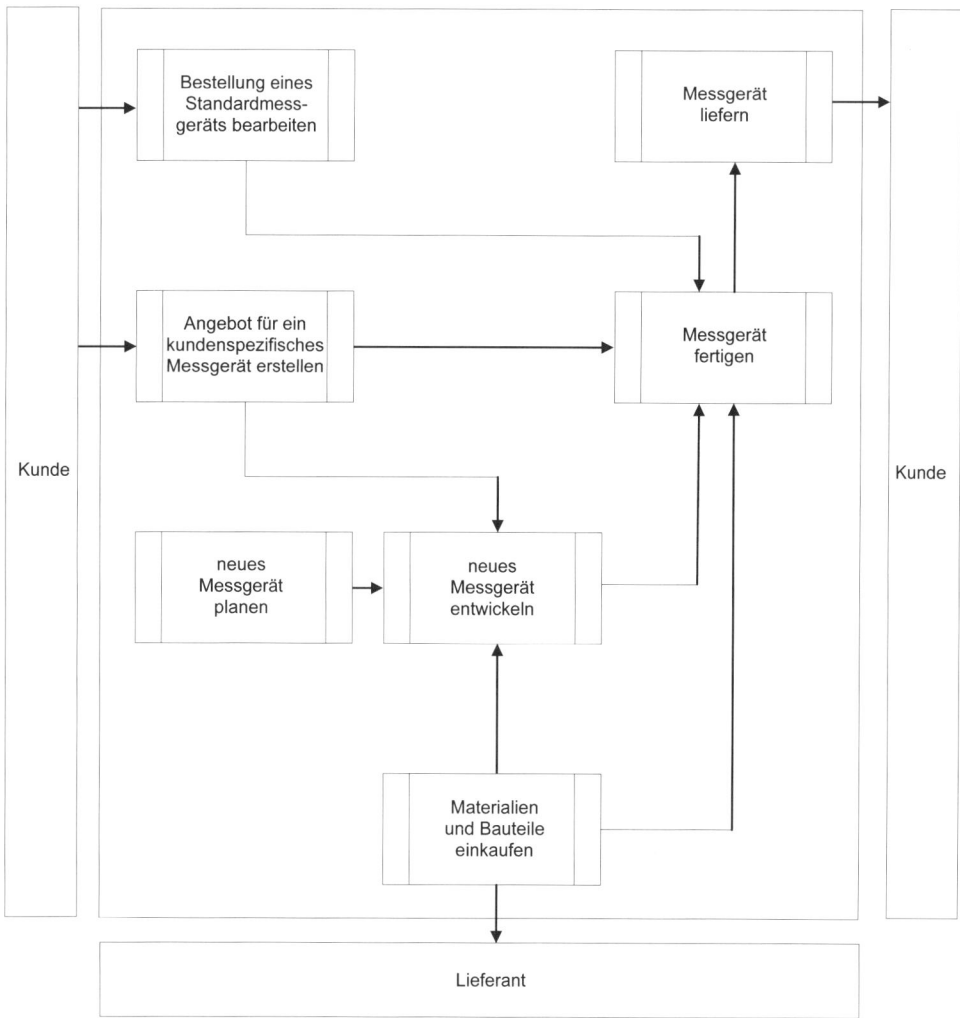

Abb. 3-2:   Prozesslandkarte eines Messgeräteherstellers

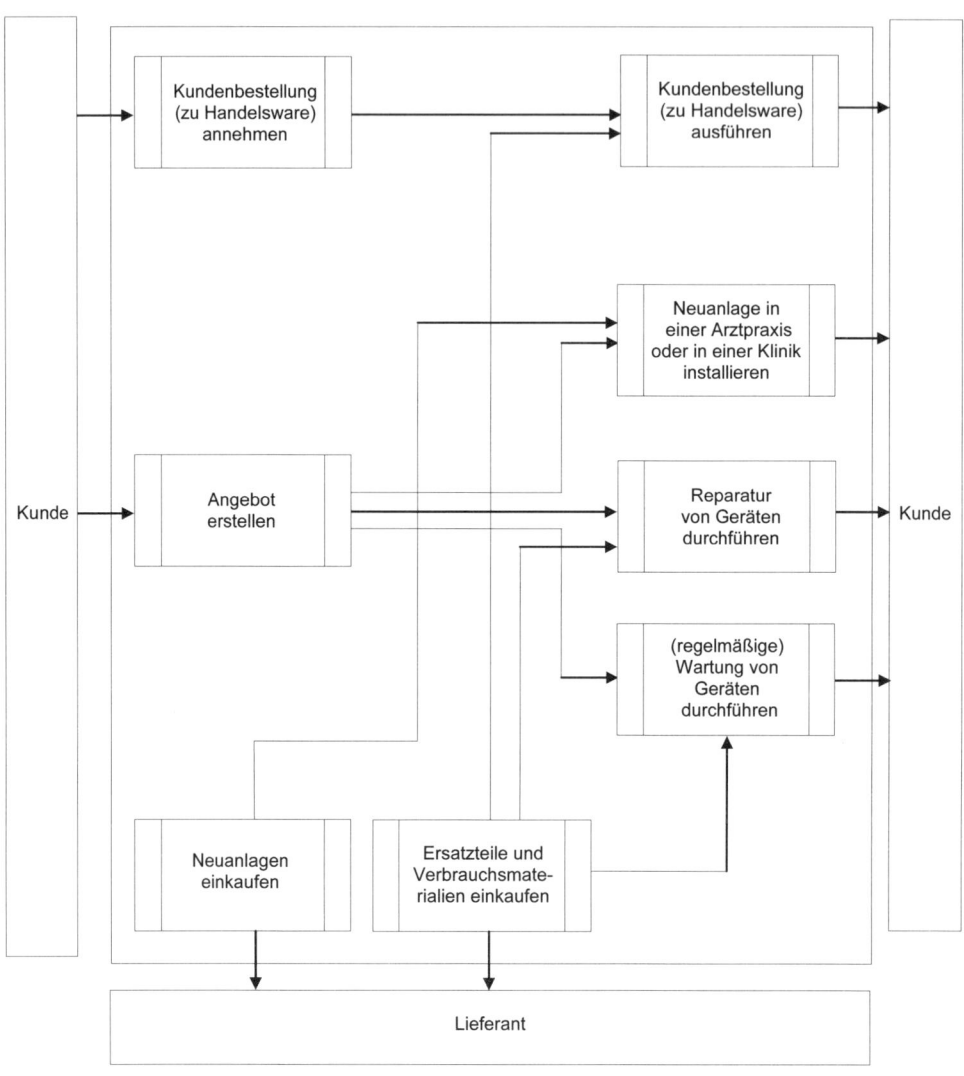

Abb. 3-3: Prozesslandkarte eines Medizintechnikunternehmens

3 Darstellungsmittel für Prozesse

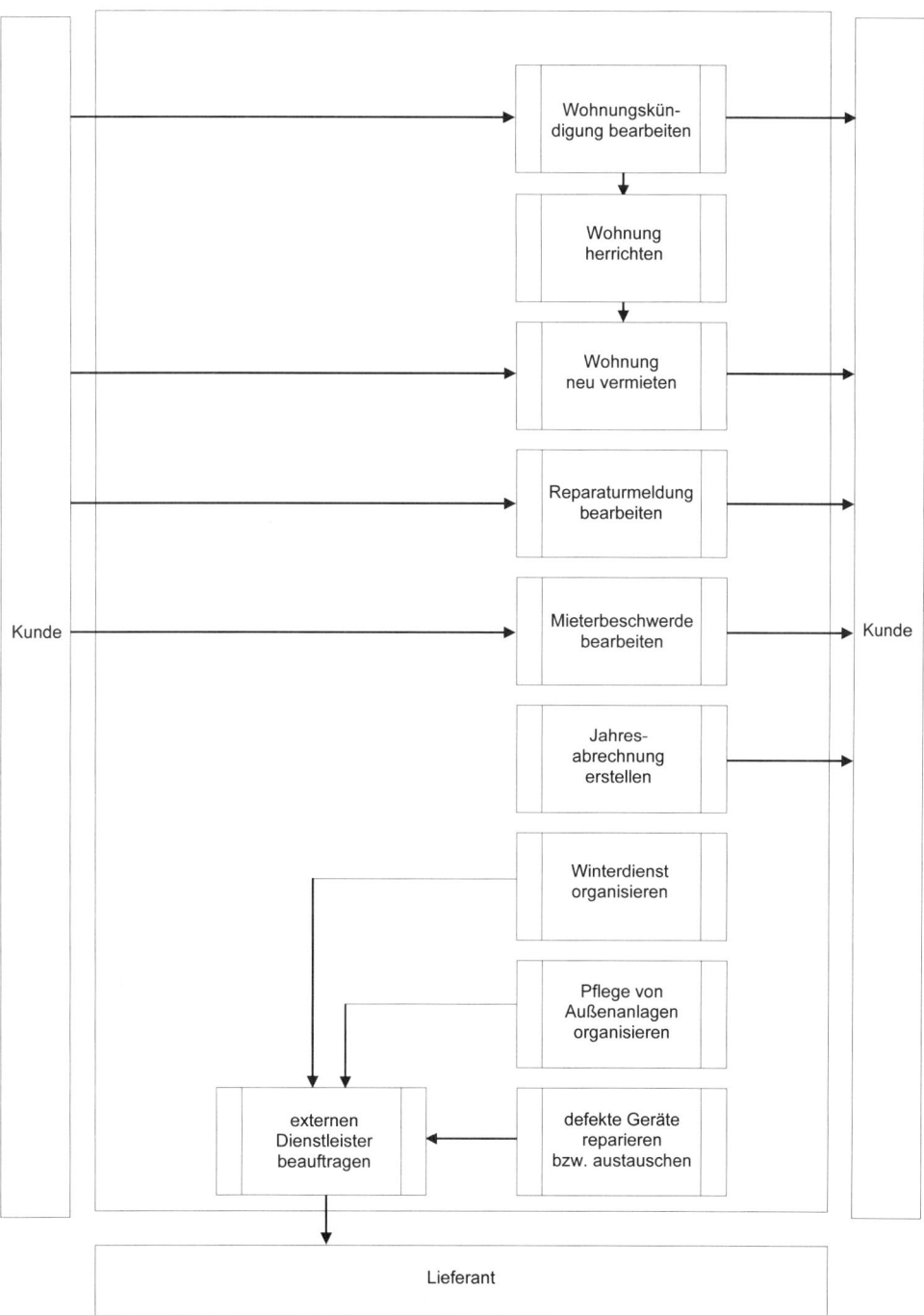

Abb. 3-4: Prozesslandkarte einer Wohnungsgesellschaft (nach Winter 2005, S. 16f.)

Hierarchische Prozesslandkarten
In den Prozesslandkarten in Abb. 3-2, 3-3 und 3-4 sind die betrieblichen Prozesse nur in einer Ebene dargestellt. Es ist auch möglich, eine Prozesslandkarte aus mehreren Ebenen hierarchisch aufzubauen (Fischermanns 2006, S. 92f.). Hierzu werden in der Landkarte unterschiedlich detaillierte Prozesse aufgeführt, die den verschiedenen Ebenen zugeordnet werden. Auf der obersten Ebene sind wenige ‚große' Prozesse zu finden, die dann nach unten über mehrere Ebenen hinweg in immer weiter verfeinerte Prozesse aufgelöst werden. Die Zahl der Hierarchieebenen liegt „meist zwischen drei und fünf" (Allweyer 2005, S. 57). Teilweise wird eine Unterscheidung von „bis maximal sieben" Ebenen für sinnvoll gehalten (Feldmayer/Seidenschwarz 2005, S. 30).

Das Beispiel in Abb. 3-5 veranschaulicht die Grundidee von hierarchischen Prozesslandkarten: Die Hauptprozesse (obere Ebene) bestehen aus Teilprozessen (mittlere Ebene) und diese wiederum aus Unterprozessen (untere Ebene).[1]

Eine hierarchische Prozesslandkarte bietet sich an, wenn es sich um ein großes Unternehmen mit vielen und komplizierten Prozessen handelt und insofern die Darstellung aller Prozesse in nur einer Ebene zu schwierig wäre. Die Zuordnung der Prozesse zu verschiedenen Ebenen macht es möglich, sich zunächst die großen Zusammenhänge klarzumachen und dann die verschiedenen Prozesse genauer zu betrachten.

Die Nachteile einer hierarchischen Prozesslandkarte sind, dass sie nicht so gut zu einem Überblick über die Prozesse des Unternehmens verhilft und es teilweise schwerfällt, sich in ihr zu orientieren:

- Um eine einfache Prozesslandkarte darzustellen, ist nur eine Abbildung nötig. Bei einer hierarchischen Prozesslandkarte braucht man hingegen mehrere (aufeinander verweisende) Abbildungen, um die Prozesse der verschiedenen Ebenen präsentieren zu können. Insofern ist es nicht möglich, die Prozesse des Unternehmens mit einem Blick zu erfassen. (Dieses Problem kann jedoch über den Einsatz von Softwarelösungen entschärft werden, mit denen hinterlegte Prozesse aufgerufen werden können.)
- Die Zuordnung der Prozesse zu verschiedenen Ebenen macht es darüber hinaus schwer, sich in einer hierarchischen Prozesslandkarte zurechtzufinden. Während man bei einer einfachen Prozesslandkarte sofort sieht, wie ein Prozess mit den anderen Prozessen zusammenhängt, muss man sich bei einer hierarchischen Prozesslandkarte immer wieder klarmachen, auf welcher Ebene man sich gerade befindet und welcher übergeordnete Prozess durch die betrachtete Folge von Prozessen konkretisiert wird. Diese Orientierungsprobleme sind umso schlimmer, je mehr Ebenen in der Prozesslandkarte unterschieden werden.

Zusammengefasst: Hierarchische Prozesslandkarten ermöglichen es, die Prozesse eines Unternehmens in mehreren Schritten nachzuvollziehen. Zunächst kann man sich über die we-

---

[1] In den Unternehmen und in der Literatur werden die Ebenen von hierarchischen Prozesslandkarten verschieden bezeichnet. Die in dem Beispiel gewählte Unterscheidung in Haupt-, Teil- und Unterprozesse ist nur eine Möglichkeit. Weitere gängige Bezeichnungen sind ‚Unternehmensprozesse', ‚Geschäftsprozesse', ‚Elementarprozesse', ‚Arbeitsabläufe', ‚Arbeitsschritte', ‚Tätigkeiten', ‚Aktivitäten' usw. (mit einer Übersicht Fischermanns 2006, S. 95). Wenn man mit einer hierarchischen Prozesslandkarte arbeitet, ist es insofern sehr wichtig, sich darüber zu verständigen, welche Bezeichnungen Ober- und welche Unterbegriffe sein sollen.

3 Darstellungsmittel für Prozesse   43

sentlichen Prozesse informieren, um dann spezielle Prozesse im Detail zu betrachten. Dies ist sinnvoll, wenn es sich um ein Unternehmen mit ausgesprochen vielfältigen und schwierigen Prozessen handelt. Im Normalfall sind jedoch einfache Prozesslandkarten vorzuziehen, da sie übersichtlicher und verständlicher sind.

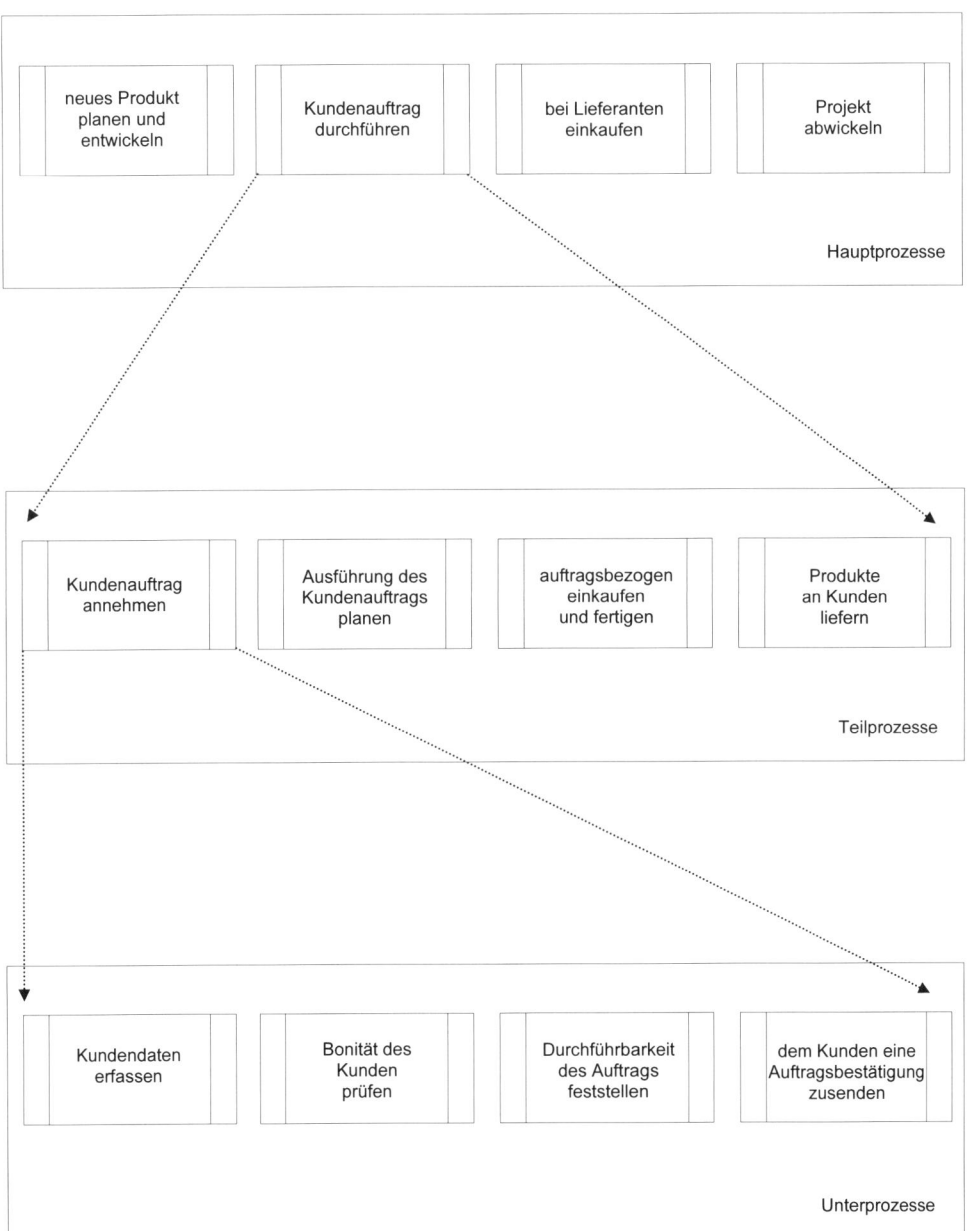

Abb. 3-5:   Beispiel für eine hierarchische Prozesslandkarte

3.2 Flussdiagramme

Nachdem man sich mit der Prozesslandkarte darüber Klarheit verschafft hat, welche Prozesse es in dem Unternehmen überhaupt gibt, geht es anschließend darum, sich mit den dort aufgeführten Prozessen im Einzelnen zu befassen. Hierzu ist jeder der in der Prozesslandkarte enthaltenen Prozesse als Flussdiagramm darzustellen.

Flussdiagramme haben den Vorteil, dass sie einfach zu erstellen und gleichzeitig sehr anschaulich sind. Wenn ein Flussdiagramm vernünftig gemacht ist, versteht der Betrachter sofort, worum es bei dem Prozess geht und wie er im Wesentlichen verläuft.

Aus einem Flussdiagramm wird ersichtlich,

- durch welche Prozessschritte die Vorgaben (Input) in die Ergebnisse (Output) überführt werden,
- auf welche Art und Weise die Prozessschritte miteinander verbunden sind, d. h., welche Folgebeziehungen zwischen ihnen bestehen und
- welche Informationen benötigt werden, um Prozessschritte auszuführen, bzw. bei ihrer Durchführung erzeugt werden.

Darüber hinaus ist einem Flussdiagramm zu entnehmen, welche Organisationseinheiten (in der Regel welche Abteilungen) für die verschiedenen Prozessschritte verantwortlich sind.

Symbole von Flussdiagrammen

Bei den Symbolen von Flussdiagrammen ist es üblich, sich an der DIN 66001 über ‚Informationsverarbeitung. Sinnbilder und ihre Anwendung' zu orientieren (DIN 66001 1983). Insofern gibt es bei Flussdiagrammen – im Unterschied zu Prozesslandkarten – einen Standard, an den sich mehr oder weniger alle halten. Von diesem Standard sollte man auch nicht abweichen. Der einfache Grund dafür: Ein in der gewohnten Form gestaltetes Flussdiagramm wirkt für den Betrachter vertraut, und es ist leicht nachvollziehbar, was gemeint ist. Wenn hingegen der Ersteller des Flussdiagramms Symbole einer anderen als der üblichen Bedeutung verwendet oder sich eigene Symbole ausgedacht hat, gibt er dem Betrachter ohne Not Rätsel auf.

Ein Rechteck mit abgerundeten Ecken stellt den Input bzw. Output eines Prozesses dar. Es sollte klar benannt werden, welches Ereignis oder welche Situation den Prozess auslöst (z. B. ‚Kundenanfrage ist eingegangen', ‚Mindestbestand im Lager ist unterschritten').

Ebenso sollte eindeutig bezeichnet werden, welche Ergebnisse vorliegen, nachdem der Prozess ausgeführt worden ist (z. B. ‚Materialien zur Fertigung freigegeben', ‚Ware beim Kunden', ‚Beschwerdeproblem des Kunden ist gelöst').

Wenn hingegen Prozessbeginn und -ende lediglich mit ‚Start' und ‚Ende' bezeichnet sind, wird die Input-Output-Relation des Prozesses nicht klar. Insofern fehlen ganz entscheidende Informationen über den Prozess.

3 Darstellungsmittel für Prozesse

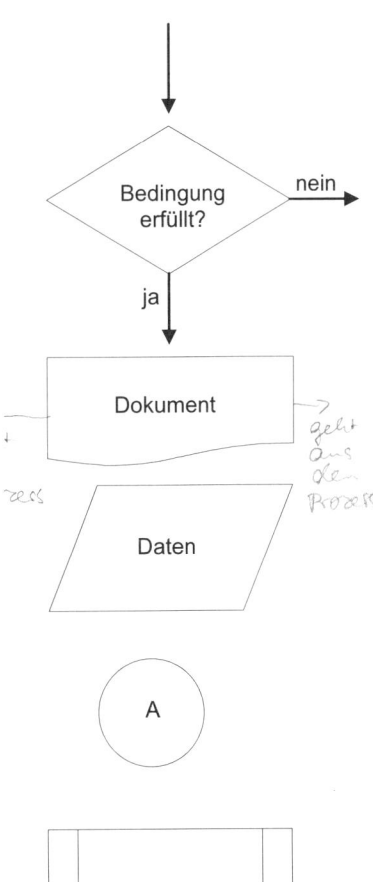

Ein Rechteck bezeichnet einen Prozessschritt. Dieser sollte möglichst so bezeichnet werden, dass der Inhalt der jeweiligen Tätigkeit möglichst anschaulich zum Ausdruck kommt. Meistens ist eine Kombination von einem Substantiv und einem Verb gut, weil man damit ausdrücken kann, um welches Prozessobjekt es geht und was damit gemacht wird (z. B. ‚technische Machbarkeit prüfen', ‚Kunden informieren', ‚Lieferung auf Vollständigkeit prüfen').

Ganz schlecht ist, wenn in dem Rechteck nur ein Substantiv steht, z. B. ‚Kundenanfrage'. In diesem Fall muss der Betrachter aufgrund des Kontextes raten, was etwa mit der ‚Kundenanfrage' passieren soll.

Steht in dem Rechteck nur ein Verb – ‚Prüfen' –, gibt dies zwar die Tätigkeit wieder, aber die Aussagekraft der Bezeichnung ist nicht so genau, wie sie sein könnte.

Der Pfeil zeigt die Reihenfolge der Prozessschritte auf, darüber hinaus die Beziehungen zwischen Prozessschritten und Dokumenten bzw. Daten.

Die Raute stellt eine Verzweigungssituation dar. Die beiden von ihr wegführenden, mit ‚ja' und ‚nein' bezeichneten Äste drücken aus, dass der Prozess abhängig davon, ob eine Bedingung erfüllt ist oder nicht, unterschiedlich fortgesetzt wird. Es bietet sich an, diese Bedingung mit einer angedeuteten Frage zu umschreiben, z. B. ‚Angebot vom Kunden angenommen?' oder ‚Ware lieferbar?'.

Das Rechteck mit der gebogenen Unterseite steht für ein Dokument, z. B. für eine zu verwendende Checkliste, in selteneren Fällen auch für mündlich übermittelte Informationen (z. B. eine telefonische Kundenbestellung).

Das Parallelogramm stellt Daten dar (z. B. die in einer Datenbank erfassten Kundendaten).

Der Kreis steht für eine Verbindungsstelle. Diese wird notwendig, wenn eine Seite für das Flussdiagramm nicht ausreicht und es deshalb auf der nächsten Seite fortgesetzt werden muss. Hierzu werden ggf. mehrere, jeweils mit Großbuchstaben bezeichnete Kreise verwendet, um klarzumachen, wie sich die auf der nächsten Seite dargestellten Schritte anschließen.

Das Rechteck mit den beiden senkrechten Strichen bezeichnet einen (anderen) Prozess, dessen detaillierte Darstellung aus dem Flussdiagramm ausgegliedert wurde, um dieses weniger komplex zu gestalten und so eine bessere Lesbarkeit zu erreichen.

Grundsätzlicher Aufbau von Flussdiagrammen

Ein Flussdiagramm wird mithilfe der genannten Symbole wie folgt gestaltet:

Die Folge der Prozessschritte wird in einer Richtung, nämlich von oben nach unten eingetragen, entsprechend ihrer logischen bzw. zeitlichen Reihenfolge.

Ganz oben wird der Input dargestellt, der den Prozess auslöst, ganz unten der Output bzw. die Ergebnisse, die vorliegen, nachdem der Prozess abgeschlossen ist.

Die Dokumente und Daten, die links von den Prozessschritten dargestellt werden, sind notwendig, um die jeweiligen Schritte ausführen zu können. Die Dokumente und Daten auf der rechten Seite sind jeweils nach der Ausführung der Schritte vorhanden.

Insofern ergibt sich für den Aufbau eines Flussdiagramms mithilfe der genannten Symbole folgende grundsätzliche Form:

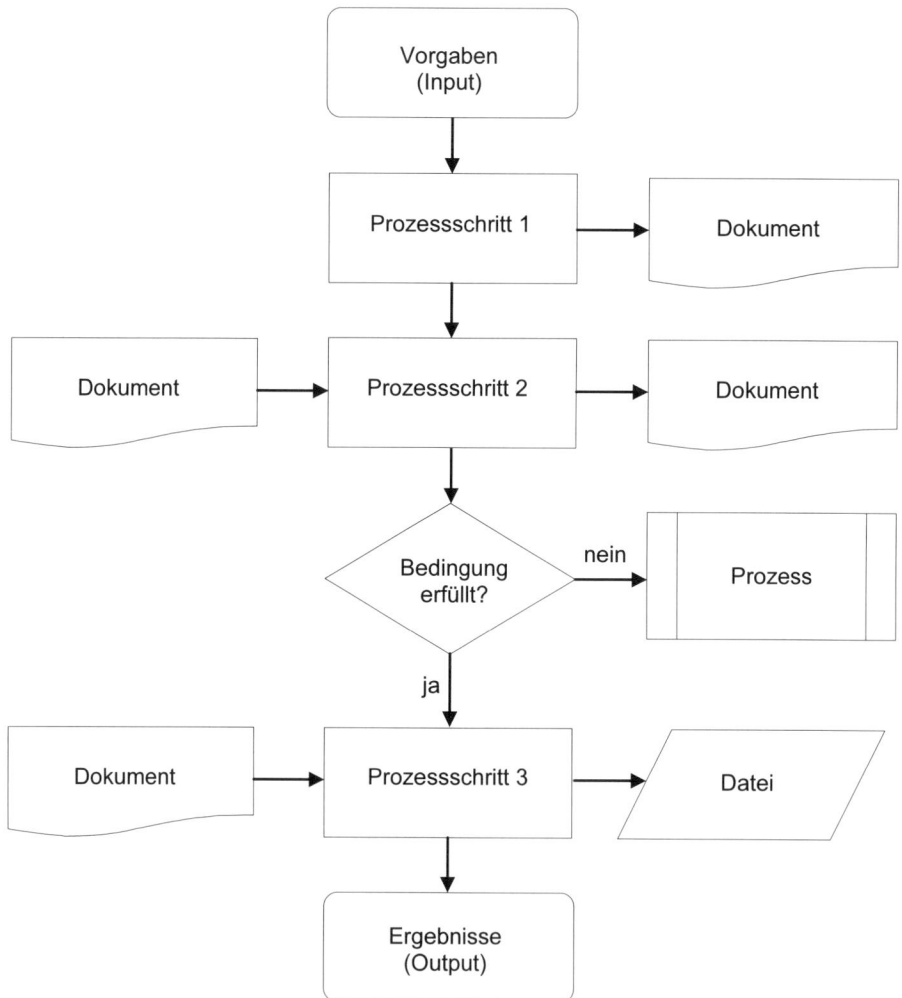

Abb. 3-6: Grundsätzlicher Aufbau eines Flussdiagramms

3 Darstellungsmittel für Prozesse

Um die Verständlichkeit zu sichern, ist unbedingt darauf zu achten, dass die Symbole stets in derselben Bedeutung verwendet werden. Wenn z. B. ein Rechteck manchmal für einen Prozessschritt verwendet wird und manchmal für ein Dokument, wird das Flussdiagramm unverständlich.

Zur Verbesserung der Übersichtlichkeit sollten sich überkreuzende Linien möglichst vermieden werden. Besteht das Flussdiagramm aus einem Gewirr vieler Linien, sind die dargestellten Zusammenhänge nur noch schwer nachvollziehbar.

Schließlich sollten die Größe der Symbole und die Schriftart einheitlich sein. Wenn Schriftgröße und Schriftart wechseln, wird der Betrachter dadurch verwirrt, dass Gleiches unterschiedlich dargestellt wird.

Darstellung von Verantwortlichkeiten in Flussdiagrammen

Nachdem die Abfolge der Prozessschritte in dem Flussdiagramm dargestellt worden ist, muss für jeden Prozessschritt definiert werden, welche Organisationseinheit für dessen Ausführung verantwortlich ist.

Zur Darstellung der Verantwortlichkeiten in Flussdiagrammen gibt es mehrere Möglichkeiten:

(1) *Prozessschrittsymbole teilen*

Die Rechtecke, die die Prozessschritte darstellen, werden in zwei Hälften unterteilt. In die eine Hälfte wird der Prozessschritt und in die andere die Abteilung oder der Mitarbeiter eingetragen, die oder der für diese Tätigkeit zuständig ist.

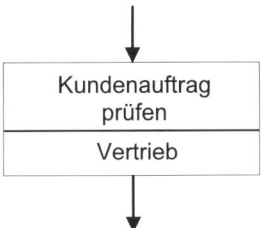

(2) *Verantwortlichkeiten neben den Prozessschrittsymbolen angeben*

Die zuständigen Organisationseinheiten können links oder rechts neben den Prozessschritten angegeben werden. (Diese Möglichkeit wurde in Abb. 3-6 gewählt.)

| Kundenauftrag prüfen | Vertrieb |

(3) *Verantwortungsmatrix anlegen*

Eine dritte Möglichkeit ist, die Darstellung der Verantwortlichkeiten aus dem Flussdiagramm auszulagern und die Zuständigkeiten getrennt von dem Flussdiagramm in einer Verantwortungsmatrix aufzuführen. In die Zeilen einer Verantwortungsmatrix werden die Prozessschritte, in die Spalten die Organisationseinheiten eingetragen. Welche Abteilung für welchen Prozessschritt zuständig ist, wird durch die Kreuze in den Feldern der Matrix angegeben.

Prozessschritte	Vertrieb	Entwicklung	(...)	Lager
Kundenauftrag prüfen	X			
technische Machbarkeit feststellen		X		
(...)				
Produkte verpacken und versenden				X

Folgebeziehungen in Flussdiagrammen
Die in Flussdiagrammen dargestellten Prozessschritte können auf unterschiedliche Arten miteinander verbunden werden. Abhängig von der Art der Folgebeziehungen sind die dargestellten Prozesse einfach oder komplex. Die sechs möglichen Grundformen sind

- Kette,
- UND-Verbindungen,
  wobei zwischen UND-Verzweigungen und UND-Verknüpfungen zu unterscheiden ist,
- ODER-Verbindungen,
  wobei ODER-Verzweigungen, ODER-Verknüpfungen und ODER-Rückkopplungen möglich sind.

Diese sechs Grundformen werden im Folgenden dargestellt (in Anlehnung an Fischermanns 2006, S. 193f.).

Kette
Eine Kette ist eine unverzweigte Folge von Prozessschritten, die nacheinander angeordnet sind. Bei einer Kette handelt es sich um die einfachste Art von Folgebeziehungen.
Ketten von Prozessschritten sind insbesondere bei Routineprozessen gegeben (z. B. bei dem Prozess ‚Kundenbestellung annehmen' in einem Versandhandel).

UND-Verbindungen
UND-Verbindungen zeichnen sich dadurch aus, dass Prozessschritte nebeneinander durchgeführt werden.
In der Regel sind UND-Verbindungen so zu verstehen, dass zwingend alle parallel dargestellten Handlungsstränge durchlaufen werden müssen. Es kann aber auch gemeint sein, dass es reicht, wenn einer oder mehrere der nebeneinander angeordneten Teilprozesse ausgeführt werden. Eine eindeutige Darstellung ist diesbezüglich mit einem Flussdiagramm nicht möglich (ein Beispiel dafür in Kap. 21.4).
Es gibt UND-Verzweigungen und UND-Verknüpfungen.

UND-Verzweigungen
Eine UND-Verzweigung ist dann gegeben, wenn Prozessschritte parallel durchgeführt werden und jeweils getrennt ihren Abschluss finden.
Das Beispiel zeigt Prozessschritte aus dem Prozess ‚Kundenauftrag durchführen'.

3 Darstellungsmittel für Prozesse

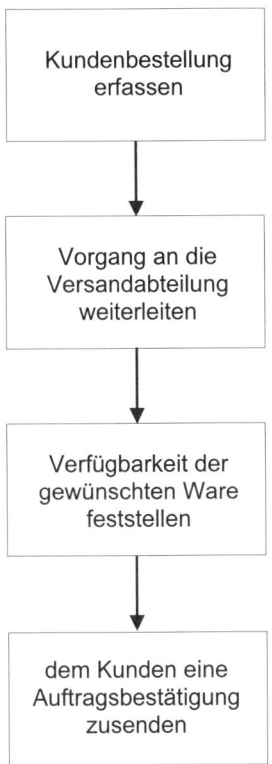

Abb. 3-7: Kette

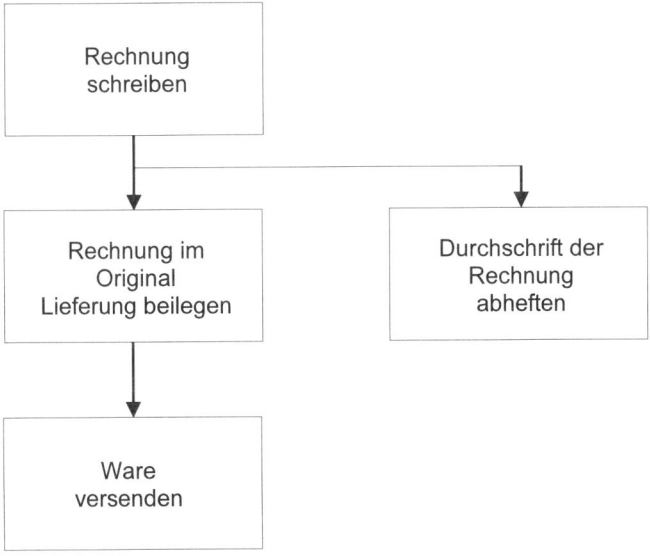

Abb. 3-8: UND-Verzweigung

UND-Verknüpfungen

Bei UND-Verknüpfungen werden (ebenso wie bei UND-Verzweigungen) Prozessschritte nebeneinander durchgeführt. Nachdem die Ergebnisse dieser Prozessschritte jeweils vorliegen, vereinigen sich die beiden Äste wieder und der Prozess wird fortgesetzt.

UND-Verknüpfungen treten auf, wenn Prozessschritte unabhängig voneinander sind und deshalb gleichzeitig durchgeführt werden. Nachdem diese Prozessschritte abgeschlossen sind, kann der wiedervereinigte Prozess fortgesetzt werden.

Eine UND-Verknüpfung setzt voraus, dass es vorher eine UND-Verzweigung gegeben hat.

Ein Beispiel ist der Prozess ‚Fertigung vorbereiten', in dem es Prozessschritte gibt, die unabhängig voneinander sind. Deshalb bietet es sich an, diese parallel durchzuführen.

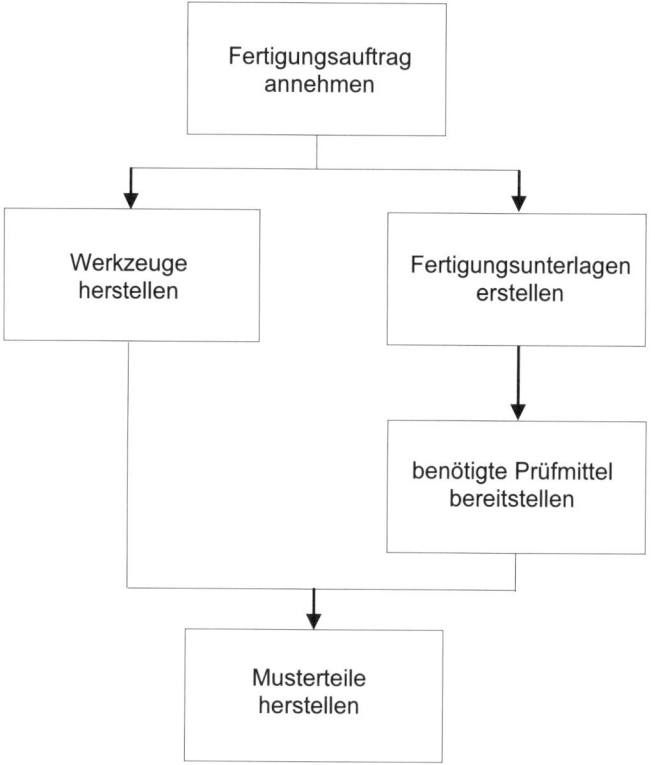

Abb. 3-9: UND-Verknüpfung nach einer UND-Verzweigung

ODER-Verbindungen

ODER-Verbindungen entstehen dadurch, dass nach einer Entscheidungssituation alternativ entweder die einen oder die anderen Prozessschritte durchgeführt werden.

Die Entscheidungssituation wird durch das Raute-Symbol dargestellt.

ODER-Verbindungen sind Weichen bei Bahngleisen vergleichbar, bei denen der Zug nur in die eine oder in die andere Richtung fahren kann.

Es gibt ODER-Verzweigungen, ODER-Verknüpfungen und ODER-Rückkopplungen.

ODER-Verzweigung

Bei einer ODER-Verzweigung werden abhängig von einer Bedingung alternative Prozessschritte durchlaufen, wobei die beiden Stränge getrennt voneinander enden.

In dem Prozess ‚Kundenbestellung annehmen' wird geprüft, ob die Bestellung durch ein Standardprodukt abgedeckt werden kann oder nicht. Je nachdem, welche der beiden Möglichkeiten zutrifft, sind die anschließenden Prozessschritte unterschiedlich.

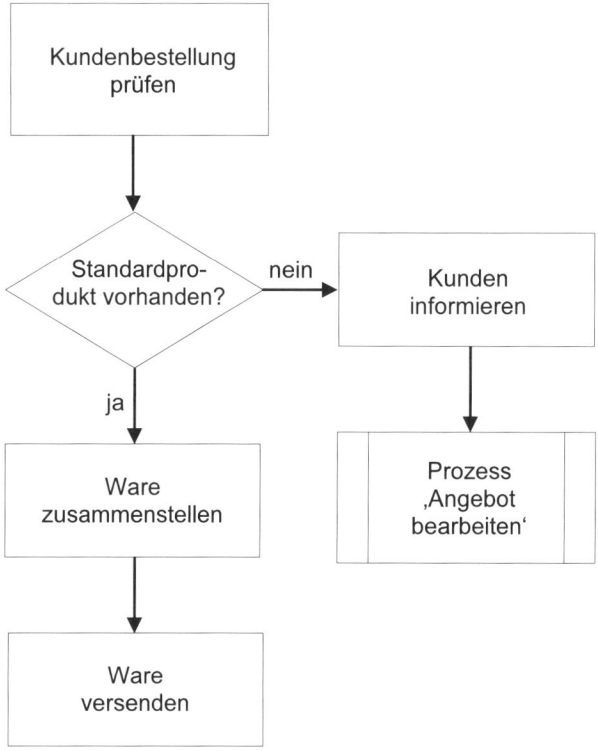

Abb. 3-10: ODER-Verzweigung

ODER-Verknüpfung

Bei der ODER-Verknüpfung werden die beiden Äste wiederzusammen geführt, nachdem entweder die einen oder die anderen Prozessschritte stattgefunden haben.

Eine ODER-Verknüpfung setzt voraus, dass es vorher eine ODER-Verzweigung gegeben hat.

Das Beispiel bezieht sich wiederum auf den Prozess, in dem eine Kundenbestellung angenommen wird. Mit der Entscheidungsraute ist eine klare Alternative gegeben: Der Kunde, der bestellt hat, ist entweder neuer Kunde, oder er ist es nicht. Abhängig davon sind unterschiedliche Dinge zu tun: Wenn es sich um einen Neukunden handelt, ist dessen Bonität zu prüfen. Stammt die Bestellung hingegen von einem Kunden, zu dem schon Geschäftsbeziehungen bestehen, ist festzustellen, ob mit ihm eine Rabattvereinbarung getroffen worden ist.

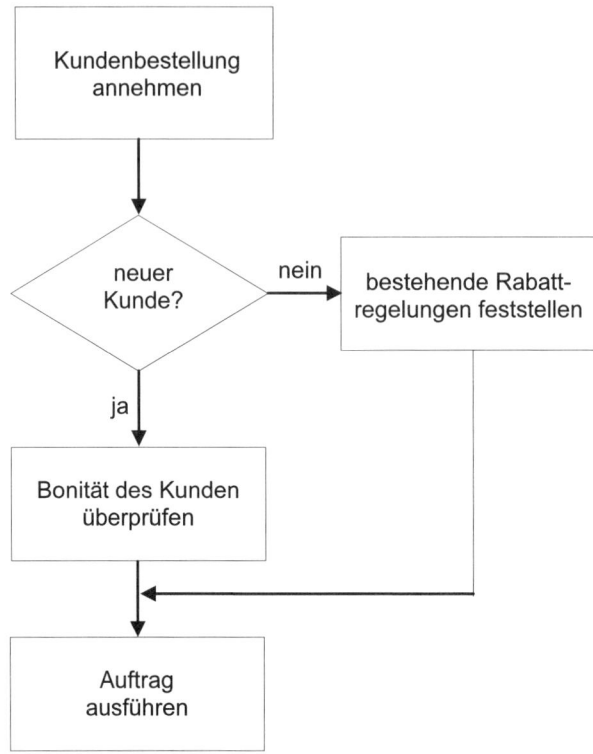

Abb. 3-11: ODER-Verknüpfung nach einer ODER-Verzweigung

ODER-Rückkopplung
Eine ODER-Rückkopplung setzt ebenfalls voraus, dass vorher eine ODER-Verzweigung erfolgt ist. Die Besonderheit besteht darin, dass die Vereinigung der Handlungsstränge nicht unterhalb, sondern oberhalb der Verzweigung erfolgt.

ODER-Rückkopplungen entstehen dann, wenn Prozessschritte wiederholt zu durchlaufen sind – und zwar so lange, bis die abgefragte Bedingung erfüllt ist.

In dem Beispiel wird dem Kunden ein Konzept für eine Werbekampagne vorgestellt. Das Konzept wird ggf. mehrfach überarbeitet und dem Kunden erneut vorgestellt, bis dieser schließlich einverstanden ist.

Erstellung eines Flussdiagramms
Bei der Erstellung eines Flussdiagramms geht man am besten so vor:
- Als Erstes sollte man den Input und den Output des Prozesses festlegen, also welche Voraussetzungen den Prozess auslösen und welche Ergebnisse nach Durchführung des Prozesses vorliegen.
- Wenn Prozessanfang und -ende feststehen, ist es zu überlegen, welche Prozessschritte logisch aufeinanderfolgen müssen, um den Input in den Output zu überführen. Im einfachen Fall ergibt sich eine Kette linear aufeinanderfolgender Prozessschritte, bei komplizierten Prozessen sind auch UND- bzw. ODER-Verbindungen nötig.

3 Darstellungsmittel für Prozesse 53

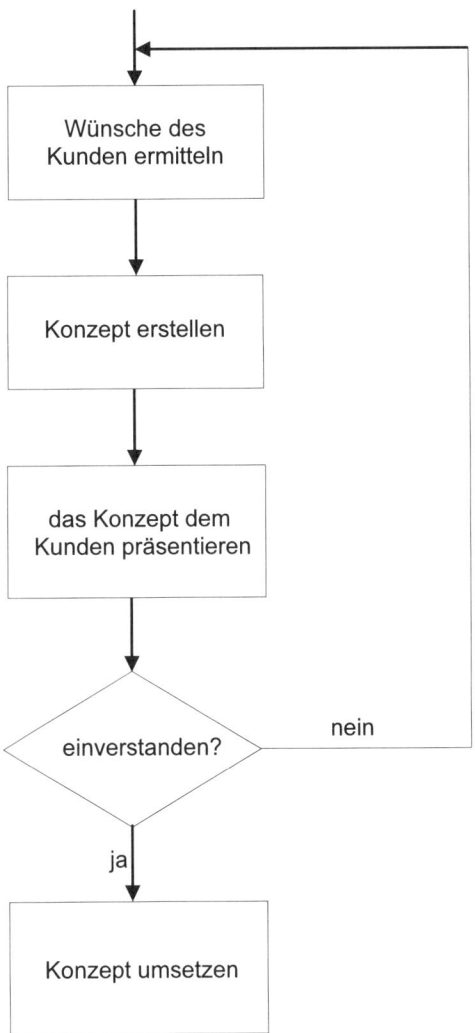

Abb. 3-12: ODER-Rückkopplung

- Für die Prozessschritte ist festzustellen, welche Dokumente und Daten bei ihnen verwendet bzw. erzeugt werden.
- Schließlich muss allen Prozessschritten die zuständige Organisationseinheit zugeordnet werden.

In den Abb. 3-13, 3-14 und 3-15 sind Beispiele für Flussdiagramme dargestellt. Sie zeigen die Durchführung einer Autoreparatur, die Bewirtung eines Gastes im Restaurant und den Ablauf einer Partnerschaftsvermittlung. (Auf die Angabe der Organisationseinheiten wurde in den drei Flussdiagrammen verzichtet.)

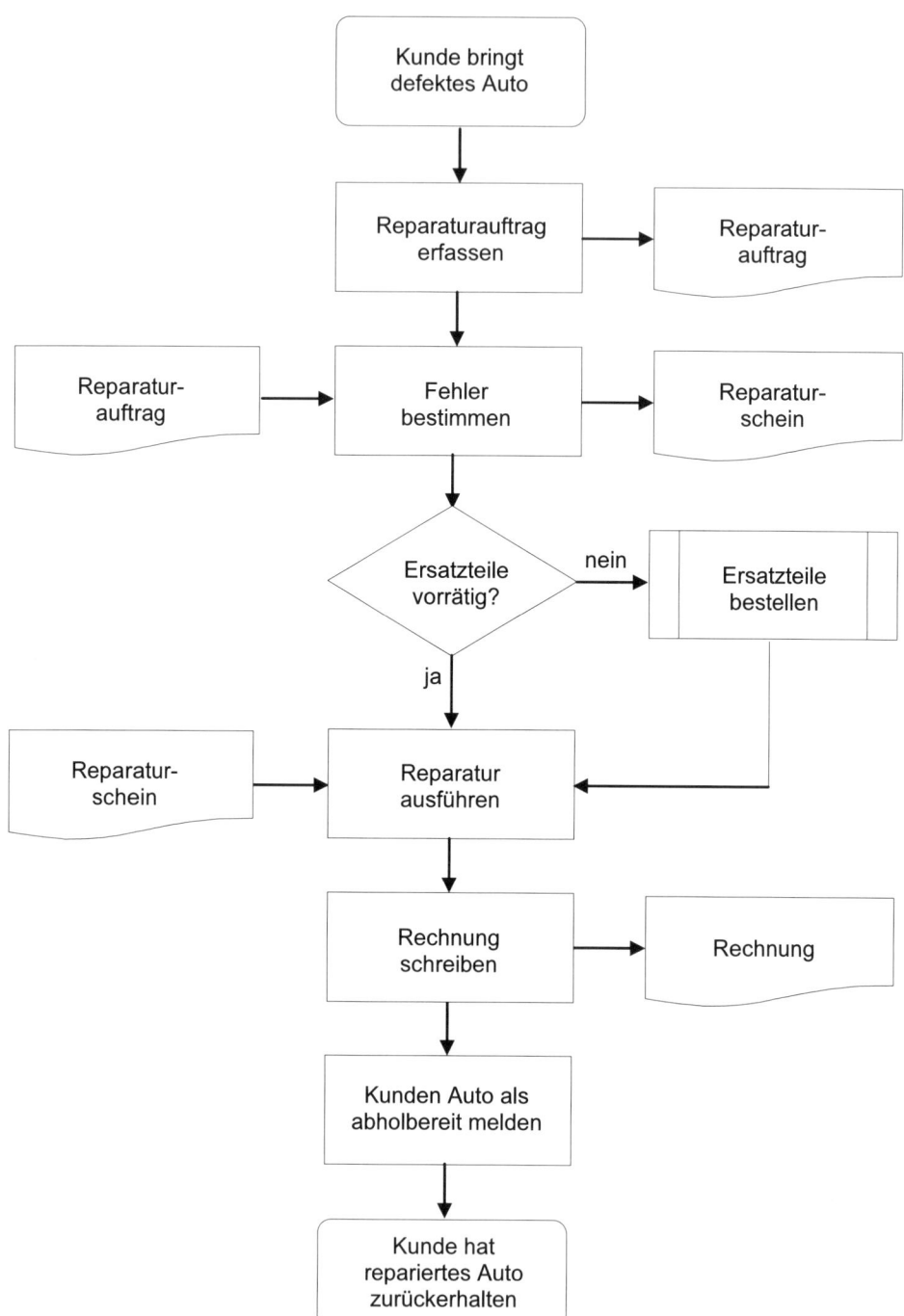

Abb. 3-13: Prozess ‚Autoreparatur durchführen'

3 Darstellungsmittel für Prozesse

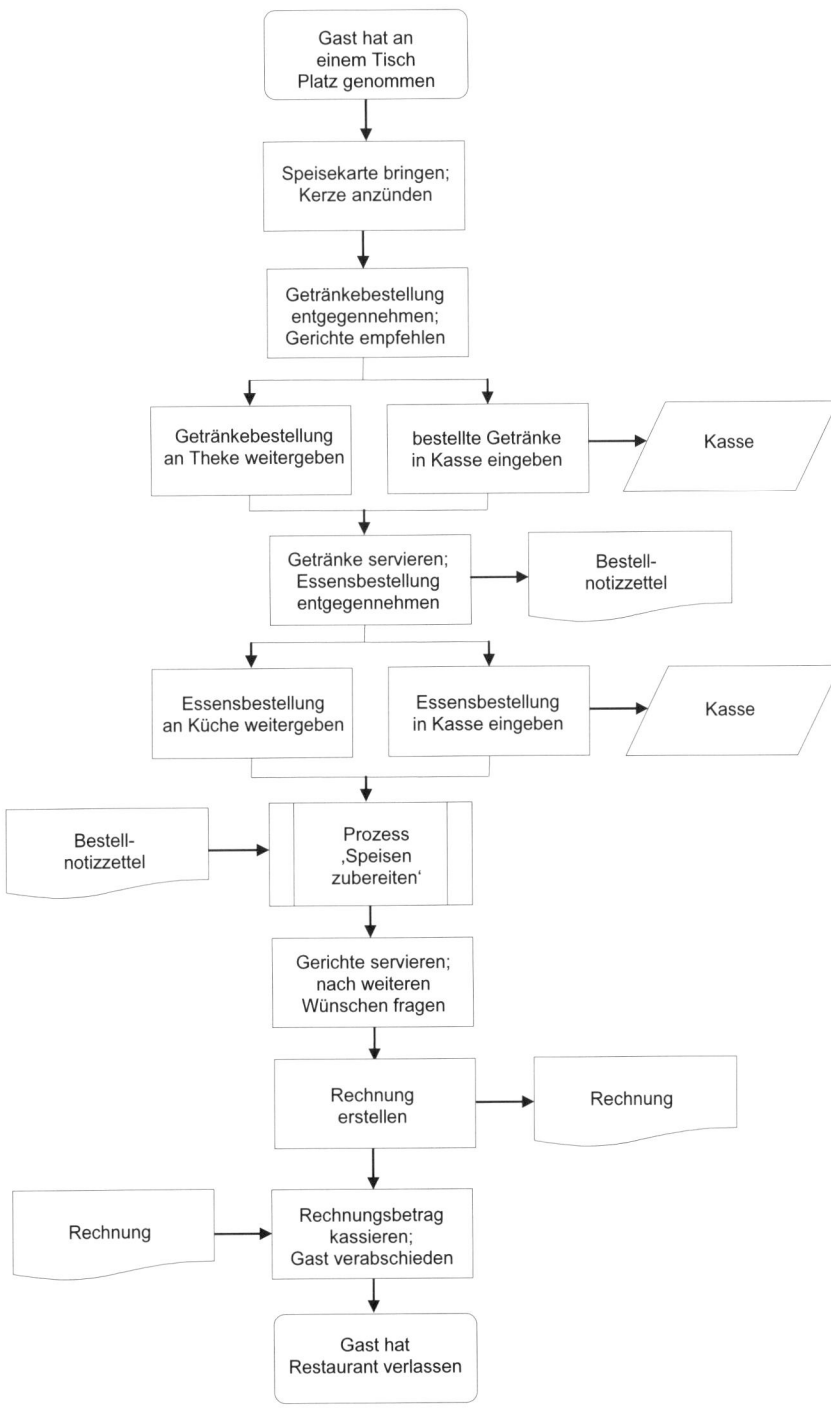

Abb. 3-14: Prozess ‚Gast im Restaurant bewirten'

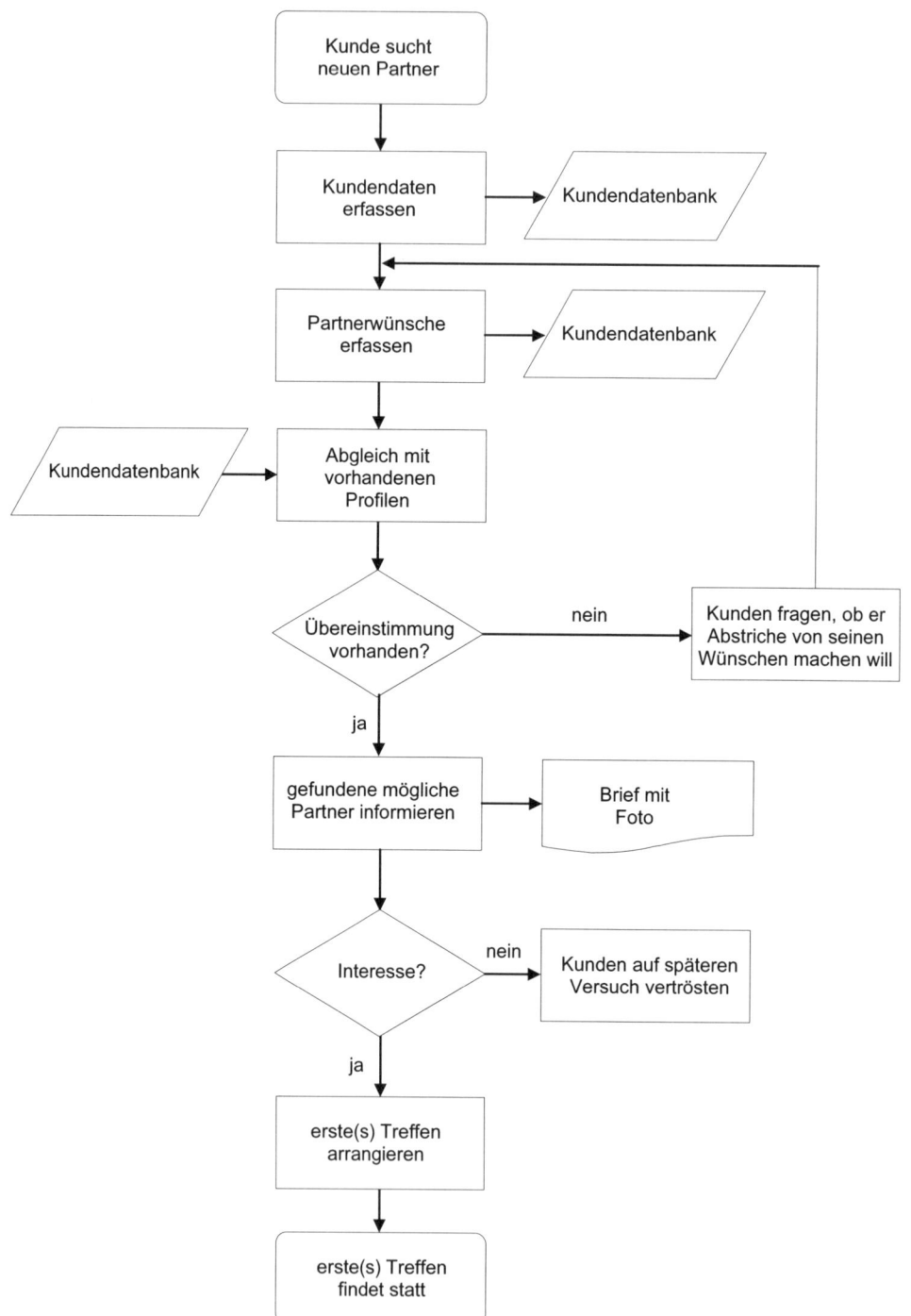

Abb. 3-15: Prozess ‚Partnerschaftsvermittelung organisieren'

3 Darstellungsmittel für Prozesse

Der richtige Detaillierungsgrad

Das Grundproblem bei der Darstellung von Prozessen in Flussdiagrammen besteht darin, den richtigen Detaillierungsgrad zu treffen. Hier gilt es, einen Mittelweg zwischen einer zu groben und einer übergenauen Darstellung zu finden.

Eine zu grobe Darstellung ist damit verbunden, dass der Betrachter des Flussdiagramms zu wenig Informationen bekommt. Er kann sich deshalb den Ablauf des Prozesses nicht richtig vorstellen. Wenn sich die Darstellung des Prozesses ‚Kundenbeschwerde bearbeiten' auf die Prozessschritte ‚Beschwerde annehmen', ‚bearbeiten' und ‚Ergebnis mitteilen' beschränkt, bleibt offen, was bei dem Prozess eigentlich passiert.

Eine übergenaue Darstellung enthält hingegen zu viele Informationen, sodass der Betrachter sich nicht mehr zurechtfindet.

Um eine zu detaillierte Darstellung zu vermeiden, sollte man v. a. bei der Zahl der Prozessschritte ein sinnvolles Maß finden. Selbst simple Prozesse wie z. B. der Verkauf einer Kinokarte können immer weiter verfeinert werden, bis schließlich alle Handgriffe als Prozessschritte definiert sind. Dies ist natürlich nicht sinnvoll.

Ebenso wie bei der Frage, wie viele Prozesse in eine Prozesslandkarte aufgenommen werden (Kap. 3.1), ist es schwierig, allgemein anzugeben, wie viele Prozessschritte in einem Flussdiagramm enthalten sein sollen. Faustregeln sind, dass in ein Flussdiagramm bis zu ca. zwölf Prozessschritte aufgenommen werden sollten und das Flussdiagramm, wenn es geht, auf eine Seite, maximal auf zwei Seiten passen sollte. Wird ein Flussdiagramm wesentlich umfangreicher, sollte man überlegen, ob die Darstellung übergenau geraten ist und bestimmte Prozessschritte weggelassen werden können. Ist dies nicht möglich, sollte der dargestellte Prozess in zwei ‚kürzere' Prozesse geteilt werden.

Vorsicht ist auch bei ODER-Verzweigungen und -Rückkopplungen geboten, da durch diese ein Flussdiagramm recht schnell unübersichtlich wird. Von ihnen sollte man deshalb sparsam Gebrauch machen. Sie sollten sich auf die Entscheidungssituation beschränken, die für den Prozess von zentraler Bedeutung sind. In dem Prozess ‚Angebot bearbeiten' z. B. besteht eine unverzichtbare Verzweigung in der Alternative, ob der Kunde das abgegebene Angebot annimmt oder nicht. Im positiven Fall wird der Auftrag ausgeführt, im negativen erhält der Kunde ein überarbeitetes Angebot. Nun könnte man mit einer weiteren Verzweigung darstellen, was passiert, wenn der Kunde auch das überarbeitete Angebot nicht akzeptiert. Da dies jedoch nicht mit neuen Erkenntnissen über den Prozess verbunden ist und nur mit dem Nachteil größerer Unübersichtlichkeit verbunden wäre, sollte man diesen Fall in der Darstellung des Prozesses nicht berücksichtigen.

Wichtig ist, dass es keine objektiven Kriterien dafür gibt, welcher Detaillierungsgrad ‚richtig' ist. Um den angemessenen Detaillierungsgrad zu finden, sollte man sich vor Augen halten, dass ein Flussdiagramm den prinzipiellen Ablauf eines Prozesses veranschaulichen soll, insofern also eine vereinfachte Darstellung von dem ist, was wirklich geschieht. Ausgehend von diesem Zweck eines Flussdiagramms ist zu entscheiden, was bei der Darstellung eines Prozesses berücksichtigt werden muss und was weggelassen werden kann.

4 Die Praxis der Prozessorganisation

Um die Leistungsfähigkeit der betrieblichen Prozesse aufrechtzuerhalten und diese auszubauen, muss eine kontinuierliche Auseinandersetzung mit den Prozessen erfolgen. Die Praxis der Prozessorganisation besteht darin, dass die Prozesse verbindlich festgelegt, überprüft und aufgrund neuer Erkenntnisse weiterentwickelt werden. Hierzu ist eine Reihe zusammenhängender Tätigkeiten notwendig, die im Folgenden beschrieben werden.

Hat man sich mithilfe der Prozesslandkarte und von Flussdiagrammen Klarheit über die Prozesse verschafft, kann die Standardisierung der Prozesse angegangen werden. Dazu werden die gegebenen Prozesse systematisch durchdacht und gefundene Schwachstellen (sofern dies möglich ist) beseitigt. Ergebnis der Standardisierung ist, dass verbindliche Prozessvorgaben definiert worden sind, welche Ergebnisse die Prozesse liefern sollen und in welchen Schritten sie durchzuführen sind (Kap. 4.1).

Die Festlegung von Prozessvorgaben macht es notwendig, deren Einhaltung zu überwachen. Denn es kann nicht als selbstverständlich angesehen werden, dass die Prozesse so wie vorgesehen durchgeführt werden. Als Instrument zur Überwachung der Prozesse werden prozessorientierte Audits angewandt, mit denen festgestellt wird, inwieweit die tatsächlichen Prozesse die Vorgaben erfüllen und ob ggf. Abweichungen bestehen (Kap. 4.2).

Um die Leistungsfähigkeit der Prozesse auf objektiver Grundlage beurteilen zu können, ist es notwendig, die Prozesse zu messen. Prozesse messen bedeutet, dass die Prozessergebnisse und/oder die Prozessdurchführung mithilfe von Kennzahlen abgebildet werden (Kap. 4.3).

Aufgrund der Überwachung und Messung der Prozesse (aber auch aus anderen Erkenntnisquellen) ergeben sich Anhaltspunkte, wie die Prozesse verbessert und erneuert werden können. Die Umsetzung der hierzu notwendigen Maßnahmen führt dazu, dass die Leistungsfähigkeit der Prozesse erhöht und eine immer weiter gehende Perfektionierung der Prozesse zustande kommt (Kap. 4.4).

4.1 Prozesse standardisieren

Mit der Standardisierung werden verbindliche Vorgaben
- zu den von den Prozessen zu liefernden Ergebnissen und
- zur Vorgehensweise bei der Durchführung der Prozesse

festgelegt.

Standardisierung von Prozessen bedeutet, dass eine Vereinheitlichung vorgenommen wird. Standardisierte Prozesse führen stets zu denselben Ergebnissen und werden stets auf dieselbe Art und Weise durchgeführt. Es kommt nicht (mehr) vor, dass z. B. gleichartige Kundenbeschwerden mit unterschiedlichen Ergebnissen und/oder nach einer verschiedenartigen Vorgehensweise bearbeitet werden.

Die wesentlichen Vorteile standardisierter Prozesse sind:
- Zwischen den internen Kunden und den internen Lieferanten besteht Einigkeit über die Anforderungen und die zu liefernden Prozessergebnisse.

4 Die Praxis der Prozessorganisation

- Es ist klar, wie die Prozesse durchgeführt werden (sollen) und wer innerhalb der Prozesse wofür verantwortlich ist. Auf diese Weise werden zufällig bedingte Unterschiede in der Ausführung beseitigt.

Darüber hinaus besteht der Nutzen standardisierter Prozesse in folgenden Punkten:

- Durch die Standardisierung wird die Handlungssicherheit der Mitarbeiter erhöht. Denn aufgrund der Prozessvorgaben ist klar, wie auf bestimmte Geschäftsvorfälle zu reagieren ist. Es ist nicht mehr nötig, immer wieder neu darüber nachzudenken, was z. B. zur Bearbeitung einer Kundenbestellung zu tun ist.
- Neuen Mitarbeitern wird die Einarbeitung erleichtert. Da die Prozesse standardisiert sind, finden sich die neuen Mitarbeiter leichter im Unternehmen zurecht und es muss ihnen weniger erklärt werden.
- Die Standardisierung dient darüber hinaus der Absicherung des betrieblichen Knowhows. Das Wissen über die Durchführung der betrieblichen Prozesse befindet sich nicht mehr ausschließlich in den Köpfen der Mitarbeiter, sondern ist in den getroffenen Prozessvorgaben enthalten. Es geht deshalb dem Betrieb nicht verloren, wenn z. B. Mitarbeiter das Unternehmen verlassen.
- Standardisierte Prozesse führen schließlich auch dazu, dass ein einheitliches Erscheinungsbild gegenüber dem externen Kunden und dem externen Lieferanten entsteht. Beide können bei den Prozessen, an denen sie beteiligt sind, mit gleichartigen Verhaltens- und Reaktionsweisen des Unternehmens rechnen – was den Eindruck eines verlässlichen Partners fördert.

Wenn sich ein Unternehmen dazu entschließt, seine Prozesse zu vereinheitlichen und sie verbindlich festzuschreiben, kann es dafür verschiedene Gründe geben (Krings 2005, S. 27; Schmelzer/Sesselmann 2006, S. 42f.; Rosenkranz 2006, S. 219):

- Es besteht Leidensdruck aufgrund mangelnder Prozessbeherrschung. Den Beteiligten ist klar, dass es so wie bisher nicht weitergehen kann und dass das Unternehmen sichere Prozesse braucht.
- Der Blick auf Wettbewerber zeigt, dass diese Produkte und Dienstleistungen kostengünstiger oder schneller anbieten können oder neue technische Möglichkeiten konsequenter nutzen. Ohne die Anpassung der eigenen betrieblichen Prozesse wäre die Wettbewerbssituation des Unternehmens gefährdet.
- Das Unternehmen möchte betriebswirtschaftliche Standardsoftware nutzen oder erweitern. Hierzu müssen die betrieblichen Prozesse eindeutig festgelegt sein. Denn nur dann kann man sich darüber klar werden, wie die Prozesse durch Software unterstützt werden sollen und sie hinsichtlich Gemeinsamkeiten und Unterschieden zu den Referenzprozessen beurteilen, die in der ERP-Software vorgesehen sind.
- Die Einführung einer Prozesskostenrechnung setzt ebenfalls standardisierte Prozesse voraus. Prozesskostensätze festzulegen wäre nicht sinnvoll bzw. nicht möglich, wenn Ergebnisse und Durchführung der Prozesse mal so und mal so sind.
- Ein häufiger Anlass, sich mit der Standardisierung betrieblicher Prozesse zu befassen, ist schließlich die Einführung oder Weiterentwicklung des Qualitätsmanagementsystems. Mit den standardisierten Prozessen wird hier vorrangig das Ziel verfolgt, fehlerfreie und anforderungsgerechte Prozessergebnisse zu gewährleisten und Qualitätsschwankungen zu vermeiden.

In jedem Fall muss die Initiative zur Standardisierung der Prozesse von der Unternehmensleitung ausgehen. Diese muss den Abteilungsleitern und Mitarbeitern vermitteln, warum die Auseinandersetzung mit den Prozessen erfolgen soll und welchen Nutzen sie sich davon verspricht. Verzichtet die Unternehmensleitung darauf, wird das gesamte Vorhaben wahrscheinlich scheitern.

Die Vorgehensweise, nach der in einem Unternehmen die Standardisierung der Prozesse zustande kommt, ist sehr unterschiedlich. Sie hängt davon ab, um welches Unternehmen es sich handelt, was im Einzelnen erreicht werden soll, welcher Führungsstil praktiziert wird und von anderen Faktoren mehr. Im Folgenden wird eine idealtypische Vorgehensweise zur Standardisierung der betrieblichen Prozesse beschrieben.

Diese Vorgehensweise kann ihrerseits als betrieblicher Prozess aufgefasst werden und in einem Flussdiagramm dargestellt werden.

Die in diesem Prozess erreichten Ergebnisse sind:

- Es besteht Klarheit darüber, welche Prozesse es in dem Unternehmen gibt und wie diese Prozesse ablaufen sollen.
- Die Schwachstellen der Prozesse sind erkannt und die sofort behebbaren Schwachstellen wurden beseitigt.
- In der Prozessdokumentation sind die Prozesse so festgelegt, wie es den Beteiligten zum gegebenen Zeitpunkt als machbar und sinnvoll erscheint.

Nachdem die Entscheidung, die Prozesse zu standardisieren, gefallen ist, muss als Erstes überlegt werden, welche Prozesse in der Prozesslandkarte dargestellt werden sollen. Diese Identifikation der Prozesse ist schwierig und bereitet in der Praxis „die größten Probleme" (Schmelzer/Sesselmann 2006, S. 101).

Ausgangspunkt sind die Tätigkeiten, die im Unternehmen derzeit zur Erstellung der betrieblichen Leistungen durchgeführt werden. Es muss entschieden werden, wie diese Aktivitäten sinnvoll strukturiert und zu Prozessen gebündelt werden können. Wichtig ist hierbei v. a., wie viele Prozesse unterschieden und welche Tätigkeiten welchen Prozessen zugeordnet werden (Kap. 3.1).

Die definierten Prozesse sollten in jedem Fall auch dahin gehend überprüft werden, inwieweit sie zur Unternehmensstrategie passen. In Kap. 1.4 wurde ausgeführt, dass sich die Prozesse logisch aus der Unternehmensstrategie ergeben müssen. Deshalb ist es wichtig, die erkannten Prozesse im Hinblick auf Übereinstimmung mit der Unternehmensstrategie zu prüfen. Denn es könnte sein, dass für die Erstellung der betrieblichen Leistungen notwendige oder sinnvolle Prozesse derzeit nicht durchgeführt werden bzw. umgekehrt bestehende Prozesse nichts zur Umsetzung der Unternehmensstrategie beitragen und deshalb überflüssig sind.

Ergebnis dieses Schritts ist eine Prozesslandkarte, die die vorhandenen (sowie ggf. die ergänzten) Prozesse des Unternehmens im Überblick darstellt.

Im nächsten Schritt müssen alle in der Prozesslandkarte aufgeführten Prozesse einzeln betrachtet und in Flussdiagrammen dargestellt werden. Dies macht klar, wie die Prozesse derzeit verlaufen und welche Ergebnisse sie haben. Diese Bestandsaufnahme der Prozesse ist häufig Detektivarbeit.

4 Die Praxis der Prozessorganisation

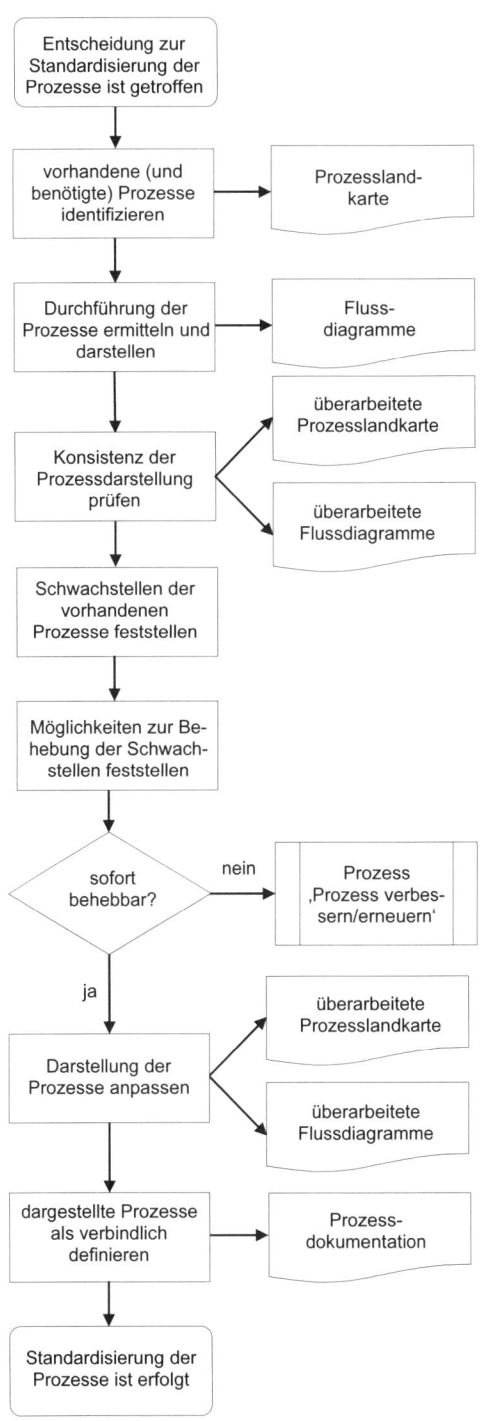

Abb. 4-1: Prozess ‚Prozesse standardisieren'

Es empfiehlt sich, mit den Abteilungsleitern und den Mitarbeitern zu sprechen, in deren Zuständigkeitsbereiche die verschiedenen Tätigkeiten bzw. Teilprozesse fallen. Aufgrund der Schilderungen der Beteiligten kann dann ein Gesamtbild des jeweiligen Prozesses zusammengesetzt werden. Darüber hinaus ist es oft hilfreich – wie in dem Beispielprozess in Kap. 1.2 –, einzelne Vorgänge exemplarisch nachzuvollziehen, um auf diese Weise zu verstehen, wie zurzeit z. B. ein Angebot für den Kunden zustande kommt.

Ob diese Bestandsaufnahme der Prozesse unproblematisch oder mühselig verläuft, hängt in erster Linie von den Gesprächen mit den Prozessbeteiligten ab. Manchmal hat man Glück und trifft auf Gesprächspartner, die ‚ihren' Prozess nachvollziehbar erklären können. Manchmal läuft es nicht so gut und man hat mit Prozessbeteiligten zu tun, die nicht beschreiben können oder wollen, was bei dem Prozess geschieht, die wortkarg sind oder die unangemessen detailliert erzählen, die untereinander gegenteiliger Ansicht über den betrachteten Prozess sind und sich bezichtigen, die Dinge falsch darzustellen, usw. Insofern muss man sich darauf einstellen, dass die Erfassung der Prozesse ein langwieriges und anstrengendes Unterfangen sein kann, das gute Nerven und psychologisches Fingerspitzengefühl erfordert.

Ergebnis dieses Schritts ist, dass alle in der Prozesslandkarte aufgeführten Prozesse in Flussdiagrammen dargestellt sind.

Liegen die Flussdiagramme zu allen Prozessen vor, ist es sinnvoll, sie im nächsten Schritt in ihrer Gesamtheit zu betrachten und festzustellen, inwieweit eine insgesamt konsistente Darstellung der Prozesse zustande gekommen ist.

- Der Detaillierungsgrad sollte bei allen Flussdiagrammen ungefähr gleich sein. Es wäre nicht gut, wenn vergleichbare Tätigkeiten in einem Flussdiagramm sehr genau und in einem anderen nur in groben Zügen dargestellt werden. Ist dies der Fall, sollten die Flussdiagramme entsprechend angepasst werden.
- Wichtig ist auch, dass die Anschlüsse zwischen aufeinanderfolgenden Prozessen stimmen. Es könnte z. B. sein, dass die letzten Schritte eines Vorgängerprozesses nochmals als erste Schritte eines Folgeprozesses aufgeführt werden, sie also doppelt vorkommen. Umgekehrt kann es auch sein, dass zwischen aufeinander aufbauenden Prozessen Schritte fehlen, also eine Lücke vorhanden ist. Im ersten Fall muss die Redundanz beseitigt werden, indem die betreffenden Schritte nur einem Prozess zugeordnet werden, im zweiten Fall sind die fehlenden Schritte zu ergänzen.

Die Überprüfung der fertiggestellten Flussdiagramme kann auch Rückwirkungen auf die Prozesslandkarte haben und Korrekturen in dieser notwendig machen.

- Ein Prozess kann aus sehr vielen Prozessschritten bestehen, sodass das Flussdiagramm zu diesem Prozess sehr lang geworden ist. Hier bietet es sich oft an, den Prozess an einer geeigneten Stelle in zwei Prozesse (Flussdiagramme) aufzuteilen. Umgekehrt kann es auch sein, dass das Flussdiagramm zu einem Prozess nur wenige Prozessschritte ausweist und insofern sehr kurz ist. Man kann überlegen, ob es wirklich sinnvoll ist, hier einen eigenen Prozess vorzusehen. Vielleicht ist es besser, die wenigen Prozessschritte in einen anderen Prozess (ein anderes Flussdiagramm) einzuordnen.
- Manchmal bietet es sich auch an, zwei Prozesse zu einem zu vereinigen oder umgekehrt aus einem Prozess zwei zu machen. Der erste Fall ist z. B. dann gegeben, wenn im Hinblick auf verschiedene Leistungen zwei verschiedene Prozesse vorgesehen werden. Die

Flussdiagramme zeigen jedoch, dass die Prozesse im Zusammenhang mit diesen Leistungen weitgehend gleich sind und deshalb ein Prozess (Flussdiagramm) reicht. Die entgegengesetzte Situation ist dann gegeben, wenn sich ein Prozess als unvermutet kompliziert erwiesen hat, was im Flussdiagramm daran zu sehen ist, dass viele Fallunterscheidungen (Entscheidungsrauten) vorgesehen werden mussten. Um eine bessere Übersichtlichkeit zu erreichen, kann es besser sein, aus dem Prozess zwei Prozesse zu machen und diese entsprechend in zwei Flussdiagrammen abzubilden.

Zur Darstellung der Prozesse in der Prozesslandkarte und in Flussdiagrammen reicht übliche Standardsoftware (Word, PowerPoint) im Prinzip aus. Es gibt auch verschiedene spezielle Softwareprodukte, die zur Visualisierung der Prozesse und darüber hinaus zu deren Analyse benutzt werden können (Allweyer 2005, S. 209f.; Haak/Eekhoff 2004; Rehfeld 2006; Schwab 2006). Diese Softwaretools können entsprechend ihrer verschieden umfangreichen Funktionalität grob in zwei Kategorien eingeteilt werden:

- Bei der ersten Kategorie (z. B. Microsoft Visio, iGrafx FlowCharter) steht das Zeichnen der Flussdiagramme im Mittelpunkt. Flussdiagramme können mit diesen Tools wesentlich einfacher erstellt werden, als dies mit der Zeichenfunktionalität üblicher Standardsoftware möglich ist.
- Die Softwareprodukte der zweiten Kategorie (AENEIS, Bonaparte, ViFlow) bieten zusätzlich auch eine inhaltliche Unterstützung bei der Auseinandersetzung mit den Prozessen an, indem sie dem Benutzer verschiedene Analyse- und Auswertungsmöglichkeiten bieten.

Ob sich der Einsatz dieser speziellen Softwaretools lohnt, lässt sich allgemein nicht sagen. Die Vorteile sind, dass die Erstellung und spätere Änderungen der Prozessdarstellungen erleichtert werden bzw. die Software neue Erkenntnismöglichkeiten zu den Prozessen eröffnet. Inwieweit diese Vorteile die Kosten der Software und v. a. den Einarbeitungsaufwand rechtfertigen, muss im Einzelfall entschieden werden.

Die Nutzung von Spezialsoftware kann darüber hinaus auch die Entstehung von Dokumentationsruinen begünstigen. Wenn sich nur wenige Mitarbeiter mit diesen Spezialwerkzeugen auskennen, besteht eine größere Gefahr als bei der Nutzung üblicher Standardsoftware, dass bei Änderungen die Prozessdarstellungen nicht aktualisiert werden (Lambardt-Mitschke 2000, S. 46)

Das „vielleicht wichtigste Ergebnis" der Bestandsaufnahme der Prozesse in einer Prozesslandkarte und in Flussdiagrammen besteht darin, „dass ein Überblick über das Geschehen im Unternehmen gewonnen wird, der auf andere Weise kaum zu erreichen wäre. Dieses tiefere Verständnis für die Abläufe im Unternehmen öffnet dann auch den Blick für Optimierungsmaßnahmen." (Staud 2006, S. 243) Die Bewertung der gegebenen Situation führt dazu, dass die Mängel der bestehenden Prozesse erkannt werden (dazu im Einzelnen s. u.). Für alle gefundenen Schwachstellen ist zu prüfen, welche Möglichkeiten zu ihrer Überwindung bestehen.

- Bei einigen Schwachstellen wird man zu dem Ergebnis kommen, dass sie sofort und ohne großen Aufwand behoben werden können.
- Bei anderen Schwachstellen wird sich hingegen herausstellen, dass diese nicht unmittelbar beseitigt werden können – sei es, weil sich die Beteiligten nicht einigen können, sei es, weil zur Überwindung der Schwachstellen größere Investitionen nötig sind, sei es aus

anderen Gründen. Mit diesen Schwachstellen wird man zunächst leben müssen, bevor sie bei dem späteren Prozess ‚Prozesse verbessern bzw. erneuern' angegangen werden können.

Nachdem die sofort behebbaren Schwachstellen der Prozesse beseitigt worden sind, sind die Darstellungen in der Prozesslandkarte und in den Flussdiagrammen entsprechend anzupassen. Die überarbeiteten Darstellungen legen fest, auf welche Prozesse sich die Beteiligten geeinigt haben.

Die dargestellten Prozesse müssen anschließend als verbindliche Prozessvorgaben festgelegt werden. Dazu ist ein Beschluss der Unternehmensleitung notwendig, durch den klargestellt wird, dass die getroffenen Festlegungen Weisungscharakter haben.

Die Prozesslandkarte und die Flussdiagramme sollten anschließend in einer Prozessdokumentation zusammengefasst werden, die – z. B. in Form eines Organisationshandbuchs oder informationstechnisch bereitgestellter Dokumente – den Mitarbeitern zur Verfügung steht. Am Ende dieses Kapitels wird ein Beispiel für ein solches Dokument gegeben, in dem die Vorgaben für einen Prozess enthalten sind.

Eine wichtige, aber schwierige Frage ist, welche Personen an der Einigung auf die verbindlich festgeschriebenen Prozesse mitwirken sollen. Es liegt auf der Hand, dass den Abteilungsleitern, in deren Zuständigkeitsbereichen die Prozesse bzw. die Teilprozesse ausgeführt werden, hierbei eine maßgebliche Rolle zukommt. Sie müssen sich darüber abstimmen, welche Anforderungen sie jeweils haben und wie bestehende Interessenkonflikte zwischen ihnen ausgeglichen werden können.

Darüber hinaus sollten die Mitarbeiter, die die Prozesse ausführen, an deren Festlegung möglichst weitgehend beteiligt sein. Es ist sicherlich nicht zu bestreiten, dass, je mehr Personen an der Abstimmung über die Prozesse beteiligt sind, desto mehr unterschiedliche Meinungen bestehen und es sich deshalb länger hinzieht, bis eine Einigung erreicht ist. Diesem Nachteil stehen jedoch folgende Vorzüge gegenüber, die für eine Beteiligung der ausführenden Mitarbeiter sprechen:

- Das Wissen der Mitarbeiter über die Prozesse kann genutzt werden, sodass die Chancen erheblich größer sind, praktikable Festlegungen zu finden.
- Die Bereitschaft, sich im betrieblichen Alltag nach den getroffenen Prozessvorgaben zu richten, ist höher, wenn die Mitarbeiter an deren Aufstellung beteiligt waren und sie die Vorgaben als vernünftig ansehen.

Auch wenn der Idealfall einer Beteiligung aller Mitarbeiter (besonders in großen Unternehmen) selten erreichbar ist, sollte aus den genannten Gründen angestrebt werden, dass „die Standards sich auf der Ebene herauskristallisieren ..., wo die Arbeit erledigt wird." (DeMarco 2001, S. 109)

Schwachstellen von Prozessen und Möglichkeiten zu ihrer Überwindung
Die Schwachstellen, die bei den vorhandenen Prozessen des Unternehmens gefunden werden, lassen sich den in den Kap. 1.2 und 2.1 unterschiedenen fünf Themenbereichen zuordnen:

4 Die Praxis der Prozessorganisation

(1) *Prozessergebnisse*

Nach der Bestandsaufnahme der Prozesse ist zunächst zu untersuchen, ob jeder Prozess seinen (internen oder externen) Kunden die gewünschten und benötigten Ergebnisse liefert.

Typische Schwachstellen hierbei sind,

- dass nicht oder nur unzulänglich festgelegt ist, was eigentlich die Ergebnisse der Prozesse sein sollen, und
- dass nicht klar ist, wie die Prozessergebnisse im Einzelnen beschaffen sein sollen.

Zur Überwindung dieser Schwachstellen müssen v. a. die internen Kunde-Lieferant-Beziehungen geklärt werden. D. h., der interne Kunde muss sich mit dem internen Lieferanten darüber verständigen, welche Ergebnisse dieser durch seinen Prozess bereitstellen muss.

Wichtig ist, dass die zu liefernden Prozessergebnisse schriftlich festgehalten werden – analog zu Verträgen, die zwischen dem Unternehmen und den externen Lieferanten abgeschlossen werden. Solche expliziten Festlegungen „schaffen Klarheit über die zu erbringenden Leistungen und tragen dazu bei, den Koordinierungsaufwand zu reduzieren. Fehlleistungen aufgrund fehlender oder falscher Informationen werden ... abgebaut. Hierdurch können Prozesskosten eingespart und Prozesszeiten reduziert werden." (Schmelzer/Sesselmann 2006, S. 119)

Bei der Festlegung der Leistungsvereinbarungen bemüht sich meist jeder Abteilungsleiter, die Interessen seiner Abteilung möglichst gut durchzusetzen – was die Verständigung auf die zu erreichenden Prozessergebnisse oft mühselig macht. Hierzu gibt es jedoch weder eine Patentlösung noch eine Alternative.

(2) *Prozessschritte*

Nachdem eine Einigung auf die von den Prozessen zu liefernden Ergebnisse erfolgt ist, kann man darangehen, die Ausführung der Prozesse im Einzelnen zu betrachten. Hierzu liegt mit den Flussdiagrammen eine Diskussionsgrundlage vor. Zu untersuchen ist, inwieweit die gegenwärtig durchgeführten Prozessschritte sinnvoll sind und ob sie dazu führen, dass die gewünschten Prozessergebnisse auf dem günstigsten Weg erreicht werden. Das wichtigste Hilfsmittel für diese Untersuchung ist der gesunde Menschenverstand.

Schwachstellen bei der gegebenen Durchführung eines Prozesses können überwunden werden, indem Prozessschritte

- weglassen werden (z. B. überflüssige Tätigkeiten, die nur aufgrund von Gewohnheit erfolgen), oder
- hinzugefügt werden (z. B. zusätzliche Prüfungen, mit denen mit größerer Sicherheit fehlerfreie Prozessergebnisse erreicht werden),
- zusammengefasst werden (z. B. bislang von verschiedenen Abteilungen vollzogene Aufgaben nun von einer Organisationseinheit bearbeitet werden),
- parallel ausgeführt werden (um schnellere Prozessdurchläufe zu ermöglichen) oder
- in ihrer Reihenfolge vertauscht werden (weil die neue Anordnung der Schritte logischer ist oder Kosten- bzw. Zeitvorteile bringt) (Rosenkranz 2006, S. 221).

Die Flussdiagramme, in denen die Prozesse dargestellt sind, müssen entsprechend den vorgenommenen Änderungen bei den Prozessschritten angepasst werden.

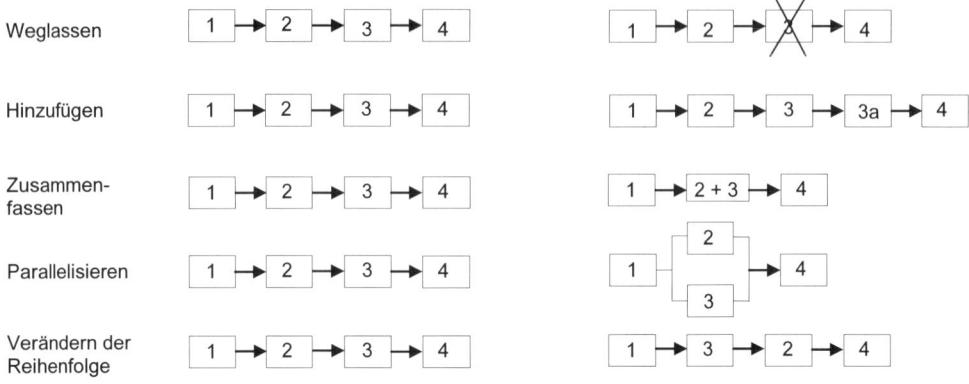

Abb. 4-2: Mögliche Änderungen bei der Durchführung von Prozessschritten
(nach Schmelzer/Sesselmann 2006, S. 115; Schulte-Zurhausen 1999, S. 105)

(3) *Informationstechnische Unterstützung*

Zur Ausführung der Prozessschritte werden Informationen benötigt. Aus den Flussdiagrammen geht hervor, welche Informationen dies im Einzelnen sind und wie diese in Dokumenten bzw. Datenbeständen zurzeit bereitgestellt werden. Schwachstellen im Zusammenhang mit den die Prozessschritte begleitenden informationellen Vorgängen sind dann gegeben, wenn die benötigten Informationen nicht korrekt oder unvollständig sind oder sie zu spät oder gar nicht zur Verfügung stehen.

Mangelnde informationstechnische Unterstützung der Prozesse ist oft ein Kernproblem. Betrachtet man nach der Bestandsaufnahme die gefundenen Schwachstellen in ihrer Gesamtheit, wird man häufig feststellen, dass sich viele oder sogar die meisten von ihnen auf ein nicht ausreichend leistungsfähiges betriebliches Informationssystem zurückführen lassen. Umgekehrt kann dies bedeuten, dass mit einer verbesserten informationstechnischen Unterstützung viele Schwachstellen auf einmal beseitigt werden können.

Um die Prozessbeteiligten besser bzw. gezielter mit Informationen versorgen zu können, müssen die Informationsvorgänge in der Regel in stärkerem Maße als bisher technisch unterstützt werden.

Dies kann z. B. bedeuten, dass

- bisher mündlich weitergegebene Informationen in (Papier-)Dokumenten erfasst werden,
- bislang in (Papier-)Dokumenten vorhandene Informationen auf elektronischem Weg bereitgestellt werden,
- Medienbrüche beseitigt werden,
- Prozessschritte bzw. Folgen von Prozessschritten durch betriebswirtschaftliche Standardsoftware unterstützt werden usw.

Wichtig ist, dass man sich bei den Überlegungen hierzu nicht nur auf die Frage beschränken darf, wie die bestehende Folge der Prozessschritte informationstechnisch unterstützt werden kann, sondern dass auch darüber nachgedacht werden sollte, welche Möglichkeiten zur Veränderung der Prozessschritte bestehen. Z. B. wird es durch die elektronische Verteilung von

Information leicht möglich, aktuelle Informationen an mehreren Orten zur Verfügung zu stellen. Dies eröffnet ggf. die Möglichkeit, Prozessschritte zu parallelisieren, die bei der vorhergehenden Informationsbereitstellung auf Papierbasis nacheinander durchgeführt werden mussten – wodurch sich die Zeit, die für den Prozess benötigt wird, enorm verkürzen kann.

(4) *Verantwortlichkeiten*

Stehen die Prozessschritte fest, aus denen ein Prozess besteht, gilt es, sich davon zu überzeugen, dass bei jedem Prozessschritt definiert ist, welche Organisationseinheit diesen auszuführen hat.

Schwachstellen diesbezüglich sind gegeben,

- wenn es Prozessschritte gibt, bei denen die Verantwortlichkeit nicht klar ist, oder
- wenn bei Prozessschritten mehrere Organisationseinheiten die Zuständigkeit für sich in Anspruch nehmen.

Zur Überwindung dieser Schwachstellen müssen die nicht festgelegten bzw. umstrittenen Zuständigkeiten geklärt und in den Flussdiagrammen ergänzt werden.

(5) *Prozessschnittstellen*

Die Prozessschnittstellen, bei denen innerhalb eines Prozesses ein Übergang von einer Abteilung zu einer anderen stattfindet, können generell als mögliche Schwachstellen angesehen werden. Insofern sollten diese nochmals gesondert betrachtet werden.

Die erste Überlegung muss dahin gehen, ob es möglich ist, vorhandene Prozessschnittstellen zu vermeiden. In einigen Fällen wird man zu dem Ergebnis kommen, dass bestehende Schnittstellen nicht nötig sind und es durchaus möglich ist, einen Prozess weitgehend einer Abteilung zuzuordnen. Zur Beseitigung der überflüssigen Schnittstellen werden bislang mehreren Abteilungen zugeordnete Prozessschritte in einer Abteilung zusammengefasst – eine oft sehr sinnvolle Lösung, die jedoch in vielen Fällen gegen den Widerstand der Abteilungsleiter durchgesetzt werden muss, deren Bereiche bislang für die Prozessschritte zuständig waren.

In anderen Fällen setzt die Durchführung der Prozessschritte besondere Ressourcen voraus, sodass im Hinblick auf die Vorteile der funktionalen Spezialisierung (Kap. 1.3) die Prozessschnittstellen in Kauf genommen werden. In diesem Fall sollte nach Möglichkeiten gesucht werden, die Schnittstellenproblematik zu entschärfen.

Dies sollte dadurch geschehen, dass

- auch für die Prozessschnittstellen explizit festgelegt wird, welche Ergebnisse an ihnen bereitzustellen sind, anders ausgedrückt, in welchem Zustand sich die Prozessobjekte befinden sollen, nachdem sie die Schnittstellen passiert haben, und
- die Ressourcen der Abteilungen so aufeinander abgestimmt werden, dass an den Prozessschnittstellen eine reibungslose Fortsetzung des Prozesses möglich ist.

Bei größeren Vorgängen bietet es sich an, einen Mitarbeiter zu bestimmen, der fallweise für den jeweiligen Prozessdurchlauf insgesamt verantwortlich ist. Dieser Mitarbeiter sorgt dafür, dass der betreffende Vorgang zügig die verschiedenen Abteilungen durchläuft und nicht an den Prozessschnittstellen hängen bleibt. Ein typisches Beispiel, bei dem so verfahren werden kann, ist die Erstellung eines umfangreichen Angebots für den Kunden. Viele Probleme, die in dem Beispielprozess von Kap. 1.2 deutlich geworden sind, hätten vermieden werden können, wäre eine Person benannt gewesen, die die Tätigkeiten der verschiedenen Personen, die an der Angebotserstellung beteiligt sind, koordiniert.

In der Literatur über Prozessorganisation wird häufig vorgeschlagen, einen Prozessverantwortlichen zu benennen, der nicht nur im Einzelfall, sondern generell für einen Prozess zuständig ist (z. B. bei Neumann 2005, S. 319f.; Osterloh/Frost 2006, S. 118). Der Prozessverantwortliche hat dafür zu sorgen, dass ‚sein' Prozess stets optimal durchgeführt wird und die angestrebten Ergebnisse erreicht werden. Somit gäbe es einen Verantwortlichen für den Prozess ‚Angebot bearbeiten', einen für den Prozess ‚neues Produkt entwickeln'– ebenso viele Prozessverantwortliche, wie es Prozesse in dem Unternehmen gibt.

Die Idee des Prozessverantwortlichen wirkt auf den ersten Blick einleuchtend. Bisher interessieren sich, wie bereits in Kap. 1.3 erwähnt, die Organisationseinheiten häufig nur für die Teilprozesse, die in ihre Zuständigkeitsbereiche fallen. Insofern gibt es meistens niemanden, der für einen Prozess insgesamt verantwortlich ist, und nicht selten auch keinen, der einen Prozess in seinem gesamten Ablauf vollständig überblickt. Mit dem Prozessverantwortlichen wird dieses Problem – so scheint es – elegant gelöst.

Nach der Ansicht des Autors ist der Prozessverantwortliche jedoch kein überzeugendes Konzept, und es ist auch kein Zufall, dass Prozessverantwortliche in den Unternehmen „noch eine seltene Erscheinung" (Schmelzer/Sesselmann 2006, S. 140) sind.

Der Vorschlag, Prozessverantwortliche einzuführen, würde bei einer prozessorientierten Aufbauorganisation gut funktionieren. In dieser würden die Prozessverantwortlichen die Leiter der bisher funktional gebildeten Abteilungen ersetzen. Es ist jedoch nicht zu erwarten, dass die Unternehmen auf breiter Front ihre bisherige funktionale durch eine prozessorientierte Aufbauorganisation ersetzen werden. Die Gründe dafür wurden in Kap. 1.3 dargestellt. Insofern müssten die Prozessverantwortlichen zusätzlich zu den Leitern der funktional gebildeten Abteilungen etabliert werden, wodurch sich Probleme bei der Regelung der Befugnisse ergeben:

- Erhält der Prozessverantwortliche bezogen auf ‚seinen' Prozess Weisungsbefugnisse, wird die funktionale Struktur durch eine zweite Leitungsebene überlagert – und es entsteht ein Mehrliniensystem mit den bekannten Nachteilen von Mehrfachunterstellungen.
- Hat der Prozessverantwortliche hingegen lediglich die Möglichkeit, Hinweise zu geben oder Absprachen zu treffen, ist sein Einfluss zu schwach, und er wird Schwierigkeiten haben, sich gegenüber den Abteilungsleitern durchsetzen zu können.

Hinzu kommt, dass der Prozessverantwortliche Mitarbeiter einer bestimmten Abteilung bleibt. Er wird deshalb kein Interesse haben, seinen Bereich zugunsten des Prozesses zu benachteiligen, „wodurch keine Garantie für eine objektivierte Ausübung der Prozessverantwortung gegeben ist." (Corsten 1997 [b], S. 42)

Fazit: Die Schwachstellen, die mit den Prozessschnittstellen zusammenhängen, können in einem funktional aufgebauten Unternehmen in den meisten Fällen zwar deutlich entschärft, wohl aber meistens nicht komplett überwunden werden.

4 Die Praxis der Prozessorganisation

Der angemessene Standardisierungsgrad

Schwierig bei der Festlegung der Prozessvorgaben ist v. a., einen angemessenen Standardisierungsgrad zu finden – ein Problem, das eng mit dem richtigen Detaillierungsgrad von Flussdiagrammen (Kap. 3.2) zusammenhängt:

- Ist die Prozessdarstellung zu grob, ist eine nicht ausreichende Standardisierung die Folge. Die definierten Prozessvorgaben legen den Prozess nur allgemein bzw. ungefähr fest. Wichtige Punkte bleiben ungeregelt. Folge ist, dass die Prozessvorgaben keine (große) Hilfe für die Prozessbeteiligten sind und es nach wie vor erhebliche Unterschiede bei den Ergebnissen der Prozesse und in der Art ihrer Ausführung gibt.
- Eine übertrieben genaue Prozessdarstellung führt hingegen dazu, dass bei der Standardisierung in die umgekehrte Richtung übertrieben wird. In diesem Fall beschränken sich die Prozessvorgaben nicht auf die zu erreichenden Ergebnisse und den grundlegenden Ablauf der Prozesse, sondern legen minutiös viele Einzel- und Kleinigkeiten fest. Eine zu intensive Standardisierung hilft ebenfalls nicht weiter, weil sie den Prozessbeteiligten ohne Not eine bestimmte, schematische Arbeitsweise aufzwingt. Sind die Prozessvorgaben unangemessen genau, werden sie meistens ignoriert – aus der Sicht der Mitarbeiter verständlich, aber problematisch, weil die gewünschte Vereinheitlichung der Prozessdurchführung und der Prozessergebnisse nicht erreicht wird.

Wie der Kompromiss zwischen diesen beiden Gesichtspunkten zu finden und ob ein starker oder geringer Standardisierungsgrad angemessen ist, hängt im Wesentlichen davon ab, um welchen Prozess es sich jeweils handelt (Allweyer 2005, S. 69f.).

- Manche Prozesse zeichnen sich dadurch aus, dass wenige Schritte aufeinanderfolgen, sie häufig ausgeführt werden und es bei jedem Prozessdurchlauf um dieselben Prozessobjekte geht. Typisches Beispiel hierfür ist der Prozess ‚Kundenbestellung annehmen', etwa im Versandhandel (Kap. 7). Bei dieser Art von Prozessen ist es in der Regel nützlich, sie bis in die Einzelheiten festzulegen. Denn durch die intensive Standardisierung kann man dafür sorgen, dass die Prozesse so effektiv und effizient wie möglich durchgeführt werden, was wiederum Voraussetzung dafür ist, eine hohe Anzahl von Vorgängen bewältigen zu können.
- Andere Prozesse bestehen aus vielen, teilweise verschachtelten Schritten, die in ihnen verarbeiteten Objekte sind bei jedem Prozessdurchlauf unterschiedlich, die Durchführung des Prozesses ist – zumindest was die Einzelheiten angeht – immer wieder anders. Beispiele hierfür sind die Prozesse ‚neues Produkt entwickeln' (Kap. 9) und ‚neue Dienstleistung konzipieren' (Kap. 13). Bei solchen Prozessen macht es keinen Sinn, im Detail zu definieren, wie vorzugehen ist. Was festgelegt werden sollte, sind die zu erreichenden Ergebnisse, die grundsätzliche Folge der Prozessschritte, einzuhaltende Regeln sowie zu verwendende Dokumente und Checklisten. Eine Standardisierung, die über solche allgemeine Festlegungen hinausgeht, wäre schädlich, da sie den Mitarbeitern die notwendigen Freiräume nimmt, abhängig vom jeweiligen Prozessobjekt eine angemessene Vorgehensweise zu finden.

Es ist fast unmöglich, bei der erstmaligen Festlegung der Prozessvorgaben durchgängig den richtigen Standardisierungsgrad zu treffen. Bei der praktischen Anwendung der Prozessvorgaben stellt sich fast immer heraus, dass die vorgenommene Standardisierung bei einigen

Prozessen nicht ausreicht und bei anderen Prozessen zu weit geht. Aufgrund dieser Erkenntnisse müssen fehlende Prozessvorgaben ergänzt bzw. festgelegte Vorgaben wieder gelockert bzw. aufgehoben werden.

Einen nicht angemessenen Standardisierungsgrad von Prozessen zu erkennen, ist ein wichtiges Ziel der Überwachung der Prozesse (Kap. 4.2).

Prozessdokumentation

Das Ergebnis der Standardisierung der Prozesse ist die Prozessdokumentation, die die verbindlichen Prozessvorgaben enthält. Nach diesen müssen sich die Prozessbeteiligten in ihrer täglichen Arbeit richten. In den Unternehmen erfolgt die Prozessdokumentation in sehr unterschiedlicher Form. Einheitliche Festlegungen, wie eine Prozessdokumentation auszusehen hat, gibt es nicht.

Ein häufiger Mangel von Prozessdokumentationen ist, dass Prozessvorgaben in Form verbaler Beschreibungen dargeboten werden. Obwohl Texte am wenigsten geeignet sind, Prozesse verständlich zu präsentieren, war diese Art der Darstellung bislang „in der Praxis sehr weit verbreitet." (Hornung 1996, S. 1374) Auch wenn viele Unternehmen hiervon in den letzten Jahren abgekommen sind, finden sich in den Betrieben auch heute noch oft Prozessdokumentationen, die im Hinblick auf Verständlichkeit zu wünschen übrig lassen.

Die Folgen mangelnder Anschaulichkeit von Prozessdokumentationen sind, dass sie im Alltag kaum verwendet werden und nicht den Stellenwert haben, den sie haben sollten, nämlich ein Leitfaden für die Ausführung der Prozesse zu sein. Dies ist insofern schade, als das oft mühsam erarbeitete Wissen über die betrieblichen Prozesse nicht genutzt wird.

Die zentralen Anforderungen an eine Prozessdokumentation sind:
- Sie muss einfach zu erstellen und zu ändern sein.
- Sie muss leicht zu verstehen sein.
- Sie muss sich auf das Wesentliche beschränken und kurz sein.
- Sie muss leicht zugänglich sein.

Im Folgenden wird als Beispiel ein Prozess in einer möglichen Darstellungsform präsentiert, die nach Ansicht des Autors für viele Betriebe geeignet ist.

Die Dokumentation dieses Prozesses beinhaltet
- die Definition der Prozessergebnisse und des (internen) Kunden,
- die Festlegung der Verantwortlichkeiten für die Prozessschritte,
- die Reihenfolge der Prozessschritte, dargestellt in einem Flussdiagramm, und
- zu jedem Prozessschritt einige Erklärungen bzw. Hinweise, was besonders zu beachten ist.

Als Beispiel wurde mit dem Prozess ‚Störungsmeldung annehmen' ein recht einfacher Prozess gewählt, der (im Wesentlichen) von einer Abteilung ausgeführt werden kann und in dem es keine Verzweigungen oder Rückkopplungen gibt. Der Prozess könnte z. B. in einem Unternehmen angesiedelt sein, das haustechnische Anlagen wartet.

Prozess ‚Störungsmeldung annehmen'

Prozessergebnisse
- Auf dem Serviceschein sind alle notwendigen Informationen zur Durchführung der Störungsbeseitigung dokumentiert.
- Die für einen Auftrag benötigten Ersatzteile und Materialien wurden bereitgestellt.

Kunden des Prozesses
sind die Servicetechniker, die anschließend die Störung beseitigen (s. Prozess ‚Störungsbeseitigung durchführen').

Verantwortlichkeiten

Prozessschritte	Innendienst	Service	(...)	Lager
Störungsmeldung annehmen	X			
mit Kunden Reparaturtermin vereinbaren	X			
Auftragsunterlagen zusammenstellen	X			
Ersatzteile bzw. Materialien bereitstellen				X

Prozessdurchführung

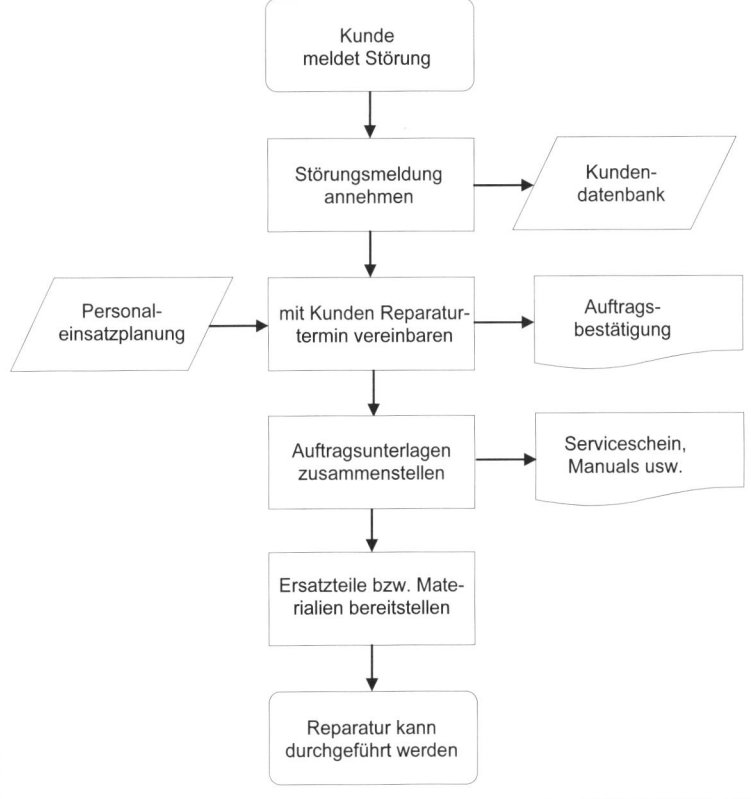

Erläuterungen zu den Prozessschritten

(1) *Störungsmeldung annehmen*
- mit Bildschirmmaske Daten zum Kunden und zum Anlagetyp erfassen
- mithilfe des Frageschemas Störungsart und -ursache feststellen und erfassen
- Auftrags-Nr. vergeben
- feststellen, ob mit dem Kunden ein Pauschalvertrag besteht oder ob einzeln abgerechnet wird; sofern Einzelabrechnung, über E-Mail Buchhaltung Kopie des Auftrags schicken

(2) *mit Kunden Reparaturtermin vereinbaren*
- Kunden nach gewünschtem Termin fragen
- in der Personaleinsatzplanung feststellen, ob Servicetechniker zum gewünschten Termin verfügbar sind
- bei Terminzusagen auf günstige Routenplanung der Servicetechniker achten
- Kunden noch am selben Tag eine Auftragsbestätigung schicken; in der Auftragsbestätigung Termin, Name des Servicetechnikers und (bei Einzelabrechnung) Ca.-Preis mitteilen

(3) *Auftragsunterlagen zusammenstellen*
- auf dem Routenplan des Servicetechnikers den jeweiligen Auftrag ergänzen
- Serviceschein ausdrucken
- sofern nötig, Manuals, Herstellerunterlagen u. Ä. bereitstellen

(4) *Ersatzteile bzw. Materialien bereitstellen*
- Lager darüber informieren, welche Ersatzteile bzw. Materialien für den Auftrag benötigt werden
- im Lager Ersatzteile bzw. Materialien auftragsbezogen zur Abholung durch die Servicetechniker zusammenstellen

4.2 Prozesse überwachen

Mit der Standardisierung der Prozesse wird verbindlich definiert, wie diese durchgeführt werden sollen. Die Festlegung entsprechender Vorgaben macht es notwendig, mehr oder weniger regelmäßig zu überprüfen, ob die Prozesse tatsächlich so wie vorgesehen stattfinden. Würde man auf eine solche Überwachung verzichten, wären die festgelegten Regelungen zu den Prozessen bereits nach kurzer Zeit bloße Theorie, die mit dem, was im Betrieb tatsächlich geschieht, wenig zu tun hat.

Es gibt verschiedene Möglichkeiten, um zu bemerken, dass die definierten und die tatsächlich durchgeführten Prozesse schlecht zusammenpassen: Die tägliche Erfahrung zeigt, dass die Prozessbeteiligten die festgelegten Vorgaben ignorieren, sie umgehen und stattdessen lieber improvisieren. Mitarbeiter beschweren sich, dass die bestehenden Vorgaben zu den Prozessen ihnen keine wirkliche Hilfe geben oder sie mit ihnen nicht zurechtkommen. Aufgrund von Fehlerstatistiken oder Rückmeldungen von (externen) Kunden sieht man, dass

4 Die Praxis der Prozessorganisation

Prozessergebnisse (häufig) fehlerhaft sind, was darauf zurückzuführen ist, dass Vorgaben zu den Prozessen nicht eingehalten werden oder untauglich sind.

Solche Erkenntnisquellen erlauben jedoch nur punktuell Schlussfolgerungen dazu, inwieweit die Regelungen zu den Prozessen umgesetzt werden bzw. sich bewährt haben. Eine systematische Überwachung der Prozesse ist hingegen nur mit dem Instrument des prozessbezogenen Audits erreichbar.

Ein prozessbezogenes Audit ist eine Untersuchung, um herauszufinden,

- ob die definierten Vorgaben zu den betrieblichen Prozessen umgesetzt werden, ob sie also – wie Praktiker sich gerne ausdrücken – ‚gelebt' werden, und
- ob diese Vorgaben geeignet sind, die gewünschten Prozessergebnisse zu gewährleisten, anders ausgedrückt, ob die Vorgaben wirksam sind (DIN ISO 19011 2002; Gietl/Lobinger 2004).

Gegenstand solcher Audits müssen alle Prozesse sein, für die eine Standardisierung vorgenommen wurde. Um zu verhindern, dass die vorgesehene Auditierung von Prozessen etwa aufgrund hoher Arbeitsbelastung unterbleibt, empfiehlt es sich, die beabsichtigten prozessbezogenen Audits in das (üblicherweise jährliche) Auditprogramm[1] aufzunehmen. Faustregel ist, dass alle festgelegten Prozesse mindestens einmal im Jahr auditiert werden sollten.

Die Überwachung von Prozessen mittels Audits kann in einem Flussdiagramm dargestellt werden (Abb. 4-3). Die Ergebnisse des Auditierungsprozesses sind:

- Es wurde festgestellt, inwieweit die Prozessvorgaben tatsächlich eingehalten werden und ob sie sich in der betrieblichen Praxis bewährt haben.
- Sofern Abweichungen zwischen Prozessvorgaben und den tatsächlichen Prozessen erkannt wurden, hat man die Ursachen dafür verstanden, und es wurden Maßnahmen eingeleitet, um die Abweichungen zu überwinden.

Für ein anstehendes Audit muss zunächst der Auditor bestimmt werden. Wichtigste Regel zu dessen Auswahl ist, dass er keine Verantwortung bezüglich des zu auditierenden Prozesses haben darf (ansonsten würde er seine eigene Arbeit überwachen). Bei Prozessen, die interne Kunden haben, ist es oft eine gute Idee, diese mit der Auditdurchführung zu betrauen, da sie an einem einwandfreien Ablauf des Prozesses am meisten interessiert sind. Im Falle des am Ende von Kap. 4.1 dargestellten Prozesses ‚Störungsmeldung annehmen' würde es sich z. B. anbieten, den Prozess durch einen der Servicetechniker auditieren zu lassen, da diese mit den Ergebnissen des Prozesses weiterarbeiten müssen.

Der Auditor muss sich darüber im Klaren sein, auf was er während des Audits zu achten hat. Um zu gewährleisten, dass beim Audit tatsächlich alle wichtigen Punkte behandelt werden und nichts vergessen wird, sollte er die Punkte, auf die er während des Audits eingehen möchte, in einer Checkliste zusammenstellen.

---

[1] Ein Auditprogramm fasst alle Audits zusammen, die für einen bestimmten Zeitraum vorgesehen sind. Neben prozessorientierten Audits können Audits zum Qualitäts- und/oder Umweltmanagementsystem, Produkt- bzw. Dienstleistungsaudits, Zertifizierungsaudtis oder eigene Audits bei Lieferanten in das Auditprogramm aufgenommen werden (DIN ISO 19011 2002, S. 12, 18f.).

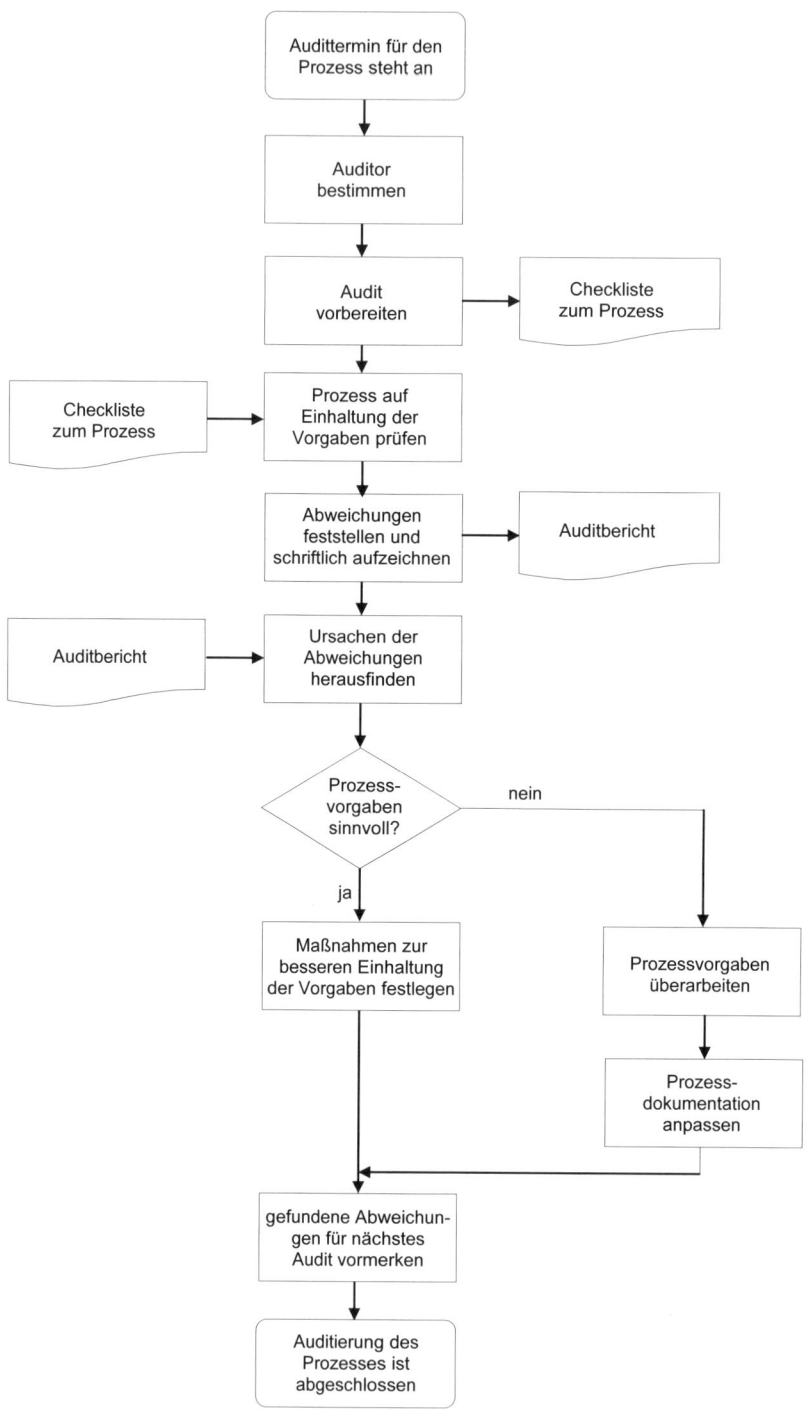

Abb. 4-3: Prozess ‚Prozesse überwachen'

4 Die Praxis der Prozessorganisation

Die Themen, die in einer solchen Checkliste notiert werden, sind aus den entsprechenden Prozessvorgaben abgeleitet. Die Abbildung zeigt als Beispiel einen Auszug aus einer Checkliste zu dem Prozess ‚Projekt durchführen'.

Checkliste zum Prozess ‚Projekt durchführen'

- Projektanlaufberatung durchgeführt? (Besprechungsprotokoll zeigen lassen)
  – dabei wie vorgesehen Leiter der Entwicklung und der Fertigung anwesend?
- Projektplan erstellt und aktualisiert? (Beispiele zeigen lassen)
  – in Anlehnung an das allgemeine Phasenmodell?
  – neue Versionen des Projektplans vom Projektleiter freigegeben?
  – Projektplan per E-Mail an alle Mitglieder des Projektteams verschickt?
- wöchentliche Projektfortschrittsbesprechungen? (Besprechungsprotokolle zeigen lassen)
- Annahme durch den Kunden bei Projektabschluss? (Annahmeprotokolle zeigen lassen)
  – Abschlussbesprechung mit dem Kunden stattgefunden?
- Projektdokumente archiviert? (Beispiele zeigen lassen)
  – nach dem beschriebenen Schema abgelegt?

Abb. 4-4: Auszug aus einer Checkliste zu einem Prozess

Der wesentliche Schritt zur Auditierung eines Prozesses besteht darin, dass in Gesprächen mit Prozessbeteiligten festgestellt wird, inwieweit die tatsächlich durchgeführten Prozesse den festgelegten Vorgaben entsprechen. Dazu werden üblicherweise verschiedene Beispielvorgänge ausgewählt und daraufhin untersucht, inwieweit die Prozessvorgaben als erfüllt angesehen werden können.

Hierbei könnte der Auditor seine Checkliste zum Prozess von oben nach unten durchgehen und die verschiedenen Punkte nacheinander abarbeiten. Dies wäre für den Auditor die einfachste Art. Der Nachteil ist allerdings, dass bei einem solchen Auditstil bei den befragten Personen leicht das Gefühl aufkommt, verhört zu werden und sich rechtfertigen zu müssen.

Empfehlenswerter ist es deshalb, die auditierten Personen zu bitten, die von ihnen durchgeführten Prozesse vorzustellen und exemplarisch zu erläutern. Durch deren Schilderungen erledigen sich viele Punkte, die in der Checkliste zum Prozess enthalten sind, von alleine und müssen nicht weiter besprochen werden. Der Auditor fragt lediglich bei den Punkten nach, auf die die Gesprächspartner nicht von alleine gekommen sind bzw. bei denen es Unklarheiten gibt. Für den Auditor ist diese Art des Auditierens anstrengender, weil er während des Audits konzentrierter zuhören muss. Aber für die Prozessbeteiligten ist dieser Auditstil viel besser, da sie frei über ihre Arbeit sprechen können. Er trägt viel dazu bei, die Auditsituation zu entspannen und den befragten Personen „die Befangenheit zu nehmen." (DIN ISO 19011 2002, S. 42)

Bei der Auditierung des Prozesses ‚Projekt durchführen' (Abb. 4-4) z. B. könnten die Schilderungen des Projektleiters dem Auditor zeigen, dass die Vorgaben zu diesem Prozess erfüllt sind – dass es einen Projektplan gibt, dieser fortgeschrieben wird, dass Abschlussbesprechungen mit dem Kunden stattfinden, Projektdokumente wie vorgesehen archiviert werden usw. Auf diese Punkte der Auditcheckliste muss nicht weiter eingegangen werden.

Dem Auditor könnte aber in dem Beispiel auffallen, dass die in den Prozessvorgaben festgelegte Projektanlaufberatung in den Auditgesprächen nicht erwähnt wird und auch über die vorgelegten Projektdokumente nicht nachvollziehbar ist. Das wäre ein Grund nachzufragen. Vermutlich wird sich herausstellen, dass die eigentlich vorgesehenen Projektanlaufberatungen nicht durchgeführt werden.

Bei der Auditierung stellt sich fast immer heraus, dass zwischen den Prozessvorgaben einerseits und der tatsächlichen betrieblichen Praxis andererseits Diskrepanzen bestehen. Diese Unterschiede zwischen dem Soll- und dem Istzustand von Prozessen werden als Abweichungen bezeichnet.

Beispiele für Abweichungen sind, dass

- in dem Prozess nicht die vorgesehenen Ergebnisse entstehen oder diese fehlerhaft sind,
- Prozessschritte ausgelassen oder umgangen werden,
- Daten nicht wie vorgesehen erfasst oder informationelle Hilfsmittel (Checklisten, Datenbestände) nicht genutzt werden,
- einzusetzende Softwareprodukte nicht angewandt werden usw.

Der Auditor fasst die gefundenen Abweichungen in einem Auditbericht zusammen. Damit hat er seine Arbeit abgeschlossen. Die für den Prozess Verantwortlichen müssen sich anschließend darüber Gedanken machen, warum es zu den im Auditbericht genannten Abweichungen gekommen ist.

Die Ursachen von Abweichungen zu finden, ist oft schwierig. Manchmal gibt es mehrere bzw. miteinander verkettete Ursachen, und man muss entscheiden, was die ‚hauptsächliche' Ursache ist. Oft sind auch zur Klärung weitere Untersuchungen nötig. Häufig haben die Prozessbeteiligten unterschiedliche Meinungen, was die Gründe für die gefundenen Abweichungen sind.

Zur Erklärung der Abweichungen gibt es zwei alternative Möglichkeiten:

- Die Prozessvorgaben sind sinnvoll, werden aber nicht eingehalten, weil die Mitarbeiter den Sinn der Prozessvorgaben nicht verstanden haben, meinen, keine Zeit dafür zu haben, nicht über die notwendigen materiellen Mittel oder die erforderlichen Fähigkeiten verfügen, nicht mitbekommen haben, dass überhaupt Regelungen zum Prozess gelten, usw.
- Festgestellte Abweichungen können aber auch darauf hindeuten, dass Prozessvorgaben unzweckmäßig sind. Typische Beispiele sind, dass bei der Standardisierung des Prozesses zu viele Details festgelegt worden sind, informationelle Hilfsmittel sich als wenig brauchbar erweisen, die vorgesehene Reihenfolge der Prozessschritte ungünstig ist usw.

Um die Ursachen für die Abweichungen zu beseitigen (oder um, wie man so schön sagt, die Abweichungen zu ‚schließen'), müssen Korrekturmaßnahmen durchgeführt werden. Welche dies sind, hängt davon ab, welche Gründe man für die Abweichungen gefunden hat:

- Werden sinnvolle Prozessvorgaben nicht beachtet, gilt es, die Voraussetzungen für ihre Umsetzung zu verbessern. Dies kann etwa durch Instruktion der Mitarbeiter, weitere Qualifizierung, durch eine verbesserte materielle Ausstattung oder auf andere Weise geschehen.
- Haben sich hingegen Prozessvorgaben als unzweckmäßig herausgestellt, müssen die nicht angemessenen Vorgaben überarbeitet und die Prozessdokumentation entsprechend angepasst werden.

Es empfiehlt sich, die festgestellten Abweichungen für das nächste Audit zum betreffenden Prozess vorzumerken, um festzustellen, ob mit den durchgeführten Maßnahmen eine bessere Einhaltung der Prozessvorgaben erreicht wurde bzw. inwieweit sich die überarbeiteten Prozessvorgaben in der betrieblichen Praxis bewährt haben.

4.3 Prozesse messen

Wenn in einem Unternehmen die Prozesse standardisiert worden sind und die Einhaltung der Vorgaben überwacht wird, ist bereits viel erreicht worden. „Eine effiziente Steuerung und Verbesserung der Prozesse ist jedoch nur möglich, wenn deren Durchführung und deren Ergebnisse gemessen werden." (Baumgarten 1996, Sp. 1677)

Prozesse zu messen bedeutet, dass ihre Leistungsfähigkeit mit Kennzahlen abgebildet wird.

Mit der Messung von Prozessen werden folgende Zwecke verfolgt:

(1) *Aufrechterhalten der gegebenen Leistungsfähigkeit der Prozesse*

Wenn zu einem Prozess Kennzahlen ermittelt werden, ist bekannt, was der Prozess derzeit leisten kann. Dies macht es möglich, quantitative Sollvorgaben für den Prozess festzulegen. Wird die Einhaltung dieser Sollvorgaben regelmäßig überwacht, kann eine Verschlechterung des Leistungsniveaus erkannt werden, sodass in diesem Fall Gegenmaßnahmen eingeleitet werden können.

Beispiel: Ein Betrieb liefert seinen Kunden Ersatzteile für Maschinen. Im Hinblick auf die bestehenden Erwartungen der Kunden ist festgelegt, dass die Bearbeitung von Kundenbestellungen höchstens vier Tage in Anspruch nehmen darf. Einmal im Monat wird überprüft, wie lange die Bearbeitung der ausgeführten Kundenbestellungen tatsächlich gedauert hat. Stellt sich hierbei heraus, dass für (viele) Kundenbestellungen fünf oder mehr Tage aufgewendet werden mussten, wurde das als nötig angesehene Leistungsniveau offensichtlich nicht erreicht, und man kann darangehen herauszufinden, woran das gelegen hat.

(2) *Erkennen möglicher Ansätze zur Steigerung der Leistungsfähigkeit*

Die Analyse der bei den Prozessmessungen ermittelten Daten führt zu einem besseren Verständnis, welche Probleme gelöst werden müssen, um die Leistungsfähigkeit der Prozesse zu erhöhen.

Beispiel: Bei dem Ersatzteillieferanten zeigt die Analyse der Daten, dass der Anteil der Zeit für die eigentliche Bearbeitung der Kundenbestellung an der gesamten Durchlaufzeit minimal ist. Der größte Teil der Zeit vergeht damit, dass Abteilungen auf von anderen Abteilungen bereitzustellende Informationen warten.

(3) Beurteilen, inwieweit die Leistungsfähigkeit von Prozessen durch Verbesserungsmaßnahmen erhöht wurde

Entschließt sich ein Unternehmen, erkannte Probleme tatsächlich anzugehen, werden Maßnahmen zur Verbesserung der Leistungsfähigkeit durchgeführt. Aufgrund anschließender Prozessmessungen ist erkennbar, ob tatsächlich ein Fortschritt erreicht wurde und wie groß dieser Fortschritt war.

Beispiel: In dem Betrieb wurde erkannt, dass aufgrund des umständlichen Informationsaustauschs zwischen den Abteilungen die Bearbeitung von Kundenbestellungen länger dauert, als sie dauern müsste. Um Abhilfe zu schaffen, wird eine Softwarelösung eingeführt. Wenn dadurch die (meisten) Kundenbestellungen nicht mehr in vier, sondern bereits in drei Tagen erledigt sind, kann man sich über den erreichten Erfolg freuen. Wenn hingegen die benötigte Zeit gleich geblieben ist (oder gar mehr Zeit benötigt wird), muss man sich mit den Gründen auseinandersetzen, warum die Verbesserungsmaßnahme nicht funktioniert hat.

Der wesentliche Vorteil von Prozessmessungen liegt darin, dass die (vorhandene bzw. erreichte) Leistungsfähigkeit von Prozessen auf einer objektiven Grundlage beurteilt werden kann. Verzichtet man auf Prozessmessungen, sind die Einschätzungen, wie gut die vorhandenen Prozesse sind bzw. wie gut sie durch Verbesserungsmaßnahmen geworden sind, ausschließlich von den subjektiven Empfindungen der Beteiligten abhängig.

Kriterien zur Beurteilung von Prozessen

In der Literatur über Prozessorganisation besteht weitgehend Einigkeit darüber, dass sich die Prozessmessungen auf die Kriterien

- ‚Qualität',
- ‚Zeit' und
- ‚Kosten'

beziehen sollen (Corsten 1997 [b], S. 39; Gaitanides 1994 [b], S. 14f.).

Das Kriterium ‚Qualität' betrifft die Ergebnisse eines Prozesses. Es wird beurteilt, inwieweit die Ergebnisse fehlerfrei sind und den Anforderungen des (internen oder externen) Kunden entsprechen.

Die Kriterien ‚Zeit' und ‚Kosten' dienen der Bewertung, wie der Prozess durchgeführt wird. Das Kriterium ‚Zeit' zeigt, wie lange ein Prozess dauert bzw. ob er termingerecht abgeschlossen wird. Das Kriterium ‚Kosten' bildet den Verbrauch von Ressourcen während des Prozesses ab.[1]

---

[1] In den Veröffentlichungen zur Prozessorganisation werden die genannten drei Kriterien häufig dem Begriffspaar ‚Effektivität' und ‚Effizienz' zugeordnet (Tenner/DeToro 1996, S. 75f.). Ein Prozess ist effektiv, wenn er die Ergebnisse liefert, die der (interne oder externe) Kunde will bzw. braucht (Kriterium ‚Qualität'). Er ist effizient, wenn diese Ergebnisse auf optimale Weise erreicht werden (Kriterien ‚Zeit' und ‚Kosten').
Ein Prozess kann effektiv sein, ohne effizient zu sein, und umgekehrt. Im ersten Fall werden die vorgesehenen Ergebnisse auf eine umständliche Weise erreicht. Im zweiten Fall wird der Prozess zwar zügig und kostengünstig durchgeführt, führt aber zu keinen greifbaren Ergebnissen.

4 Die Praxis der Prozessorganisation

Die drei Kriterien sind nicht unabhängig voneinander, sondern beeinflussen sich positiv oder negativ.

Beispiel: Zur Verbesserung der Qualität wird in einen Prozess eine zusätzliche Prüfung eingefügt, um auf diese Weise fehlerhafte (Zwischen-)Produkte zu erkennen und aussortieren zu können. Diese Maßnahme hat jedoch auch Konsequenzen für die Kriterien ‚Zeit' und ‚Kosten': Im Hinblick auf die Zeit wird die Folge wahrscheinlich sein, dass der Prozess länger dauert. Im Hinblick auf die Kosten sind die Wirkungen zunächst nicht klar: Den aufgrund des neuen Prozessschritts höheren Kosten steht gegenüber, dass die Fehlerkosten gesenkt werden.

Aufgrund der Abhängigkeiten zwischen den drei Kriterien sollte bei jeder vorgenommenen Änderung im Hinblick auf ein Kriterium bedacht werden, wie sich diese Änderung auf die beiden anderen Kriterien auswirkt.

Zur Messung von Qualität, Zeit und Kosten stehen jeweils verschiedene Kennzahlen zur Verfügung.

Kriterium ‚Qualität'

Welche Ergebnisse ein Prozess zu liefern hat, hängt davon ab, was der (interne oder externe) Kunde mit diesen Ergebnissen anfangen möchte und welche Anforderungen demzufolge an diese Ergebnisse gestellt sind (Kap. 2.2). Das Kriterium ‚Qualität' bildet ab, in welchem Maße die erreichten Prozessergebnisse fehlerfrei sind und den Kundenanforderungen entsprechen.

Um die Qualität abzubilden, können verschiedene Kennzahlen verwendet werden, die sich auf die Häufigkeit oder auf die Kosten fehlerhafter Prozessergebnisse beziehen (Schmelzer/ Sesselmann 2006, S. 260f.).

Die Fehlerhäufigkeit kann z. B. durch Kennzahlen wie ‚Fehlerrate' oder ‚First Yield Pass' ausgedrückt werden. Die Fehlerrate bildet den Anteil fehlerhafter Prozessergebnisse an deren Gesamtzahl ab. Sie wird in Prozent oder ‚parts per million' (ppm) angegeben. First Yield Pass ist der Anteil der Prozessergebnisse, die beim ersten Prozessdurchlauf korrekt sind (z. B. Verhältnis zwischen Rechnungen ohne Nacharbeit zu allen erstellten Rechnungen).

Wenn Prozessergebnisse unzureichender Qualität erstellt werden, entstehen fast immer zusätzliche Kosten, z. B. wird Material vergeudet oder Prozesse müssen ein zweites Mal durchgeführt werden. Hierzu können Kennzahlen gebildet werden, die etwa das Verhältnis zwischen Ausschuss- und Nacharbeitskosten zu den Herstellkosten abbilden. Eine sehr aussagekräftige, aber auch schwer zu ermittelnde Kennzahl ist der ‚Fehlleistungsaufwand'. Bei dieser Kennzahl werden die Kosten für Fehler und für unnötige Tätigkeiten (z. B. überflüssiger Transport von Produkten, Warten auf fehlendes Material) den Kosten gegenübergestellt, die bei einer problemlosen Erzeugung des Prozessergebnisses entstehen. (Kamiske/Brauer 2006, S. 79f.)

Die ermittelten Kennzahlen zur Qualität geben Hinweise darauf, welche Prozesse noch nicht in einer Weise festgelegt worden sind, dass die gewünschten Ergebnisse mit der notwendigen Verlässlichkeit fehlerfrei und anforderungsgerecht erzeugt werden können. Um zu besseren

Prozessergebnissen zu gelangen, können z. B. zusätzliche Prozessschritte eingefügt werden, durch die Fehler vermieden oder entdeckt werden. Waren die Verbesserungsmaßnahmen erfolgreich, ist der erreichte Fortschritt durch die Qualitätskennzahlen nachweisbar, die im weiteren zeitlichen Verlauf ermittelt werden.

Kriterium ‚Zeit'
Prozesse können auch in zeitlicher Hinsicht beurteilt werden. Bei vielen Prozessen sind ihre zeitliche Dauer sowie ihr pünktlicher Abschluss der entscheidende Gesichtspunkt. Das Kriterium ‚Zeit' kann (u. a.) durch die Kennzahlen ‚Durchlaufzeit' und ‚Termintreue' erfasst werden.

Die Kennzahl ‚Durchlaufzeit' bildet die durchschnittliche Zeit ab, die benötigt wird, um die Vorgaben für einen Prozess in dessen Ergebnisse zu überführen.

Bei der Durchführung eines Prozesses bzw. Prozessschritts fallen Bearbeitungs-, Transport- und Liegezeiten an:

- Die Bearbeitungszeit wird benötigt, um das Prozessobjekt zu erzeugen, zu verändern oder zu prüfen.
- Die Transportzeit dient dazu, das Prozessobjekt an einen anderen Standort zu bringen.
- Liegezeiten sind Zeiten, in denen das Prozessobjekt innerhalb eines Prozesses verweilt, also weder bearbeitet noch transportiert wird.

Bei der Ermittlung der Durchlaufzeit eines Prozesses werden neben der Gesamtdauer auch die Anteile von Bearbeitungs-, Transport- und Liegezeiten ermittelt (Fischermanns 2006, S. 247f.).

Die Analyse der Durchlaufzeit gibt Aufschluss darüber, inwieweit während der Prozessdurchführung Zeit verschwendet wird und ob es möglich ist, dem Kunden die Prozessergebnisse schneller zur Verfügung zu stellen. Mögliche Maßnahmen zur Beschleunigung eines Prozesses sind v. a., Transport- und Liegezeiten zu reduzieren und Prozessschritte parallel auszuführen.

In vielen Fällen ist weniger die zeitliche Dauer eines Prozesses relevant als vielmehr die Frage, inwieweit die Prozessergebnisse dem Kunden zum vorgesehenen und vereinbarten Zeitpunkt zur Verfügung gestellt werden. In dieser Konstellation empfiehlt sich die Verwendung der Kennzahl ‚Termintreue', mit der der Anteil termingerecht fertiggestellter Prozessergebnisse an deren Gesamtzahl festgestellt wird.

Die Nichteinhaltung von Terminen verursacht meistens Probleme in den nachfolgenden Prozessen und beim externen Kunden. „Deshalb sollte als Zielwert für die Termintreue 100 % angestrebt werden." (Schmelzer/Sesselmann 2006, S. 259) Die Termintreue kann u. a. durch eine bessere Planung der Prozesse, durch Prioritätsregeln oder durch eine Erhöhung der Ressourcen für die Prozesse erreicht werden (wobei Letzteres zulasten der Kosten für die Prozessausführung geht).

Nachdem entsprechende Maßnahmen zur Durchlaufzeit oder zur Termintreue durchgeführt worden sind, gilt es in der Folgezeit anhand der Kennzahlen zu überprüfen, ob die Prozesse schneller bzw. termingerechter geworden sind.

Kriterium ‚Kosten'
Bei der Durchführung von Prozessen werden Ressourcen verbraucht. Das Kriterium ‚Kosten' bewertet diesen Ressourcenverbrauch monetär und bildet ab, welche Kosten entstehen, wenn das Prozessergebnis einmal erzeugt wird, bzw. welche Kosten durch alle Prozessergebnisse in einem Zeitraum verursacht werden.

Die Ermittlung der Prozesskosten setzt voraus, dass in dem Betrieb eine Prozesskostenrechnung eingeführt worden ist. Hierzu werden auf der Basis der Prozessdarstellung und -standardisierung (Kap. 3 und 4.1) die kostenstellenübergreifenden Prozesse identifiziert, die bei diesen wirksamen kostenverursachenden Größen (‚Kostentreiber') bestimmt und auf dieser Grundlage Prozesskostensätze ermittelt. Diese Kennzahlen bilden die Kosten jedes einzelnen Prozesses ab und geben Aufschluss darüber, welche Kosten etwa durch die Annahme einer Bestellung, die Durchführung eines Fertigungsauftrags oder die Bearbeitung einer Kundenbeschwerde entstehen (Mayer 2005).

Die festgestellten Prozesskosten eröffnen viele Auswertungsmöglichkeiten, u. a. indem ihre Entwicklung im zeitlichen Verlauf analysiert oder sie mit den geplanten Kosten verglichen werden. Aus den hierbei gewonnenen Erkenntnissen können Maßnahmen zur Senkung der Prozesskosten abgeleitet werden. Ob diese Maßnahmen tatsächlich zu einem effizienteren Einsatz der Ressourcen geführt haben, ist aufgrund der weiteren Entwicklung der Prozesskosten zu überprüfen. Darüber hinaus zeigt die Entwicklung der Prozesskosten auf, wie sich durchgeführte Maßnahmen im Hinblick auf die Kriterien ‚Qualität' und ‚Zeit' monetär ausgewirkt haben.

Auswahl und Nutzung von Prozesskennzahlen
Prozessmessungen sind – wie bereits erwähnt – nicht so verbreitet, wie sie sein sollten. Ein Grund dafür ist, dass entsprechende Messungen nicht so einfach sind, wie dies vielleicht auf den ersten Blick erscheint. „Viele Unternehmen glauben, dass sie beispielhafte Messsysteme eingerichtet haben. Leider trifft dies in den meisten Fällen nicht zu." (Tenner/DeToro 1996, S. 75)

Typische Fehler bei Prozessmessungen sind:
- Den Prozessen werden relativ beliebig Kennzahlen verpasst, ohne dass klar ist, warum ausgerechnet diese Kennzahlen verwendet werden.
- Die Ermittlung der Kennzahlen erfolgt nicht regelmäßig, sondern nur sporadisch.
- Die Kennzahlen werden zwar ermittelt, aber es wird nicht über sie berichtet, und es werden schon gar nicht Konsequenzen aus ihnen gezogen.

Grundlegend für die Messung von Prozessen ist die Entscheidung, welche Kriterien berücksichtigt und mit welchen Kennzahlen diese erfasst werden sollen. Die Maßstäbe für die Prozesse müssen vor dem Hintergrund der Unternehmensstrategie festgelegt werden und „sind streng aus dem Nutzen abzuleiten, den ein Prozessergebnis für einen unternehmensexternen oder -internen Kunden hat." (Fischer 1996, S. 225)

Die Vorgehensweise zur Auswahl der Kennzahlen wird in Abb. 4-5 veranschaulicht.

Die erste Überlegung betrifft die Frage, welche Prozesse überhaupt gemessen werden sollen. In der Regel wird es nicht möglich sein, alle Prozesse zu messen. Deshalb sollte eine Beschränkung auf die Prozesse erfolgen, die im Hinblick auf die Anforderungen des (externen)

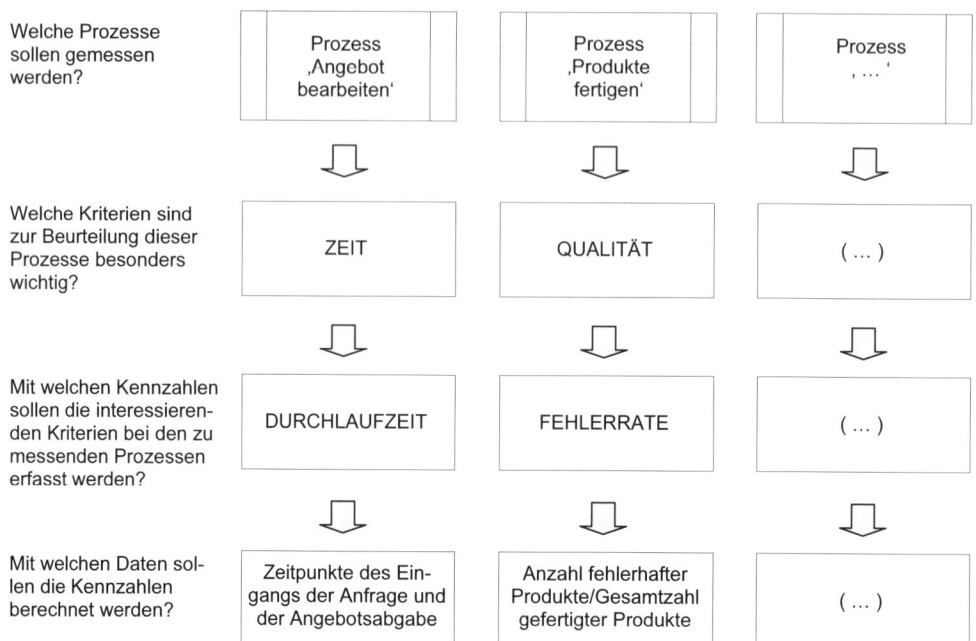

Abb. 4-5: Vorgehensweise zur Auswahl von Prozesskennzahlen

Kunden und die Erfolgsfaktoren besonders wichtig sind. Prozesse, die als weniger bedeutsam angesehen werden, sollten bei den Messungen nicht berücksichtigt werden.

Für jeden der zu messenden Prozesse ist anschließend zu klären, ob dieser im Hinblick auf Qualität, Zeit und/oder Kosten betrachtet werden soll. Das oder die anzuwendenden Kriterien müssen ebenfalls aus der Unternehmensstrategie abgeleitet werden. Mit der Messung von Prozesskosten z. B. kann man auf den ersten Blick nie falschliegen. Eine genauere Untersuchung könnte jedoch bei bestimmten Prozessen zu der Erkenntnis führen, dass das Kriterium Zeit sehr viel wichtiger ist. Dies ist etwa dann der Fall, wenn durch eine geringere Durchlaufzeit den Kunden kürzere Lieferzeiten angeboten werden können, was die Gewinnsituation des Unternehmens unter Umständen nachhaltiger verbessert, als dies durch Prozesskostensenkungen möglich ist.

Im dritten Schritt ist zu klären, mit welcher (oder welchen) Kennzahl(en) bei dem jeweiligen Prozess das interessierende Kriterium erfasst werden soll. Die o.g. Kennzahlen zu Qualität, Zeit und Kosten unterscheiden sich dadurch, dass sie jeweils verschiedene Aspekte abbilden und insofern unterschiedliche Erkenntnismöglichkeiten eröffnen. Wenn man z. B. einen Prozess im Hinblick auf Zeit beurteilen möchte, ist zu entscheiden, ob die zeitliche Dauer des Prozesses oder sein termingerechter Abschluss interessanter ist. Im ersten Fall ist die ‚Durchlaufzeit', im zweiten die ‚Termintreue' die richtige Kennzahl.

Um die gewählten Kennzahlen berechnen zu können, braucht man Daten. Um z. B. die Durchlaufzeit für die Angebotsbearbeitung zu berechnen, müssen Daten über die Zeitpunkte vorhanden sein, zu denen Kundenanfragen eingegangen sind, weiterhin zu den Zeitpunkten, an dem fertiggestellte Angebote an Kunden verschickt wurden. Zur Berechnung von Fehlerraten muss man wissen, wie viele Produkte in der betrachteten Periode gefertigt wurden und wie viele davon fehlerhaft waren.

Die Daten, die zur Berechnung der Kennzahlen benötigt werden, sind vielfach bereits im betrieblichen Informationssystem vorhanden (z. B. weil sie zur Auftragsabwicklung benötigt werden). Wenn nicht, müssen sie speziell für die Berechnung der Kennzahlen erfasst werden. Das ist natürlich aufwendig. Insofern wird man sich in diesem Fall überlegen müssen, inwieweit der zusätzliche Aufwand durch die Erkenntnismöglichkeiten gerechtfertigt ist.

Die festgelegten Kennzahlen müssen periodisch (z. B. einmal im Monat) ermittelt und ausgewertet werden. Die Ergebnisse sollten in einem geeigneten Rahmen (z. B. bei einem Abteilungsleitertreffen) vorgestellt und besprochen werden. Dabei stehen – entsprechend den eingangs genannten Zielsetzungen von Prozessmessungen – folgende Fragen im Mittelpunkt:

- Lassen die vorgelegten Zahlen erkennen, dass sich die Leistungsfähigkeit der gemessenen Prozesse verschlechtert hat?
- Ergeben sich aufgrund der Analyse der Zahlen Erkenntnisse, was getan werden müsste, um die Leistungsfähigkeit zu erhöhen?
- Haben durchgeführte Verbesserungsmaßnahmen dazu geführt, dass ein (durch Zahlen belegbarer) Fortschritt erreicht wurde?

Sofern aus der Besprechung dieser Fragen Schlussfolgerungen gezogen werden, erfolgt deren Umsetzung in dem Prozess ‚Prozesse verbessern und erneuern'.

Die festgelegten Kennzahlen sollten in größeren Abständen (z. B. einmal im Jahr) daraufhin geprüft werden, ob

- sich ihre Ermittlung gelohnt hat,
- auf bestimmte Kennzahlen verzichtet werden kann bzw. neue hinzugenommen werden sollen,
- bisher nicht betrachtete Prozesse ebenfalls gemessen werden sollen und
- die Kennzahlen in ihrer Gesamtheit noch zu einer ggf. geänderten Unternehmensstrategie passen.

Insgesamt: Es ist ausgesprochen sinnvoll, die betrieblichen Prozesse mithilfe von Kennzahlen zu beurteilen und weiterzuentwickeln. Wenn ein Unternehmen seine Prozesse mit aussagekräftigen Kennzahlen misst und daraus konsequent Schlussfolgerungen zieht, wird es davon enorm profitieren.

Allerdings ist beim Umgang mit Kennzahlen Vorsicht geboten. „Die Kennzahlen sollen das Management bei der Ausführung seiner Aufgaben unterstützen, sie können der Führung aber die Entscheidung nicht abnehmen. (…) Blinde Zahlengläubigkeit kann zu schwerwiegenden Fehlentscheidungen führen." (DGQ 1999, S. 58) Insofern sollte man sich darüber klar sein, dass die vorliegenden Kennzahlen interpretiert werden müssen und Hinweise für richtige Entscheidungen geben können – nicht mehr und nicht weniger.

4.4 Prozesse verbessern und erneuern

Die Standardisierung der Prozesse führt dazu, dass diese so definiert sind, wie es den Beteiligten zu dem gegebenen Zeitpunkt sinnvoll und realistisch erscheint. „Eine einmalig opti-

male Gestaltung des Prozesses ist allerdings weder möglich noch ausreichend." (VDI/DGQ 5505 1998, S. 20) Dafür gibt es folgende Gründe:
- Bei der erstmaligen Standardisierung der Prozesse (Kap. 4.1) kann es vorkommen, dass Schwachstellen zwar erkannt, aber nicht beseitigt werden können, z. B. weil die notwendigen Investitionsmittel fehlen oder weil sich die Beteiligten nicht einigen konnten. Zu einem späteren Zeitpunkt sind jedoch (vielleicht) die Bedingungen gegeben, sodass die Prozesse entsprechend geändert werden können.
- Es gelingt fast nie, bei der ersten Festlegung die Prozesse bereits vollständig zu verstehen. Bei der Überwachung der Prozesse (Kap. 4.2) stellt sich fast immer heraus, dass die Prozesse zu stark oder zu wenig standardisiert worden sind, dass einzelne Prozessschritte überflüssig sind oder sinnvolle Schritte fehlen, dass Verantwortlichkeiten noch nicht optimal geregelt sind usw.
- Aufgrund der Überwachung (Kap. 4.2) und der Messung der Prozesse (Kap. 4.3) wird erkannt, dass es Möglichkeiten gibt, die Prozesse mit besseren Ergebnissen, schneller oder kostengünstiger durchzuführen.
- Die größte Herausforderung für die betrieblichen Prozesse ergibt sich daraus, dass die Unternehmen einem unbarmherzigen Änderungsdruck ausgesetzt sind. Die Marktgegebenheiten, das Konkurrenzumfeld, die technischen Möglichkeiten ändern sich schnell und teilweise in unvorhergesehener Weise. Daraus leitet sich die Notwendigkeit ab, von Zeit zu Zeit zu überprüfen, ob die Unternehmensstrategie noch stimmt und welche Konsequenzen sich aus einer ggf. geänderten Unternehmensstrategie für die Prozesse ergeben.

Die vorzunehmenden Änderungen der Prozesse können unterschiedlich umfangreich und komplex sein. Entsprechend ist zwischen der Verbesserung und der Erneuerung eines Prozesses zu unterscheiden.

Der Normalfall besteht darin, dass ein Prozess kontinuierlich verbessert und dadurch seine Leistungsfähigkeit allmählich gesteigert wird. Beispiele für Prozessverbesserungen sind, dass
- einzelne Prozessschritte in ihrer Reihenfolge vertauscht werden,
- bei dem Prozess verwendete Dokumente umgestaltet werden,
- Prozessschritte einer anderen Organisationseinheit zugeordnet werden,
- der Prozess vereinfacht wird oder auch
- vorgenommene Vereinfachungen wieder rückgängig gemacht werden, weil sie sich nicht bewährt haben.

Bei der Prozessverbesserung bleibt der Prozess in seiner Grundstruktur unverändert.

Die Verbesserung eines Prozesses stößt jedoch zu einem bestimmten Zeitpunkt an ihre Grenzen,
- sei es, weil innerhalb der bestehenden Prozessstruktur kein Fortschritt mehr möglich ist,
- sei es, weil sich Änderungen der Unternehmensstrategie ergeben haben und der Prozess nicht mehr zu dieser passt.

In diesem Fall ist es notwendig, die Prozessstruktur völlig zu verändern und den Prozess komplett zu erneuern. Ein Beispiel dafür ist, dass ein bislang mithilfe von Papierdokumenten

4 Die Praxis der Prozessorganisation

durchgeführter Prozess durchgängig durch eine betriebswirtschaftliche Standardsoftware unterstützt wird.

Die Vorteile eines erneuerten Prozesses können enorm sein. Die Leistungsfähigkeit des Prozesses wird ggf. um Größenordnungen gesteigert. Darüber hinaus können sich durch einen verbesserten bzw. veränderten Prozess für das Unternehmen Möglichkeiten eröffnen, Kundenanforderungen wesentlich präziser zu erfüllen und sich dadurch von den Wettbewerbern abzusetzen.

Kann sich ein Unternehmen jedoch zu einer anstehenden Prozesserneuerung nicht entschließen, bleiben nicht nur deren Chancen ungenutzt, sondern der Betrieb wird über kurz oder lang gegenüber seinen Konkurrenten (die wahrscheinlich ihrerseits ihre Prozesse erneuern werden) in Rückstand geraten.

Jede Prozesserneuerung ist jedoch nicht nur mit Chancen, sondern auch mit Risiken verbunden – stellt sich doch erst im Nachhinein heraus, ob die Erneuerung gelingt und ob man das erreicht, was man sich verspricht. Eine entscheidende Voraussetzung für die Erneuerung eines Prozesses liegt darin, dass die an der Prozessausführung Beteiligten an der Erarbeitung des erneuerten Prozesses so weit wie möglich beteiligt sind – ebenso wie an der (erstmaligen) Standardisierung des Prozesses (Kap. 4.1). Geschieht dies nicht, wird die Prozesserneuerung wahrscheinlich scheitern, z. B. weil sich die neuen Prozessregelungen als nicht praktikabel erweisen oder ignoriert bzw. unterlaufen werden.

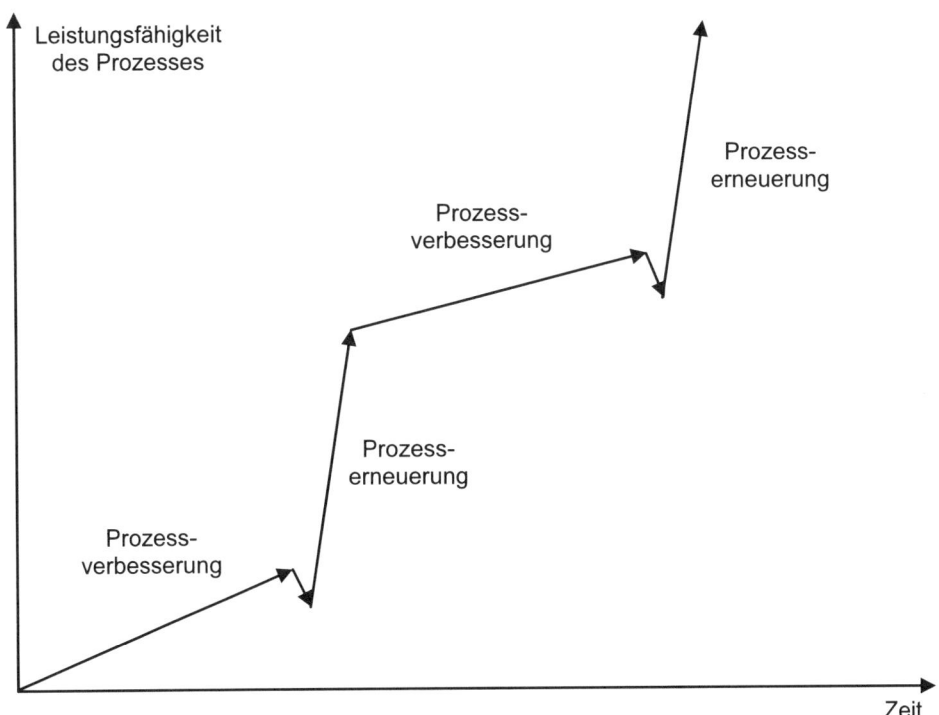

Abb. 4-6: Verhältnis zwischen Prozessverbesserung und -erneuerung
(nach Imai 2001, S. 59f.; VDI/DGQ 5505 1998, S. 21)

Abb. 4-6 zeigt, dass sich im Laufe der Zeit Prozessverbesserungen und Prozesserneuerungen gegenseitig ablösen. Zunächst wird die Leistungsfähigkeit eines Prozesses kontinuierlich durch fortlaufende Verbesserungen gesteigert, bis ein Punkt erreicht ist, an dem dies nicht weiter möglich ist und eine Prozesserneuerung ansteht. Eine Prozesserneuerung ist häufig zunächst damit verbunden, dass die Leistungsfähigkeit des Prozesses kurzfristig abnimmt, bis sich die neue Vorgehensweise etabliert hat. Insofern realisiert sich das Potenzial von Verbesserungen in der Regel nicht sofort, sondern es ist eine Durststrecke zu überwinden, bis sich die Prozesserneuerung auszahlt.

Die Vorgehensweise bei der Prozessverbesserung und der Prozesserneuerung ist identisch und kann ihrerseits als Prozess definiert werden (Abb. 4-7). Ergebnis dieses Prozesses ist, dass bei dem jeweiligen Prozess eine Steigerung der Leistungsfähigkeit erreicht wurde.

Häufig werden viele Möglichkeiten gesehen, um einen Prozess zu verbessern bzw. zu erneuern. Aufgrund der beschränkten Ressourcen ist es jedoch in der Regel nicht möglich, alle erkannten Möglichkeiten anzugehen. Insofern muss eine Entscheidung getroffen werden, welche Möglichkeit(en) zur Prozessverbesserung bzw. -erneuerung angegangen werden soll(en).

Beispiel: In einem Reiseunternehmen kommt es bei dem Prozess ‚Buchen einer Urlaubsreise' immer wieder dazu, dass Reisen falsch erfasst und infolgedessen fehlerhaft bestätigt werden. Solche Vorkommnisse führen zu einer großen Verärgerung bei den Kunden und sind im Unternehmen mit großem Arbeitsaufwand verbunden. Insofern wird entschieden, dass der Prozess verändert werden soll, um die Fehlerrate zu verringern.

Ist die Entscheidung gefallen, muss das zu lösende Problem analysiert werden. Hierzu müssen meistens zusätzliche Daten erhoben werden, denn „zur Durchführung von Verbesserungen ist oft ein höherer Genauigkeitsgrad erforderlich, als wenn nur die Prozessleistung untersucht wird." (Magnusson 2001, S. 48) Aufgrund dieser Daten ist es möglich, den vorhandenen Prozess besser zu verstehen und die Hindernisse zu erkennen, die überwunden werden müssen, damit der Prozess so wie gewünscht verlaufen kann.

Beispiel: Das Unternehmen misst bei dem Prozess ‚Buchen einer Urlaubsreise' die Fehlerrate. Aufgrund dessen wissen die Verantwortlichen, wie viel Prozent der Reisebuchungen fehlerhaft sind. Es ist jedoch nicht bekannt, welche Ursachen die Fehlbuchungen bewirken und welche Rolle die verschiedenen Ursachen jeweils spielen. Hierzu müssen weitere Daten erfasst und analysiert werden. Durch diese zusätzlichen Daten wird klar, inwieweit die Fehlbuchungen auf falsche oder vergessene Eingaben, Bestätigung von Reisen, die bereits ausgebucht sind, Missverständnisse mit dem Kunden oder auf andere Ursachen zurückzuführen sind.

Im anschließenden Prozessschritt werden auf dieser Grundlage die durchzuführenden Maßnahmen festgelegt, durch die Prozessverbesserung bzw. -erneuerung bewirkt werden sollen. Dazu gehört, dass

- die erforderlichen Ressourcen bereitgestellt werden,
- die Verantwortlichkeiten geklärt werden, und
- festgelegt wird, bis zu welchen Terminen die Maßnahmen abgeschlossen sein sollen.

4 Die Praxis der Prozessorganisation

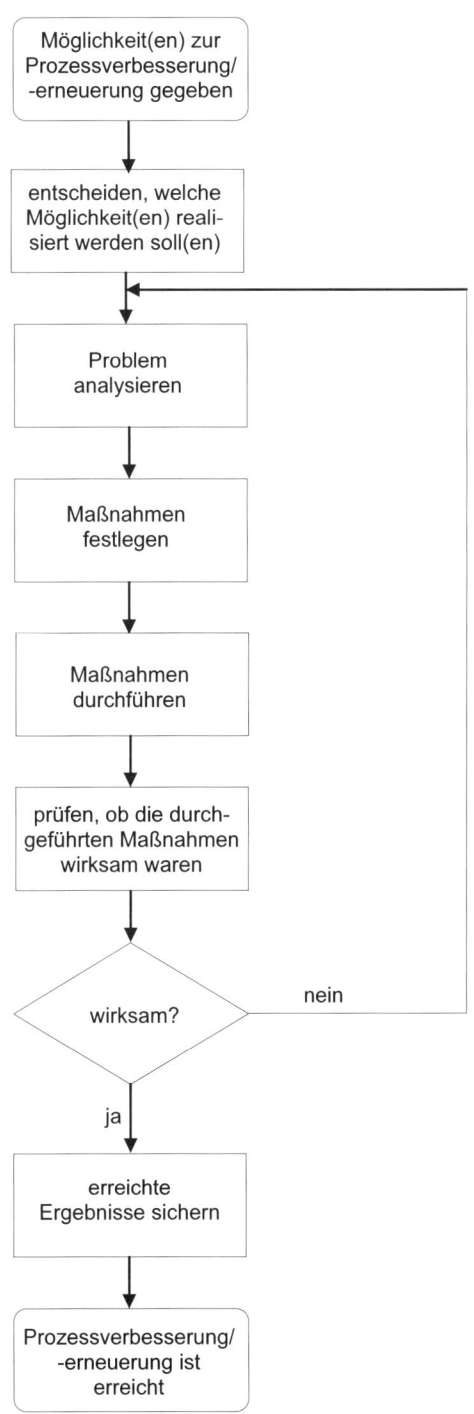

Abb. 4-7: Prozess ‚Prozesse verbessern und erneuern'

Beispiel: In dem Reiseunternehmen wird festgelegt, dass die bisherige Softwarelösung, mit der die Buchung vorgenommen wurde, durch eine leistungsfähigere ersetzt werden soll. Die Vorzüge der neu einzuführenden Software bestehen u. a. darin, dass vergessene Eingaben angemahnt und nicht plausible zurückgewiesen werden, dass die Verfügbarkeit der Reise automatisch festgestellt wird usw. Darüber hinaus werden die Investitionsmittel für den Kauf und die Inbetriebnahme der neuen Software bereitgestellt, es wird festgelegt, welche Mitarbeiter sich um die Softwareumstellung zu kümmern haben und ab welchem Termin mit der neuen Software gearbeitet werden soll.

Nach der Durchführung der Maßnahmen ist festzustellen, inwieweit der gewünschte Erfolg erreicht wurde. Eine objektive Aussage hierzu ist, wie bereits in Kap. 4.3 erwähnt, nur auf Basis von Kennzahlen möglich, mit deren Hilfe beurteilt werden kann, ob Fortschritte hinsichtlich Qualität, Zeit oder Kosten erreicht wurden und wie groß diese ggf. waren.

Beispiel: Nachdem die neue Software in dem Reiseunternehmen eingeführt worden ist, wird vermutlich einige Zeit vergehen, bis sich die Mitarbeiter an die veränderte Arbeitsweise gewöhnt haben. Ist dies geschehen, muss die Fehlerrate des Buchungsprozesses erneut ermittelt werden, um festzustellen, ob mit der neuen Software tatsächlich weniger Fehler passieren, als dies vorher der Fall war.

Zeigt sich, dass die Maßnahmen nicht so erfolgreich wie erhofft waren, gilt es, das Problem erneut zu analysieren und hieraus modifizierte Maßnahmen abzuleiten.

Werden die durchgeführten Maßnahmen hingegen als erfolgreich eingeschätzt, müssen die erreichten Ergebnisse abgesichert werden. Hierzu gehört insbesondere, dass die Prozessdokumentation auf den neuen Stand gebracht und die geänderte Vorgehensweise verbindlich gemacht wird.

Darüber hinaus ist es häufig sinnvoll, dass „die Ergebnisse und Erfahrungen von dem Verbesserungsprojekt mit dem Rest der Organisation geteilt werden" (Magnusson 2001, S. 50), indem darüber der Unternehmensleitung, auf Abteilungsleitertreffen oder im Intranet des Unternehmens berichtet wird. Auf diese Weise können die erreichten Erfolge gewürdigt und die gewonnenen Erkenntnisse im Unternehmen allgemein nutzbar gemacht werden.

Weiterführende Literatur zu Teil I

Zu den Grundlagen der Prozessorganisation gibt es mittlerweile eine Reihe von Veröffentlichungen.

Ein hervorragendes Buch ist ‚Geschäftsprozessmanagement' von T. Allweyer. Dieses Buch zeichnet sich durch eine fundierte Darstellung und den klaren Schreibstil des Autors aus. Es ist besonders für die Leser geeignet, die sich aus wirtschaftsinformatischer Sicht mit Prozessorganisation befassen (Allweyer 2005).

Sehr gut ist auch ‚Geschäftsprozessmanagement in der Praxis' von H. J. Schmelzer und W. Sesselmann. Das Buch behandelt das Thema umfassend und ist recht praxisnah geschrieben – mittlerweile schon ein Klassiker (Schmelzer/Sesselmann 2006).

Ein weiteres sehr gutes Buch ist ‚Praxishandbuch Prozessmanagement' von G. Fischermanns. Der Vorzug dieses Buches besteht vor allem darin, dass der Autor sehr konkret da-

4 Die Praxis der Prozessorganisation

rauf eingeht, wie bei der Erfassung und Gestaltung betrieblicher Prozesse vorgegangen werden kann, und dass er dazu viele praktisch nutzbare Hilfestellungen gibt (Fischermanns 2006).

Wer sich für Softwareprodukte interessiert, die die Darstellung und Analyse der Prozesse unterstützen, für den ist ‚Geschäftsprozessmanagement mit Visio, ViFlow und MS Project' von J. Schwab das Richtige (Schwab 2006).

Weitere empfehlenswerte Bücher sind der von J. Becker u. a. herausgegebene Sammelband ‚Prozessmanagement' (Becker 2005) sowie ‚Geschäftsprozesse' von F. Rosenkranz (Rosenkranz 2006).

Die Darstellung von Prozessen soll – wie in Kap. 3 immer wieder betont – so verständlich und einleuchtend wie möglich sein. Wie man bei der Gestaltung von Prozesslandkarten und Flussdiagrammen *nicht* vorgehen sollte, kann man sich in dem Buch ‚Die wirrsten Grafiken der Welt' von G. Henschel anschauen. In diesem sehr lustigen Buch sind viele konfuse Abbildungen aus unterschiedlichen Bereichen zu sehen, deren Sinn auch nach längerer Betrachtung nicht klar wird (Henschel 2003).

Kontrollfragen

K 1-1
Die Entstehung des Fachgebiets Prozessorganisation ist wesentlich auf die Erkenntnis zurückzuführen, dass die Organisationsprobleme eines Unternehmens auf andere Weise angegangen werden müssen, als dies in der Vergangenheit geschah.
Worin sehen Sie den wesentlichen Unterschied zwischen

- der in der Vergangenheit sowohl in der Betriebswirtschaftslehre als auch in der betrieblichen Praxis üblichen Art und Weise, an Organisationsprobleme heranzugehen,
- und der von der Prozessorganisation geforderten Vorgehensweise?

K 1-2
Aus welchem Grund wird in desn Betrieben der Aufbauorganisation üblicherweise mehr Aufmerksamkeit gewidmet als den betrieblichen Prozessen?

K 1-3
Welche Konsequenzen entstehen, wenn die Prozesse vernachlässigt und mehr oder weniger sich selbst überlassen werden?

K 1-4
Es wird vorgeschlagen, die traditionelle funktionale Aufbauorganisation durch eine prozessorientierte Aufbauorganisation zu ersetzen. Was sind die Gründe für diesen Vorschlag und was ist von ihm zu halten?

K 1-5
Welche Beziehung besteht zwischen der Festlegung der Unternehmensstrategie und der Definition der betrieblichen Prozesse?

K 2-1
Wie lässt sich ein betrieblicher Prozess allgemein charakterisieren?

K 2-2
Zu den Grundbegriffen der Prozessorganisation gehören ‚interner Kunde' und ‚interner Lieferant'. Erläutern Sie diese Begriffe und erklären Sie, was mit ihnen gemeint ist.

K 2-3
Welche Bedeutung hat das betriebliche Informationssystem für die Prozesse? Wie kann die Ausführung der Prozesse mit betriebswirtschaftlicher Standardsoftware unterstützt werden? Welche Bedeutung haben in diesem Zusammenhang sogenannte Referenzprozesse?

K 3-1
Wie hängen die beiden Darstellungsmittel für betriebliche Prozesse – Prozesslandkarten und Flussdiagramme – miteinander zusammen?

K 3-2
Was ist bei Flussdiagrammen der Unterschied zwischen UND- und ODER-Verbindungen? Was ist eine ODER-Rückkopplung?

K 3-3
Worin besteht das Problem, bei der Darstellung eines Prozesses in einem Flussdiagramm den richtigen Detaillierungsgrad zu finden?

K 4-1
Was bedeutet es, Prozesse zu standardisieren? Was wird mit der Standardisierung der Prozesse erreicht? Was ist das größte Problem bei der Standardisierung?

K 4-2
Was ist das größte Problem bei der Standardisierung betrieblicher Prozesse?

K 4-3
Wozu dienen prozessorientierte Audits und welche Schlussfolgerungen sind aus ihnen zu ziehen?

K 4-4
Warum ist es sinnvoll, Prozesse zu messen? Wie ist bei der Messung von Prozessen vorzugehen?

K 4-5
Was ist der Unterschied zwischen Prozessverbesserung und Prozesserneuerung? Skizzieren Sie, wie bei der Verbesserung bzw. Erneuerung von Prozessen vorzugehen ist.

II Übersicht der in diesem Buch dargestellten Prozesse

5 Entwicklung einer Systematik für die Teile III bis IX

In Teil I wurde beschrieben, wie betriebliche Prozesse dargestellt, standardisiert und weiterentwickelt werden. Dabei spielte es noch keine Rolle, worum es bei den Prozessen inhaltlich geht. Diese Einschränkung wird nun aufgehoben.

In den Teilen III bis IX werden die Prozesse, die typischerweise in den Unternehmen stattfinden, unter den Fragen behandelt,

- welche Ergebnisse sie ihren (internen oder externen) Kunden liefern und
- in welchen Prozessschritten sie üblicherweise durchgeführt werden.

Mit den in diesen Teilen beschriebenen Prozessverläufen werden – um es in der Begrifflichkeit betriebswirtschaftlicher Standardsoftware auszudrücken – Referenzprozesse (Kap. 2.6) vorgestellt.

Die in den Teilen III bis IX dargestellten Flussdiagramme sind auf keinen Fall so gemeint, als ob mit ihnen die ‚richtige' Vorgehensweise zur Durchführung dieser Prozesse beschrieben wird. Vielmehr sind diese Flussdiagramme als Beispiele für mögliche Prozessverläufe zu verstehen, an denen sich der Leser bei der Auseinandersetzung mit den Prozessen seines Unternehmens als Anregung orientieren kann. Der Leser möge überlegen, inwieweit die in diesem Lehrbuch dargestellten Verläufe mit den Prozessen seines Unternehmens übereinstimmen bzw. abgewandelt werden müssen, damit sie für sein Unternehmen zutreffen.

Als Grundlage für die Beschreibung der betrieblichen Prozesse in den Teilen III bis IX dient die in Abb. 5-1 vorgestellte Übersicht.

In der Literatur über Prozessorganisation ist es allgemein üblich, die betrieblichen Prozesse in Führungs-, Kern- und Supportprozesse zu unterteilen (Fischermanns 2006, S. 97f.; Rosenkranz 2006, S. 227f.):

- *Führungsprozesse* dienen der Steuerung des Unternehmens. Beispiele dafür sind die Durchführung der Unternehmensplanung, die Festlegung des Personalbedarfs, die Planung von Investitionen usw.
- *Kernprozesse* sind die Aktivitäten, die einen direkten Bezug zu den erstellten Produkten oder Dienstleistungen haben. Diese Prozesse führen dazu, dass die Kunden die von ihnen erwarteten bzw. die mit ihnen vereinbarten Leistungen erhalten. Synonyme Begriffe für Kernprozesse sind Wertschöpfungs- oder Schlüsselprozesse.
- *Supportprozesse* (oder Unterstützungsprozesse) weisen keinen direkten Bezug zu dem Leistungsangebot des Unternehmens auf, sind aber Voraussetzungen dafür, dass die

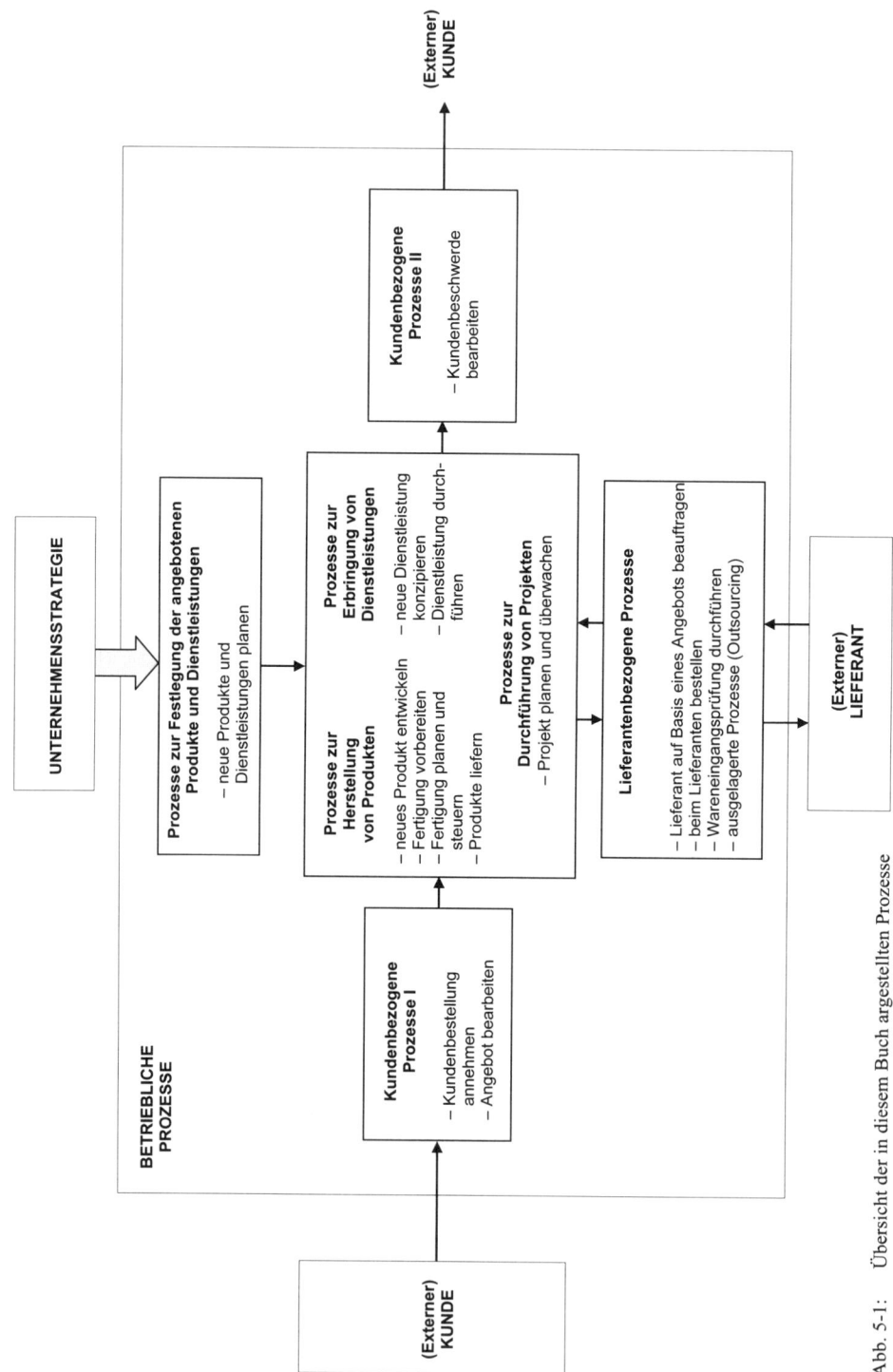

Abb. 5-1: Übersicht der in diesem Buch argestellten Prozesse

Kernprozesse stattfinden können. Beispiele für Supportprozesse sind die Einstellung eines neuen Mitarbeiters, die Planung von Weiterbildungsmaßnahmen, die Lohn- und Gehaltsabrechnung oder die Instandhaltung der Betriebsmittel.[1]

In diesem Buch werden nur Kernprozesse behandelt, während Führungs- und Supportprozesse nicht berücksichtigt werden. Diese Konzentration auf Kernprozesse bietet sich deshalb an, weil in ihnen die für den (externen) Kunden bereitgestellten Leistungen entstehen und sie insofern das wirtschaftliche Ergebnis des Unternehmens unmittelbar beeinflussen.

Diese Schwerpunktsetzung ist nicht als Abwertung der Führungs- und Supportprozesse zu verstehen. Ohne diese können die Kernprozesse nicht stattfinden (Becker/Kahn 2005, S. 7). Dennoch lohnt es sich in der Regel mehr, z. B. den Prozess ‚Angebot bearbeiten' zu analysieren als etwa den der Einstellung eines neuen Mitarbeiters, da die Abgabe von Angeboten in wesentlich stärkerem Maße kundenwirksam ist. (Unabhängig davon ist es möglich und manchmal auch sehr sinnvoll, auch Führungs- und Supportprozesse mit den Methoden der Prozessorganisation zu untersuchen und zu verbessern.)

Die in diesem Buch dargestellten (und in Abb. 5-1 aufgeführten) Prozesse werden im Folgenden kurz vorgestellt.

Teil III
Prozesse zur Festlegung der angebotenen Produkte und Dienstleistungen
Mit den betrieblichen Prozessen wird, wie in Kap. 1.4 erläutert, die Unternehmensstrategie umgesetzt. Die in Teil III beschriebene Vorgehensweise zur Definition der betrieblichen Leistungen ist das Bindeglied zwischen der Unternehmensstrategie und der Prozessorganisation. Sie bildet insofern die Grundlage für alle Prozesse des Unternehmens.

- In dem Prozess ‚neue Produkte und Dienstleistungen planen' (Kap. 6) wird entschieden, ob eine vorgeschlagene Idee zu einer neuen Unternehmensleistung umgesetzt werden soll und welche Anforderungen ein neues Produkt bzw. eine neue Dienstleistung aus Sicht des (externen) Kunden erfüllen soll.

Teil IV
Kundenbezogene Prozesse I
Für die in diesem Teil beschriebenen Prozesse wird vorausgesetzt, dass es dem Unternehmen durch Marketingmaßnahmen gelungen ist, Nachfrage nach den angebotenen betrieblichen Leistungen zu erzeugen. Ausgangspunkt dieser Prozesse ist, dass die Kunden die Produkte des Unternehmens erwerben bzw. die Dienstleistungen in Anspruch nehmen möchten. Mit den beiden in Teil IV dargestellten Prozessen reagiert das Unternehmen auf die Leistungsaufforderung des Kunden und setzt dessen Vorgaben so um, dass in den nachgelagerten Prozessen die vom Kunden gewünschten Produkte bzw. Dienstleistungen erstellt werden kön-

---

[1] Diese Einteilung der Prozesse ist „in der Praxis ... am weitesten verbreitet, ... hat jedoch Nachteile." (Schmelzer/Sesselmann 2006, S. 74). Unklar ist v. a. die Abgrenzung von Kern- und Supportprozessen. Die Folge sind nutzlose Diskussionen darüber, welcher Kategorie etwa Angebots- oder Beschaffungsprozesse zuzuordnen sind. Die eigentlich wichtige Frage ist jedoch, mit welchen Prozessen man sich explizit auseinandersetzen möchte und bei welchen darauf verzichtet werden kann.

nen. Die dafür nötigen Prozesse sind unterschiedlich, je nachdem, ob es sich um standardisierte oder um individualisierte Leistungen für den Kunden handelt.
- In dem Prozess ‚Kundenbestellung annehmen' (Kap. 7) geht es um standardisierte Produkte und Dienstleistungen, die für alle Kunden gleich sind und insofern nicht mehr für den einzelnen Kunden konkretisiert werden.
- Im Unterschied dazu handelt es sich bei dem Prozess ‚Angebot bearbeiten' (Kap. 8) um individualisierte Leistungen, die im Einzelfall auf die Wünsche des jeweiligen Kunden zugeschnitten und im Angebot an den Kunden spezifiziert werden.

Teil V
Prozesse zur Herstellung von Produkten
In diesem Teil werden die Prozesse von Produktionsunternehmen behandelt. Die Folge der Prozesse wird dadurch ausgelöst, dass der Kunde bestellt bzw. das Angebot angenommen hat. Sie endet damit, dass sich die gewünschten Produkte beim Kunden befinden.
- In dem Prozess ‚neues Produkt entwickeln' (Kap. 9) wird die Idee oder der Kundenauftrag zu einem neuen Produkt konstruktiv umgesetzt und damit festgelegt, wie das Produkt technisch realisiert werden soll.
- Der Prozess ‚Fertigung vorbereiten' (Kap. 10) dient dazu festzulegen, auf welche Weise das Produkt hergestellt werden soll. Damit werden zugleich auch die Voraussetzungen geschaffen, das neue Produkt in hohen Stückzahlen herstellen zu können.
- Der Prozess ‚Fertigung planen und steuern' (Kap. 11) betrifft die eigentliche Fertigung der Produkte. Die Planung der Fertigung dient dazu, ausführbare und zugleich betriebswirtschaftlich sinnvolle Fertigungsaufträge festzulegen. Mit der Steuerung der Fertigung wird dafür gesorgt, dass die Herstellung der Produkte plankonform verläuft und die benötigten Produkte zum gewünschten Zeitpunkt zur Verfügung stehen.
- In dem Prozess ‚Produkte liefern' (Kap. 12) werden die Produkte für den Kunden zusammengestellt und ihm zugesandt. Als Ergebnis dieses Prozesses befinden sich die Produkte beim Kunden.

Teil VI
Prozesse zur Erbringung von Dienstleistungen
Dienstleistungen unterscheiden sich durch mehrere Besonderheiten von Produkten. Diese Besonderheiten prägen auch die Prozesse, die im Zusammenhang mit Dienstleistungen anfallen, und führen dazu, dass sich diese Prozesse von denen zur Produktherstellung in verschiedenen Punkten deutlich unterscheiden.
- In dem Prozess ‚neue Dienstleistung konzipieren' (Kap. 13) wird definiert, was der Inhalt einer neu angebotenen Dienstleistung sein soll und in welcher Vorgehensweise die Dienstleistung erfolgen soll.
- Der Prozess ‚Dienstleistung durchführen' (Kap. 14) steht für verschiedene Beispieldienstleistungen, deren Ablauf exemplarisch vorgestellt wird.

Teil VII
Prozesse zur Durchführung von Projekten
Bestimmte Produkte und Dienstleistungen zeichnen sich dadurch aus, dass für ihre Erstellung komplexe und einmalige Aufgabenstellungen gelöst werden müssen. Bei diesen bietet

es sich an, die Prozesse zur Herstellung der Produkte bzw. zur Erbringung der Dienstleistungen in Form eines Projektes durchzuführen.
- In dem Prozess ‚Projekt planen und überwachen' (Kap. 15) geht es darum, die Durchführung eines Projekts vorzubereiten und während seiner Abwicklung zu gewährleisten, dass es so wie vorgesehen verläuft.

Teil VIII
Lieferantenbezogene Prozesse
Bei der Herstellung von Produkten bzw. der Erbringung von Dienstleistungen nutzt das Unternehmen in aller Regel Beschaffungsgüter, die von seinen Lieferanten bereitgestellt werden. Die in Teil VIII dargestellten Prozesse dienen dazu, Leistungen von Lieferanten zu veranlassen und diese zu überprüfen.

Genauso wie das Unternehmen standardisierte und individualisierte Produkte und Dienstleistungen anbieten kann, bezieht es von seinen Lieferanten standardisierte und/oder individualisierte Beschaffungsgüter. Genauso wie im Hinblick auf den Kunden müssen auch bezüglich des Lieferanten in diesem Zusammenhang zwei verschiedene Prozesse unterschieden werden.
- Der Prozess ‚Lieferant auf Basis eines Angebots beauftragen' (Kap. 16) gilt für Beschaffungsgüter, die der Lieferant speziell bezogen auf die besondere Konstellation des Unternehmens erstellt.
- Der Prozess ‚beim Lieferanten bestellen' (Kap. 17) hat hingegen standardisierte Beschaffungsgüter zum Inhalt, die prinzipiell bei mehreren Lieferanten bezogen werden können.
- Treffen die (standardisierten oder individualisierten) Beschaffungsgüter im Unternehmen ein, wird in dem Prozess ‚Wareneingangsprüfung durchführen' (Kap. 18) festgestellt, ob die eingegangene Lieferung korrekt und fehlerfrei ist und insofern die Beschaffungsgüter in den Prozessen zur Produktherstellung bzw. zur Dienstleistungserbringung verwendet werden können.
- Das Unternehmen hat die Möglichkeit, auf die eigene Durchführung der Prozesse, die zur Erstellung seiner Leistungen notwendig sind, zu verzichten und stattdessen deren Abwicklung Lieferanten zu übertragen. Die Gesichtspunkte, die hierbei zu bedenken sind, werden in Kap. 19 über ‚ausgelagerte Prozesse (Outsourcing)' behandelt.

Teil IX
Kundenbezogene Prozesse II
Die Darstellung der betrieblichen Prozesse wird in diesem Teil mit einem Prozess abgeschlossen, der unter Umständen auszuführen ist, nachdem der Kunde die Produkte oder Dienstleistungen erhalten hat.
- Der Prozess ‚Kundenbeschwerde bearbeiten' (Kap. 20) wird dann notwendig, wenn der Kunde mit den erhaltenen Produkten und/oder Dienstleistungen nicht zufrieden ist und diese Unzufriedenheit gegenüber dem Unternehmen artikuliert. Der Prozess dient dazu, das entstandene Problem möglichst zu lösen und die Gründe zu beseitigen, die die Unzufriedenheit des Kunden verursacht haben.

Es sei nochmals darauf hingewiesen, dass die in Abb. 5-1 vorgestellte Übersicht (lediglich) dazu dient, eine Systematik für die Beschreibung der Prozesse in diesem Lehrbuch bereitzustellen.

Wenn man versucht, in tatsächlichen Unternehmen die in den folgenden Teilen dieses Lehrbuchs beschriebenen Prozesse wiederzufinden, wird man feststellen, dass

- einige der genannten Prozesse stets vorhanden sind (bzw. vorhanden sein sollten),
- in bestimmten Unternehmen einige der dargestellten Prozesse fehlen und – umgekehrt –
- in manchen Unternehmen zusätzliche Prozesse zu finden sind, die in diesem Buch nicht behandelt werden.

Als Faustregel kann formuliert werden, dass die Prozesse zur Umsetzung der Unternehmensstrategie (Teil III) sowie die kunden- und lieferantenbezogenen Prozesse (Teile IV, VIII und IX) stets vorhanden sind (bzw. vorhanden sein sollten).

- Es ist sehr sinnvoll, dass ein Unternehmen ausgehend von der Unternehmensstrategie die angebotenen Produkte und Dienstleistungen in einer systematischen Vorgehensweise festlegt.
- Jedes Unternehmen muss in irgendeiner Weise Bestellungen der Kunden annehmen und/oder Angebote für Kunden erstellen.
- Jedes Unternehmen muss Lieferanten beauftragen und/oder bei ihnen bestellen und die bereitgestellten Beschaffungsgüter überprüfen.
- Jedes Unternehmen sollte Kundenbeschwerden systematisch bearbeiten.

Im Gegensatz dazu sind die Prozesse, die innerhalb des Unternehmens zur Erstellung der Leistungen notwendig sind, vom jeweiligen Geschäftsfeld abhängig und insofern eher branchen- und betriebsspezifisch (Teile V, VI und VII).

Insofern finden sich bei diesen Prozessen branchentypische Kombinationen:

- Die in Abb. 5-1 aufgeführten Prozesse dürften etwa bei vielen Maschinenbau-, Medizintechnik- oder Telekommunikationsfirmen mehr oder weniger vollständig anzutreffen sein, da diese Unternehmen Produkte entwickeln, fertigen und zusammen mit z. B. Beratungs- oder Wartungsdienstleistungen anbieten.
- Bei Auftragsfertigern fehlen Entwicklungsprozesse. Bei ihnen schließen sich die Prozesse zur Vorbereitung und Durchführung der Fertigung unmittelbar an den Prozess der Angebotsbearbeitung an.
- Bei Handelsunternehmen fallen die Entwicklungs- und Fertigungsprozesse weg. In solchen Unternehmen gibt es ‚nur' die Annahme von Kundenbestellungen und die anschließende Lieferung der Produkte.
- Bei reinen Dienstleistern, z. B. Unternehmensberatungen, Wirtschaftsprüfern, Banken und Versicherungen fehlen (naturgemäß) alle Prozesse, die mit der Produktherstellung zu tun haben.

III   Prozesse zur Festlegung der angebotenen Produkte und Dienstleistungen

6   Prozess ‚neue Produkte und Dienstleistungen planen'

Mit der Unternehmensstrategie ist bestimmt, in welchem Geschäftsfeld der Betrieb tätig ist. Der Prozess ‚neue Produkte und Dienstleistungen planen' dient dazu, die Leistungen festzulegen, die das Unternehmen innerhalb dieses Geschäftsfeldes seinen Kunden anbietet. Dieser Prozess markiert insofern den Übergang von der Unternehmensstrategie zu den betrieblichen Prozessen.

Neue Produkte und Dienstleistungen sind notwendig, weil alle vom Unternehmen angebotenen Leistungen stets nur eine begrenzte Lebenszeit haben. Aufgrund des technischen Fortschritts, geänderter Kundenwünsche und gesättigter Märkte erleiden alle Produkte und Dienstleistungen zu irgendeinem Zeitpunkt das Schicksal, dass sie nicht mehr absetzbar sind – ein Sachverhalt, der in der Betriebswirtschaftslehre üblicherweise mit dem Bild des Lebenszyklus beschrieben wird.

Aus dem Lebenszyklus ergibt sich die Notwendigkeit, alte Produkte und Dienstleistungen durch neue zu ersetzen. So muss ein Automobilhersteller in bestimmten Abständen neue Modelle anbieten, ein Produzent von Möbeln Tische und Sessel in neuem Design auf den Markt bringen, ein Softwareanbieter muss immer wieder mit neuen Programmen aufwarten können, ein Restaurant sein gastronomisches Angebot ab und zu überarbeiten. In vielen Bereichen ist die Tendenz zu erkennen, dass die Lebenszyklen immer kürzer werden, sodass die Unternehmen unter enormem Druck stehen, immer wieder neue Produkte und Dienstleistungen präsentieren zu müssen.

Ohne Übertreibung kann man sagen, dass neue Produkte und Dienstleistungen eine entscheidende Voraussetzung für das langfristige Überleben des Unternehmens sind (Cooper 2002, S. 1f.). Ein Unternehmen ist wirtschaftlich erfolgreich, wenn neue technische Möglichkeiten und künftige Kundenbedürfnisse weitsichtig erkannt werden und der Betrieb in der Lage ist, sich abzeichnende Marktchancen eher als die Mitbewerber mit neuen Produkten und Dienstleistungen beantworten zu können. Umgekehrt ist ein Unternehmen vom Untergang bedroht, wenn die meisten seiner Produkte und Dienstleistungen den größten Teil ihres Lebenszyklus bereits hinter sich haben, technisch veraltet sind und von den Kunden als antiquiert empfunden werden.

Diese Überlegungen unterstreichen, dass der Prozess, in dem neue Produkte und Dienstleistungen geplant werden, sehr wichtig für das Unternehmen ist. Das Hauptproblem dieses Prozesses in vielen Betrieben besteht jedoch darin, dass er entweder gar nicht oder nur ansatzweise stattfindet. Stattdessen erfolgt die Beschäftigung mit neuen Produkten und Dienstleistungen oft nur sporadisch. Die Entscheidung für neue Produkte und Dienstleistungen wird in vielen Unternehmen aus dem ‚hohlen Bauch' und ohne fundierte Abwägung getroffen. Folge ist, dass der wirtschaftliche Erfolg von Produkten und Dienstleistungen mehr oder weniger von Zufällen abhängt.

Ergebnisse und Kunden des Prozesses
Der Prozess ‚neue Produkte und Dienstleistungen planen' dient dazu, sich in systematischer Weise darüber klar zu werden, welche Leistungen das Unternehmen künftig anbieten will.

Die Produkte und Dienstleistungen, die in diesem Prozess festgelegt werden, können in unterschiedlichem Grade ‚neu' sein. Es kann sich um Produkte und Dienstleistungen handeln, die

- die ersten ihrer Art und insofern neu für den ganzen Markt sind,
- für das Unternehmen neu sind, aber in gleicher oder ähnlicher Art am Markt schon angeboten werden,
- Weiterentwicklungen vorhandener Produkte und Dienstleistungen sind, deren Eigenschaften verbessert werden, oder
- aus Kundensicht gleich geblieben sind, deren Merkmale aber so verändert wurden, dass sie leichter bzw. kostengünstiger hergestellt werden können (Cooper 2002, S. 13f.).

Je neuartiger ein Produkt oder eine Dienstleistung ist, desto größer sind die Chancen, aber auch die Risiken. Die Chancen liegen in dem erreichbaren wirtschaftlichen Erfolg, der dadurch möglich wird, dass mit den neuen Produkten und Dienstleistungen die Kundenwünsche präziser und besser als bisher erfüllt werden können. Die Risiken bestehen darin, dass die Produkte und Dienstleistungen von den externen Kunden möglicherweise nicht in dem erwarteten Maße angenommen werden, dass die Erstellung der Produkte und Dienstleistungen wesentlich kostspieliger wird als erwartet oder dass sich unüberwindbare technische Probleme zeigen. Inwieweit sich Chancen und Risiken realisieren, stellt sich naturgemäß erst später heraus.

Der Prozess ‚neue Produkte und Dienstleistungen planen' dient dazu, ein vorgeschlagenes neues Produkt bzw. eine neue Dienstleistung im Hinblick auf den erreichbaren Markterfolg sowie aus technischer und betriebswirtschaftlicher Sicht zu bewerten. Das wesentliche Ergebnis des Prozesses besteht darin, dass Erfolg versprechende Produkte und Dienstleistungen definiert worden sind, deren Chancen und Risiken in einem vernünftigen Verhältnis zueinander stehen. ‚Kunde' im Hinblick auf dieses Prozessergebnis ist das Unternehmen als Ganzes, da von der Entscheidung, welche neuen Produkte und Dienstleistungen angeboten werden, die Zukunft des Unternehmens abhängt.

Der Prozess wird durch die Idee ausgelöst, dass das Unternehmen zu bestimmten Kundenwünschen ‚etwas' anbieten könnte. Im Laufe des Prozesses werden die zunächst vagen Vorstellungen zu klar definierten Produkt- bzw. Dienstleistungsanforderungen verdichtet. Ein weiteres Ergebnis des Prozesses ist, dass eine Liste der Anforderungen erstellt wurde, die das Produkt bzw. die Dienstleistung aus Sicht des (externen) Kunden erfüllen soll. Interne Kunden im Hinblick auf dieses Prozessergebnis sind die Prozesse ‚neues Produkt entwickeln' bzw. ‚neue Dienstleistung konzipieren'. Denn in diesen beiden Prozessen werden die festgelegten Anforderungen technisch realisiert. Die Verantwortlichen, die diese Prozesse ausführen, erwarten, dass die Anforderungen vollständig, eindeutig und ausreichend klar formuliert sind. Sind sie es nicht, wissen sie nicht (genau), was sie eigentlich entwickeln bzw. konzipieren sollen. Damit ist die Gefahr gegeben, dass die schließlich angebotenen Produkte und Dienstleistungen an den Wünschen des externen Kunden vorbeigehen.

Das beste Produkt und die beste Dienstleistung nützen nichts, wenn die (externen) Kunden diese nicht kennen. Deshalb gehört zu dem Prozess ‚neue Produkte und Dienstleistungen planen' auch, dass die Markteinführung vorbereitet wird. Ein drittes Ergebnis des Prozesses ist, dass die Marketingmaßnahmen festgelegt worden sind, durch die das neue Produkt bzw. die neue Dienstleistung bekannt gemacht und im Markt präsentiert werden soll. Interne Kunden dieses Ergebnisses sind die Prozesse ‚Kundenbestellung annehmen' und ‚Angebot bearbeiten'.

Durchführung des Prozesses
Der genaue Ablauf des Prozesses, in dem neue Produkte und Dienstleistungen geplant werden, ist betriebsspezifisch verschieden. Die Unterschiede, die die jeweiligen Ausprägungen des Prozesses bestimmen, ergeben sich aus der Größe des Unternehmens, der spezifischen Wettbewerbssituation, der zeitlichen Dauer der Lebenszyklen und v. a. aus der Art der jeweiligen Produkte und Dienstleistungen.

Entsprechend verschieden sind die Situationen, in denen der Prozess durchgeführt wird. ‚Neue Produkte und Dienstleistungen planen' kann Teil der Planung für das oder die nächsten Geschäftsjahre sein, der Prozess kann durch Ideen initiiert werden, die sich aus der täglichen Arbeit ergeben haben, er kann durch das Vorhaben angestoßen werden, auf einer bevorstehenden Messe neue Angebote präsentieren zu wollen u. a. m.

Die Prozessdarstellung in Abb. 6-1 ist als Beispiel zu verstehen und so allgemein gehalten, dass verschiedene Anlässe von ihr abgedeckt werden.

Der Prozess wird dadurch initiiert, dass jemand eine Idee zu einem neuen Produkt oder zu einer neuen Dienstleistung hat. Solche Ideen können auf vielerlei Arten zustande kommen. Sie ergeben sich aus der täglichen Arbeit, durch die Kontakte mit den (externen) Kunden, die Beobachtung der Wettbewerber, sie werden in formalisierten Verfahren mithilfe von Kreativitätstechniken (Brainstorming) erzeugt oder sind mehr oder weniger wissenschaftlich abgesicherte Ergebnisse der Marktforschung. Es ist sinnvoll, die verschiedenen Quellen für Produkt- und Dienstleistungsideen parallel zu nutzen.

Nicht immer ist es möglich, alle Ideen sofort eingehend zu untersuchen, z. B. weil die Prioritäten andere sind oder einfach niemand Zeit hat, sich mit den Vorschlägen zu beschäftigen. In diesem Fall empfiehlt es sich, die Ideen z. B. in einer Ideendatei festzuhalten, da sie ansonsten leicht in Vergessenheit geraten. Es sollte festgelegt werden, dass die gesammelten Ideen regelmäßig in (eher kurzen) Zeitabständen ausgewertet werden, sodass nicht ggf. viele Monate vergehen, bis sie überprüft werden (Reinertsen 1998, S. 125f.).

Um einen Vorschlag zu einem Produkt bzw. zu einer Dienstleistung zu beurteilen, ist es meistens sinnvoll, diese zunächst vorläufig und dann detailliert zu bewerten.

Die vorläufige Bewertung dient dazu, in kurzer Zeit und ohne großen Aufwand zu erkennen, ob es sich lohnt, sich mit der Idee näher zu beschäftigen oder nicht. Die erste Überlegung muss dahin gehen, ob das vorgeschlagene Produkt bzw. die vorgeschlagene Dienstleistung

III Prozesse zur Festlegung der angebotenen Produkte und Dienstleistungen

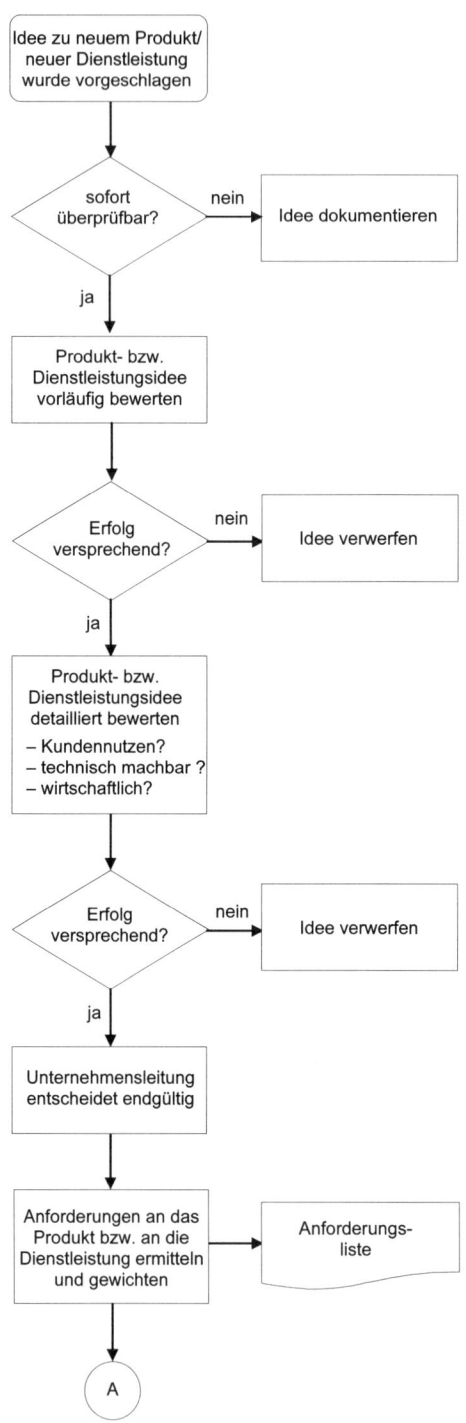

Abb. 6-1: Prozess ‚neue Produkte und Dienstleistungen planen'

6 Prozess ‚neue Produkte und Dienstleistungen planen'

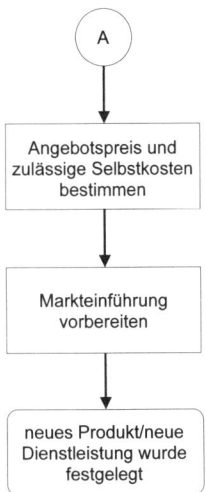

Abb. 6-1: (Fortsetzung)

überhaupt innerhalb des Geschäftsfeldes des Unternehmens liegt. Ist dies nicht der Fall, kann die Auseinandersetzung mit der Idee sofort beendet werden.

Wenn der Vorschlag hingegen prinzipiell zur Unternehmensstrategie passt, gilt es, zu einer ersten oberflächlichen Beurteilung der Idee zu kommen. Hierzu ist aufgrund von Erfahrung einzuschätzen bzw. müssen Erkundigungen dazu eingezogen werden,

- inwieweit die Idee tatsächlich tragfähig ist,
- ob das Produkt bzw. die Dienstleistung technisch machbar wäre und
- welche Umsätze möglich wären und welche Kosten entstehen würden.

Falls sich hierbei herausstellt, dass das vorgeschlagene Produkt (die Dienstleistung) dem Kunden keine nennenswerten Vorteile bringt, bereits bei einer oberflächlichen Betrachtung haarsträubende technische Probleme zum Vorschein kommen oder man sofort erkennt, dass man mit dem neuen Produkt (bzw. der Dienstleistung) wahrscheinlich nie Geld verdienen wird, dann sind das offensichtlich gute Gründe, nicht weiter über den Vorschlag nachzudenken und ihn zu verwerfen.

Erweist sich die vorgeschlagene Idee bei der ersten Untersuchung hingegen als attraktiv, muss sie detaillierter beurteilt werden. Dazu sind wiederum die Tragfähigkeit der Idee, die technische Machbarkeit und die Wirtschaftlichkeit zu analysieren – allerdings viel gründlicher und differenzierter, als dies beim vorherigen Schritt geschehen ist.

(1) *Nutzen für den (externen) Kunden*

Mit einer Produkt- bzw. Dienstleistungsidee ist eine Vorstellung darüber verbunden, wie die Wünsche des (externen) Kunden präziser als bisher erfüllt werden können – er erhält mit dem neuen Produkt einen höheren Gebrauchsnutzen bzw. mit der neuen Dienstleistung eine bessere Problemlösung, und/oder es wird ihm eine Leistung angeboten, die ihn in emotionaler Weise besser anspricht. Es ist zu prüfen, ob die vermuteten Vorzüge des möglichen neuen Produkts (der Dienstleistung) aus Sicht des Kunden tatsächlich gegeben sind und inweiweit sich das Unternehmen aufgrund dieser Vorzüge von den Wettbewerbern differenzieren könnte.

(2) *Technische Machbarkeit*

Unter technischen Gesichtspunkten ist zu klären, ob das angedachte Produkt (die Dienstleistung) überhaupt erstellt werden kann und wie schwierig (und insofern aufwendig) es sein würde, das Produkt zu entwickeln und zu fertigen bzw. die Dienstleistung durchzuführen. Um hierzu ein genaueres Bild zu bekommen, kann es sinnvoll sein, im Entwicklungs- und Fertigungsbereich Versuche durchzuführen oder die in Erwägung gezogene Dienstleistung probeweise für bestimmte Kunden durchzuführen.

(3) *Wirtschaftlichkeit*

Zum Nachweis der Wirtschaftlichkeit ist abzuschätzen, welche Investitionskosten anfallen würden, um das Produkt (die Dienstleistung) anbieten zu können, welche Kosten für die Herstellung des Produkts bzw. für die Durchführung der Dienstleistung entstehen würden und mit welchen Umsatzerlösen man demgegenüber aufgrund des Absatzpotenzials und des erzielbaren Preises rechnen kann. Zur Durchführung der Wirtschaftlichkeitsberechnung kann zwischen verschiedenen Verfahren aus der Kostenrechnung gewählt werden (Gausemeier 2001, S. 171f.).

Falls die Prüfung der Produkt- bzw. Dienstleistungsidee unter diesen drei Aspekten positiv verläuft, kann – zumindest auf Basis der zum gegebenen Zeitpunkt verfügbaren Informationen – davon ausgegangen werden, dass

- das vorgeschlagene Produkt (die Dienstleistung) aus Kundensicht attraktiv ist,
- die technischen Risiken vertretbar sind und
- die Erwartung realistisch ist, mit dem neuen Produkt (der Dienstleistung) Geld verdienen zu können.

Die Entscheidung, dass ein neues Produkt bzw. eine neue Dienstleistung angegangen werden soll, hat eine enorme Tragweite. Deshalb werden die Ergebnisse der detaillierten Prüfung der Produkt- bzw. Dienstleistungsidee in der Regel als Entscheidungsvorschlag für die Unternehmensleitung formuliert, die dann die endgültige Entscheidung trifft. Mit dieser Entscheidung stellt die Unternehmensleitung fest, dass sie das neue Produkt (die Dienstleistung) für aussichtsreich hält und insofern bereit ist, die damit verbundenen Risiken zu akzeptieren.

Nachdem endgültig entschieden ist, dass die vorgeschlagene Idee umgesetzt werden soll, muss die Idee so präzise ausgearbeitet werden, dass sie in den Folgeprozessen realisiert werden kann. Dazu müssen die Anforderungen festgelegt werden, die das Produkt (die Dienstleistung) aus Kundensicht erfüllen soll.

Die Intensität, mit der der Prozessschritt zur Ermittlung der Anforderungen durchlaufen wird, hängt vom Neuartigkeitsgrad des Produkts (der Dienstleistung) ab. Handelt es sich um ein völlig neues Produkt (eine neue Dienstleistung), müssen die Anforderungen vollständig neu erarbeitet werden. Geht es darum, ein vorhandenes Produkt (eine Dienstleistung) zu verbessern, müssen neue Anforderungen ergänzt werden bzw. es ist zu prüfen, ob die zu einem früheren Zeitpunkt festgelegten Anforderungen noch stimmig und aktuell sind.

Für die Ermittlung der Anforderungen können die aus dem Marketing bekannten Methoden zur Ermittlung von Kundenwünschen eingesetzt werden (Kundenbefragungen, Gesprächsrunden, Beobachtung des Kundenverhaltens, Experimente usw.). Wichtig ist, dass hierbei nicht nur die vom Kunden direkt geäußerten Wünsche, sondern auch von ihm nicht explizit artikulierte Erwartungen einbezogen werden. Fragt man z. B. Kunden, was sie von einem Staubsauger erwarten, werden sie wahrscheinlich Merkmale wie hohe Saugkraft, geringer Stromverbrauch u. Ä. nennen. Experimente zum Kaufverhalten bei Staubsaugern fördern jedoch die Erkenntnis zutage, dass das Betriebsgeräusch ein kaufentscheidendes Kriterium ist. Der Staubsauger muss einen dunklen, röhrenden Sound erzeugen, damit Saugkraft assoziiert wird. Ist er zu leise, trauen ihm die Kunden keine Power zu (Finkenzeller 2001).

Sind die Anforderungen ermittelt, ist zu entscheiden, welche von ihnen überhaupt erfüllt und wie gut sie umgesetzt werden sollen. Denn es ist nicht sinnvoll, allen Kundenanforderungen in optimaler Weise nachzukommen, da hierdurch sehr komplexe (und insofern sehr teure) Produkte bzw. Dienstleistungen entstehen würden. Erfolgversprechender ist es herauszufinden, welche Anforderungen aus Kundensicht sehr wichtig sind, und sich darauf zu konzentrieren, diese besonders gut zu erfüllen (Specht 2002, S. 155). Bei anderen Anforderungen, die aus Kundensicht eher unwichtig sind, reicht es, sie ‚gerade eben' zu erfüllen. Ggf. kann sogar ganz auf sie verzichtet werden.

Das Ergebnis dieses Prozessschritts ist die Anforderungsliste. (Synonyme Begriffe sind Spezifikation oder Lastenheft.) In Abb. 6-3 ist ein Beispiel für eine Anforderungsliste dargestellt.

Die Erstellung der Anforderungsliste wurde erfolgreich durchgeführt, wenn

- die in ihr enthaltenen Anforderungen den wesentlichen Wünschen der Kunden *genau* entsprechen (und damit die Gefahren gebannt werden, die Kundenerwartungen entweder unter- oder überzuerfüllen) und
- die Anforderungen so ausführlich und klar beschrieben sind, dass den nachfolgenden Prozessen ‚neues Produkt entwickeln' bzw. ‚neue Dienstleistung konzipieren' eine brauchbare Arbeitsgrundlage geliefert wird.

Steht das Produkt (bzw. die Dienstleistung) fest, das (bzw. die) den Kunden offeriert werden soll, sollte der Preis festgelegt werden, zu dem das Produkt (die Dienstleistung) am Markt angeboten werden soll. In der Praxis erfolgt dies jedoch häufig zu einem sehr viel späteren Zeitpunkt. Es ist „weit verbreitet", sich mit dem Angebotspreis und den Kosten erst dann zu befassen, wenn das neue Produkt bereits entwickelt bzw. die Dienstleistung bereits konzipiert wurde (Kramer/Kramer 1996, S. 174). Der Angebotspreis wird ermittelt, indem zu den dann bekannten Kosten der geplante Gewinn addiert wird.

Das Problem hierbei ist, dass den Kunden, die für ein Produkt (eine Dienstleistung) einen bestimmten Preis zahlen sollen, die Selbstkosten des Anbieters völlig gleichgültig sind. Des-

Abb. 6-2a: Traditionelle Vorgehensweise zur Preisbildung …

halb ist mit dieser Art der Preisbildung die Gefahr verbunden, dass Produkte bzw. Dienstleistungen angeboten werden, die teurer sind, als der Kunde zu zahlen bereit ist.

Vernünftiger ist es, sich mit der Preisbildung sehr viel früher, nämlich während der Produkt- bzw. Dienstleistungsplanung zu befassen. Die hierzu anzuwendende Vorgehensweise bezeichnet man als Target Costing (= Zielkostenrechnung) (Arnaout 2001; Mussnig 2001; Seidenschwarz 1993). Sie besteht darin, dass zuerst der Preis ermittelt wird, der am Markt für ein Produkt (eine Dienstleistung) erzielt werden kann. Von diesem Preis wird der geplante Gewinn subtrahiert, sodass sich daraus die erlaubten Kosten ergeben, die für die Herstellung des Produkts bzw. die Durchführung der Dienstleistung anfallen dürfen.

Abb. 6-2b: ... und Vorgehensweise beim Target Costing (nach Bullinger 1994, S. 309)

Die Vorteile dieser Vorgehensweise bestehen darin, dass die erlaubten Kosten als Vorgabe für die Prozesse ‚neues Produkt entwickeln' und ‚neue Dienstleistung konzipieren' festgelegt werden können. Die Verantwortlichen, die diese Prozesse ausführen, müssen nicht nur die festgelegten Anforderungen überhaupt umsetzen, sondern dies auch so tun, dass die Kostenvorgaben eingehalten werden. In dem Beispiel (Abb. 6-3) werden die zulässigen Kosten mit ‚10 % unter den bisherigen Kosten' angegeben.

Die Planung neuer Produkte und Dienstleistungen wird dadurch abgeschlossen, dass die Markteinführung des Produkts (der Dienstleistung) vorbereitet wird. Wie sich die Markteinführung im Einzelnen vollzieht, hängt von der Art des jeweiligen Produkts bzw. der Dienstleistung und der Art der Kundenbeziehungen ab – Werbung im Fernsehen und in den Printmedien, Mailingaktionen, Instruktion von Mitarbeitern und Vertriebspartnern sind nur einige Beispiele aus einer breiten Palette möglicher Marketingmaßnahmen.

In vielen Unternehmen wird die Markteinführung nicht als Teil der Produkt- bzw. Dienstleistungsplanung angesehen, sondern gänzlich einer Werbeagentur oder der eigenen Marketingabteilung übertragen. „Diese Einstellung ist jedoch falsch." (Cooper 2002, S. 346) Die beauftragten Werbefachleute sind (vermutlich) in der Lage, das Produkt (die Dienstleistung) gut in Szene zu setzen, aber sie wissen nicht (und können auch nicht wissen), was die kaufentscheidenden Vorzüge des neuen Produkts (der neuen Dienstleistung) sind, die es gegenüber den Kunden zu betonen gilt. Aus diesem Grund müssen die inhaltlichen Vorgaben für die Markteinführungsmaßnahmen aus der Produktplanung (bzw. Dienstleistungsplanung) heraus formuliert werden.

Zur Vorbereitung der Markteinführung gehört auch, dass eine zeitliche Planung vorgenommen wird. Hierzu ist festzulegen, zu welchen Terminen die nachgelagerten Prozesse ‚neues Produkt entwickeln' und ‚Fertigung vorbereiten' bzw. ‚neue Dienstleistung konzipieren' abgeschlossen sein sollen. Ausgehend hiervon ist zu bestimmen, ab wann die Marketingmaßnahmen einsetzen sollen. Auf diese Weise ist zu gewährleisten, dass die Nachfrage der (potenziellen) Kunden im Vorfeld des Markteintritts erzeugt werden kann.

6 Prozess ‚neue Produkte und Dienstleistungen planen'

Anforderungsliste Wagenheber	
Anforderungen	**Gewichtung**
vom Menschen zu bedienen (Hand oder Fuß)	3
muss alle gängigen PKWs heben können	3
geringe Betätigungskraft	3
geringes Gewicht	2
unter allen Wetterbedingungen einsetzbar	2
bei Sand- und Wiesenuntergrund benutzbar	1
bei Benutzung dürfen keine Beschädigungen von Chassis und Schutzschichten entstehen	3
soll attraktiv aussehen	1
Material nicht rostend	2
im Kofferraum transportierbar	3
Kosten zur Herstellung 10 % unter den bisherigen Kosten	3
Legende: 3 sehr wichtig 2 wichtig 1 weniger wichtig	

Abb. 6-3: Ausschnitt aus einer Anforderungsliste für einen Wagenheber
(nach VDI 2222 1997, S. 14)

Weiterführende Literatur zu Teil III

Wer sich näher mit der Planung neuer Produkte und Dienstleistungen beschäftigen möchte, findet in den Büchern zum Innovationsmanagement die entsprechende Literatur.

Empfehlenswert sind insbesondere die Bücher

- ‚Top oder Flop in der Produktentwicklung' von R. G. Cooper (Cooper 2002),
- ‚Innovationsmanagement für technische Produkte' von W. Eversheim (Eversheim 2002),
- ‚Innovationsmanagement' von J. Hausschildt (Hausschildt 2004) sowie
- ‚Innovationsmanagement. Von der Produktidee zur erfolgreichen Vermarktung' von D. Vahs und R. Burmeister (Vahs/Burmester 2005),
- weiterhin die VDI-Richtlinie 2220 ‚Produktplanung. Ablauf, Begriffe und Organisation' (VDI 2220 1980).

Wie neue Leistungen des Unternehmens geplant werden, ist ein klassisches Thema des Marketings und wird dort unter der Bezeichnung ‚Produktpolitik' behandelt. Standardwerke sind:
- ‚Marketing. Grundlagen für Studium und Praxis' von M. Bruhn (Bruhn 2004),
- ‚Grundlagen des Marketings' von P. Kotler, G. Armstrong, J. Saunders und V. Wong, (Kotler 2007),
- ‚Marketing. Grundlagen marktorientierter Unternehmensführung' von H. Meffert (Meffert 2005).

Kontrollfragen

K 6-1

Warum ist eine gute Produkt- bzw. Dienstleistungsplanung für ein Unternehmen (lebens)wichtig?

K 6-2

Skizzieren Sie, wie in einem Unternehmen entschieden werden sollte, ob eine Idee zu einem neuen Produkt oder einer neuen Dienstleistung realisiert werden soll.

K 6-3

Welche Bedeutung hat die als Ergebnis der Produkt- bzw. Dienstleistungsplanung vorliegende Anforderungsliste?

K 6-4

Warum ist es problematisch, sich mit dem Angebotspreis und den Selbstkosten erst dann zu befassen, nachdem das Produkt entwickelt bzw. die Dienstleistung konzipiert worden ist? Wie wird dieses Problem durch das sogenannte Target Costing überwunden?

IV Kundenbezogene Prozesse I

Der Prozess ‚neue Produkte und Dienstleistungen planen' endet damit, dass deren Markteinführung vorbereitet wird. Für die in diesem Teil behandelten Prozesse wird gedanklich vorausgesetzt, dass die Markteinführung erfolgreich verlaufen ist und dazu geführt hat, dass die Kunden sich für die angebotenen Produkte und Dienstleistungen interessieren.

Die im Folgenden behandelten Prozesse ‚Kundenbestellung annehmen' und ‚Angebot bearbeiten' dienen dazu, die erzeugte Kundennachfrage zu verarbeiten, intern umzusetzen und dadurch die Grundlagen für die anschließenden Prozesse zur betrieblichen Leistungserstellung zu schaffen. Durch diese beiden Prozesse wird ermittelt,

- welche Wünsche der Kunde bezüglich der nachgefragten Leistungen hat und
- welche Anforderungen demzufolge die vom Unternehmen bereitgestellten Produkte und Dienstleistungen erfüllen müssen.

Die Problemstellung, die in den beiden Prozessen zu lösen ist, ähnelt insofern der Aufgabenstellung des Prozesses ‚neue Produkte und Dienstleistungen planen'. Es geht jeweils darum, zu verstehen, was der Kunde will, und ausgehend hiervon Anforderungen an die zu erstellenden Produkte und Dienstleistungen festzulegen. Der Unterschied ist,

- dass es sich bei der Produkt- bzw. Dienstleistungsplanung um den lediglich gedachten Kunden als Mitglied der Zielgruppe handelt,
- während es bei ‚Kundenbestellung annehmen' und ‚Angebot bearbeiten' um einen konkreten Kunden geht, der das Unternehmen zu Leistungen auffordert.

Die Ermittlung von Kundenwünschen und ihre Umsetzung in Produkt- und Dienstleistungsanforderungen kann ein recht einfacher, aber auch ein ausgesprochen komplexer Prozess sein. Der Schwierigkeitsgrad des Vorgangs hängt im Wesentlichen davon ab, ob das Unternehmen (eher) standardisierte oder (eher) individualisierte Leistungen anbietet.

- Bei standardisierten Produkten und Dienstleistungen erhalten alle Kunden identische Leistungen. Es handelt sich somit um ‚fertige' Produkte und Dienstleistungen, die der Kunde ‚aus dem Regal' kauft.
- Bei individualisierten Leistungen bietet das Unternehmen dagegen Produkte und Dienstleistungen an, die für den Kunden im Einzelfall konfiguriert, angepasst oder völlig neu entwickelt werden. Der Kunde erhält somit speziell auf seine Wünsche zugeschnittene Leistungen.

Aufgrund dieses Unterschiedes werden im Folgenden zwei verschiedene Prozesse beschrieben, in denen die Kundenwünsche ermittelt und in Produkt- bzw. Dienstleistungsanforderungen überführt werden:

- Der Prozess ‚Kundenbestellung annehmen' bezieht sich auf standardisierte Leistungen, die für den einzelnen Kunden nicht mehr verändert werden.
- In dem Prozess ‚Angebot bearbeiten' wird ermittelt, welche individuellen Leistungen ein Kunde bezogen auf seine spezielle Konstellation angeboten bekommen soll.

Zwischen standardisierten oder individuellen Produkten und Dienstleistungen besteht ein fließender Übergang. Eine typische Mischform sind z. B. modular aufgebaute Produkte und Dienstleistungen, bei denen der Kunde aus dem gesamten Leistungsumfang sowie verschiedene Leistungsvarianten auswählen kann (Mass Customization). Der Prozess, in dem Standardleistungen individuell auf den Kunden zugeschnitten werden, ist entsprechend eine Mischung aus den Prozessen ‚Kundenbestellung annehmen' und ‚Angebot bearbeiten'.

Es kommt auch häufig vor, dass ein Unternehmen seinen Kunden sowohl standardisierte als auch individualisierte Leistungen anbietet, sodass für einen Teil seiner Produkte und Dienstleistungen der Prozess ‚Kundenbestellung annehmen' und für einen anderen Teil ‚Angebot bearbeiten' anzuwenden ist.

7 Prozess ‚Kundenbestellung annehmen'

In diesem Prozess geht es – wie schon angedeutet – um standardisierte Produkte und Dienstleistungen, die für den einzelnen Kunden nicht mehr verändert werden.

Mögliche Anwendungsfälle sind:

- Ein Metall verarbeitender Betrieb wird vom Kunden beauftragt, Stahlplatten nach von ihm vorgegebenen Maßangaben zuzuschneiden.
- In einem Erotikversand gehen Bestellungen für Artikel ein.
- Ein Geschäft für Sportbedarf verkauft Surfbretter.
- Eine Bank bekommt von einem Kunden den Auftrag, Wertpapiere zu kaufen.
- In einem Reisebüro werden Buchungen für Pauschalreisen entgegengenommen.

Ergebnisse und Kunden des Prozesses

In dem Prozess geht es darum festzustellen, welche der angebotenen Standardleistungen der Kunde haben möchte, und sich zu vergewissern, ob diese Leistungen wie vom Kunden gewünscht ausgeführt werden können.

Interne Kunden des Prozesses können sein:

- der Prozess ‚Fertigung planen und steuern' (z. B. beim Zuschnitt von Stahlplatten nach Kundenwunsch),
- der Prozess ‚Produkte ausliefern' (z. B. bei der Bestellung von Erotikartikeln oder beim Verkauf von Surfbrettern) oder
- der Prozess ‚Dienstleistung durchführen' (z. B. bei Kaufordern für Wertpapiere oder bei der Buchung von Pauschalreisen).

Die Ergebnisse des Prozesses bestehen darin, dass den anschließenden Prozessen klare und vollständige Vorgaben geliefert werden und die für die Folgeprozesse Verantwortlichen auf Basis der Vorgaben in der Lage sind, die geforderten Produkte und Dienstleistungen für den (externen) Kunden zu erstellen.

7 Prozess ‚Kundenbestellung annehmen'

Durchführung des Prozesses

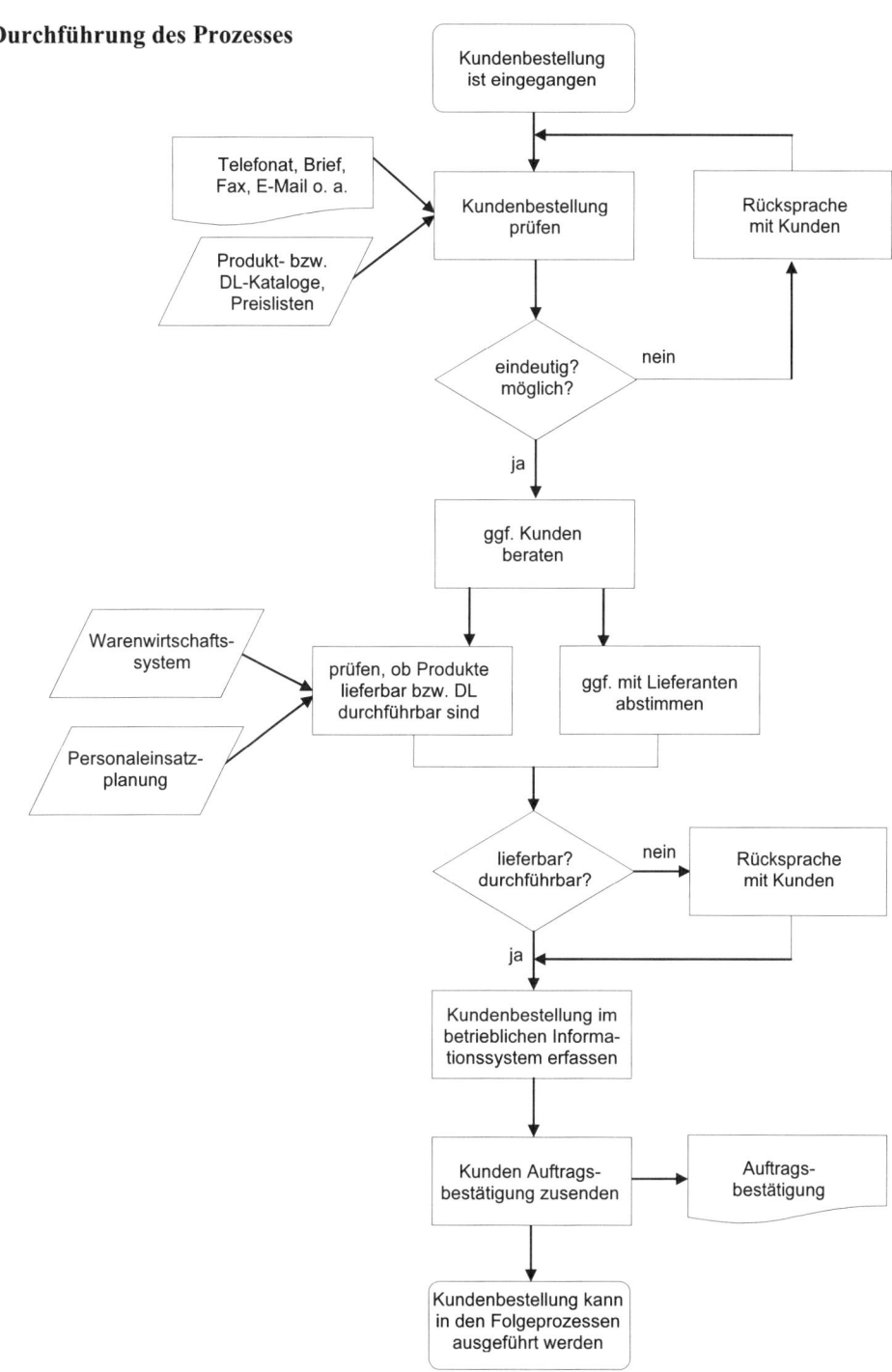

Abb. 7-1: Prozess ‚Kundenbestellung annehmen'

Der Prozess wird dadurch eingeleitet, dass die Kundenbestellung im Unternehmen eingeht. Dies kann auf unterschiedliche Weise geschehen, etwa durch persönliches Erscheinen des Kunden, telefonisch, per Brief oder Fax, durch Übersenden eines ausgefüllten Formblatts oder auf elektronischem Wege. Voraussetzung dafür ist, dass der Kunde die Leistungen des Unternehmens im Prinzip kennt – z. B. weil er sich anhand eines ihm vorliegenden Katalogs oder einer Internetpräsentation informiert hat, das Unternehmen aufgrund früherer Käufe kennt oder weil er einfach weiß, welche Produkte und Dienstleistungen ein bestimmtes Unternehmen anbietet.

Der erste Schritt besteht darin, die Kundenbestellung zu prüfen und dabei festzustellen,

- ob eindeutig nachvollziehbar ist, welche Unternehmensleistungen der Kunde in seiner Bestellung gemeint hat, und
- ob die Ausführung der Bestellung aufgrund der angebotenen Produkte und Dienstleistungen möglich ist.

Falls sich herausstellt, dass die Kundenbestellung nicht eindeutig ist oder außerhalb des Leistungsspektrums des Unternehmens liegt, wird eine Rücksprache mit dem Kunden notwendig.

Wenn das Unternehmen viele unterschiedliche Produkte und Dienstleistungen bzw. diese in verschiedenen Varianten anbietet, ist es in der Regel sinnvoll, für diesen Prozessschritt Produkt- bzw. Dienstleistungskataloge sowie Preislisten zu nutzen. Mit diesen können Informationen über die angebotenen Leistungen verfügbar gemacht werden (z. B. beschreibender Text, Abbildungen, Bestellnummern und v. a. Preisangaben). In der Regel ist es zweckmäßig, Kataloge und Preislisten in elektronischer Form zu führen.

Unter Umständen schließt sich an den Prozessschritt ‚Kundenbestellung prüfen' eine Beratung des Kunden an. In bestimmten Bereichen (z. B. bei Produkten, die technische Kenntnisse verlangen) kann es sinnvoll sein, sich beim Kunden nach dem vorgesehenen Verwendungszweck zu erkundigen, um ggf. andere Leistungen empfehlen zu können, die zu diesem Zweck besser passen als die vom Kunden ursprünglich bestellten. Darüber hinaus ist es oft möglich, dem Kunden weitere Leistungen anzubieten. Bei der Beratung des Kunden ist es nützlich, wenn über eine Kundendatenbank Informationen zu früheren Bestellungen des Kunden zur Verfügung stehen, um die aktuelle Bestellung besser einordnen und dem Kunden aufgrund der Kenntnis seiner Kaufgewohnheiten Vorschläge machen zu können.

Im folgenden Prozessschritt wird festgestellt, ob die gewünschten Produkte (sofort) lieferbar sind bzw. es möglich ist, die Dienstleistungen so wie vom Kunden erwartet durchzuführen. Hierzu ist z. B. mithilfe eines Warenwirtschaftssystems festzustellen, ob die Kundenbestellung aufgrund des Lagerbestandes bedient werden kann, bzw. es wird aufgrund der Personaleinsatzplanung geklärt, ob die Dienstleistungen in dem vom Kunden gewünschten Zeitraum erbracht werden können.

Um die Ausführbarkeit zu überprüfen, ist es darüber hinaus oft notwendig, bei Lieferanten nachzufragen, z. B. ob diese die vom Kunden georderten Produkte oder für die Fertigung benötigtes Material bereitstellen können bzw. ob sie für die Kundenbestellung notwendige Dienstleistungen ausführen können.

Stellt sich bei diesen Prüfungen heraus, dass die Kundenbestellung nicht wie gewünscht umgesetzt werden kann, erfolgt wiederum eine Rücksprache mit dem Kunden, z. B. um ihm ein anderes, vergleichbares Produkt anzubieten oder um ihm vorzuschlagen, dass eine Teilmenge des Produkts sofort und die Restmenge später geliefert wird, oder um die Dienstleistungen auf einen späteren Termin zu verschieben.

Nach diesem Prozessschritt steht der Inhalt der vom Unternehmen für den Kunden zu erbringenden Leistungen endgültig fest. Insofern kann die eingegangene Kundenbestellung in dem betrieblichen Informationssystem erfasst werden. Sofern der Kunde telefonisch bestellt, ist es oft zweckmäßig, ihm die erfasste Bestellung vorzulesen, um sicherzugehen, dass es nicht zu Missverständnissen gekommen ist. Es kann darüber hinaus nützlich sein, auch nicht zustande gekommene Kundenbestellungen zu erfassen, z. B. um dem Kunden später Leistungen anbieten zu können.

Die für die Ausführung der Kundenbestellung notwendigen Produkte bzw. personellen Kapazitäten sollten im Warenwirtschaftssystem bzw. in der Personaleinsatzplanung reserviert werden, damit bei später eingehenden Bestellungen anderer Kunden keine ‚Scheinverfügbarkeit' von Ressourcen suggeriert wird.

Der Prozess ‚Kundenbestellung annehmen' endet (häufig) damit, dass dem Kunden eine Auftragsbestätigung zugesandt wird, in der ihm schriftlich mitgeteilt wird, welche Leistungen vereinbart wurden, was diese kosten und zu welchem Termin sie erfolgen sollen.

Mit diesem Prozess ist die Grundlage dafür geschaffen, dass

- die gewünschten Standardprodukte gefertigt und/oder geliefert bzw.
- die Standarddienstleistungen durchgeführt werden können.

Das wesentliche Problem dieses Prozesses ergibt sich in vielen Unternehmen dadurch, dass viele Bestellungen eingehen und in kurzer Zeit bearbeitet werden müssen. Hieraus leiten sich die Fragen ab, wie bei persönlich erscheinenden Kunden von diesen nicht mehr akzeptierte Wartezeiten vermieden werden können bzw. wie verhindert werden kann, dass telefonisch und schriftlich eingehende Bestellungen unerledigt liegen bleiben.

Die Lösungsmöglichkeiten für dieses Problem sind sehr verschiedenartig. Sie hängen insbesondere davon ab, auf welche Weise die Kundenbestellung erfolgt:

- Wenn der Kunde persönlich erscheint oder telefonisch bestellt, gilt es, die bereitgestellten Ressourcen für den Prozess möglichst akkurat an die im Zeitverlauf schwankende Kundennachfrage anzupassen.
- Es ist oft sinnvoll, die Bestellannahme mithilfe betriebswirtschaftlicher Standardsoftware durchzuführen, um zu gewährleisten, dass alle vom Kunden benötigten Informationen zügig und in der optimalen Reihenfolge erfasst werden.
- Eine weitere Möglichkeit besteht darin, die Entgegennahme von Bestellungen durch ein eigenes oder ein beauftragtes Callcenter vornehmen zu lassen.
- Schließlich kann auch die Möglichkeit geprüft werden, ob dem Kunden die Ausführung bestimmter Prozessschritte übertragen werden kann. Ein Beispiel dafür sind Onlineeinkäufe, bei denen der Kunde (und nicht der Unternehmensmitarbeiter) die von ihm gewünschten Leistungen erfasst, ggf. auch deren Verfügbarkeit feststellt und die Ausführung seiner Bestellung veranlasst.

8 Prozess ‚Angebot bearbeiten'

Während es bei dem Prozess ‚Kundenbestellung annehmen' im Prinzip klar ist, welche Leistungen der Kunde erhält, werden bei der Bearbeitung von Angeboten die dem Kunden offerierten Leistungen erst im Laufe des Prozesses ermittelt: Der Kunde gibt eine bestimmte Aufgabenstellung vor. Im Prozess werden zur speziellen Kundensituation passende Produkte und Dienstleistungen definiert. Der Kunde muss schließlich entscheiden, ob er die im Angebot dargestellten Leistungen annimmt.

Im Prozess ‚Angebot bearbeiten' kann es sich z. B. um folgende Aufgabenstellung handeln:
- Es soll ein elektronisches Gerät entwickelt und gefertigt werden (Kap. 1.2).
- Der Kunde möchte ein von ihm vorgegebenes Produkt im Auftrag fertigen lassen.
- Es soll eine Unternehmensberatung zur Einführung einer betriebswirtschaftlichen Standardsoftware durchgeführt werden.
- Es geht darum, den Sicherheitsdienst bei einem Popkonzert zu organisieren.
- Das Angebot betrifft regelmäßig auszuführende Tätigkeiten, etwa im Bereich der Gebäudereinigung oder des Wachdienstes.

Ergebnisse und Kunden des Prozesses

Nachdem der Prozess ausgeführt worden ist, steht fest, auf welche Weise das Unternehmen die Aufgabenstellung des Kunden lösen möchte und welche Anforderungen die vom Unternehmen bereitzustellenden Produkte und Dienstleistungen erfüllen müssen. Aus Sicht des externen Kunden ist entscheidend, dass von den Unternehmensmitarbeitern genau verstanden wurde, worum es geht, und dass er exakt das angeboten bekommt, was er braucht.

Um die im Angebot versprochenen individuellen Leistungen ausführen zu können, muss ggf. die gesamte Folge der Prozesse durchlaufen werden, die zur Herstellung von Produkten bzw. zur Erbringung von Dienstleistungen notwendig ist.

Mögliche interne Kunden des Prozesses ‚Angebot bearbeiten' sind
- die Prozesse ‚neues Produkt entwickeln', ‚Fertigung vorbereiten', ‚Fertigung planen und steuern' und ‚Produkte liefern', sofern es sich um die Entwicklung und Fertigung eines Produkts handelt,
- der Prozess ‚neue Dienstleistung konzipieren' (z. B. bei der angebotenen Unternehmensberatung)
- oder der Prozess ‚Dienstleistung durchführen' (etwa bei dem Sicherheitsdienst für ein Popkonzert, bei der Gebäudereinigung oder dem Wachdienst).

Durchführung des Prozesses

Der Prozess wird dadurch eingeleitet, dass der (externe) Kunde beim Unternehmen anfragt,
- wie seine Aufgabenstellung mithilfe der Produkte und Dienstleistungen des Unternehmens gelöst werden könnte,
- welcher Liefertermin möglich wäre und
- wie viel die Leistungen kosten würden.

Der Kunde fordert das Unternehmen auf, hierzu ein Angebot abzugeben.

8 Prozess ‚Angebot bearbeiten'

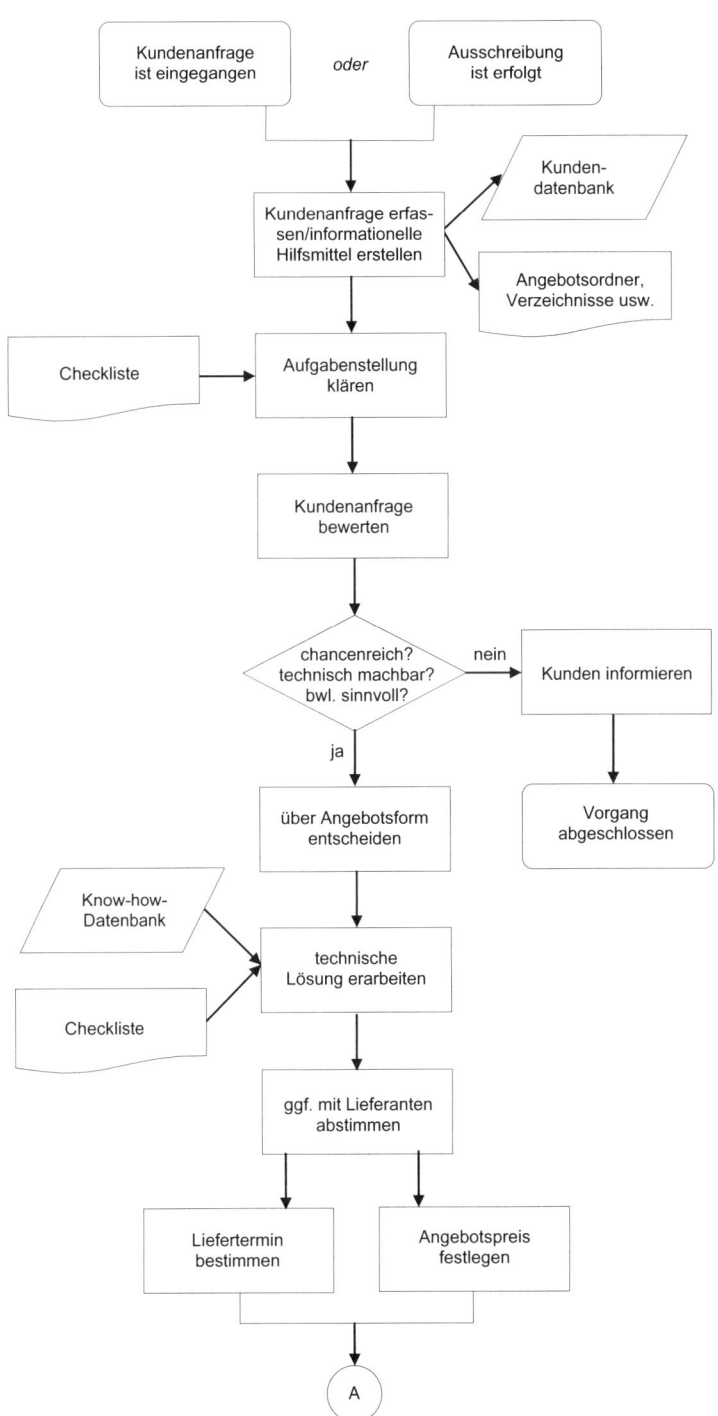

Abb. 8-1: Prozess ‚Angebot bearbeiten'

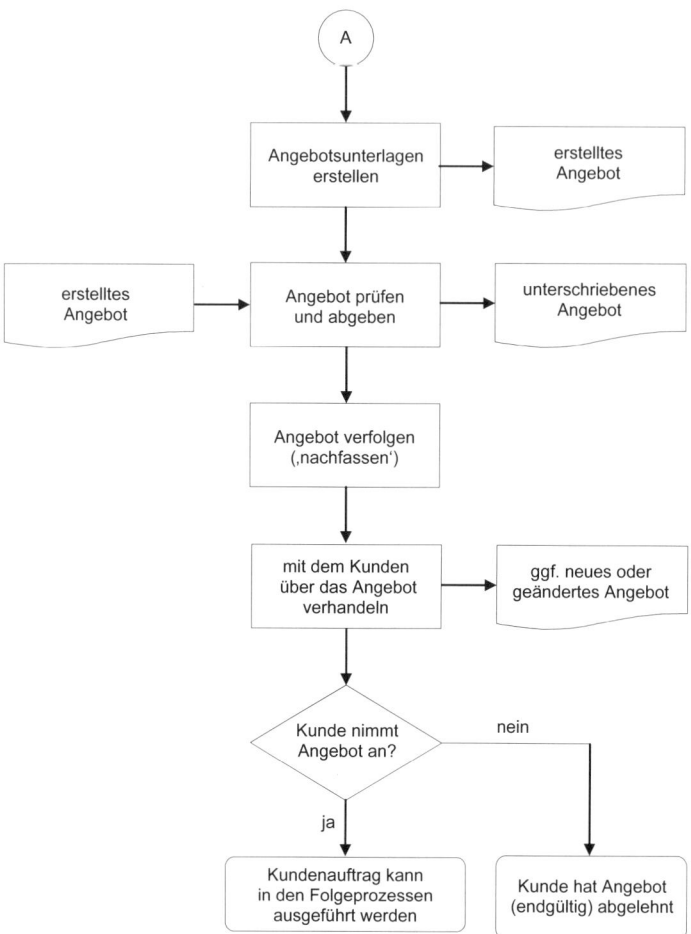

Abb. 8-1: (Fortsetzung)

Es müssen verschiedene Voraussetzungen erfüllt sein, damit es überhaupt zu einer Kundenanfrage kommt: Der Kunde muss das Unternehmen kennen und ihm im Prinzip zutrauen, seine Aufgabenstellung lösen zu können. Insofern gehen der Situation, in der der Kunde anfragt, mehr oder weniger umfangreiche Akquisitionstätigkeiten voraus, bei denen die potenziellen Kunden z. B. durch Prospekte, Veröffentlichungen in der Fachpresse oder durch Präsentationen auf Messen auf das Unternehmen aufmerksam gemacht wurden. In vielen Bereichen, z. B. bei industriellen Investitionsgütern, sind darüber hinaus oft langjährige, persönliche Kontakte zwischen dem Kunden und den Unternehmensmitarbeitern entscheidend. Diese persönlichen Bindungen führen schließlich dazu, dass ein Angebot erarbeitet wird – sei es, weil der Kunde aufgrund eines Vorhabens selbst auf das Unternehmen zukommt, sei es, weil die Unternehmensmitarbeiter den Kunden auf einen bei ihm bestehenden Bedarf aufmerksam machen.

Neben der Kundenanfrage besteht ein zweiter möglicher Anlass für den Prozess ‚Angebot bearbeiten' darin, dass eine Ausschreibung erfolgt ist. In einer Ausschreibung fordern insbesondere öffentliche Auftraggeber Unternehmen dazu auf, etwa hinsichtlich zu vergebender Bauleistungen Angebote einzureichen. Die Angebotsbearbeitung in Bezug auf eine Ausschreibung erfolgt in denselben Schritten wie aufgrund einer Kundenanfrage (und wird deshalb im Folgenden nicht mehr explizit erwähnt.)

Nachdem die Kundenanfrage erfolgt ist, sollte sie (z. B. in einer Kundendatenbank) erfasst werden. Darüber hinaus müssen informationelle Hilfsmittel wie z. B. Serververzeichnisse oder Angebotsordner bzw. -mappen angelegt werden, in denen die eigenen und die vom Kunden stammenden Angebotsunterlagen aufbewahrt werden. Wichtig ist, dass durch die Erfassung der Kundenanfrage und die informationellen Hilfsmittel gewährleistet wird, dass

- die Kundenanfrage nicht vergessen wird,
- die Angebotsunterlagen für alle am Prozess Beteiligten leicht zugänglich sind und
- bei der Angebotsbearbeitung jederzeit nachvollziehbar ist, was der Stand der Dinge ist, welche Fragen noch offen sind, was mit dem Kunden besprochen wurde usw.

Meistens ist es aufgrund der Kundenanfrage noch nicht unmittelbar möglich, die Wünsche des Kunden und dessen Aufgabenstellung insgesamt einschätzen zu können. In dem Prozessschritt ‚Aufgabenstellung klären' werden die hierfür notwendigen Informationen ergänzt und vervollständigt. Dies kann z. B. durch Gespräche mit dem Kunden oder durch Vor-Ort-Termine geschehen, etwa um den Veranstaltungsort kennenzulernen, in dem bei einem Popkonzert der Sicherheitsdienst durchgeführt werden soll.

Der Prozessschritt zur Klärung der Aufgabenstellung wird oft unzureichend durchgeführt. Dies zieht bei den späteren Schritten der Angebotsbearbeitung Probleme und Rückfragen nach sich – oder, schlimmer, kann zur Konsequenz haben, dass im Angebot Produkte oder Dienstleistungen versprochen werden, die zur Lösung der Aufgabenstellung nicht geeignet sind oder nicht ausreichen. Ein wichtiger Grund für die mangelhafte Informationsbeschaffung besteht darin, dass der Kunde nicht immer alles sagt, was das Unternehmen wissen müsste, weil er z. B. bestimmte Anforderungen für selbstverständlich hält oder weil er sich für die Details der angebotenen Leistungen nicht interessiert. Dieses Problem kann zumindest verringert werden, wenn für die Klärung der Aufgabenstellung eine Checkliste verwendet wird. Mit dieser ist gesichert, dass alles gefragt wird, was man z. B. wissen muss, um etwa ein vernünftiges Angebot für den Sicherheitsdienst bei einem Popkonzert abgeben zu können.

Nachdem die Aufgabenstellung verstanden ist, muss entschieden werden, ob sich das Unternehmen um den Auftrag bemühen soll. Hierzu ist einzuschätzen,

- welche Erfolgsaussichten ein abgegebenes Angebot hätte
 (Bei welchen Wettbewerbern hat der Kunde vermutlich noch angefragt? Welche Leistungen und zu welchen Konditionen dürften die Konkurrenten anbieten? Hätte man Chancen, sich gegenüber diesen durchzusetzen? Hat der Kunde seine Anfrage ernst gemeint oder wollte er sich nur informieren bzw. sich im Hinblick auf einen längst anderweitig vergebenen Auftrag absichern? usw.),
- inwieweit der erteilte Auftrag technisch realisierbar wäre
 (Wie hoch ist das technische Risiko? Wie wahrscheinlich ist es, dass während der Auftragsdurchführung Probleme auftauchen, die zum Zeitpunkt der Angebotsabgabe noch

nicht bekannt waren? Wären die notwendigen Betriebsmittel und Kapazitäten für den Auftrag vorhanden? usw.),
- wie der mögliche Kundenauftrag aus betriebswirtschaftlicher Sicht zu bewerten ist (Welche Gewinnerwartung ist gegeben? Besteht Aussicht auf Folgeaufträge? Wie ist es um die Zahlungsfähigkeit des Kunden bestellt? Wie groß ist das Risiko, dass er nach der Durchführung des Auftrags die Rechnung nicht bezahlt? usw.).

Falls aufgrund dieser Kriterien die Kundenanfrage als nicht interessant genug beurteilt wird und deshalb kein Angebot abgegeben werden soll, muss der Kunde rasch darüber informiert werden.

Lautet hingegen das Ergebnis, dass man sich um den Auftrag bemühen will, ist zu entscheiden, in welcher Weise auf die Anfrage des Kunden reagiert werden soll, konkret, ob ein detailliertes oder ein eher karges Angebot erstellt werden soll. Ein ausführliches Angebot, das präzise auf die Aufgabenstellung eingeht und eine dazu passende Lösung präsentiert, führt eher zum Erfolg. Dem steht gegenüber, dass mit wachsender Ausführlichkeit des Angebots auch der für die Erstellung notwendige Aufwand zunimmt, den der Kunde, wenn überhaupt, nur in Ausnahmefällen bezahlt. Darüber hinaus ist die Gefahr zu bedenken, dass der Kunde die im Angebot enthaltene Lösung von einem Wettbewerber umsetzen lassen könnte oder sie selbst realisiert.

Abhängig davon, wie attraktiv der mögliche Auftrag ist und welche Erfolgsaussichten bestehen, kann mit folgenden Angebotsformen auf die Kundenanfrage reagiert werden (VDI-Gesellschaft 1999, S. 8f.):

- Eine *Leistungsübersicht* enthält Beschreibungen der angebotenen Produkte und Dienstleistungen sowie Preisangaben, die aus vorhandenen Leistungskatalogen oder Prospekten zusammengestellt wurden.
- Ein *Richtpreisangebot* skizziert die dem Kunden vorgeschlagene technische Lösung und enthält die Angabe, in welcher Spanne der Preis für die Leistungen liegen würde. Der Kunde kann sich überlegen, ob er sich mit der Lösung und den Preisangaben anfreunden kann. Ist dies der Fall, wird im weiteren Verlauf meist ein Festpreisangebot erstellt.
- Das *Festpreisangebot* hat unter den verschiedenen Angebotsformen den höchsten Detaillierungsgrad und erfordert deshalb den meisten Aufwand. Die technische Lösung wird ausführlich beschrieben und mit genauen Preisangaben versehen.

Die drei anschließenden Prozessschritte ‚technische Lösung erarbeiten', ‚Liefertermin bestimmen' und ‚Angebotspreis festlegen' betreffen die eigentliche inhaltliche Ausarbeitung des Angebots. Sie werden mit unterschiedlicher Intensität durchlaufen, je nachdem, ob eine Leistungsübersicht, ein Richtpreis- oder ein Festpreisangebot erstellt werden soll.

Die zu erarbeitende technische Lösung ist, abhängig von der Aufgabenstellung des Kunden und den jeweiligen Produkten und Dienstleistungen, unterschiedlich umfangreich. Sie kann darin bestehen, dass

- für den Kunden eine individuelle Kombination von Standardprodukten und -dienstleistungen konzipiert wird
  (*Beispiel:* Für ein Restaurant wird eine Lüftungsanlage aus Standardkomponenten zusammengestellt),

- vorhandene Produkte und Dienstleistungen so angepasst werden, dass sie die Kundenwünsche erfüllen
(*Beispiel:* Ein vorhandenes Messgerät wird so verändert, dass es auch unter tropischen Klimabedingungen funktioniert),
- für den Kunden ein völlig neues Produkt oder eine neue Dienstleistung entwickelt wird
(*Beispiel:* Die Steuerungssoftware für eine neue ICE-Generation soll erstellt werden).

Bei der Erstellung der im Angebot enthaltenen technischen Lösung sollte darauf geachtet werden, dass kein unnötig hoher Aufwand betrieben und die Gefahr eines vorzeitigen Verlusts von Know-how begrenzt wird. Deshalb sollte die Lösung im Angebot gerade so detailliert ausgearbeitet werden, dass

- für den Kunden nachvollziehbar dargestellt werden kann, durch welche Leistungen seine Aufgabenstellung gelöst werden soll, und
- der zeitliche Aufwand sowie der Angebotspreis kalkuliert werden können.

Bei der Entwicklung der technischen Lösung kann es sehr hilfreich sein, sich an früher erstellten Angeboten mit ähnlichen Problemstellungen zu orientieren. Oft können bereits vorliegende Lösungen übernommen oder abgewandelt werden. Dies setzt allerdings voraus, dass diese Lösungen (z. B. über eine Know-how-Datenbank) zugänglich sind. Eine häufige Schwachstelle speziell in Technologieunternehmen besteht darin, dass im Bereich der Angebotsbearbeitung im Laufe der Jahre zwar ein enormes Wissen aufgebaut wurde, dieses aber nicht genutzt werden kann, weil die erarbeiteten Lösungen in viele Aktenordner und Dateien verstreut und insofern nicht verfügbar sind.

Angebote im technischen Bereich (z. B. zu einer Anlage) sind oft äußerst umfangreich und enthalten sehr viele Einzelpositionen. Dadurch passiert es leicht, dass notwendige Einzelleistungen im Angebot vergessen werden. Kommt es zu dem Auftrag, ist das Unternehmen in diesem Fall gezwungen, die vergessenen Leistungen durchzuführen, ohne sie in Rechnung stellen zu können. Denn der Kunde wird keinen Grund sehen, warum er eine nachträgliche Erhöhung des Angebotspreises akzeptieren soll. Hilfreich ist – wie bei dem früheren Prozessschritt ‚Aufgabenstellung klären' – die Verwendung einer Checkliste, mit der geprüft werden kann, ob alles berücksichtigt wurde.

Bei der Erarbeitung der technischen Lösung ist zu entscheiden, inwieweit von Lieferanten bereits bereitgestellte Materialien in die technische Lösung eingebaut bzw. Unteraufträge an Lieferanten vergeben werden sollen. Sofern dies geschehen soll, ist eine Abstimmung mit den potenziellen Lieferanten notwendig, sodass deren Aussagen in das Angebot eingehen können.

Liegt die technische Lösung vor, können die zeitliche Dauer der Auftragsausführung und – hiervon ausgehend – der im Angebot zugesagte Liefertermin bestimmt werden.

Für die Festlegung des Liefertermins müssen die Kapazitäten, die für die Entwicklungs-, Fertigungs- oder Dienstleistungsprozesse zur Verfügung stehen, mit den durch alle Kundenaufträge im Ausführungszeitraum entstehenden Belastungen verglichen werden. Probleme hierbei entstehen dadurch, dass man nicht weiß, wie viele der abgegebenen Angebote zum Erfolg führen, und weiterhin unbekannt ist, wann die Kunden ggf. ihre Aufträge erteilen.

Hieraus ergibt sich folgender Konflikt:

- Sagt man dem Kunden einen frühen Liefertermin zu, kann dieser unter Umständen nicht eingehalten werden, weil im Ausführungszeitraum die vorhandenen Kapazitäten überschritten werden.
- Legt man hingegen vorsichtshalber einen späten Liefertermin fest, wendet sich der Kunde ggf. an einen Wettbewerber, der ihm eine zügigere Lieferung verspricht.

Die Gefahren, dass

- die Kapazitäten für die erteilten Kundenaufträge nicht ausreichen bzw. umgekehrt
- eingeplante Angebote, die nicht zu Aufträgen werden, benötigte Ressourcen blockieren,

können durch die Festlegung einer Kapazitätsgrenze für Angebote verringert werden. Die Kapazitätsgrenze leitet sich aus der Erfahrungstatsache ab, wie viel Prozent der abgegebenen Angebote erfolgreich sind (sogenannte Umwandlungsrate). Wenn z. B. wie in Abb. 8-2 ca. ein Viertel der Angebote zu einem Auftrag führt, kann eine Kapazitätsgrenze für Angebote definiert werden, die viermal über der tatsächlich vorhandenen Kapazität liegt. Auf diese Weise können die Schwierigkeiten bei der Zusage von Lieferterminen vermindert, wenn auch nicht ganz beseitigt werden.

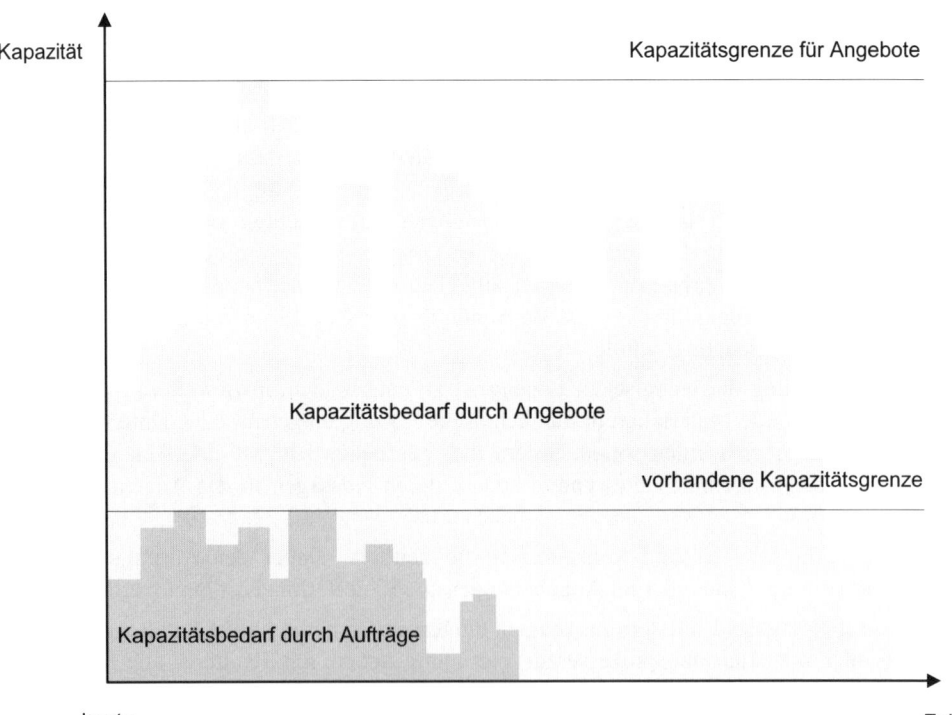

Abb. 8-2: Angebotskapazität (VDI-Gesellschaft 1999, S. 56)

Neben der Bestimmung des Liefertermins ist der Angebotspreis für die dem Kunden angebotenen Produkte und Dienstleistungen festzulegen.

Die Preisbildung ist bei individuell zusammengestellten Standardprodukten und -dienstleistungen und meistens auch bei der Abwandlung von Standardleistungen nicht sehr kompliziert. Die zugrunde liegenden Preise sind bekannt und können z. B. Preislisten entnommen werden. Im Gegensatz dazu ist die Festlegung der Preise bei für den Kunden neu entwickelten Produkten und Dienstleistungen schwierig und riskant. Das Problem besteht darin, dass zu dem Zeitpunkt, zu dem man sich im Angebot gegenüber dem Kunden preislich festlegt, die technische Lösung noch nicht vollständig bekannt ist (und auch nicht bekannt sein kann). Bei der späteren Durchführung des Auftrags kann sich deshalb herausstellen, dass dieser weit schwieriger und damit aufwendiger ist, als zum Zeitpunkt der Angebotserstellung vorausgesehen werden konnte. Die Folge davon ist, dass das Unternehmen gezwungen ist, für die Auftragsausführung wesentlich mehr zu arbeiten, als dem Kunden in Rechnung gestellt werden kann, und deshalb der Auftrag zu Verlusten führt.

Eine grundsätzliche Lösung für dieses Problem gibt es nicht. Die preislichen Risiken sollten jedoch gemindert werden, indem v. a. auf der Basis der vorliegenden Informationen der voraussichtliche Aufwand möglichst gut geschätzt wird und Vergleiche zu ähnlichen Aufträgen angestellt werden. Darüber hinaus sollten durch die Nachkalkulation abgeschlossener Aufträge Erkenntnisse darüber gewonnen werden, inwieweit der tatsächliche von dem kalkulierten Aufwand abgewichen ist und welche Gründe es dafür gab.

Mit der Festlegung des Angebotspreises ist die inhaltliche Erarbeitung des Angebots abgeschlossen.

Im nächsten Prozessschritt ‚Angebotsunterlagen erstellen' werden die Leistungen, die dem Kunden vorgeschlagen werden sollen, im Angebot zusammengefasst. Die zu erstellenden Angebotsunterlagen haben die Aufgabe, die angebotenen Leistungen zu dokumentieren und den Kunden von der Attraktivität des Angebots zu überzeugen.

Ein Angebot muss auch von der äußeren Form und der Übersichtlichkeit einen guten Eindruck machen. Der Kunde wird üblicherweise mehrere Angebote einholen und jeweils (auch) von dem Eindruck, den die Angebotsunterlagen vermitteln, auf die Kompetenz des Anbieters schließen.

Ein komplexes Angebot besteht aus folgenden Teilen (VDI-Gesellschaft 1999, S. 7f.):

- In dem *Begleitschreiben* wird zunächst der Bezug zur Anfrage hergestellt und auf Besonderheiten der vorgeschlagenen technischen Lösung hingewiesen. Schließlich werden dem Kunden Argumente genannt, warum er sich für das Angebot entscheiden soll.
- In dem eigentlichen *Angebot* wird die technische Lösung dokumentiert. Diese wird durch kaufmännische Angaben wie Preis und Liefertermin ergänzt. Hierbei ist zu entscheiden, wie detailliert die gefundene technische Lösung mitgeteilt werden soll. Sie muss für den Kunden verständlich sein. Gleichzeitig muss die Gefahr des Know-how-Verlustes vermieden werden (s. o.). Eine weitere Überlegung betrifft die Frage, wie genau im Angebot expliziert werden soll, wie sich der Angebotspreis zusammensetzt. Wird nur der Gesamtpreis genannt, wird der Kunde unzufrieden sein, da er nicht nachvollziehen kann, wie der angebotene Preis zustande kommt. Sind hingegen im Angebot sehr detaillierte Preisangaben enthalten, schafft dies dem Kunden die Möglichkeit, in den

späteren Angebotsverhandlungen an einzelnen Positionen herumzumäkeln und Nachlässe zu verlangen.
- Den letzten Teil der Angebotsunterlagen bilden meist *Anlagen* wie Prospekte, Referenzlisten oder technische Unterlagen (z. B. Zeichnungen, Datenblätter).

Die erstellten Angebotsunterlagen werden geprüft, unterschrieben und anschließend dem Kunden übergeben. Die Unterzeichnung des Angebots erfolgt – je nachdem, wie die Handlungsvollmachten in dem Unternehmen geregelt sind und wie umfangreich das Angebot ist – z. B. durch den Geschäftsführer, einen Prokuristen, einen Abteilungsleiter oder (im Falle von Routineangeboten) durch den Mitarbeiter, der das Angebot erstellt hat. Auch bei Routineangeboten ist es generell empfehlenswert, diese vor der Abgabe an den Kunden von einem anderen Mitarbeiter gegenlesen zu lassen.

Ist das Angebot abgegeben, passiert oft zunächst nichts. Die Zeit, die zwischen der Angebotsabgabe und der Entscheidung des Kunden vergeht, ist häufig völlig ungewiss. Oft ist es so, dass der Kunde das Angebot gar nicht schnell genug bekommen konnte, dann aber, sobald es ihm vorliegt, sich mit der Entscheidung endlos Zeit lässt.

Der Prozessschritt ‚Angebot verfolgen' dient dazu, nach einer bestimmten Zeit beim Kunden ‚nachzufassen', um den Entscheidungsstand in Erfahrung zu bringen und ggf. vorhandene Bedenken auszuräumen. Es sollte festgelegt werden, nach welcher Zeit beim Kunden nachgefragt wird. Ist diese Zeit zu kurz, könnte sich der Kunde bedrängt fühlen, ist sie zu lang, könnte er auf mangelndes Interesse schließen und den Auftrag an einen Wettbewerber vergeben. Wenn viele Angebote abgegeben werden, ist ein Wiedervorlagesystem nützlich, um nicht den Überblick zu verlieren, wann bei welchem Kunden ‚nachzufassen' ist.

Nachdem sich der Kunde mit dem Angebot auseinandergesetzt hat, kommt es in vielen Bereichen zu Verhandlungen darüber, in denen der Kunde Änderungen bei den vorgeschlagenen Leistungen, kürzere Lieferzeiten und v. a. einen geringeren Preis fordert. Die Verhandlungen führen ggf. zu einem neuen oder einem geänderten Angebot.

Nach diesem Prozessschritt ist es an dem Kunden, eine Entscheidung zu treffen und das Angebot anzunehmen oder abzulehnen.

Im positiven Fall wird der auf Basis des Angebots erteilte Auftrag in den Folgeprozessen ausgeführt.

Weiterführende Literatur zu Teil IV

Speziell zum Prozess ‚Angebot bearbeiten' gibt es vergleichsweise wenig Literatur. Ein ausgezeichnetes und v. a. für die Angebotserstellung im technischen Bereich interessantes Buch ist
- ‚Angebotsbearbeitung – Schnittstelle zwischen Kunden und Lieferanten', herausgegeben von der VDI-Gesellschaft Entwicklung Konstruktion Vertrieb (VDI-Gesellschaft 1999).

Empfehlenswert ist weiterhin
- ‚Das überzeugende Angebot. So gewinnen Sie gegen Ihre Konkurrenz' von H. Scherer (Scherer 2006).

Kontrollfragen

K 7-1

Skizzieren Sie die wesentlichen Schritte, die in einem Unternehmen zur Annahme einer Kundenbestellung eines Standardprodukts bzw. einer Standarddienstleistung durchzuführen sind.

K 7-2

Worin besteht das Hauptproblem des Prozesses ‚Kundenbestellung annehmen' und wie kann es gelöst werden?

K 8-1

Was beinhalten Angebote, die für den Kunden erstellt werden?

K 8-2

Schildern Sie, wie der Prozess der Angebotsbearbeitung im Prinzip verläuft.

K 8-3

Welche Gesichtspunkte sind bei der Frage zu bedenken, wie detailliert die im Angebot enthaltene technische Lösung dargestellt werden sollte?

V Prozesse zur Herstellung von Produkten

In den beiden letzten Teilen (III und IV) wurde nicht unterschieden, ob das Unternehmen Produkte oder Dienstleistungen anbietet. Denn für die bisher betrachteten Prozesse – ‚neue Produkte und Dienstleistungen planen', ‚Kundenbestellung annehmen', ‚Angebot bearbeiten' – macht es keinen Unterschied, ob es bei ihnen um Produkte oder um Dienstleistungen geht. Dies ändert sich, wenn die Prozesse im Unternehmen zur Erstellung der betrieblichen Leistungen betrachtet werden. Die Prozesse, die zur Herstellung von Produkten einerseits und zur Erbringung von Dienstleistungen andererseits notwendig sind, unterscheiden sich gravierend. In diesem Teil werden die Prozesse behandelt, die zur Herstellung von Produkten durchgeführt werden. Im nächsten Teil VI folgen die Prozesse, die im Zusammenhang mit Dienstleistungen relevant sind.

Um Produkte herstellen zu können, muss eine Folge von Prozessen vollzogen werden, die aus vier Prozessen besteht.

- Mit dem Prozess ‚neues Produkt entwickeln' wird ein neues Produkt technisch realisiert (Kap. 9).
- In dem Prozess ‚Fertigung des neuen Produkts vorbereiten' werden die Bedingungen für die Serien- bzw. Massenfertigung des Produkts geschaffen (Kap. 10).

Die beiden Prozesse betreffen die Entstehung eines neuen Produkts und führen von der Produktidee zu einem routinemäßig herstellbaren Produkt.

- Der Prozess ‚Fertigung planen und steuern' dient dazu, die Durchführung von Fertigungsaufträgen zu organisieren (Kap. 11).
- In dem Prozess ‚Produkte liefern' werden die hergestellten Produkte für den Kunden bereitgestellt (Kap. 12).

Das tägliche Geschäft eines produzierenden Unternehmens ist im Wesentlichen durch die beiden zuletzt genannten Prozesse bestimmt. Die angebotenen Produkte sind bekannt und es geht darum, der Nachfrage des Marktes bzw. einzelner Kunden nach diesen Produkten gerecht zu werden.

Die genannten Prozesse zur Herstellung von Produkten können durch zwei mögliche Anlässe initiiert werden, nämlich

(1) durch die Entscheidung, ein vorgeschlagenes neues Standardprodukt zu realisieren, oder
(2) durch eine erfolgte Kundenbestellung bzw. die Erteilung eines Auftrags nach einem abgegebenen Angebot.

Abhängig davon, durch welche Konstellation die Prozesse zur Produktherstellung ausgelöst werden, werden entweder die vier Prozesse komplett oder nur einige von ihnen durchlaufen:

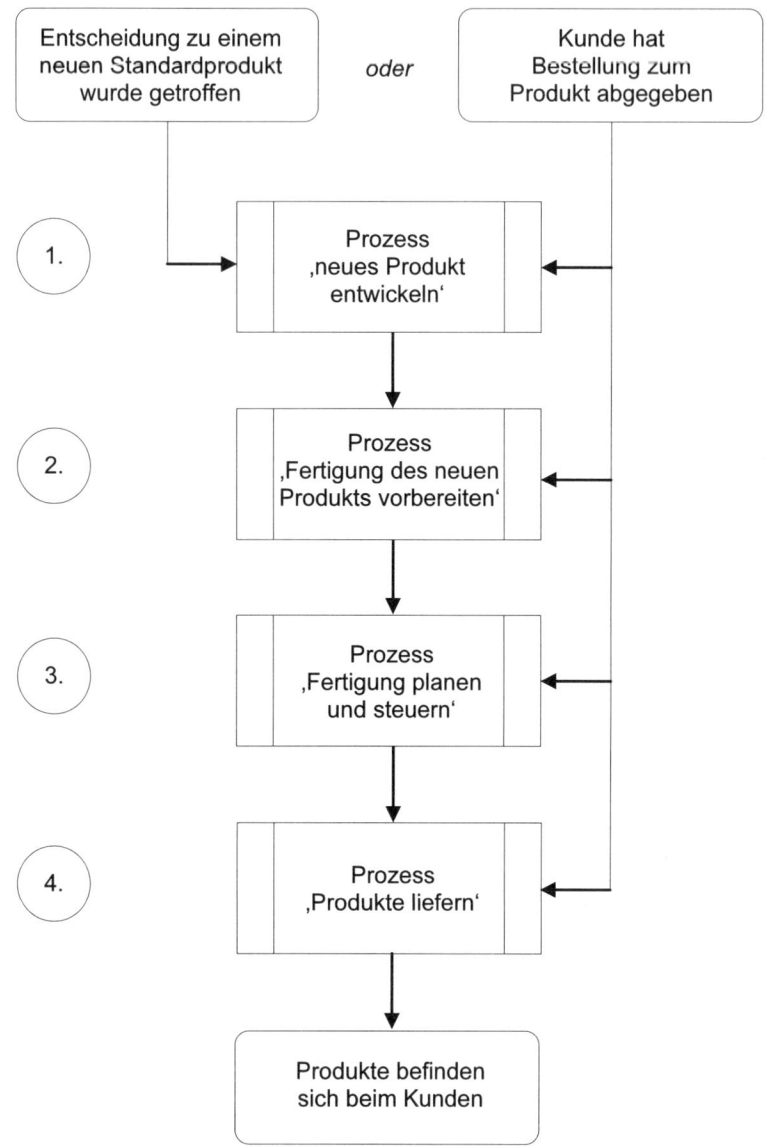

(1) Prozessfolge zur Herstellung von Standardprodukten

Nachdem die Entscheidung für ein neues Standardprodukt gefallen ist (Kap. 6), müssen die vier Prozesse nacheinander ausgeführt werden. D. h., das neue Produkt muss entwickelt werden, die Vorgehensweise bei seiner Fertigung ist zu klären, die eigentliche Fertigung der Produkte muss geplant und gesteuert werden, bevor schließlich die Produkte an den Kunden geliefert werden können.

(2) *Prozessfolge zur Herstellung von Produkten bei Kundenbestellung bzw. -auftrag*

Wenn der Produktherstellung eine Kundenbestellung (Kap. 7) oder ein vom Kunden angenommenes Angebot vorausgeht (Kap. 8), wird die Prozessfolge vollständig oder teilweise durchlaufen. In diesem Fall sind folgende Möglichkeiten gegeben:

- Alle vier Prozesse werden ausgeführt.
  Wenn der Kunde den Auftrag gibt, ein Produkt zu entwickeln und zu fertigen, müssen alle vier Prozesse vollzogen werden.
- Der 2., 3. und 4. Prozess der Prozessfolge müssen stattfinden.
  Der Kundenauftrag kann sich darauf beziehen, die Fertigung eines vom Kunden vorgegebenen Produkts vorzubereiten, dessen Fertigung zu planen und zu überwachen und schließlich das Produkt zu liefern. Typisches Beispiel hierfür sind Betriebe, die selbst keine Entwicklung durchführen und für andere Unternehmen im Auftrag fertigen.
- Für die Umsetzung des Kundenauftrags sind der 3. und 4. Prozess notwendig.
  Hierbei handelt es sich um bekannte Produkte, die im Einzelfall gemäß Kundenauftrag gefertigt und anschließend an den Kunden geliefert werden.
- Der Kundenauftrag kann mit dem 4. Prozess der Prozessfolge umgesetzt werden.
  Dieser Fall ist gegeben, wenn es um Produkte geht, die entweder im Unternehmen selbst gefertigt oder von Lieferanten bereitgestellt wurden und die lagermäßig vorhanden sind. Beispiele dafür sind Autoreifen, Fernseher oder elektronische Bauteile.

In den Kap. 9 bis 12 werden typische Verläufe der vier Prozesse zur Herstellung von Produkten beschrieben.

9 Prozess ‚neues Produkt entwickeln'

Der Prozess dient dazu, eine technische Lösung zur Erfüllung der an das neue Produkt gerichteten Anforderungen zu erarbeiten. Diese Anforderungen wurden in den der Entwicklung vorausgehenden Prozessen der Produktplanung (Kap. 6) oder der Angebotsbearbeitung (Kap. 8) festgelegt. Nach der Ausführung des Entwicklungsprozesses liegt das neue Produkt mit den gewünschten Merkmalen vor.

Der Prozess der Produktentwicklung unterscheidet sich von allen anderen Prozessen des Unternehmens. Seine Besonderheit ergibt sich daraus, dass in ihm Aufgabenstellungen gelöst werden, die in irgendeiner Weise neu sind. Dies macht jeden Entwicklungsprozess einmalig. Es wäre nicht sinnvoll, dasselbe Produkt zweimal zu entwickeln. Im Gegensatz dazu hat man es bei den meisten anderen betrieblichen Prozessen mit Vorgängen zu tun, die im Prinzip immer wieder auf dieselbe Weise stattfinden und die umso routinierter ausgeführt werden können, desto häufiger sie vorkommen.

Aufgrund der Einmaligkeit jedes Entwicklungsprozesses haben Entwickler häufig große Vorbehalte, wenn es darum geht, den Ablauf von Entwicklungsprozessen zu standardisieren. Ihr wesentliches Argument ist, dass durch die Standardisierung ihre Kreativität eingeschränkt würde, die zum Finden innovativer Lösungen notwendig ist.

Diese Vorbehalte von Entwicklern sind zum Teil berechtigt. Da Entwicklungsprozesse erfordern, dass immer wieder neue Wege gegangen werden, ist es bei ihnen – im Unterschied zu den anderen Prozessen des Unternehmens – gerade nicht sinnvoll, bewährte Vorgehensweisen detailliert festzulegen und diese immer wieder anzuwenden.

Auf der anderen Seite ist es aber durchaus sinnvoll, auch für den Entwicklungsprozess einen Grundbestand von organisatorischen Festlegungen zu definieren. Dafür sprechen folgende Argumente:

- Die Beherrschung der technischen und organisatorischen Komplexität von Entwicklungen erfoäufig dazu, vorgegebene Anforderungen überzuerfüllen und sich um technische Perfektirdert ein Mindestmaß an strukturiertem Vorgehen. Entwickler überschätzen nicht selten ihre Fähigkeit, die Teilaufgaben und ihre Zusammenhänge zu überschauen.
- Es muss sichergestellt werden, dass durch die Entwicklung genau das Produkt entsteht, das mit der Produktidee vorgesehen ist bzw. das der Kunde haben will. Die Entwickler neigen hon zu bemühen (um sich später darüber zu ärgern, dass die Kunden die Zusatzmerkmale wenig würdigen und schon gar nicht bereit sind, für diese zu zahlen).
- Durch organisatorische Regelungen kann die Gefahr verringert werden, dass Entwicklungsprozesse unnötig lange dauern und dadurch vorgesehene Fertigstellungstermine bzw. dem Kunden zugesagte Liefertermine nicht eingehalten werden.
- Schließlich muss auch dafür gesorgt werden, dass eine Nachvollziehbarkeit sowohl des Entwicklungsaufwandes als auch der entstandenen Resultate vorhanden ist.

Aufgrund der geschilderten Besonderheiten von Entwicklungsprozessen ist es sehr schwierig und zugleich ausgesprochen wichtig, bei diesen einen angemessenen Standardisierungsgrad (Kap. 4.1) zu finden. Insofern sollte bei der Auditierung von Entwicklungsprozessen bevorzugt darauf geachtet werden, ob es tatsächlich gelungen ist, auf der einen Seite den grundlegenden Ablauf der Entwicklung in ausreichendem Maße zu standardisieren und auf der anderen Seite von den Entwicklern zu Recht als ‚bürokratisch' empfundene Regelungen zu vermeiden.

Ergebnisse und Kunden des Prozesses

Die Ergebnisse des Entwicklungsprozesses bestehen darin, dass die technische Machbarkeit des neuen Produkts nachgewiesen und Wissen darüber erarbeitet wurde, wie das Produkt auf die zurzeit technisch bestmögliche Weise und zugleich betriebswirtschaftlich sinnvoll realisiert werden kann.

Die internen Kunden, die mit den Ergebnissen der Entwicklung weiterarbeiten, sind die anschließenden Prozesse ‚Fertigung vorbereiten' und ‚Fertigung planen und steuern'.

Darüber hinaus sind die Entwicklungsergebnisse für den externen Kunden relevant, der (in der Regel nach weiteren Prozessschritten) das fertige Produkt erhält.

Folgende Erwartungen sind an die Ergebnisse der Entwicklung zu richten:

- Die während der Produktplanung festgelegten bzw. im Angebot dem Kunden versprochenen Anforderungen an das Produkt müssen korrekt in Entwicklungsergebnisse umgesetzt werden.
- Die Anforderungen müssen so realisiert werden, dass die erlaubten Kosten, die im Zuge der Produktplanung bzw. Angebotserstellung festgelegt wurden, eingehalten werden. Denn durch die konstruktive Anlage des Produkts, die Auswahl der verwendeten Materialien usw. werden bereits zwischen 60 und 80 % der Herstellkosten eines Produkts festgelegt (Ehrlenspiel 1996, Sp. 906f.).

- Das zu entwickelnde Produkt muss schnell bzw. rechtzeitig fertig sein. Verzögerungen bei der Entwicklung führen dazu, dass die Marktchancen eines Standardprodukts schwinden bzw. den Kunden zugesagte Liefertermine nicht eingehalten werden können.
- Schließlich muss das Produkt fertigungsgerecht sein. Das bedeutet, es muss möglichst einfach sein, das Produkt herzustellen. Dieses darf keine unnötig schwierigen bzw. umständlichen Fertigungsabläufe erfordern.

Durchführung des Prozesses

Für alle technischen Disziplinen ist der Gedanke zentral, dass ein planmäßiges Vorgehen bei der Entwicklung neuer Produkte unverzichtbar ist. Würde man versuchen, die gesuchte technische Lösung allein durch Intuition und Ausprobieren zu erreichen, würde man rasch an der Komplexität der Entwicklungsvorgänge scheitern. Aus diesem Grund haben der Maschinenbau, die Elektrotechnik, die Chemie und die Informatik Methoden erarbeitet, die bei der Entwicklung neuer Produkte eine systematische Vorgehensweise ermöglichen. Die Durchführung von Entwicklungsprozessen ist deshalb stets von den Methoden geprägt, die in der jeweiligen Technikwissenschaft angewandt werden.

Die vorgegebenen Methoden und damit die Entwicklungsprozesse, die in den verschiedenen Technikbereichen durchgeführt werden,

- weisen teilweise Gemeinsamkeiten auf, die sich durch ähnliche Problemstellungen ergeben (z. B. ist es bei jeder Entwicklung notwendig, die technischen Merkmale des beabsichtigten Produkts festzulegen), und
- unterscheiden sich in anderen Teilen aufgrund der Verschiedenartigkeit der jeweiligen Produkte (z. B. erfordern die Entwicklung eines materiellen Erzeugnisses und einer Softwarelösung teilweise unterschiedliche Prozessschritte).

Im Folgenden wird als Beispiel ein möglicher Ablauf zur Entwicklung eines materiellen Erzeugnisses dargestellt, der sich etwa auf ein zu entwickelndes Messgerät oder eine neue Kamera beziehen könnte.

Bei dem vorgestellten Prozess wird vorausgesetzt, dass es sich um eine Neuentwicklung handelt, bei der das komplette Produkt im Wesentlichen neu erarbeitet wird. Bei einer Anpassungs- und einer Variantenentwicklung[1] können einige der beschriebenen Prozessschritte übersprungen bzw. müssen nicht vollständig durchgeführt werden, da deren Resultate bereits vorliegen.

Der Prozess ‚neues Produkt entwickeln' ist ausgesprochen komplex. Das hängt damit zusammen, dass man bei einer Entwicklung Dinge tut, die man zuvor jedenfalls in derselben Weise noch nie gemacht hat. Dies führt dazu, dass bei der Entwicklung die Prozessschritte nicht einfach nacheinander ausgeführt werden können (wie dies bei den meisten anderen betrieblichen Prozessen der Fall ist), sondern dass iterativ vorzugehen ist. Iterativ vorzugehen bedeutet, dass nach jedem Prozessschritt eine Prüfung durchgeführt wird, um festzustellen, ob das

---

[1] Bei einer Anpassungsentwicklung wird ein vorhandenes Produkt verändert, um wandelnden Kundenwünschen gerecht zu werden oder um die spezielle Aufgabenstellung eines Kunden zu erfüllen. Variantenentwicklung bedeutet, dass bei einem Produkt Komponenten modifiziert werden. Dies macht es möglich, das Produkt in mehreren Varianten anzubieten, zwischen denen die Kunden wählen können.

sich abzeichnende Produkt technisch plausibel und zweckmäßig ist, ob die bestehenden Vorgaben zu den erlaubten Herstellkosten eingehalten werden, ob das Produkt ohne Probleme gefertigt werden kann usw. Führt eine Prüfung zu einem negativen Ergebnis, muss der letzte Prozessschritt (oder müssen mehrere vorausgehende Prozessschritte) wiederholt werden. Eine solche Verfahrensweise ist bei der Entwicklung notwendig und unvermeidlich, da sich das Wissen über das neue Produkt erst im Laufe des Prozesses herausbildet.

Die aufgrund der iterativen Vorgehensweise durchzuführenden Prüfungen wurden in die Abb. 9-1 nicht aufgenommen, um das Flussdiagramm nicht zu überladen.

Der Prozess wird dadurch initiiert, dass

- entweder im Unternehmen die Entscheidung getroffen wurde, eine Idee zu einem neuen Standardprodukt umzusetzen,
- oder das Unternehmen (in aller Regel auf Basis eines zuvor abgegebenen Angebots) vom Kunden den Auftrag bekommen hat, ein neues Produkt zu entwickeln.

Die Entwicklung eines neuen Produkts erfolgt üblicherweise in der Organisationsform eines Projekts. Insofern besteht der erste Prozessschritt nach der Entscheidung, eine vorgeschlagene Produktidee zu realisieren, bzw. nach dem erteilten Kundenauftrag darin, dass ein Projekt zur Ausführung der Entwicklungsaufgabe eingerichtet wird. Hierbei ist zu entscheiden, wer Projektleiter sein soll und aus welchen Mitarbeitern das Projektteam bestehen soll. Im Projektplan wird ausgehend vom vorgesehenen Fertigstellungstermin festgelegt, in welchem zeitlichen Rahmen die Entwicklungsaufgabe ausgeführt werden soll und zu welchen Zeitpunkten besonders wichtige Zwischenergebnisse (sogenannte Meilensteine) vorliegen sollen (zu dem Prozess ‚Projekt planen und überwachen' s. Kap. 15).

Die drei folgenden Prozessschritte – die Klärung der Kundenanforderungen, die Festlegung der technischen Produktmerkmale im Pflichtenheft und die Ausarbeitung der technischen Lösung – haben planerischen Charakter und werden vom Projektleiter bzw. von wenigen Projektmitarbeitern ausgeführt. Bei diesen Schritten geht es darum, die Grundlage für die eigentliche Ausführung der Entwicklungsaufgabe zu schaffen.

Ausgangspunkt für jede Entwicklung sind die Anforderungen an das gewünschte Produkt. „Erfahrungsgemäß sind unklare oder unvollständige Aufgabenstellungen der häufigste Grund für nachträgliche kostspielige und zeitaufwendige Änderungen." (Ehrlenspiel 1996, Sp. 910) Insofern sollte zu Beginn jeder Entwicklung geprüft werden, ob hinreichend klar ist, was eigentlich entwickelt werden soll. Hierzu sind die bei der Produktplanung bzw. während der Angebotsbearbeitung festgelegten Anforderungen weiter zu klären und zu vervollständigen.

Die Kundenanforderungen werden im nächsten Schritt in technisch realisierbare Produktmerkmale überführt. Mit diesen wird festgelegt, welche Funktionalität dem Kunden mit dem Produkt zur Verfügung gestellt werden und welche Beschaffenheit das Erzeugnis haben soll (z. B. in Hinblick auf seine Abmessungen, sein Gewicht, seinen Energieverbrauch, sein Betriebsgeräusch usw.). Die zu realisierenden Vorgaben werden üblicherweise in einem Pflichtenheft dokumentiert, das die Grundlage für alle weiteren Prozessschritte darstellt. In Abb. 9-2 ist als Beispiel ein Auszug aus einem Pflichtenheft für einen OP-Tisch dargestellt.

9 Prozess ‚neues Produkt entwickeln'

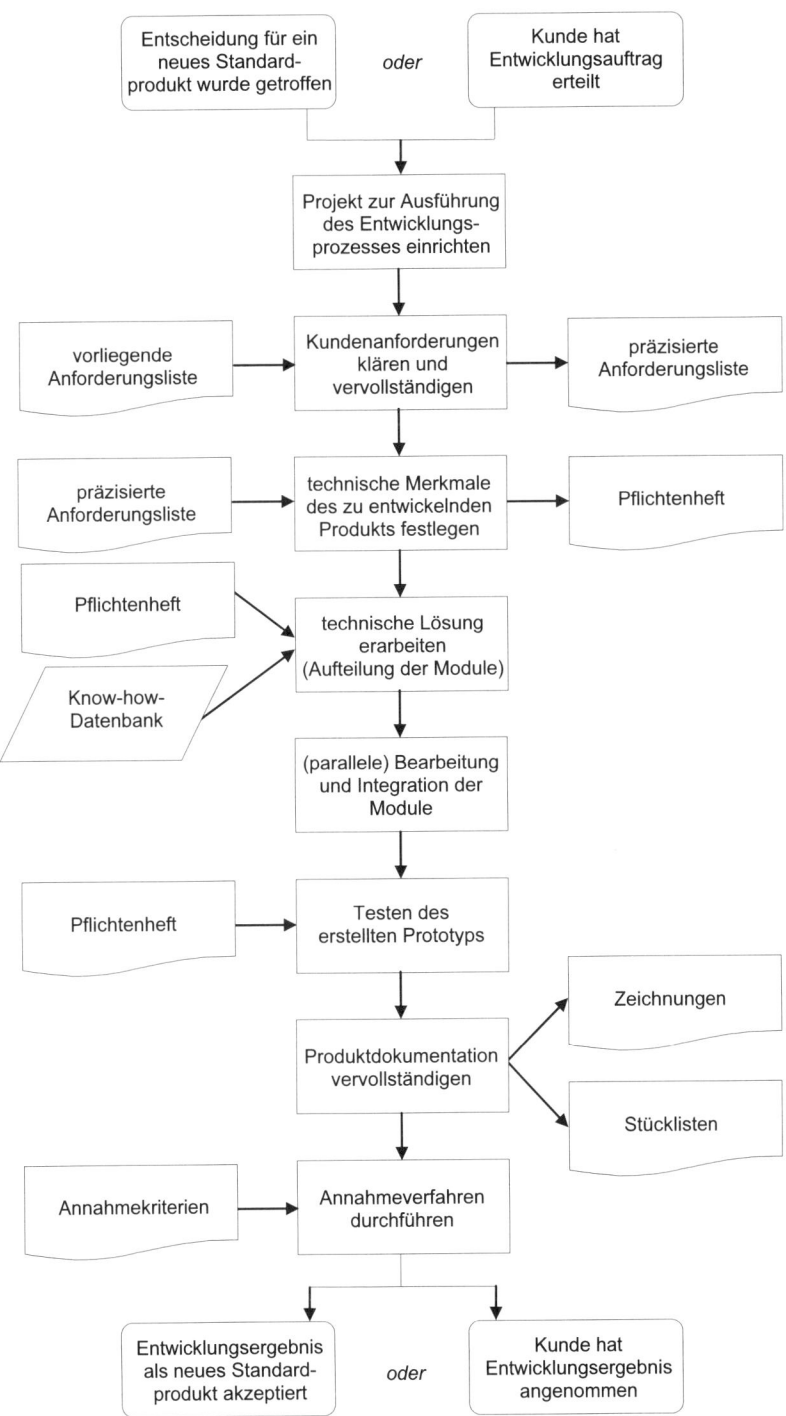

Abb. 9-1: Prozess ‚neues Produkt entwickeln'

Da während der Entwicklung etwas Neues entsteht, werden die Vorstellungen über das zu erstellende Produkt während der Entwicklung oft ergänzt oder modifiziert. Es kommt deshalb häufig vor, dass während einer Entwicklung Anforderungen (und dadurch auch vorgesehene Produktmerkmale) hinzugefügt oder geändert werden, z. B. weil neue technische Möglichkeiten erkannt wurden oder weil sich herausgestellt hat, dass sich bestimmte Anforderungen aus technischen oder aus Kostengründen nicht wie vorgesehen umsetzen lassen. In diesem Fall ist es wichtig, dass die Anforderungsliste und das Pflichtenheft aktualisiert werden. Dies wird allerdings oft vergessen. Die Folge ist, dass für die weitere Entwicklung nicht klar ist, welche Vorgaben nun eigentlich gelten.

Pflichtenheft mobiler OP-Tisch			
Kinematik			
	Fuß	längs verfahrbar quer verfahrbar feststellbar	
	Säule	Höhenverstellung Hub Fußboden bis Polsterplatte min. max. Geschwindigkeit (…)	motorisch 380 mm 720 mm 1180 mm 15 °/s

	Tischplatte	Kopfplatte
		  Höhenverstellung
		  Winkelverstellung
		
		Obere Rückenplatte
		  Winkelverstellung
		  Geschwindigkeit
		  (…)
			manuell
			120 mm
			– 60 °/+ 60 °
			
			motorisch
			– 60 °/+ 45 °
			10 °/s

Abb. 9-2:   Ausschnitt aus einem Pflichtenheft für einen mobilen OP-Tisch (Specht 2002, S. 157)

Nachdem klar ist, welche Merkmale das zu entwickelnde Produkt haben soll, kann darüber nachgedacht werden, wie das Produkt prinzipiell technisch realisiert werden kann. Bei der Erstellung der technischen Lösung werden verschiedene Grundsatzentscheidungen getroffen, insbesondere auf welche Weise die verschiedenen Teilfunktionen des Produkts technisch umgesetzt werden sollen und wie das Produkt sinnvoll in Module aufgegliedert werden kann.

Module sind voneinander relativ unabhängige Einheiten (z. B. Baugruppen), die durch möglichst einfache, aber präzise beschriebene Beziehungen (Schnittstellen) miteinander verbunden sind. Ein Modul ist insofern von außen gesehen eine Blackbox, deren Innenleben ungefährdet ignoriert werden kann. Diese Eigenschaft von Modulen ermöglicht es, sie als voneinander (mehr oder weniger) unabhängige Arbeitspakete zu definieren. Die Module können deshalb (weitgehend parallel) bearbeitet werden, was zu Zeitersparnissen führt (Göpfert/ Steinbrecher 2000).

Bei der Erarbeitung der technischen Lösung ist es oft sinnvoll, eine Know-how-Datenbank zu nutzen, über die allgemeine und produktspezifische Lösungsmöglichkeiten sowie Ergebnisse früherer Entwicklungstätigkeiten verfügbar gemacht werden können.

Ein verbreitetes Problem bei diesen drei planerischen Prozessschritten liegt darin, dass ihnen nicht genügend Aufmerksamkeit gewidmet wird. Stattdessen besteht häufig die Neigung, bereits mit der technischen Ausführung zu beginnen, noch bevor klar ist, worum es eigentlich geht. Besonders kritisch ist, wenn die Anforderungsliste lückenhaft ist oder das Pflichtenheft, in dem die technischen Merkmale des zu entwickelnden Produkts dokumentiert werden sollen, entweder gar nicht vorhanden ist oder aus nur wenigen Stichworten besteht. Das übereilte Vorgehen zu Beginn einer Entwicklung kann sich im weiteren Verlauf bitter rächen und dazu führen, dass das Produkt an den Kundenwünschen vorbeientwickelt wird.

Die Bearbeitung und Integration der Module ist der Prozessschritt, in dem die eigentlichen Ingenieurarbeiten ausgeführt werden und der insofern zeitlich am längsten dauert. Das Projekt erreicht seine volle Teamstärke, die Projektmitglieder bearbeiten einzeln oder in Arbeitsgruppen die vorgesehenen Module. Es werden Baugruppen und Einzelteile konstruiert, die gefundenen Ergebnisse werden getestet, man erprobt Alternativen, bis schließlich die vorgesehenen Module zur Verfügung stehen, die an ihren Schnittstellen die gewünschten Leistungen bereitstellen. Diese Tätigkeiten werden heute fast durchweg mit CAD-Systemen (Computer Aided Design) durchgeführt. Aus organisatorischer Sicht besteht die große Herausforderung dieses Prozessschritts darin, die Vielzahl der Tätigkeiten zu koordinieren und insbesondere für die Einhaltung der jeweiligen Fertigstellungstermine zu sorgen (Kap. 15).

Nachdem alle Module fertiggestellt und miteinander verbunden sind, steht die erste materielle Realisierung des Produkts, der Prototyp, zur Verfügung. Der Prototyp wird getestet, insbesondere um festzustellen, ob die im Pflichtenheft vorgesehenen Merkmale korrekt umgesetzt wurden. Ggf. wird der Prototyp zusätzlich in einer (realen oder simulierten) Einsatzumgebung erprobt und dadurch die Tauglichkeit des Entwicklungsergebnisses zum vorgesehenen Gebrauch festgestellt. Hat der Prototyp alle vorgesehenen Prüfungen bestanden, ist die Entwicklung aus technischer Sicht abgeschlossen.

Während aller genannten Prozessschritte ist die Durchführung von Änderungen eine große Herausforderung. Es kommt immer wieder vor, dass sich z. B. in Erwägung gezogene Lösungen nicht bewähren oder während des Prozesses erkannt wird, dass die Aufgabenstellung auf andere Art, als zunächst vermutet, angegangen werden muss. Die Probleme von Änderungen bestehen darin, dass durch sie bereits erarbeitete Entwicklungsergebnisse teilweise nutzlos werden und bestimmte Tätigkeiten ein zweites Mal durchgeführt werden müssen. Darüber hinaus können undurchdachte Änderungen neue Probleme bei anderen Teilen des Produkts hervorrufen. Problematisch sind v. a. Änderungen, die für das Zusammenwirken der Module Konsequenzen haben (Schnittstellenänderungen).

Es kann deshalb sinnvoll sein, für die Durchführung von grundlegenden Änderungen (z. B. Änderungen von Anforderungen und des Pflichtenhefts, Schnittstellenänderungen) einen eigenen Prozess festzulegen. Durch einen solchen Prozess wird geregelt,

- wer zu entscheiden hat, ob eine vorgeschlagene Änderung umgesetzt werden soll, und
- wie die Mitglieder des Projektteams über die vollzogene Änderung informiert werden.

Der vorletzte Prozessschritt bei der Entwicklung besteht darin, dass die während des Prozesses entstandene Produktdokumentation vervollständigt wird. Die Produktdokumentation besteht bei materiellen Erzeugnissen üblicherweise aus Zeichnungen und Stücklisten. In Zeichnungen wird das entwickelte Produkt in verschiedenen geometrischen Ansichten dargestellt. In den Stücklisten werden die Baugruppen und Teile, aus denen das Produkt besteht, nach Art und Menge aufgeführt.

Wenn die Produktdokumentation vorliegt, kann das Annahmeverfahren durchgeführt werden. Entsprechend den beiden möglichen Inputs des Entwicklungsprozesses gibt es zwei mögliche Outputs:

- Falls durch die Entwicklung eine eigene Produktidee realisiert wird, endet der Prozess damit, dass das Entwicklungsergebnis im Unternehmen als neues Standardprodukt angenommen wurde.
- Wurde ein Entwicklungsauftrag für einen Kunden ausgeführt, ist der Prozess abgeschlossen, wenn der Kunde das Entwicklungsergebnis erhalten hat und akzeptiert, dass die vereinbarten Leistungen erbracht wurden.

Sofern es sich um ein Standardprodukt handelt, bietet es sich an, dass die Annahme des Entwicklungsergebnisses von technisch kompetenten Mitgliedern der Unternehmensleitung und/oder von den Verantwortlichen für die nachfolgenden Prozesse ‚Fertigung vorbereiten' und ‚Fertigung planen und steuern' vorgenommen wird. Die dabei zugrunde gelegten Annahmekriterien sollten im Pflichtenheft festgelegt sein und die als besonders wichtig eingeschätzten Produktmerkmale betreffen.

Ein häufiges Problem bei Standardprodukten besteht darin, dass keine explizite Annahme erfolgt und sich stattdessen ein fließender Übergang zwischen dem Entwicklungsprozess und den anschließenden Prozessen vollzieht. Die Folgen sind, dass keine Prüfung von unabhängiger Seite erfolgt, ob das Entwicklungsergebnis akzeptabel ist, und darüber hinaus offen bleibt, wer für die Klärung noch strittiger Fragen bezüglich des Produkts zuständig ist.

Handelt es sich um eine Entwicklung im Kundenauftrag, wird das Produkt in der Regel dem Kunden präsentiert und gemeinsam mit ihm festgestellt, ob die (üblicherweise im Angebot) definierten Annahmekriterien erfüllt sind.

Mit dem vollzogenen Annahmeverfahren ist das Entwicklungsergebnis als neues Standardprodukt des Unternehmens akzeptiert bzw. hat der Kunde anerkannt, dass das entwickelte Produkt dem erteilten Auftrag entspricht.

10 Prozess ‚Fertigung vorbereiten'

Wenn ein entwickeltes Produkt nur einmal oder in geringen Stückzahlen hergestellt werden soll, kann dies sofort im Anschluss an den Entwicklungsprozess geschehen. Bei Produkten der Serien- bzw. Massenfertigung hingegen wäre eine unmittelbare Realisierung zum Endprodukt zu risikoreich. Insofern muss vor der eigentlichen Fertigung ein weiterer Prozess stattfinden, in dem die Voraussetzungen geschaffen werden, das Produkt in großen Stückzahlen herstellen zu können.

Mit dem Übergang von der Entwicklung zur Fertigungsvorbereitung ist ein Perspektivenwechsel verbunden:
- Aus Sicht der Entwicklung ist die Funktionsfähigkeit bzw. die Machbarkeit des Produkts entscheidend.
- Aus Sicht der Fertigungsvorbereitung steht die Reproduzierbarkeit des Produkts im Vordergrund.

Ergebnisse und Kunden des Prozesses
Die Ergebnisse des Prozesses bestehen darin, dass
- nachgewiesen wurde, dass das Produkt mit den vorhandenen (bzw. mit ggf. zu beschaffenden) Betriebsmitteln praktisch fehlerfrei hergestellt werden kann,
- das sowohl technisch als auch betriebswirtschaftlich günstigste Fertigungsverfahren für das Produkt gefunden wurde und
- das vorgesehene Fertigungsverfahren erfolgreich praktisch erprobt wurde.

Interner Kunde ist der Prozess ‚Fertigung planen und steuern‘, in dem das festgelegte Fertigungsverfahren zur Herstellung der Produkte umgesetzt wird.

Durchführung des Prozesses
In Abb. 10-1 ist ein typischer Verlauf dieses Prozesses dargestellt.

Der Prozess wird dadurch in Gang gesetzt, dass die (eigene) Produktentwicklung abgeschlossen ist und nun entschieden werden muss, auf welche Weise das Produkt in größeren Stückzahlen hergestellt werden soll. Sofern es sich bei dem Unternehmen um einen Auftragshersteller handelt, hat die Entwicklung des Produkts bereits beim Kunden stattgefunden. In diesem Fall wird der Prozess durch erfolgten Kundenauftrag ausgelöst.

Die Festlegung des Fertigungsverfahrens ist meistens eine komplexe Aufgabenstellung. Insofern ist es in der Regel sinnvoll, hierzu ein Projekt einzurichten.

Zu Beginn des Prozesses ‚Fertigung vorbereiten‘ liegen meistens der Prototyp des Produkts sowie die Produktdokumentation (Zeichnungen und Stücklisten) vor. Ausgehend hiervon wird im ersten Prozessschritt ein Arbeitsplan erstellt, der die grundsätzliche Vorgangsfolge zur Fertigung des Produkts beschreibt.

Üblicherweise geht aus dem Arbeitsplan hervor,
- welche Fertigungsmethode zur Herstellung des Produkts angewendet werden soll,
- welche Arbeitsvorgänge vorzusehen sind und in welcher Reihenfolge sie stattfinden sollen,
- nach welchen Arbeitsgängen welche Prüfungen notwendig sind,
- welche Betriebsmittel eingesetzt werden sollen und
- welche Zeiten für die Arbeits- und Prüfvorgänge anzusetzen sind.

Arbeitspläne können – ebenso wie die in diesem Lehrbuch dargestellten Prozesse – durch Flussdiagramme veranschaulicht werden. In Abb. 10-2 wird als Beispiel eine Vorgangsfolge in einem Metall verarbeitenden Betrieb dargestellt.

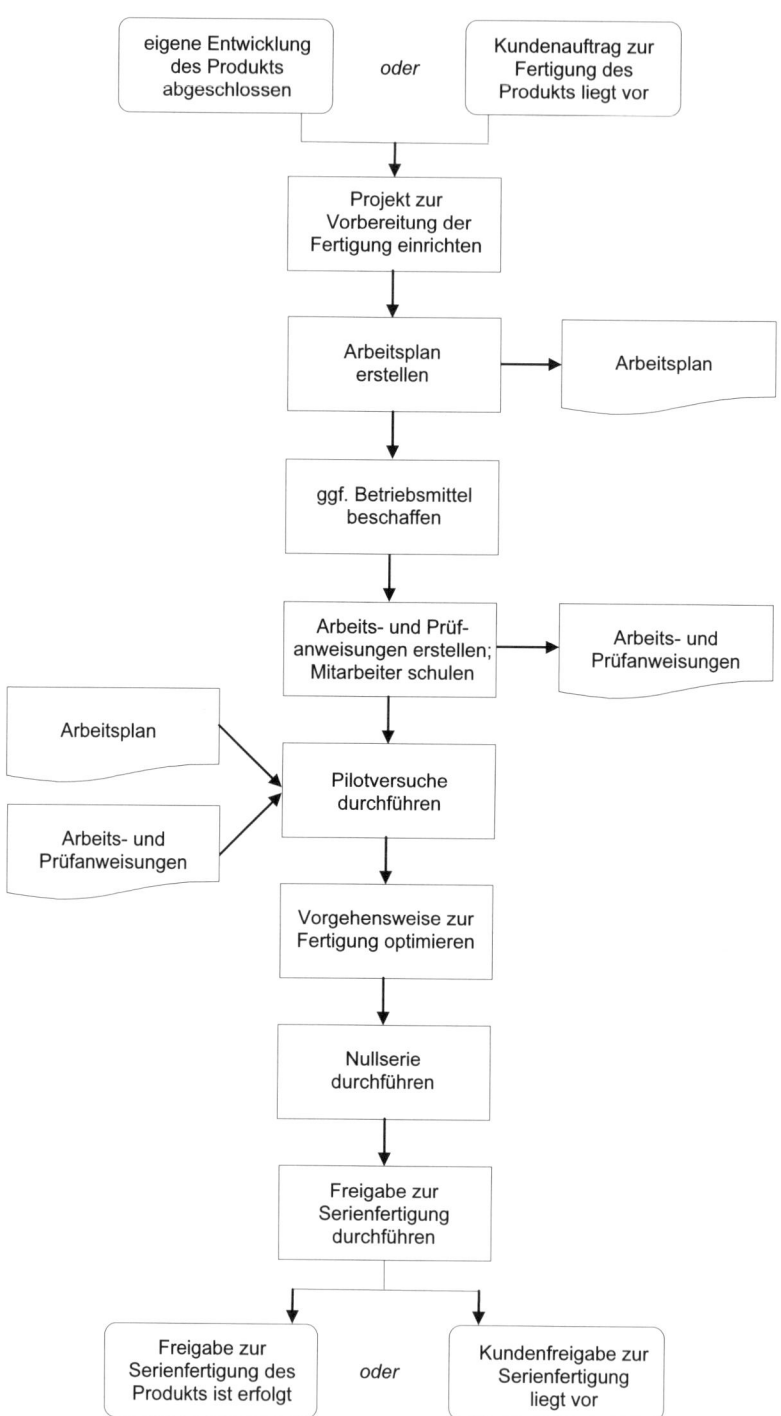

Abb. 10-1: Prozess ‚Fertigung vorbereiten'

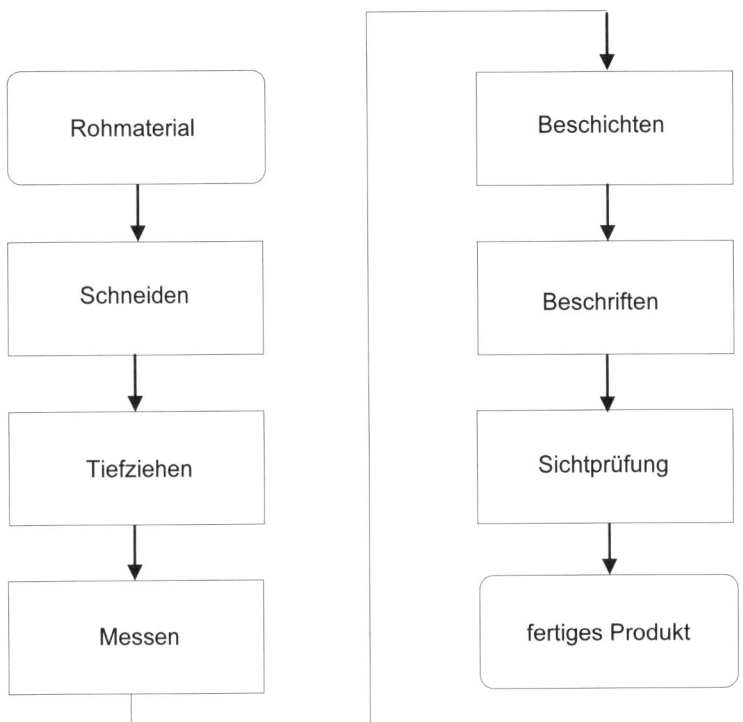

Abb. 10-2: Fertigungsverfahren zur Herstellung von Metallprodukten

Bei der Festlegung des Arbeitsplans wird naheliegenderweise versucht, die im Unternehmen bereits vorhandenen und erprobten Fertigungsverfahren einzusetzen. Sofern dies nicht möglich ist (und man sich gleichzeitig gegen eine Fremdvergabe der entsprechenden Arbeitsgänge an Lieferanten entschieden hat), müssen neue Betriebsmittel beschafft werden.

Anschließend können die Arbeits- und Prüfanweisungen erstellt werden, auf deren Grundlage das Personal geschult wird. Typische Themen hierbei sind etwa, wie bei den einzelnen Arbeitsgängen im Detail vorzugehen ist oder wie bei Sichtprüfungen fehlerfreie und fehlerhafte Teile voneinander unterschieden werden können.

Sind die genannten Prozessschritte vollzogen, können (ggf. mehrere) Pilotversuche durchgeführt werden, bei denen das Produkt zunächst probeweise in kleinen Stückzahlen hergestellt wird. Ziel ist es herauszufinden, ob die im Arbeitsplan beschriebene Vorgehensweise tatsächlich funktioniert. Abhängig von den bei den Versuchen gewonnenen Erkenntnissen wird die gewählte Vorgehensweise fortlaufend optimiert, bis schließlich die Fähigkeit als gegeben eingeschätzt wird, das Produkt in den vorgesehenen Stückzahlen fehlerfrei herstellen zu können.

Ein häufiges Problem bei den Pilotversuchen ist, dass es durch fortgesetztes Ändern des Fertigungsverfahrens zwar gelingt, fehlerfreie Produkte herstellen zu können, aber nicht ausreichend verstanden wurde, wie man eigentlich zu den ‚guten' Teilen gekommen ist. Dies mindert den Wert des Erfolges beträchtlich. Wenn man die für die Herstellung fehlerfreier Produkte maßgeblichen Faktoren nicht (genügend) kennt, kann man diese bei der späteren Fertigung auch nicht überwachen. Falls es zur Herstellung fehlerhafter Teile kommt, wird man die Gründe dafür ebenfalls nicht verstehen. Deshalb ist es wichtig, die Ergebnisse der Pilotversuche genau zu analysieren. Das hierbei entstandene Wissen sollte dokumentiert werden, um später auf die vorliegenden Erfahrungen zurückgreifen zu können und nicht nochmals Dinge ausprobieren zu müssen, zu denen längst Erkenntnisse vorhanden sind.

Im nächsten Schritt, der Durchführung der Nullserie, wird die Herstellung des Produkts erstmals unter serienmäßigen Bedingungen erprobt. Die hierbei gefertigten Produkte werden geprüft, sodass aufgrund der hierbei gewonnenen Erkenntnisse ggf. nochmals Korrekturen der Fertigungsvorgänge durchgeführt werden können.

Mit der Nullserie ist das Produkt im Prinzip fertig. In den Prozessen ‚neues Produkt entwickeln' und ‚Fertigung vorbereiten' ist aus der ursprünglichen Produktidee ein Produkt geworden, das routinemäßig hergestellt und am Markt angeboten werden kann.

Die Freigabe zur Serienfertigung dient dazu, das neue Produkt und den vorgesehenen Fertigungsprozess umfassend zu prüfen und sich dabei zu vergewissern, dass

- das neue Produkt alle vorgesehenen Anforderungen erfüllt,
- der geplante Fertigungsprozess in der Lage ist, sicher fehlerfreie Produkte erzeugen zu können, und
- alle Dokumente zum neuen Produkt vollständig und aktuell vorliegen.

Das Freigabeverfahren wird bei eigenen Produkten unternehmensintern von der Entwicklungs- und der Fertigungsabteilung durchgeführt. Falls das neue Produkt im Auftrag eines Kunden gefertigt werden soll, erfolgt das Freigabeverfahren gemeinsam mit diesem.

Ein explizites Freigabeverfahren zum Abschluss der Produktentstehung ist enorm wichtig. Denn es ist die letzte Chance, noch vorhandene Fehler und Unstimmigkeiten beim neuen Produkt zu erkennen. Wird die Freigabe – wie dies in der Praxis häufig geschieht – entweder gar nicht oder nur halbherzig durchgeführt, werden die noch ungelösten Probleme in die Fertigungsphase verschleppt.

Mit der Freigabe zur Serienfertigung ist die Produktentstehung insgesamt abgeschlossen. Die Voraussetzungen für die Herstellung des Produkts in den anschließenden Prozessen sind gegeben.

11 Prozess ‚Fertigung planen und steuern'

In den Kap. 9 und 10 wurden die Prozesse beschrieben, die dazu führen, dass ein neues Produkt (überhaupt) gefertigt werden kann. Der Prozess ‚Fertigung planen und steuern' dient dazu, Fertigungsaufträge zur Herstellung von bereits bekannten Produkten zu organisieren.

Der allgemeine Ablauf dieses Prozesses ist durch die logische Reihenfolge der Produktionsplanung und -steuerung vorgegeben.

Ohne die in der betriebswirtschaftlichen Literatur sehr ausgiebig diskutierte Thematik wiedergeben zu wollen, sollen hier die wichtigsten Zusammenhänge kurz angedeutet werden.

11 Prozess ‚Fertigung planen und steuern'

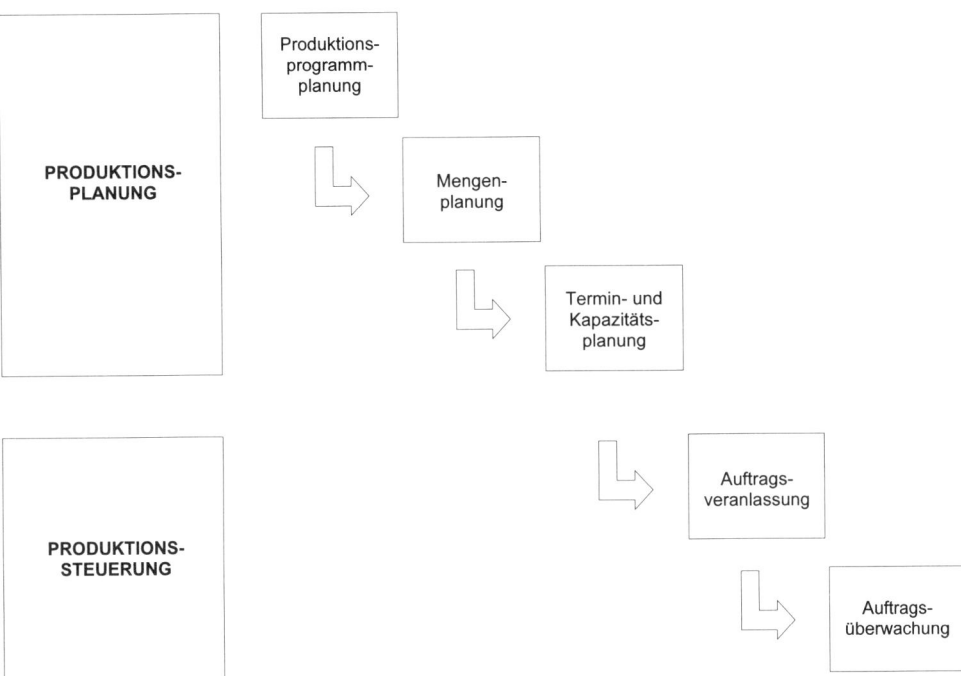

Abb. 11-1:   Aufgaben der Produktionsplanung und -steuerung

Durch die *Produktionsplanung* werden die Art und die Menge der herzustellenden Produkte für einen bevorstehenden Planungszeitraum (z. B. für den nächsten Monat) festgelegt. Dazu ist zunächst ausgehend von Absatzprognosen und/oder vorliegenden Kundenaufträgen festzulegen, welche und wie viele Produkte hergestellt werden sollen (Produktionsprogrammplanung). Hieraus werden zu Komponenten, die das Unternehmen selbst herstellt, Fertigungsaufträge und zu den einzukaufenden Materialien Bestellungen abgeleitet (Mengenplanung). Anschließend sind die einzelnen Fertigungsaufträge mit Start- und Endterminen zu versehen, und es wird ein Abgleich zwischen benötigten und vorhandenen Fertigungskapazitäten vorgenommen (Termin- und Kapazitätsplanung). Als Ergebnis der Produktionsplanung liegt ein mengen- und zeitmäßig festgelegter Grobplan für einen längeren Zeitraum vor.

Mit der *Produktionssteuerung* wird die kurzfristige Ausführung dieser Aufträge veranlasst und überwacht. Hierzu ist abhängig von der gegebenen Situation im Fertigungsbereich zu entscheiden, mit welchen Betriebsmitteln und zu welchen Zeitpunkten die einzelnen Arbeitsvorgänge der Fertigungsaufträge durchgeführt werden sollen (Auftragsveranlassung). Der Fertigungsfortschritt wird laufend überwacht, sodass ggf. auftretenden Störungen durch Gegenmaßnahmen begegnet und ein termingerechter Abschluss der Fertigungsaufträge erreicht werden kann (Auftragsüberwachung).

Die Prozessschritte, die in einem Unternehmen zur Planung und Steuerung der Fertigung ausgeführt werden, ergeben sich dadurch, dass das in Abb. 11-1 dargestellte Ablaufschema entsprechend den besonderen Gegebenheiten des Unternehmens eine spezifische Ausprägung erhält. Welche Prozesse hierbei im Einzelnen entstehen, hängt von den Gegebenheiten des jeweiligen Betriebs ab und wird dadurch bestimmt, ob standardisierte oder individualisierte Produkte hergestellt werden, wie der technische Fertigungsablauf organisiert ist, ob es um einfache oder komplizierte Produkte geht, ob das Fertigungsspektrum eher homogen oder eher heterogen ist, und von anderen Faktoren mehr.

Die Ausprägungen des Prozesses ‚Fertigung planen und steuern' werden besonders von dem zuerst genannten Kriterium bestimmt, nämlich davon, ob es sich um die Herstellung von Standardprodukten handelt, die der Kunde ‚fertig' kauft, oder ob es um individualisierte Produkte geht, die speziell für einen bestimmten Kunden gefertigt werden. Dieser Unterschied führt dazu, dass der Prozess

- auf unterschiedliche Art ausgelöst wird,
- teilweise in unterschiedlichen Schritten verläuft und
- verschiedene Folgeprozesse nach sich zieht.

Insofern werden im Folgenden zwei Varianten des Prozesses beschrieben:[1]

(1) *Prozessvariante bei lagerorientierter Fertigung*

Sofern es bei dem Prozess um die Herstellung von Standardprodukten geht, sind die Prozesse zur Annahme von Kundenbestellungen von den Herstellungsprozessen völlig unabhängig. Die Fertigung dient dazu, das Lager mit verkaufsfähigen Produkten zu füllen, sodass es bei eingehenden Kundenbestellungen möglich ist, diese aus dem Lager bedienen zu können. Beispiele hierfür sind Unternehmen, die mechanische oder elektronische Bauteile fertigen, die von den Kunden aufgrund eines Produktkataloges bestellt werden können. Diese Konstellation führt dazu, dass der Prozess in der in Abb. 11-2 dargestellten Variante verläuft.

(2) *Prozessvariante bei auftragsorientierter Fertigung*

Die zweite Prozessvariante bezieht sich hingegen auf Unternehmen, die ihre Produkte aufgrund konkreter Kundenaufträge und häufig auch gemäß speziellen Wünschen der Kunden herstellen (Abb. 11-3). In solchen Betrieben kann die Fertigung erst beginnen, nachdem der Kunde bestellt bzw. den Auftrag erteilt hat – weil dies früher nicht möglich ist (z. B. bei der Oberflächenbeschichtung von vom Kunden stammenden Teilen) oder weil eine Bevorratung gefertigter Produkte betriebswirtschaftlich nicht sinnvoll wäre (z. B. weil die vom Betrieb hergestellten Geräte in vielen kundenspezifischen Varianten angeboten werden).

Tatsächlich existieren in den Fertigungsbetrieben meistens Mischformen zwischen einer reinen Lager- und einer reinen Auftragsproduktion. Die dargestellten Beispielprozesse sind idealtypisch gewählt, um die Unterschiede deutlicher zu machen.

Ergebnisse und Kunden des Prozesses
Die Ergebnisse des Prozesses bestehen darin, dass

- verkaufsfähige bzw. lieferbare Produkte hergestellt worden sowie praktisch fehlerfrei sind und

---

[1] Eine analoge Unterscheidung wurde bereits in den Kap. 6 und 7 vorgenommen. Der Prozess ‚Kundenbestellung annehmen' bezieht sich auf vom Kunden in Anspruch genommene Standardleistungen des Unternehmens (Kap. 6). Im Unterschied dazu handelt es sich bei dem Prozess ‚Angebot erarbeiten' um individualisierte Leistungen, die auf einen bestimmten Kunden zugeschnitten werden (Kap. 7).

- die Fertigung der Produkte auf eine betriebswirtschaftlich sinnvolle Weise durchgeführt worden ist.

Interner Kunde bei der lagerorientierten Prozessvariante ist der Prozess ‚Kundenbestellung annehmen'. Aus der Sicht der Verantwortlichen für diesen Prozess ist entscheidend, dass aufgrund der Fertigungsplanung und -steuerung ausreichende Lagerbestände vorhanden sind, sodass eingehende Bestellungen möglichst sofort und in der geforderten Menge ausgeführt werden können.

Bei der auftragsorientierten Variante steht eher die Erwartung des externen Kunden im Mittelpunkt, dass die Herstellung der Produkte rechtzeitig abgeschlossen ist und vereinbarte Liefertermine eingehalten werden.

Durchführung des Prozesses

(1) Prozessvariante bei lagerorientierter Fertigung

Bei einem Unternehmen mit lagerorientierter Produktion wird üblicherweise in regelmäßigen Abständen (z. B. monatlich) festgelegt, was in bevorstehenden Planungszeiträumen hergestellt werden soll. Hierzu muss das Fertigungsprogramm aufgrund von Absatzprognosen und unter Berücksichtigung der vorhandenen Lagerbestände erarbeitet und zwischen den beteiligten Unternehmensbereichen abgestimmt werden.

Die Schwierigkeiten dieses Prozessschrittes ergeben sich daraus, dass die teilweise gegensätzlichen Interessen der Beteiligten abgestimmt werden müssen:

- Die (Vertriebs-)mitarbeiter werden darauf bestehen, dass möglichst jede Kundenbestellung unmittelbar ausgeführt wird und alle Kundenwünsche möglichst sofort erfüllt werden.
- Den Mitarbeitern, die für die Planung und Steuerung der Fertigung zuständig sind, ist hingegen daran gelegen, dass die Kapazitäten gleichmäßig ausgelastet und die Reaktionszeiten ausreichend sind. Stark schwankende Kapazitätserfordernisse, die durch immer wieder sich ändernde Absatzverhältnisse entstehen, sind aus Produktionssicht unerwünscht.

Der Prozessschritt, in dem das Fertigungsprogramm abgestimmt wird, ist der eigentlich kritische des gesamten Prozesses. Gelingt es nicht, die Menge der zu fertigenden und der zu verkaufenden Produkte präzise aufeinander abzustimmen, führt dies entweder zu mangelnder Lieferfähigkeit oder zu nicht absetzbaren Produkten.

Ist die Einigung auf das Fertigungsprogramm erfolgt, können die vorgesehenen Fertigungsaufträge festgelegt werden, wodurch bestimmt wird, welche Produkte in welchen Mengen zu welchen (ungefähren) Terminen hergestellt werden sollen. Abhängig von den geplanten Fertigungsaufträgen sind die Beschaffungsvorgänge für die benötigten Kaufteile auszulösen (zu dem Prozess ‚beim Lieferanten bestellen' s. Kap. 17).

In den einzelnen Wochen erfolgt dann eine (Fein-)Planung, durch die festgelegt wird, zu welchen Terminen und mit welchen Betriebsmitteln welche Fertigungsaufträge durchgeführt werden sollen. Nachdem die Fertigungsunterlagen erstellt sind und für jeden Auftrag geprüft worden ist, ob die benötigten Ressourcen an Personal und Betriebsmitteln sowie die erforder-

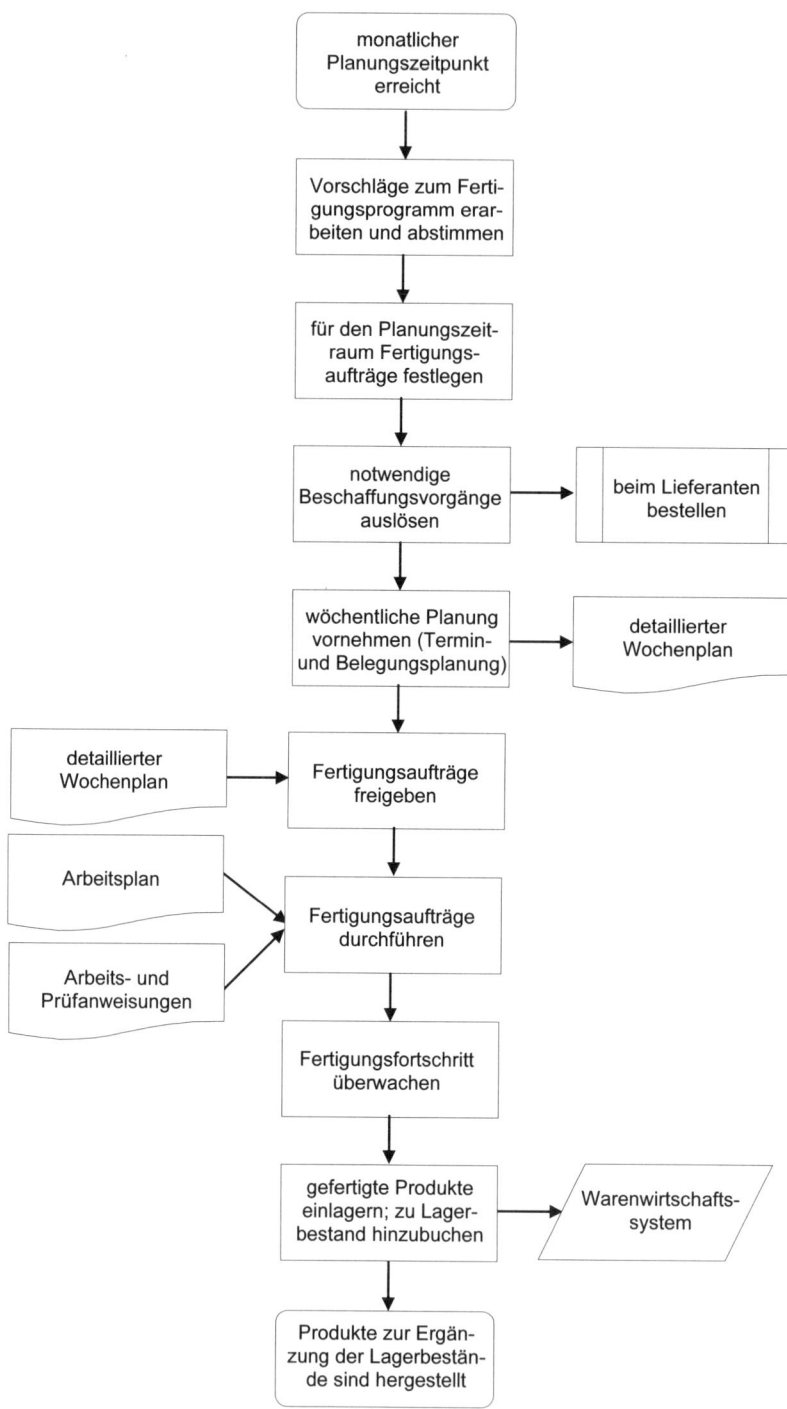

Abb. 11-2: Prozess ‚Fertigung planen und steuern' bei Herstellung von standardisierten Produkten

lichen Materialien und alle relevanten Informationen vorhanden sind, können die Fertigungsaufträge freigegeben werden. Die Ausführung erfolgt auf Basis der während der Fertigungsvorbereitung erstellten Arbeitspläne sowie Arbeits- und Prüfanweisungen (Kap. 10) und wird im Hinblick auf den erreichten Fortschritt überwacht. Ist die Fertigung der Produkte abgeschlossen, wird das Lager mit ihnen aufgefüllt. Die hergestellten Produkte müssen in der Bestandsführung, z. B. im Warenwirtschaftssystem, hinzugebucht werden. Mit dem Abschluss des Prozesses ist gewährleistet, dass eingehende Kundenbestellungen aus dem Lager der Fertigprodukte bedient werden können.

(2) *Prozessvariante bei auftragsorientierter Fertigung*

Der Prozess zur Planung und Steuerung der Fertigung in einem Unternehmen mit lagerorientierter Produktion entspricht weitgehend dem eingangs skizzierten Ablaufschema der Produktionsplanung und -steuerung (Abb. 11-1). Bei der auftragsbezogenen Fertigung ist dies nicht der Fall, da bei ihr eine längerfristige Produktionsprogrammplanung nicht möglich ist. Da nicht bekannt ist, welche Kundenbestellungen z. B. im nächsten Monat eingehen werden, würde es wenig Sinn machen, Fertigungsmengen und -termine im Detail vorab festzulegen. Deshalb unterscheiden sich die Prozessschritte, die sich auf die Produktionsplanung beziehen, von den entsprechenden Schritten bei der lagerorientierten Prozessvariante. (Die Prozessschritte, die sich auf die Produktionssteuerung beziehen, sind hingegen bei lager- und auftragsorientierter Fertigung gleich.)

In einem Unternehmen mit Auftragsfertigung wird der Prozess der Planung und Steuerung der Fertigung dadurch ausgelöst, dass ein Kunde anfragt, zu welchen Bedingungen das Unternehmen spezielle, von ihm gewünschte Produkte fertigen würde. Die eingegangene Kundenanfrage löst einen Prozess zur Angebotsbearbeitung aus, als dessen Ergebnis dem Kunden im Angebot verbindliche Zusagen bezüglich der technischen Machbarkeit, zum Preis und zum Liefertermin der gewünschten Produkte gemacht werden (Kap. 8). Für den weiteren Verlauf der Fertigungsplanung und -steuerung ist die Zusage der Lieferfrist besonders kritisch, da man zum Zeitpunkt der Angebotsbearbeitung noch nicht weiß, wie viele der übrigen abgegebenen Angebote von den Kunden angenommen werden. Insofern ist auch nicht bekannt, welche Kapazitäten im Realisierungszeitraum zur Verfügung stehen werden. Dieses Problem kann, wie in Kap. 8 erwähnt, durch die Festlegung einer Kapazitätsgrenze für Angebote gemindert werden.

Nachdem der Kunde den Auftrag erteilt hat, empfiehlt es sich, die Kundenbestellung auf Übereinstimmung mit dem abgegebenen Angebot sowie auf Eindeutigkeit und Vollständigkeit zu prüfen. Insbesondere wenn der Kunde eigene Produktspezifikationen mitliefert (z. B. von ihm selbst erstellte Zeichnungen), kommt es erfahrungsgemäß oft zu Missverständnissen.

Sind die Kundenvorgaben zum Auftrag endgültig geklärt, wird der erteilte Auftrag eingeplant. Dies kann unter Umständen bedeuten, dass andere, bereits terminlich festgelegte Aufträge verschoben werden müssen. Der Kunde erhält eine Auftragsbestätigung, in der ihm (u. a.) der genaue Liefertermin genannt wird.

Die anschließenden Prozessschritte entsprechen den oben dargestellten eines Unternehmens mit lagerorientierter Fertigung und führen dazu, dass dem Kunden die gewünschten Produkte geliefert werden können.

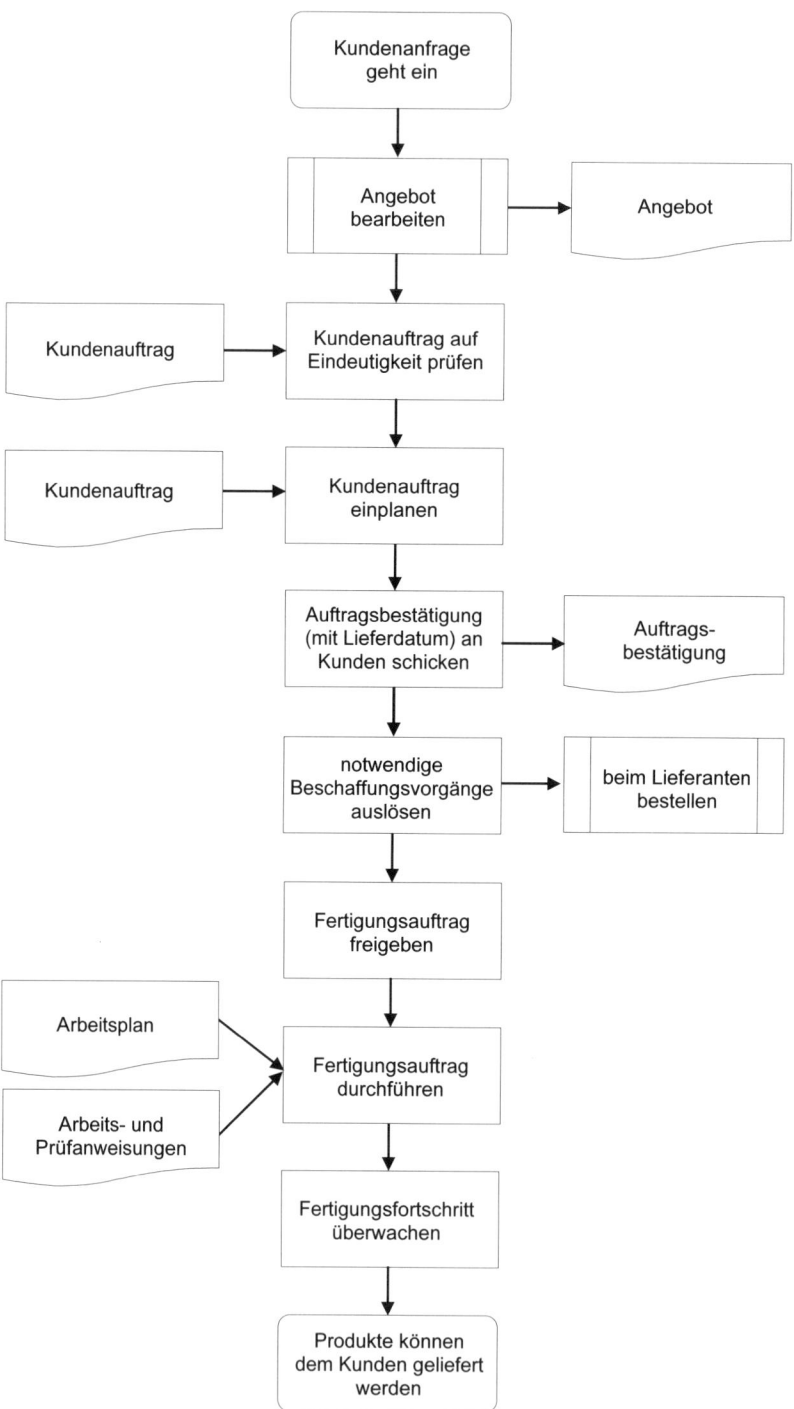

Abb. 11-3: Prozess ‚Fertigung planen und steuern' bei Herstellung von individualisierten Produkten

Das Problem des Prozesses ‚Planung und Steuerung der Fertigung' besteht häufig darin, dass die hierzu getroffenen Festlegungen nicht durchgängig umgesetzt werden. Es ist oft zu beobachten, dass von der „konsistenten Logik der Produktionsplanung und -steuerung abgewichen wird und Entscheidungen sporadisch getroffen werden" (Schlüter/Schneider 2000, S. 228). Die geringe Übereinstimmung zwischen den vorgesehenen und wirklichen Prozessabläufen wird dabei als die Fähigkeit ausgegeben, sich ‚flexibel' auf neue Situationen einstellen zu können. Tatsächlich aber haben diese Unzulänglichkeiten in der Umsetzung zur Folge, dass es von Zufällen und glücklichen Umständen abhängt, ob die angestrebten Prozessergebnisse erreicht werden.

12 Prozess ‚Produkte liefern'

Der Prozess ‚Produkte liefern' bildet den Abschluss der Prozessfolge zur Herstellung von Produkten.

Mögliche Anwendungsfälle des Prozesses sind:

- Ein Versandkaufhaus schickt seinen Kunden CDs und Bücher, die diese zuvor telefonisch oder online bestellt haben.
- Ein Getränkehandel liefert seinen Kunden regelmäßig und/oder auf Bestellung Bier und Limonade.
- Ein Medizintechnikunternehmen liefert Geräte an Ärzte und Krankenhäuser. Diese Geräte wurden von dem Unternehmen selbst gefertigt und können aufgrund eines Produktkatalogs bestellt werden.
- Die Sonderleuchten, die der Bauherr für seine Luxusvilla in Auftrag gegeben hat, sind fertig und müssen nun auf die Baustelle transportiert werden.
- Eine Druckerei hat Plakate für eine Großveranstaltung hergestellt. Diese Plakate werden nun an den Kunden geliefert.

Ergebnisse und Kunden des Prozesses

Die Ergebnisse des Prozesses bestehen darin,

- dass sich die Produkte, die der Kunde bestellt bzw. deren Fertigung er in Auftrag gegeben hat, beim Kunden befinden und
- dass ihm die richtige Art und Menge der Produkte zum gewünschten Zeitpunkt geliefert wurde.

Durchführung des Prozesses

Der Prozess ‚Produkte liefern' kann durch zwei mögliche Anlässe ausgelöst werden, abhängig davon, ob es sich um standardisierte oder individualisierte Produkte handelt.

Im Falle standardisierter Produkte hat es zuvor eine Kundenbestellung zu Produkten gegeben, die entweder von Lieferanten bereitgestellt wurden (CDs, Bücher, Getränke) oder die das Unternehmen selbst hergestellt hat (wie bei dem o. g. Hersteller medizintechnischer Geräte). Der Prozess ‚Produkte liefern' wird dadurch ausgelöst, dass die Kundenbestellung angenommen wurde (Kap. 7).

Bei individualisierten Produkten steht der Prozess ‚Produkte liefern' dann an, wenn die Fertigung der gemäß Kundenwunsch hergestellten Produkte (z. B. der Sonderleuchten oder der Plakate) abgeschlossen ist (Kap. 11).

Sofern es sich um die Lieferung von Standardprodukten handelt, müssen – wie Abb. 12-1 zeigt – einige Prozessschritte durchgeführt werden, die bei der Lieferung individualisierter Produkte entfallen.

Die Annahme einer Kundenbestellung zu Standardprodukten führt dazu, dass die Bestellung in das betriebliche Informationssystem eingegeben worden ist (Kap. 6). Um den Auftrag ausführen zu können, müssen die vom Kunden bestellten Produkte aus dem Lager zusammengestellt werden. Dieser Vorgang wird als Kommissionierung bezeichnet. Dazu muss zunächst die Kundenbestellung in einen Kommissionierauftrag umgesetzt werden. Hierbei werden die Bestelldaten um die Informationen ergänzt, die für ein effizientes Auffinden der Produkte im Lager notwendig sind.

Aufgrund des Kommissionierauftrags (z. B. Liste, Etikette o. Ä.) erfolgt im nächsten Schritt die Entnahme der vom Kunden bestellten Positionen. Die Vorgehensweise hierbei kann sehr unterschiedlich sein und hängt u. a. davon ab, wie viele Kundenbestellungen zu bearbeiten sind und wie umfangreich bzw. heterogen diese sind. Besonders dann, wenn wie z. B. in einem Versandkaufhaus sehr viele Vorgänge anfallen, ist es eine komplexe Aufgabe, durch geeignete Lager- und Transportsysteme und eine geschickte Organisation des Kommissioniervorgangs eine möglichst günstige Art der Durchführung zu finden (Schütte 2000, S. 256f.).

Gleichzeitig zur oder nach der Kommissionierung müssen die aus dem Lager entnommenen Produkte (z. B. im Warenwirtschaftssystem) aus dem Bestand ausgebucht werden.

Die bislang beschriebenen Prozessschritte sind nur bei Standardprodukten durchzuführen. Bei individualisierten Produkten entfallen diese Schritte, da die Produkte ohnehin für einen bestimmten Kunden hergestellt werden und insofern eine Kommissionierung nicht notwendig ist. Die anschließenden vier Prozessschritte sind bei Standardprodukten und individualisierten Produkten gleich.

Sind die Produkte gemäß Kundenbestellung kommissioniert bzw. die für den Kunden individuell hergestellten Produkte gefertigt, wird ein Lieferschein erstellt. Dieser enthält eine Auflistung der an den Kunden gelieferten Produkte nach Art und Menge und begleitet die Produktlieferung an den Kunden. „Der Lieferschein ist zugleich das Dokument für den Transportführer, um die Lieferung beim Kunden vorzunehmen." (Schütte 2000, S. 260)

Anschließend kann die Rechnung an den Kunden erstellt werden (Fakturierung). Bei Standardprodukten ergibt sich der Rechnungsbetrag meist aufgrund von Preislisten. Bei individualisierten Produkten ist der Betrag, der dem Kunden in Rechnung gestellt wird, davon abhängig, ob mit dem Kunden ein Festpreis oder die Abrechnung nach Aufwand vereinbart worden ist. Im ersten Fall wird der Festpreis übernommen, im zweiten Fall der Rechnungsbetrag aufgrund der geleisteten Arbeitszeit und der verbrauchten Materialien ermittelt.

In der Regel müssen die Produkte verpackt werden, insbesondere um sie für den Versand zum Kunden zu schützen. Anschließend werden sie vom Unternehmen selbst oder einer beauftragten Spedition oder einem Paketdienst zum Kunden transportiert.

12 Prozess ‚Produkte liefern'

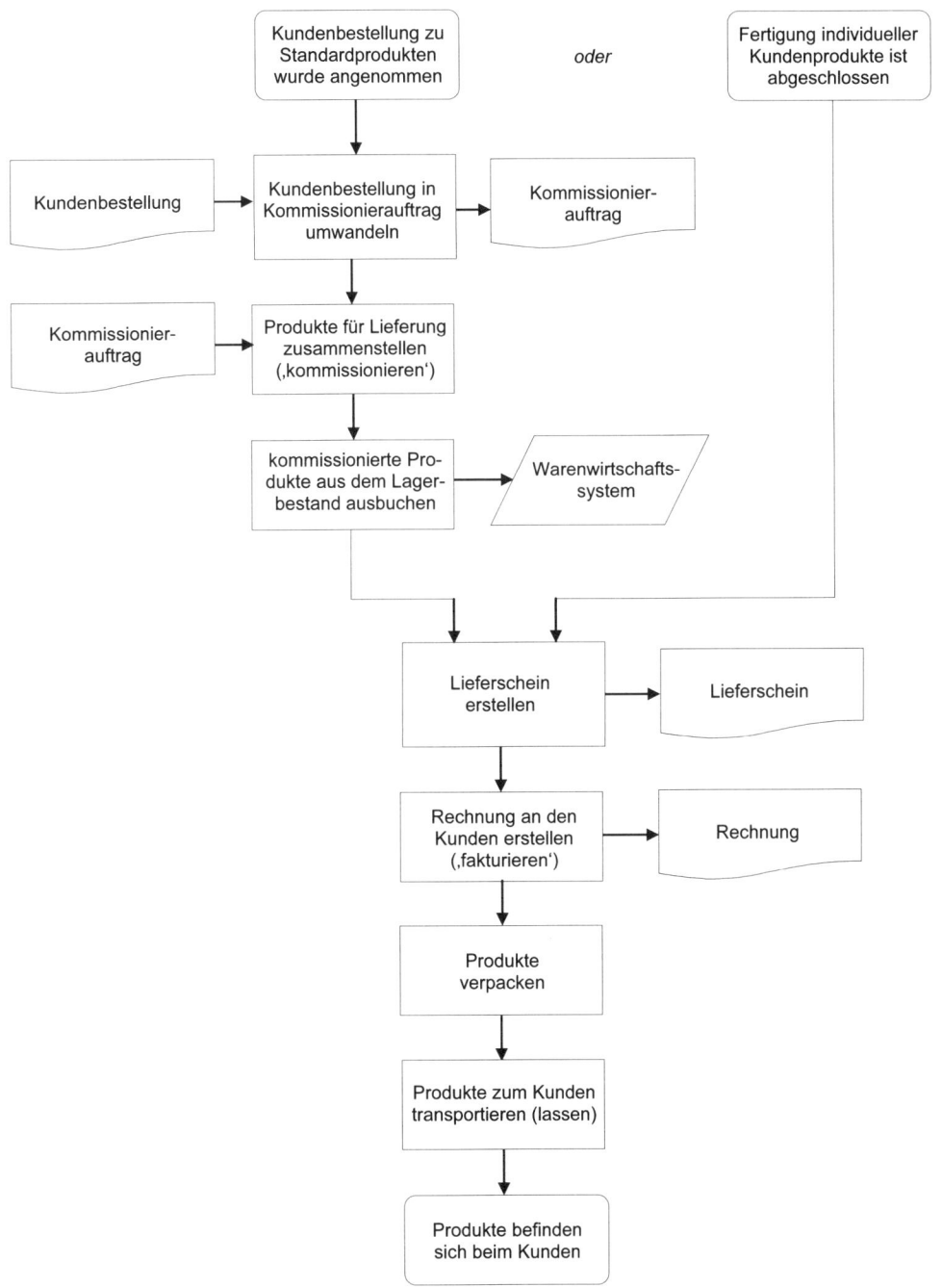

Abb. 12-1: Prozess ‚Produkte liefern'

Der Prozess ‚Produkte liefern' ist von seinem Ablauf her kein schwieriger Prozess. Ähnlich wie bei dem Prozess ‚Kundenbestellung annehmen' ergibt sich bei Standardprodukten die wesentliche Schwierigkeit daraus, dass häufig sehr viele Bestellungen unter großem Zeitdruck zu bearbeiten sind. Die Folge hiervon kann sein, dass sich die Lieferung der Produkte verzögert und/oder die Kundenbestellung falsch ausgeführt wird.

Die Lösungsmöglichkeiten für dieses Problem sind branchen- und unternehmensspezifisch. Sie hängen insbesondere davon ab, ob es gelingt, mittels informationstechnischer Unterstützung die für die Kommissionierung erforderlichen Informationen bedarfsgerecht bereitzustellen, und ob für den Vorgang der Kommissionierung selbst eine optimale Durchführung gefunden wird.

Der Prozess ‚Produkte liefern' ist abgeschlossen, wenn die Produkte, die der Kunde bestellt oder individuell in Auftrag gegeben hat, bei ihm eingegangen sind.

Damit ist die Prozessfolge zur Herstellung der Produkte insgesamt abgeschlossen.

Weiterführende Literatur zu Teil V

Die Entstehung eines neuen Produkts vollzieht sich in den Prozessen ‚neues Produkt entwickeln' und ‚Fertigung vorbereiten'. Lesenswerte Bücher dazu sind

- ‚Integrierte Produkt- und Prozessgestaltung' von W. Eversheim und G. Schuh (Eversheim/Schuh 2005),
- ‚Produktinnovation. Strategische Planung und Entwicklung der Produkte von morgen' von J. Gausemeier, P. Ebbesmeyer und F. Kallmeyer (Gausemeier 2001),
- ‚Die neuen Werkzeuge der Produktentwicklung' von D. G. Reinertsen (Reinertsen 1998) sowie
- ‚Prozessorientierte Arbeitsvorbereitung' von H. F. Binner (Binner 2003).

Die Produktentstehung ist – wie in Kap. 9 erläutert – stark durch die Methoden geprägt, die in der jeweiligen Ingenieurwissenschaft angewandt werden. Der Leser sei an dieser Stelle auf Lehrbücher zur Entwicklung materieller Produkte

- ‚Grundlagen der Konstruktionslehre. Methoden und Beispiele für den Maschinenbau' von K.-J. Conrad (Conrad 2005) und
- ‚Methodische Entwicklung technischer Produkte' von U. Lindemann (Lindemann 2004)

sowie zum Software-Engineering

- ‚Lehrbuch zur Software-Technik. Software-Entwicklung' von H. Balzert (Balzert 2000) und
- ‚Software Engineering. Grundlagen, Menschen, Prozesse, Techniken' von J. Ludewig und H. Lichter (Ludewig/Lichter 2007)

hingewiesen.

Eine branchenübergreifende ‚Methodik zum Entwickeln und Konstruieren technischer Systeme und Produkte' wird in der VDI-Richtlinie 2221 beschrieben (VDI 2221 1993).

Der Prozess ‚Fertigung planen und steuern' ist die Domäne des betriebswirtschaftlichen Fachgebiets Produktionsmanagement (oder Produktionswirtschaft). Besonders das Thema Produktionsplanung und -steuerung beschäftigt die BWL bereits seit vielen Jahrzehnten. Insofern gibt es hierzu sehr viel Literatur. Leider gelingt es nur wenigen Autoren, das zugegebenermaßen recht trockene Thema anschaulich aufzubereiten. Praxisnah geschriebene Gesamtdarstellungen sind

- ‚Integrierte Produkt- und Prozessgestaltung' von W. Eversheim und G. Schuh (Eversheim/Schuh 2005),
- ‚Produktionsplanung und -steuerung im Enterprise Resource Planning und Supply Chain Management' von K. Kurbel (Kurbel 2005),
- ‚Produktion und Logistik' von H.-O. Günther und H. Tempelmeier (Günther/Tempelmeier 2005),
- ‚Produktionsmanagement in kleinen und mittleren Unternehmen' von H. Schneider (Schneider 2000) sowie
- ‚Betriebsorganisation für Ingenieure' von H.-P. Wiendahl (Wiendahl 2004).

Empfehlenswert ist auch das Buch von E. Goldratt ‚Das Ziel. Ein Roman über Prozessoptimierung' (Goldratt 2002). Erzählt wird die Geschichte eines Fabrikleiters, der vom Unternehmensvorstand eine Frist gesetzt bekommt, in der er seinen Betrieb wieder profitabel machen soll. Auch wenn das Buch in einigen Passagen etwas lehrerhaft geraten ist, kann es trotzdem insgesamt empfohlen werden, da die organisatorischen Probleme im Fertigungsbereich treffend geschildert werden.

Der Prozess ‚Produkte liefern' ist Thema der Logistik, speziell der Distributionslogistik. Empfehlenswerte Bücher hierzu sind

- ‚Logistiksysteme. Betriebswirtschaftliche Grundlagen' von H.-C. Pfohl (Pfohl 2004),
- ‚Logistik. Wege zur Optimierung der Supply Chain' von C. Schulte (Schulte 2005) sowie
- ‚Distributionsmanagement' von G. Specht und W. Fritz (Specht/Fritz 2006).

Kontrollfragen

K 9-1
Erläutern Sie die Schwierigkeiten, die zur Standardisierung von Entwicklungsprozessen zu überwinden sind.

K 9-2
Welche Bedeutung hat das Pflichtenheft für die Durchführung einer Entwicklung?

K 9-3
Was sind Module und welche Bedeutung haben sie für die Entwicklung eines neuen Produkts?

K 10-1
Was ist der Zweck des Prozesses ‚Fertigung vorbereiten'?

K 11-1
Unternehmen, deren Fertigung entweder lager- oder auftragsorientiert erfolgt, haben mit unterschiedlichen Schwierigkeiten zu kämpfen.
Worin bestehen die grundsätzlichen Schwierigkeiten dieser beiden Arten der Fertigungsauslösung, die in dem Prozess ‚Fertigung planen und steuern' zu bewältigen sind?

K 12-1
Ein schwieriger Schritt des Prozesses ‚Produkte liefern' ist die sogenannte Kommissionierung. Worum handelt es sich hierbei und wie ist bei der Kommissionierung vorzugehen?

VI Prozesse zur Erbringung von Dienstleistungen

Die wirtschaftliche Bedeutung von Dienstleistungen hat in den letzten Jahrzehnten sehr stark zugenommen. Die Bandbreite und Komplexität der Dienstleistungen vergrößern sich ständig, viele Produkte werden heute kombiniert mit Dienstleistungen angeboten.

Eine genaue Abgrenzung zwischen Produkten und Dienstleistungen ist oft schwierig, weil die meisten Dienstleistungen einen mehr oder weniger hohen Sachleistungsanteil haben. Für die folgende Beschreibung der Dienstleistungsprozesse ist folgendes Unterscheidungskriterium ausreichend: Ein Dienstleister führt Tätigkeiten unmittelbar für den Kunden durch, während der Produkthersteller dem Kunden Hilfsmittel gibt, mit denen dieser Tätigkeiten auf Dauer selbst abwickeln kann (Biermann 1999, S. 24).

Damit ein Unternehmen seinen Kunden Dienstleistungen anbieten kann, müssen folgende Prozesse durchgeführt werden:

- Der Prozess ‚neue Dienstleistung konzipieren' betrifft die Entstehung einer neuen Dienstleistung. Er führt von der Dienstleistungsidee zur fertigen, marktfähigen Dienstleistung (Kap. 13).

Pendant zu diesem Prozess sind in der Prozessfolge zur Produktentstehung die Prozesse ‚neues Produkt entwickeln' und ‚Fertigung des neuen Produkts vorbereiten' (Kap. 9 und 10).

- In dem Prozess ‚Dienstleistung durchführen' wird die (im Prinzip bekannte) Dienstleistung für den Kunden ausgeführt (Kap. 14).

Dieser Prozess findet in Fertigungsunternehmen seine Entsprechung in den Prozessen ‚Fertigung planen und steuern' und ‚Produkte liefern' (Kap. 11 und 12).

Analog zur Produktherstellung kann die Prozessfolge zur Erbringung von Dienstleistungen durch zwei mögliche Anlässe ausgelöst werden:

(1) Es ist entschieden worden, eine Idee zu einer neuen Standarddienstleistung umzusetzen.
(2) Der Kunde hat das Unternehmen zur Durchführung einer Dienstleistung beauftragt.

Abhängig davon, durch welche Konstellation die Prozesse zur Produktherstellung ausgelöst werden, sind entweder beide Prozesse oder nur einer von ihnen zu durchlaufen:

(1) *Prozessfolge zur Erbringung von Standarddienstleistungen*

Wenn sich das Unternehmen dazu entschieden hat, seinen Kunden eine neue Standarddienstleistung anbieten zu wollen (Kap. 6), müssen beide Prozesse ausgeführt werden.

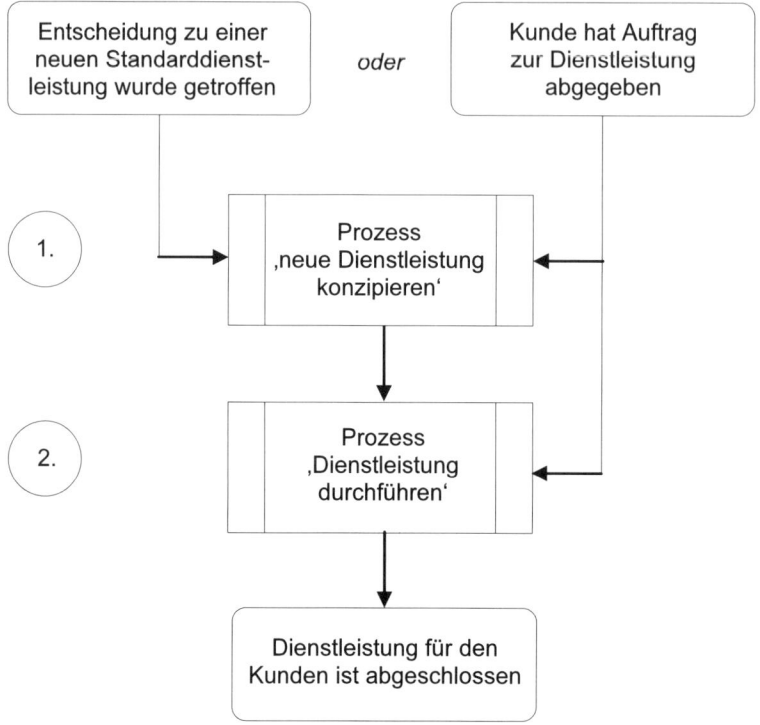

(2) Prozessfolge zur Erbringung von Dienstleistungen bei Kundenauftrag

Wenn die Prozessfolge durch einen Kundenauftrag ausgelöst wird (Kap. 7 bzw. 8), hängt es von den Umständen ab, welche(r) Prozess(e) ausgeführt werden muss (müssen).

- Beide Prozesse müssen vollzogen werden,
  wenn es um neue Dienstleistungen geht, die in starkem Maße auf den einzelnen Kunden zugeschnitten werden müssen, z. B. die Organisation einer Großveranstaltung oder die Durchführung einer komplexen Unternehmensberatung.
- Es muss nur der 2. Prozess vollzogen werden,
  wenn es sich um eine bekannte Dienstleistung handelt, z. B. die telefonische Erteilung von Auskünften in einem Callcenter oder die Durchführung einer Erlebnisreise.

Der bisherige Überblick über die Dienstleistungsprozesse zeigt, dass es Analogien und Gemeinsamkeiten zu den Prozessen der Produktherstellung gibt. Damit stellt sich die Frage, warum die in diesem Lehrbuch vorgenommene Unterscheidung von Prozessen bei Produkten und bei Dienstleistungen überhaupt notwendig ist.

In der Literatur über Dienstleistungsmanagement besteht Einigkeit darüber, dass Dienstleistungen über folgende gemeinsame Charakteristika verfügen (Haller 2005, S. 6f.):

- Es handelt sich um (mehr oder weniger) immaterielle Leistungen.
- In der Regel nimmt der Kunde an der Durchführung der Dienstleistung teil.
- Dienstleistungen werden zum selben Zeitpunkt erstellt, zu dem sie vom Kunden in Anspruch genommen werden.

Im Folgenden wird dargestellt, dass sich aus diesen Eigenschaften verschiedene Besonderheiten ergeben, die für Dienstleistungsprozesse spezifisch sind und mit denen sich ein Produkthersteller nicht beschäftigen muss.

Immaterialität von Dienstleistungen

Auch wenn Dienstleistungen meistens auch materielle Komponenten enthalten, ist das, was der Kunde durch die Dienstleistung bekommt, im Wesentlichen immateriell, z. B.

- Problemlösung (Reparatur, Beratung),
- Wohlbefinden (Restaurant, Wellness),
- Erlebnis (Konzert, Kino, Reise),
- Bildung und Wissen (Seminar, Sprachkurs),
- Gesundheit (ärztliche Behandlung, Krankenpflege),
- Mobilität (Personennah- und -fernverkehr),
- Schutz (Sicherheitsdienst, Bewachung) usw.

Aus der Immaterialität ergeben sich folgende Konsequenzen für die Erstellung von Dienstleistungen:

- Es ist oft schwierig, die zu erreichenden Dienstleistungsergebnisse exakt und interpretationsfrei zu beschreiben.
- Es gibt häufig keine eindeutigen Kriterien, um zu entscheiden, ob eine Dienstleistung fehlerfrei oder fehlerhaft ausgeführt wurde.
- Dienstleistungen sind oft schwer standardisierbar, sodass sie stets sowohl von ihren Ergebnissen als auch von der Durchführung einheitlich sind.

Teilnahme des Kunden an der Durchführung der Dienstleistung

Jede Dienstleistung wird durch eine Folge von Aktivitäten erzeugt. Kennzeichnend für Dienstleistungen ist, dass der Kunde regelmäßig in die Durchführung der Dienstleistung eingebunden ist.

Deshalb sind bei Durchführung von Dienstleistungen folgende Punkte zu bedenken:

- Der Kunde beurteilt eine Dienstleistung nicht nur aufgrund von deren Ergebnis, sondern auch danach, was er während der Dienstleistung erlebt.
- Der Kunde muss oft aktiv zum Gelingen der Dienstleistung beitragen, wie dies z. B. ausgeprägt bei Weiterbildung oder Unternehmensberatung der Fall ist. Hier hat es der Anbieter nicht vollständig in der Hand, ob die Dienstleistung ein Erfolg wird, sondern muss auf den Kunden als ‚Koproduzenten' der Dienstleistung zählen.

Gleichzeitigkeit von Dienstleistungserbringung und -nutzung

Bei Dienstleistungen fallen Leistungserstellung und Leistungsabgabe zeitlich zusammen. Eine Dienstleistung wird in demselben Moment produziert, in dem sie vom Kunden konsumiert wird.

- Aus diesem Grund ist es oft schwierig, die vorhandenen Ressourcen für die Dienstleistung und die Kundennachfrage nach dieser Dienstleistung aufeinander abzustimmen.

Die beschriebenen Konsequenzen, die sich aus den drei Eigenschaften von Dienstleistungen für die Dienstleistungsprozesse ergeben, spielen in den Prozessen zur Herstellung von Produkten keine Rolle:
- Zu fertigende (materielle) Produkte lassen sich eindeutig und beliebig genau definieren.
- Der Kunde ist so gut wie nie an den Herstellungsprozessen beteiligt. Die Frage, in welcher Weise bei der Gestaltung dieser Prozesse Rücksicht auf den anwesenden Kunden genommen werden muss, stellt sich insofern nicht.
- Produkte werden gefertigt und zu späteren Zeitpunkten vom Kunden verwendet. Deshalb haben produzierende Unternehmen (meistens) einen Spielraum, schwankende Kundennachfrage auszugleichen, der in Dienstleistungsbetrieben nicht vorhanden ist.

Wie den genannten Besonderheiten in den Prozessen zur Konzipierung und Durchführung von Dienstleistungen Rechnung getragen werden kann, wird in den folgenden Kapiteln behandelt.

13   Prozess ‚neue Dienstleistung konzipieren'

Der Prozess dient dazu, die Dienstleistungsidee in eine ausführbare neue Dienstleistung umzuwandeln.

Anwendungsfälle, in denen der beschriebene Prozess zum Tragen kommt, sind etwa:
- Ein Restaurant möchte sein Leistungsangebot erweitern und einen Catering-Service für Partys anbieten.
- Ein Maschinenhersteller überlegt, wie er sein Produktangebot durch Beratungs- und Wartungsdienstleistungen aufwerten kann.
- Ein Weiterbildungsunternehmen plant, Seminare zu bisher noch nicht abgedeckten Themen zu veranstalten.
- Eine Werbeagentur möchte Firmen die Ausrichtung von sogenannten Events anbieten, mit denen diese bekannter gemacht werden.
- Eine Spedition will künftig auch Schwertransporte anbieten.

Der in diesem Kapitel beschriebene Prozess führt dazu, dass in einer logischen Abfolge von Schritten die Idee, den Kunden ‚etwas Neues' anbieten zu wollen, zu einer marktfähigen Dienstleistung konkretisiert wird. Es ist allerdings darauf hinzuweisen, dass eine solche systematische Vorgehensweise zur Festlegung neuer Leistungsangebote in Dienstleistungsunternehmen alles andere als üblich ist. Nur wenige Dienstleister haben klare Prozesse definiert, die vor der Markteinführung einer neuen Dienstleistung zu durchlaufen sind. Stattdessen ergeben sich Dienstleistungen häufig eher zufällig oder informell, werden oft aufgrund sporadischer Entscheidungen angeboten und durch ‚Versuch und Irrtum' erprobt (DIN 1998, S. 13).

Die Folgen davon sind:
- Es werden Dienstleistungen angeboten, die ungenügend durchdacht sind, was sich ungünstig auf Qualität und Kosten auswirkt.

13 Prozess ‚neue Dienstleistung konzipieren'

- Oft gehen Dienstleistungen an den Bedürfnissen der Kunden vorbei und scheitern am Markt.
- Viele Dienstleister haben damit zu kämpfen, dass bei ihnen im Laufe der Zeit ein viel zu breites und heterogenes Leistungsangebot entstanden ist.

Aufgrund dieser Mängel hat man in den letzten 10, 15 Jahren erkannt, dass Dienstleistungen ebenso wie Produkte systematisch entwickelt werden müssen. Für die Produktentstehung gibt es schon seit Langem strukturierte Vorgehensweisen, deren Anwendung in der industriellen Praxis selbstverständlich ist. Die Vorgehensweisen, wie Produkte entwickelt und wie Dienstleistungen konzipiert werden (sollten), sind „in den Grundzügen gleich" (Eversheim 2006, S. 425). Wegen der Besonderheiten von Dienstleistungen ist es jedoch nicht möglich, die ingenieurwissenschaftlichen Methoden 1:1 auf Dienstleistungen zu übertragen.

Deshalb ist mit dem Service Engineering ein Fachgebiet entstanden, das sich speziell mit der Entwicklung neuer Dienstleistung befasst (Bullinger/Scheer 2006; DIN 2005; Schmid 2005). Der zentrale Gedanke des Service Engineerings: Wenn Dienstleistungen planmäßig und in sich stimmig entwickelt werden, bestehen gute Aussichten, am Ende zu erfolgreichen Dienstleistungen zu kommen.

Der im Folgenden beschriebene Prozess orientiert sich an den im Service Engineering beschriebenen Vorgehensweisen. Es sei aber nochmals darauf hingewiesen, dass ein solcher Prozess – leider – in den meisten Dienstleistungsunternehmen wenn überhaupt nur in Ansätzen besteht.

Ergebnisse und Kunden des Prozesses

Interner Kunde ist der Prozess ‚Dienstleistung durchführen'. Im Hinblick auf die Mitarbeiter, die die Dienstleistung ausführen, hat der Prozess ‚neue Dienstleistung konzipieren' folgende Ergebnisse zu liefern:

- Es muss klar definiert worden sein, was dem Kunden mit der Dienstleistung inhaltlich – geboten werden soll.
- Die Vorgehensweise, in der die Dienstleistung erbracht wird, muss so festgelegt worden sein, dass die Dienstleistung realisierbar ist und sie auf möglichst einfache Art durchgeführt werden kann.
- Die notwendigen materiellen und personellen Ressourcen, die für eine problemlose Erbringung der Dienstleistung nötig sind, müssen festgelegt und bereitgestellt worden sein.
- Schließlich müssen die Mitarbeiter, die die Dienstleistung ausführen, hierauf in ausreichender Weise vorbereitet worden sein.

Für den externen Kunden, für den die Dienstleistung bestimmt ist, ist Folgendes wichtig:

- Die Dienstleistung muss von ihrem Inhalt so konzipiert sein, dass die Kundenwünsche erfüllt werden und der Kunde genau den Nutzen erhält, den er erwartet.
- Da die Dienstleistung meistens in Anwesenheit des Kunden durchgeführt wird, muss die Dienstleistungsdurchführung so definiert worden sein, dass auch die Abwicklung der Dienstleistung den Erwartungen des Kunden entspricht.

Durchführung des Prozesses
Im Service Engineering ist es üblich, zwischen der Ergebnis-, Prozess- und Potenzialdimension einer Dienstleistung zu unterscheiden (Luczak 2006, S. 450f.). Diese Strukturierung wirkt auf den ersten Blick recht theoretisch bzw. künstlich, ist aber tatsächlich ausgesprochen nützlich. Es ist kein Zufall, dass sie von so gut wie jedem Autor verwendet wird, der über Service Engineering schreibt.

- Mit der Ergebnisdimension wird festgelegt, was der Kunde durch die Dienstleistung bekommt, also die Wirkung, die durch die Dienstleistung beim Kunden selbst oder einem seiner Objekte erzielt werden soll.
- Die Prozessdimension bezieht sich darauf, wie die Dienstleistung durchgeführt werden soll, welche Aktivitäten innerhalb des Unternehmens und gemeinsam mit dem Kunden für die Dienstleistung notwendig sind.
- Bei der Pozentialdimension geht es darum, womit das Unternehmen die Dienstleistung erbringt, konkret, welche personellen und materiellen Ressourcen für die Dienstleistung nötig sind.

Die Einteilung in diese drei Gesichtspunkte gibt eine „sinnvolle Richtung" vor, wie bei der Dienstleistungskonzeption vorgegangen werden sollte (Fähnrich/Opitz 2006, S. 95). Die wesentlichen Schritte des im Folgenden dargestellten Prozesses ‚neue Dienstleistung konzipieren' sind entsprechend dieser Logik gestaltet:

- Zunächst ist zu überlegen, was der Kunde durch die Dienstleistung erhalten soll – Prozessschritt ‚Ergebnisse der Dienstleistung festlegen und beschreiben'.
- Stehen die Dienstleistungsergebnisse fest, ist zu entscheiden, wie diese erreicht werden sollen – Prozessschritt ‚Durchführung der Dienstleistung definieren'.
- Ist der Ablauf der Dienstleistung klar, kann man sich mit den für die Dienstleistung benötigten personellen und materiellen Mitteln befassen – Prozessschritt ‚materielle und personelle Voraussetzungen für die Dienstleistung festlegen'.

Der Prozess wird – ebenso wie die Entwicklung eines neuen Produkts – dadurch ausgelöst, dass

- im Unternehmen entschieden wurde, dem Kunden eine neue Standarddienstleistung anzubieten, oder
- der Kunde ein Angebot zu einer individualisierten, also auf ihn zugeschnittenen Dienstleistung angenommen hat.

Die ersten beiden Prozessschritte – die Einrichtung eines Projekts und die Klärung der Kundenanforderungen – entsprechen den beiden ersten Schritten bei der Entwicklung eines neuen Produkts (Kap. 9).

Es ist häufig sinnvoll, die neue Dienstleistung im Rahmen eines Projekts zu konzipieren. Dazu ist zu entscheiden, wer als Projektleiter für die neue Dienstleistung insgesamt verantwortlich sein soll, aus welchen Mitarbeitern sich das Projektteam zusammensetzen soll und bis wann man in der Lage sein will, die neue Dienstleistung am Markt anbieten zu können.

Gerade bei Dienstleistungen wird es oft vorkommen, dass aufgrund der vorangegangenen Dienstleistungsplanung bzw. der Angebotsbearbeitung noch nicht abschließend klar ist, welche Anforderungen die Dienstleistung aus Kundensicht erfüllen soll. Deshalb ist es meistens

13 Prozess ‚neue Dienstleistung konzipieren'

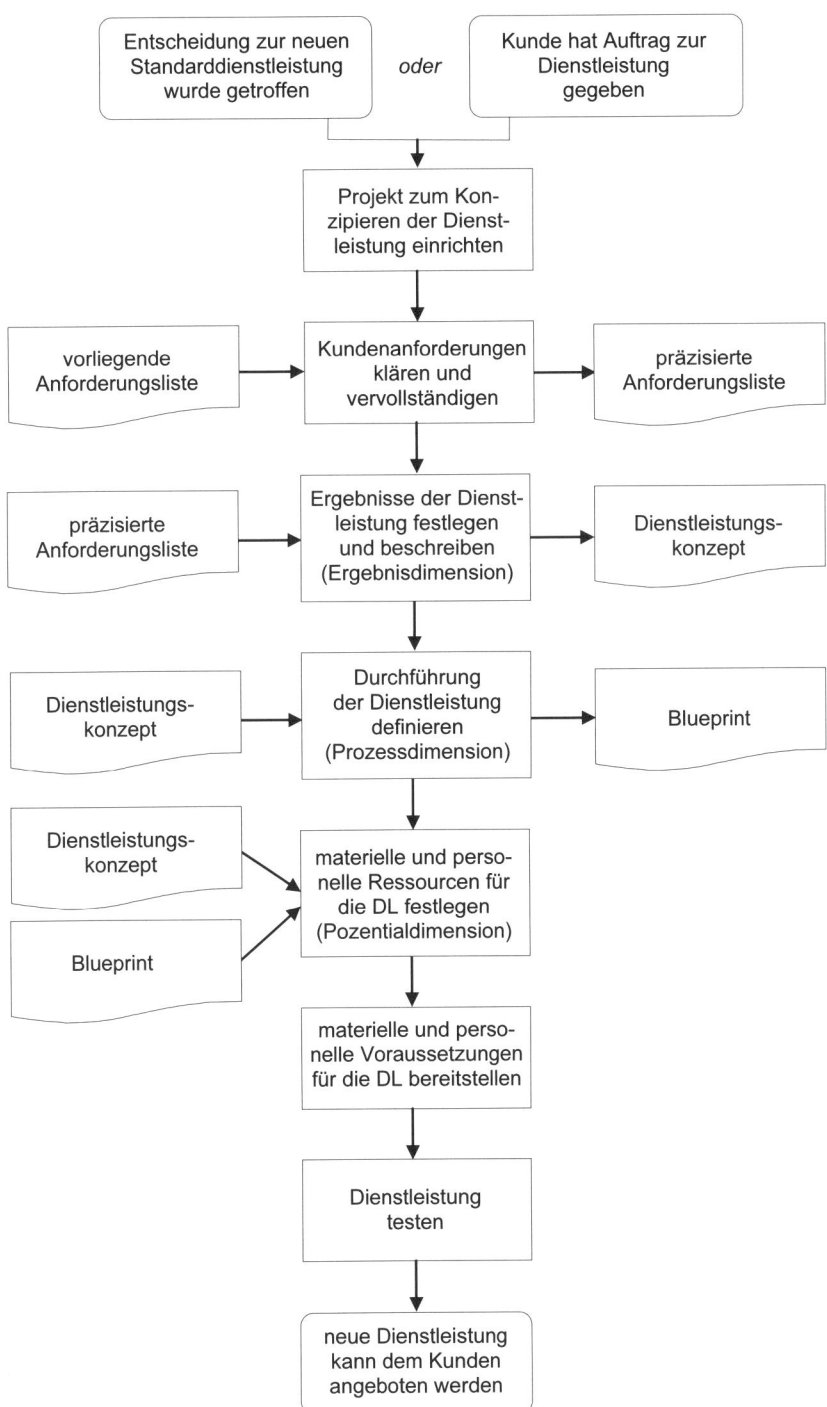

Abb. 13-1: Prozess ‚neue Dienstleistung konzipieren'

notwendig, die durch Marktanalysen bzw. in den Angebotsunterlagen vorliegenden Informationen weiter zu klären und sie zu vervollständigen. Dazu müssen zusätzliche Untersuchungen durchgeführt werden und/oder weitere Gespräche mit dem Auftraggeber stattfinden, um die Kundenprobleme zu verstehen, die durch die Dienstleistung gelöst werden sollen, bzw. um nachvollziehen zu können, welche Erlebnisse dem Kunden durch die Dienstleistung ermöglicht werden sollen.

Die nächsten drei Prozessschritte dienen dazu, dass aus der Dienstleistungsidee eine in allen Aspekten ausgearbeitete neue Dienstleistung wird. Die drei Schritte entsprechen der vom Service Engineering vorgegebenen Einteilung in die Ergebnis-, Prozess- und Pozentialdimension einer Dienstleistung.

Zunächst wird man sich mit der Ergebnisdimension der zu konzipierenden Dienstleistung befassen müssen. Ausgehend von der (präzisierten) Anforderungsliste sind die angestrebten Ergebnisse der neuen Dienstleistung festzulegen. Dazu müssen die Kundenanforderungen im Hinblick auf ihre Bedeutung für den Kunden und die eigenen Möglichkeiten bewertet werden. Auf dieser Basis ist zu entscheiden, wie das Unternehmen mit der Dienstleistung auf die Kundenwünsche reagieren will.

Was dies im Einzelnen bedeutet, hängt von der jeweiligen Dienstleistung ab. So müsste sich ein Restaurant, das einen Catering-Service für Partys anbieten will, beispielsweise über folgende Fragen klar werden: Was soll den Kunden im Hinblick auf die Partyverpflegung offeriert werden? Deutsche, mediterrane, lateinamerikanische Küche? Kaltes Buffet oder auch warme Mahlzeiten? Fleisch-, Fisch-, Gemüsegerichte? Sollen sich die Auswahlmöglichkeiten des Kunden auf vorgegebene Menüs beziehen oder soll er beliebig kombinieren können? Soll sich der Kunde zwei, drei Wochen vor der Party bezüglich seiner Essenswünsche festlegen müssen? Oder sollen auch Spontanpartys versorgt werden? Sollen Essen und Getränke lediglich angeliefert oder soll zusätzlich auch eine Bedienung gestellt werden? Sollen, falls gewünscht, Tische, Bänke und Dekoration bereitgestellt werden? Diese und andere Fragen müssen beantwortet werden, damit klar ist, worin die Inhalte der Dienstleistung bestehen, die den Kunden angeboten werden soll.

Die festgelegten Dienstleistungsergebnisse sollten in einem Konzept der Dienstleistung festgehalten werden – analog zu dem Pflichtenheft bei einer Produktentwicklung.

Eine solche Dokumentation der Dienstleistungsergebnisse ist jedoch oft nur unzureichend oder gar nicht vorhanden. Das führt dazu, dass dem Dienstleister oft nicht (genau) klar ist, was er dem Kunden mit der Dienstleistung eigentlich bieten will.

Der Hauptgrund für die häufig unzureichenden Beschreibungen von Dienstleistungen ist deren Immaterialität. Die Wirkungen von Dienstleistungen bestehen – wie schon angedeutet – darin, dass für den Kunden Probleme gelöst werden, er unterhalten wird, etwas erlebt usw., also in Ergebnissen, die naturgemäß schwer fassbar sind. Gleichwohl ist eine präzise Darstellung der Dienstleistungsinhalte unverzichtbar.

Wie dieses Problem gelöst werden kann, ist unterschiedlich und hängt von der jeweiligen Dienstleistung ab:

- Dienstleistungen mit einem starken Anteil materieller Komponenten lassen sich häufig gut beschreiben, wenn sie in Form von Leistungskatalogen dargestellt werden, typisch etwa technische Serviceleistungen z. B. bei der Wartung von Anlagen.

- Für Dienstleistungen mit einem starken immateriellen Anteil sind Ersatzgrößen zu finden, durch die die beabsichtigte Wirkung auf den Kunden konkreter gefasst werden kann. Ein Beispiel dafür ist die Angabe von Lernzielen bei Dienstleistungen zur Aus- und Weiterbildung. Durch Lernziele kann definiert werden, über welche Kenntnisse und Fähigkeiten Teilnehmer nach dem Besuch eines Seminars verfügen sollen. Aus den Zielen kann dann abgeleitet werden, welche Lehrinhalte in dem Seminar vorkommen müssen.

Sicherlich führen solche Beschreibungen von Dienstleistungen nicht zu ähnlich präzisen Festlegungen, wie man sie von Produktmerkmalen gewohnt ist, aber sie sind besser als nichts.

Nachdem die angestrebten Ergebnisse der Dienstleistung feststehen, muss überlegt werden, auf welchem Wege diese Ergebnisse erreicht werden sollen – Prozessdimension der Dienstleistung. Hierzu ist zu entscheiden, welche Tätigkeiten in welcher Reihenfolge notwendig sind, um das Dienstleistungskonzept zufriedenstellend ausführen zu können. So wird z. B. der Catering-Anbieter überlegen müssen, auf welche Weise Aufträge, Partys mit Essen und Getränken zu versorgen, im Einzelnen durchgeführt werden sollen. Diese Definition der Dienstleistungsdurchführung entspricht bei Produkten dem Arbeitsplan, in dem die Vorgehensweise zur Fertigung eines Produkts festgelegt ist (Kap. 10).

Für die Dienstleistungsdurchführung ist allerdings die Besonderheit ausschlaggebend, dass der Kunde an der Dienstleistung mehr oder weniger intensiv beteiligt ist. Die Anwesenheit des Kunden bedingt, dass die Durchführung der Dienstleistung nicht einfach so festgelegt werden darf, wie sie aus Unternehmenssicht am günstigsten ist. Der Anbieter muss sich stattdessen Gedanken über die Rolle des Kunden im Dienstleistungsprozess machen und die Durchführung der Dienstleistung so gestalten, dass diese aus Kundensicht möglichst optimal ist. Die Beteiligung des Kunden bei der Dienstleistungsdurchführung und die sich daraus ergebenden Konsequenzen werden in Kap. 14 ausführlich behandelt.

Nachdem Dienstleistungskonzept und Dienstleistungsdurchführung elaboriert sind, kann man sich schließlich mit der Potenzialdimension der Dienstleistung befassen und festlegen, welche materiellen und personellen Ressourcen für die neue Dienstleistung gebraucht werden.

Mit der Definition der materiellen Komponenten der Dienstleistung wird das räumliche Umfeld festgelegt, in dem Anbieter und Kunde aufeinandertreffen und in dem die Dienstleistung stattfinden soll. Die in diesem Zusammenhang zu bedenkenden Faktoren sind, abhängig von der jeweiligen Dienstleistung, verschieden und können folgende Fragen betreffen:

- Wie sollen die räumlichen Gegebenheiten für die Dienstleistung gestaltet werden?
- Wie sollen die physiologischen Umgebungsbedingungen aussehen, z. B. im Hinblick auf Beleuchtung, Farbe und Temperatur?
- Welche Zeichen und Symbole sind notwendig, damit der Kunde bei von ihm selbst auszuführenden Aktivitäten während der Dienstleistung unterstützt werden kann?
- Welche materielle Ausstattung benötigt das Personal, um die Dienstleistung ausführen zu können?

(Mit einem Überblick hierzu Haller 2005, S. 93f.)

Die materiellen Komponenten müssen auch zu dem Bild passen, das der Anbieter von seiner Dienstleistung vermitteln will. Da der Kunde aufgrund der Immaterialität von Dienstleistungen das gebotene Leistungsniveau oft nur schlecht einschätzen kann, wird er sich in vielen Fällen sein Urteil aufgrund des räumlichen Ambientes bilden, das er bei dem Dienstleister vorfindet.

Die Festlegung der personellen Ressourcen betrifft die Fragen,
- welche fachlichen und persönlichen Fähigkeiten die Mitarbeiter zur Durchführung der Dienstleistung benötigen und
- wie viel Personal vorzusehen ist, um der zu erwartenden Kundennachfrage gerecht werden zu können.

Mit der Entscheidung, nach welchen fachlichen und persönlichen Kriterien die Dienstleistungsmitarbeiter ausgesucht werden sollen, wird eine folgenreiche Entscheidung getroffen. Da Dienstleistungen in Interaktion mit dem Kunden durchgeführt werden, wird die Bewertung der Dienstleistung durch den Kunden maßgeblich dadurch geprägt, wie er den Kontakt mit den Dienstleistungsmitarbeitern erlebt.

Die Situation, in der Mitarbeiter und Kunde aufeinandertreffen, wird in der Dienstleistungsliteratur völlig zu Recht als ‚Augenblick der Wahrheit' umschrieben (Stauss 2000). Verläuft dieser Kontakt mit den Unternehmensmitarbeitern aus Sicht des Kunden erfreulich, dürfte er die Dienstleistung in der Regel positiv beurteilen. Bekommt er es dagegen mit Mitarbeitern zu tun, die fachlich unsicher, arrogant oder pampig sind, wird er den dadurch entstehenden negativen Eindruck auf die gesamte Dienstleistung beziehen. Insofern muss sich das Unternehmen gut überlegen, über welche Voraussetzungen die Mitarbeiter verfügen müssen, um vor dem Kunden bestehen zu können.

Bei der Frage, wie viel Personal für die Dienstleistung vorzusehen ist, gilt es, eine Lösung für die im Dienstleistungsbereich typische Schwierigkeit zu finden, die vorgesehenen Kapazitäten und die Kundennachfrage in Übereinstimmung zu bringen. Da Dienstleistungen z. B. in einem Reisebüro oder in einem Restaurant nur in Anwesenheit des Kunden möglich sind und nicht zeitlich verschoben werden können, entstehen für den Kunden durch Kapazitätsengpässe Wartezeiten.

Insofern muss nicht nur festgelegt werden, welche personellen Kapazitäten überhaupt nötig sind, sondern es muss darüber hinaus überlegt werden, wie die Mitarbeiter im zeitlichen Verlauf entsprechend der voraussichtlichen Kundennachfrage eingesetzt werden sollen und welche Wartezeiten von den Kunden akzeptiert werden.

Insgesamt kommt beim Thema Ressourcen die Besonderheit von Dienstleistungen zum Tragen, dass Dienstleistungen zum selben Zeitpunkt erstellt werden, wie sie vom Kunden genutzt werden. Der Kunde ist (häufig) während der Dienstleistung anwesend, er erlebt, wie sich die Mitarbeiter verhalten, er sieht das räumliche Umfeld und die technische Ausstattung des Dienstleisters. Er bildet sich sein Urteil über die Dienstleistung nicht nur aufgrund der Dienstleistungsergebnisse und -durchführung, sondern auch aufgrund seines Eindrucks des technischen Umfelds und der Mitarbeiter, mit denen er zu tun hatte.

Der Anbieter darf sich deshalb nicht bei der Festlegung der Ressourcen für die Dienstleistung (ebenso wenig wie bei der Festlegung der Dienstleistungsdurchführung, s. o.) ausschließlich von Wirtschaftlichkeitsüberlegungen leiten lassen. Er muss auch den Eindruck bedenken, den der Kunde durch die für ihn wahrnehmbaren Ressourcen bekommt, und diese so gestalten, dass die Dienstleistung dem Kunden in guter Erinnerung bleibt.

Mit der Festlegung der Ressourcen sind die planerischen Prozessschritte zur neuen Dienstleistung abgeschlossen. Es ist gedanklich klar,

- was dem Kunden mit der Dienstleistung inhaltlich angeboten werden soll (Ergebnisdimension),
- wie die Dienstleistung durchgeführt werden soll (Prozessdimension) und
- welche personellen und materiellen Ressourcen für die Dienstleistung nötig sind (Pozentialdimension).

Die Dienstleistung ist – auf dem Papier – vollständig ausgearbeitet und beschrieben.

Die nächsten beiden Prozessschritte schaffen die Voraussetzungen, dass die Dienstleistung erstmals wirklich durchgeführt werden kann (Luczak 2006, S. 458f.).

Dazu müssen die materiellen und personellen Voraussetzungen, die für die Dienstleistung als notwendig angesehen werden, tatsächlich bereitgestellt werden.

So kann die Einstellung neuer Mitarbeiter nötig sein, weil Anzahl und Qualifikation der vorhandenen Mitarbeiter nicht ausreichen, um die angestrebte Absatzmenge der Dienstleistung erbringen zu können.

In jedem Fall ist es wichtig, die Mitarbeiter für ihre Tätigkeiten bei der neuen Dienstleistung zu schulen. Dabei kann es sinnvoll sein, den Mitarbeitern nicht nur das benötigte Fachwissen zu vermitteln, sondern sie auch möglichst praxisnah darauf einzustellen, mit welchen Kundensituationen sie während der Dienstleistung konfrontiert werden.

Die Schulung der Mitarbeiter für die neue Dienstleistung wird, wie die Praxis zeigt, häufig völlig unzureichend durchgeführt – mit der fatalen Folge, dass die Mitarbeiter ‚ins kalte Wasser geworfen werden' und in der unangenehmen Situation sind, dem Kunden eine Dienstleistung erklären zu müssen, die sie selbst noch nicht richtig verstanden haben.

Weiterhin ist es häufig notwendig, das räumliche Umfeld der Dienstleistung aufzubauen oder ein bestehendes anzupassen. Weiterhin muss die technische Ausstattung beschafft oder ergänzt werden, die für die neue Dienstleistung gebraucht wird.

Der Prozess ‚neue Dienstleistung konzipieren' wird dadurch abgeschlossen, dass die Dienstleistung getestet wird. Das bedeutet, dass unter realen Bedingungen erprobt wird, ob die Dienstleistung so wie vorgesehen funktioniert. Dazu sollte sie zunächst wenigen (und nicht gleich allen) Kunden angeboten werden. Eine Fluggesellschaft könnte z. B. eine neue Bordverpflegung nicht gleich auf allen, sondern nur auf ausgewählten Linien einführen.

Durch das Testen können Mängel der Dienstleistungsergebnisse, der Dienstleistungsdurchführung oder der Ressourcen für die Dienstleistung erkannt und beseitigt werden, bevor sie in größerem Rahmen chaotische Zustände verursachen würden.

Die Bedeutung von Dienstleistungstests wird oft vernachlässigt. „Häufig wird ein neues Dienstleistungskonzept erst bei seiner wirklichen Markteinführung zum ersten Mal getestet." (Bruhn 2006, S. 232) Es liegt auf der Hand, dass es in diesem Stadium sehr viel problematischer und kostspieliger ist, noch Änderungen an der Dienstleistung vorzunehmen.

Mit den erfolgreichen Dienstleistungstests ist der Prozess ‚neue Dienstleistung konzipieren' insgesamt abgeschlossen. Aus der ursprünglichen Dienstleistungsidee ist eine komplette Dienstleistung geworden, die den Kunden routinemäßig angeboten werden kann.

Schwierig beim beschriebenen Prozess ist v. a., wie dafür gesorgt werden kann, dass die neue Dienstleistung

- in einem sowohl ausreichenden als auch angemessenen Maß vereinheitlicht ist und
- gut zu den anderen bereits vorhandenen Dienstleistungen passt.

Wie diese beiden Probleme gelöst werden können, wird in den folgenden Ausführungen über Standardisierung und Modularisierung von Dienstleistungen behandelt.

Standardisierung von Dienstleistungen

Standardisierung bezieht sich auf eine einzelne Dienstleistung und bedeutet, dass die Dienstleistung stets auf dieselbe Weise erfolgt. Bei standardisierten Dienstleistungen sind Ergebnisse, Durchführung und/oder aufgewendete Ressourcen stets identisch, unabhängig davon, für welchen Kunden und von welchen Mitarbeitern die Dienstleistung durchgeführt wird.

Lange Zeit war man der Meinung, dass sich Dienstleistungen aufgrund ihrer Immaterialität und der persönlichen Beziehungen, die zum Kunden entstehen, einer Standardisierung entzögen. Würde dies stimmen, wäre das eine schlechte Nachricht. Denn falls Dienstleistungen nicht (angemessen) standardisiert sind, würden sie mal so und mal so durchgeführt, ohne dass die Gründe für die Unterschiede nachvollziehbar wären. Die Folgen wären:

- Das Unternehmen hätte große Schwierigkeiten, die Kosten einer Dienstleistung zu kalkulieren.
- Es gäbe keinen Weg, die Qualität der Dienstleistung zu überprüfen und sie ggf. zu korrigieren.
- Für den Kunden wäre nicht nachvollziehbar, was er durch die Dienstleistung bekommt und was während der Dienstleistung geschieht, weil die Dienstleistung jedes Mal anders durchgeführt wird.

Glücklicherweise lassen sich Dienstleistungen „standardisieren, wenn sie genauer untersucht und in ihre Bestandteile zerlegt werden" (Opitz/Schwengels 2005, S. 22). Dazu bietet es sich an, erneut die Unterscheidung zwischen Ergebnis-, Prozess- und Pozentialdimension zu verwenden, um mögliche Anknüpfungspunkte für die Standardisierung von Dienstleistungen zu finden. Diese kann somit an dem ‚Was', ‚Wie' und dem ‚Womit' ansetzen (Stauss 2006, S. 325f.).

- Ein erster Ansatzpunkt für die Vereinheitlichung von Dienstleistungen ist die Standardisierung der Ergebnisse. Sie liegt vor, wenn für den Kunden eine spezifizierte Leistung erbracht wird, die weder er durch eigene Aktivität verändern kann noch durch die Mitarbeiter des Anbieters individuell angepasst werden kann.
- Die Standardisierung kann sich – zweitens – auf die Durchführung der Dienstleistung beziehen. In diesem Fall wird eine bestimmte Art der Ausführung festgelegt und dadurch verbindlich gemacht. Damit werden die Einwirkungsmöglichkeiten von Mitarbeitern und/oder des Kunden auf den Ablauf der Dienstleistung beschränkt.

- Eine dritte Möglichkeit der Standardisierung bezieht sich auf die bei der Dienstleistung eingesetzten Ressourcen. Es wird vorab definiert, welche materielle Mittel und wie viel Arbeitszeit für die Dienstleistung aufgewendet werden dürfen.

Die Standardisierung einer Dienstleistung kann sich auf einen der drei Aspekte beziehen, aber auch auf mehrere von ihnen oder auf alle.
Wenn z. B. in einer Bank die Beratung zu von den Kunden gewünschten Krediten bezüglich aller drei Gesichtspunkte standardisiert wird, würde dies Folgendes bedeuten:
- Am Ende der Beratung steht, dass dem Kunden eines der vorgegebenen Kreditmodelle vorgeschlagen wird (Ergebnisdimension).
- Es ist definiert, in welchen Phasen Beratungsgespräche abzulaufen haben, sodass diese stets auf dieselbe Art durchgeführt werden (Prozessdimension).
- Für die zeitliche Dauer der Gespräche gibt es ebenfalls eine Vorgabe, sodass der Bankmitarbeiter für jeden Kunden dieselbe vorgegebene Zeit aufwendet (Pozentialdimension).

In vielen Fällen führt die Standardisierung zu einer verbesserten Güte und Nachvollziehbarkeit der Dienstleistung. Gleichwohl ist die verbreitete Skepsis gegenüber der Standardisierung von Dienstleistungen nicht völlig von der Hand zu weisen. Viele Dienstleistungen (z. B. medizinische und pflegerische Leistungen, Unternehmensberatung) werden vom Kunden dahin gehend beurteilt, in welchem Maße bei der Dienstleistung individuell auf ihn eingegangen wurde. Bei diesen Dienstleistungen wird der Kunde es als negativ empfinden, wenn er sich als einer von vielen behandelt fühlt und das Gefühl bekommt, mit üblichen Standardleistungen abgespeist zu werden.

Insofern kann eine zu starke Standardisierung in der Tat dazu führen, dass der Kunde die Dienstleistung negativ beurteilt.

In welchem Maße Standardisierung von Dienstleistungen möglich und sinnvoll ist, muss von der jeweiligen Dienstleistung abhängig gemacht werden.
- Wenn eine Dienstleistung einen hohen Sachleistungsanteil hat, die Wünsche verschiedener Kunden nur wenig unterschiedlich sind und der Kunde an der Dienstleistung nur geringfügig teilnimmt, dürfte diese weitgehend standardisierbar sein, z. B. der Kundenservice in einem Schnellrestaurant, die Aufnahme einer telefonischen Bestellung in einem Callcenter oder der Transport eines Pakets.
- Wenn hingegen eine Dienstleistung weitgehend immateriell ist, stark vom Einzelfall abhängt und eine intensive Teilnahme des Kunden erfordert, kann sie in wesentlich geringerem Maße standardisiert werden. So sollte sich Standardisierung bei einer Unternehmensberatung auf die Rahmenbedingungen beschränken, etwa auf den groben Ablauf oder die Dokumentation der Beratungsergebnisse.

Modularisierung von Dienstleistungen
Viele Dienstleistungsunternehmen leiden darunter, dass sie viel zu viele und schlecht zueinander passende Leistungen anbieten. Dadurch entsteht eine Komplexität, die nur schwer zu bewältigen ist.

Dieses Problem haben oft Maschinen- und Anlagenbauunternehmen, die ihr Produktangebot durch industrielle Dienstleistungen erweitert haben. Diese Dienstleistungen sind häufig entstanden, indem man auf die Wünsche einzelner Kunden reagiert hat. Im Laufe der Zeit ist immer mehr hinzugekommen, sodass sich ein „Dienstleistungsdschungel" entwickelt hat (Schuh 2004, S. 20f.).

Ein Ausweg bietet sich durch die Modularisierung von Dienstleistungen. Sie ermöglicht es, das Angebot der verschiedenen Dienstleistungen zu strukturieren und neu konzipierte Dienstleistungen logisch nachvollziehbar einordnen zu können (Böhmann/Krcmar 2006; Burr 2005; Stauss 2006).

Der Begriff Modul stammt aus der Produktentwicklung und bezeichnet dort Teile eines Produkts, die voneinander (relativ) unabhängig sind und miteinander durch möglichst einfache Beziehungen verbunden sind (Kap. 9). In Zusammenhang mit Dienstleistungen ist ein Modul eine eindeutig abgrenzbare Komponente einer Dienstleistung. Wenn eine Dienstleistung modular aufgebaut ist, besteht sie aus mehreren Modulen, die wie Bausteine zusammengefügt sind.

Die Bildung der Module kann (wiederum) nach den Kriterien ‚Ergebnisse', ‚Prozess' oder ‚Ressourcen' erfolgen bzw. in Kombination dieser Kriterien (Stauss 2006, S. 326f.).

- Wenn die Modulbildung nach dem Kriterium ‚Ergebnisse' erfolgt, beschreiben die Module vorgesehene Ergebnisse, die Bestandteile mehrerer Dienstleistungen sind.
  Beispiel: Die Hochschulen haben mittlerweile ihr Studienangebot modularisiert. Unter Modulen sind in diesem Zusammenhang inhaltlich zusammengehörende Lehrveranstaltungen zu verstehen. Die Studiengänge (also die Dienstleistungen der Hochschulen) greifen auf diese Module zu und setzen sich baukastenmäßig jeweils in unterschiedlicher Kombination aus diesen Modulen zusammen.
- Module, die nach dem Kriterium ‚Prozess' gebildet wurden, beinhalten Folgen von Tätigkeiten, die bei der Durchführung mehrerer Dienstleistungen vollzogen werden müssen.
  Beispiel: In einem Reisebüro sind die Durchführung der Anmeldung und die Rechnungsstellung identische Bestandteile verschiedenartiger touristischer Angebote.
- Falls die Module nach ‚Ressourcen' gebildet werden, heißt das, dass bestimmte personelle oder materielle Voraussetzungen zu Modulen zusammengefasst werden, die gleichermaßen bei verschiedenen Dienstleistungen genutzt bzw. gebraucht werden.
  Beispiel: Bei mehreren Dienstleistungen werden dieselben Qualifikationen und/oder dieselbe technische Ausrüstung benötigt.

Die Modulbildung bietet die Möglichkeit, den Kunden viele unterschiedliche Dienstleistungen anbieten und damit verschiedenartigen Kundenwünschen gerecht werden zu können. Gleichzeitig wird ein zu komplexes und letztlich nicht mehr zu überschauendes Dienstleistungsangebot vermieden.

Mit modularisierten Dienstleistungen flexibel auf Kundenwünsche reagieren zu können, ist auf verschiedene Arten möglich:

- Dem Kunden werden Dienstleistungen angeboten, die jeweils durch verschiedene Kombinationen von Modulen gebildet werden.

13 Prozess ‚neue Dienstleistung konzipieren'

- Der Kunde kann aus den Modulen selbst Dienstleistungen nach seinen Wünschen zusammenstellen.
- Der Kunde nimmt vorhandene Module in Anspruch, die im Einzelfall durch individuelle Zusatzleistungen ergänzt werden.

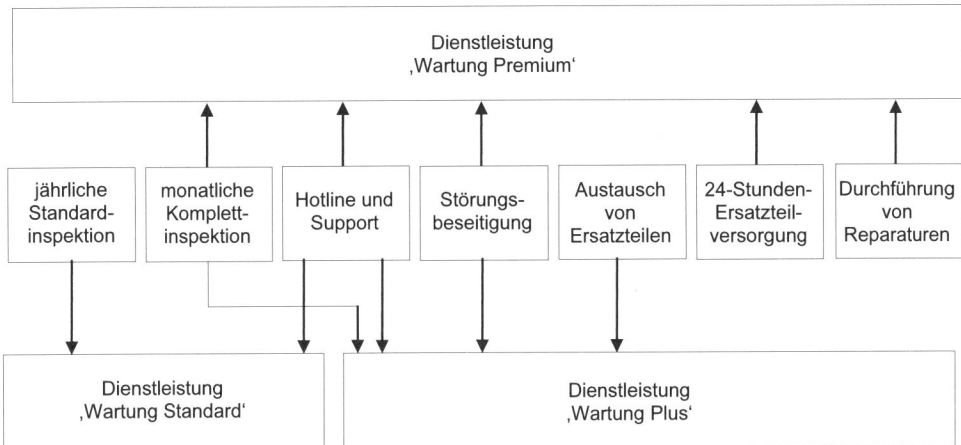

Abb. 13-2: Modularisierte Dienstleistungen (nach Schuh 2004, S. 65)

Das Beispiel veranschaulicht die zuerst genannte Möglichkeit, wie mit modularisierten Dienstleistungen Kundenwünschen entsprochen werden kann. Die Module werden zu drei verschiedenen Dienstleistungen kombiniert, zwischen denen der Kunde wählen kann.

An dem Beispiel können auch die beiden anderen Möglichkeiten illustriert werden, wie Module zu Dienstleistungen gebündelt werden können.

Man könnte sich vorstellen, dass der Anbieter darauf verzichtet, vorgegebene Dienstleistungen vorzusehen. In diesem Fall könnte der Kunde selbst durch Auswahl aus den sieben Modulen Dienstleistungen kreieren, die seinen Vorstellungen entsprechen.

Schließlich wäre es auch möglich, dass der Kunde aufgrund der angebotenen Module Dienstleistungen in Anspruch nimmt, diese aber durch weitere individuelle Leistungen, etwa zur Schulung von Mitarbeitern oder zur Entsorgung alter Maschinen, ergänzt werden.

Die Vorteile modularisierter Dienstleistungen sind:

- Wesentlich ist, dass das Unternehmen (wie das Beispiel der Wartungsdienstleistungen zeigt) auf verschiedene Kundenwünsche mit unterschiedlichen Dienstleistungen reagieren kann, ohne dabei in Heterogenität unterzugehen.
- Die Module, die jeweils ein bestimmtes Bündel an Tätigkeiten zusammenfassen, werden mit Kostenansätzen versehen, sodass es für den Anbieter leicht ist, vom Kunden gewünschte Dienstleistungen zu kalkulieren.
- Die Änderung bestehender Dienstleistungen ist leichter. Durch die Modularisierung ist es in der Regel einfacher, Dienstleistungen geänderten Kundenwünschen anzupassen. Häufig reicht es aus, ein Modul zu überarbeiten, während sich bei den übrigen Modulen, aus denen die Dienstleistung besteht, nichts ändert.

- Vorhandene Module können in neuen Dienstleistungen wiederverwendet werden. Dies bedeutet, dass in einer neuen Dienstleistung bereits vorhandene und neu entwickelte Module miteinander verknüpft werden.
- Schließlich ist es durch Neukombinationen von Modulen leicht möglich, am Markt neue Dienstleistungen anzubieten, da die Bestandteile der neu zusammengefügten Dienstleistungen jeweils nicht neu entwickelt werden müssen.

Wie kann ein Unternehmen zu modularisierten Dienstleistungen kommen? Am logischsten wäre, wenn in einem Dienstleistungsunternehmen von vornherein eine Modulstruktur definiert wäre, in die alle neu konzipierten Dienstleistungen einzupassen sind. Dies dürfte jedoch die meisten Dienstleister überfordern und deshalb in der Regel nicht möglich sein.

Der normale Weg wird sein, dass ein Dienstleister sein Angebot zunächst in Reaktion auf den Markt und die Kunden entwickelt und verschiedene Dienstleistungen angeboten werden, ohne dass diesen eine Struktur zugrunde liegt.

Eine Bestandsaufnahme kann dann Klarheit darüber bringen,

- welche gemeinsamen Komponenten die verschiedenen Leistungen haben und
- wie das gesamte Dienstleistungsangebot geordnet werden kann,

um so ein Spektrum gut zueinander passender und sich ergänzender Leistungen anbieten zu können.

14 Prozess ‚Dienstleistung durchführen'

Im Prozess ‚neue Dienstleistung konzipieren' wurde u. a. festgelegt, wie die betreffende Dienstleistung für den Kunden durchzuführen ist. Mit dem Ablauf der Dienstleistung ist definiert, auf welchem Wege die Ergebnisse einer Dienstleistung zustande kommen (sollen).

Der Dienstleistungssektor ist ausgesprochen heterogen und umfasst die verschiedensten Tätigkeiten – von der Arbeit eines Eisverkäufers bis zu umfassenden Beratungs- und Ingenieurleistungen. Insofern ist auch die Dienstleistungsdurchführung sehr unterschiedlich, abhängig davon, um welche Dienstleistungen es sich jeweils handelt, wie sie ausgelöst werden, ob sie einfach oder komplex sind, ob sie einmal oder regelmäßig erfolgen usw. Aus diesem Grund können in diesem Kapitel anders als in den übrigen Kapiteln dieses Lehrbuchs keine typischen Prozessverläufe präsentiert werden.

Beteiligung des Kunden an der Durchführung von Dienstleistungen

Die hervorstechende Besonderheit der Dienstleistungsdurchführung ist, dass der Kunde an (vielen) Schritten beteiligt ist oder sie selbst ausführen muss.

Das Ausmaß und die Intensität der Beteiligung des Kunden sind abhängig von der jeweiligen Dienstleistung verschieden. Es gibt Dienstleistungen, bei denen der Kunde von Anfang bis Ende an der Dienstleistung aktiv teilnimmt, etwa bei einer Beratung. Bei anderen Dienstleistungen beschränkt sich sein Beitrag auf wenige Schritte im Prozess (Reparatur) oder besteht darin, dass er anwesend sein muss (Kino, Konzert).

14 Prozess ‚Dienstleistung durchführen'

Auch wenn die Teilnahme des Kunden abhängig von der jeweiligen Dienstleistung unterschiedlich ausgeprägt ist, muss sich der Anbieter stets darüber Gedanken machen, wie die Dienstleistung aus Sicht des Kunden verläuft. Die Gründe dafür:

- Der Kunde bewertet die Dienstleistung nicht nur anhand ihrer Ergebnisse, sondern auch aufgrund ihrer Durchführung, die er (teilweise) miterlebt hat.
  Beispiel: Der Besucher eines Popkonzerts wird dieses in schlechter Erinnerung behalten, wenn er den Kartenverkauf, die Parkplatzorganisation und die Einlasskontrolle als Zumutung empfunden hat, auch wenn der Künstler wie vorgesehen aufgetreten ist und eine tolle Vorstellung abgeliefert hat.
- Oft ist es notwendig, dass der Kunde zur Dienstleistung aktiv beiträgt. In diesen Fällen ist der Anbieter auf den Kunden als ‚Koproduzenten' der Dienstleistung angewiesen. Je stärker der Kunde bei der Dienstleistung mitwirken muss, desto mehr hängt es vom Verhalten des Kunden ab, ob die Dienstleistung zum gewünschten Ergebnis führt. Deshalb muss der Anbieter dafür sorgen, dass der Kunde sowohl fähig ist als auch Lust dazu hat, sich an der Dienstleistungsdurchführung so wie vorgesehen zu beteiligen.
  Beispiel: Bei einem Weiterbildungsseminar ist es oft sinnvoll, wenn sich die Teilnehmer vorbereiten, z. B. etwas lesen. Also müssen sie im Vorfeld mit Unterlagen, Broschüren usw. versorgt werden, und es muss ihnen klargemacht werden, dass eine Beschäftigung mit den vorab zugesandten Informationen in ihrem Interesse liegt.

Aus diesen Überlegungen folgt, dass ein Anbieter von Dienstleistungen – im Unterschied zu einem Produkthersteller – die Leistungserstellung nicht einfach so definieren kann, dass sie aus Unternehmenssicht möglichst effizient durchgeführt werden kann. Er muss sich stattdessen auch Gedanken über die Rolle des Kunden im Geschehen machen.

- Bei der Gestaltung von Dienstleistungen ist darauf zu achten, dass die Schritte, an denen der Kunde beteiligt ist, von ihm als (möglichst) angenehm empfunden werden und ihm die Dienstleistung in guter Erinnerung bleibt.
- Darüber hinaus muss der Ablauf einer Dienstleistung so festgelegt werden, dass der Kunde in die Lage versetzt wird und willens ist, seinen Beitrag zur Dienstleistung zu erfüllen.

Betrachtet man die Beteiligung des Kunden genauer, können bei der Durchführung einer Dienstleistung Schritte unterschieden werden,

(1) die der Kunde selbstständig vollziehen muss,
(2) die Dienstleistungsmitarbeiter in Anwesenheit und/oder unter Mitwirkung des Kunden ausführen
(3) und die im Unternehmen stattfinden, ohne dass der Kunde zu ihnen beizutragen hat.

(1) *Vom Kunden selbstständig zu vollziehende Schritte*
Bei den meisten Dienstleistungen gibt es Schritte, die der Kunde selbstständig ausführen muss, ohne dass ihm vonseiten des Unternehmens dabei direkt geholfen wird.

Beispiele dafür sind das Suchen von Waren im Kaufhaus, das Durchlesen von Schulungsunterlagen, mit denen sich Teilnehmer auf ein Seminar vorbereiten sollen, das Ausfüllen von Anträgen, z. B. für eine Kostenübernahme bei der Haftpflichtversicherung, usw.

Was der Kunde von der Dienstleistung hält, wird auch davon abhängen, ob ihm die Schritte, die er bei der Dienstleistung selbst durchführen muss, leichtfallen oder ob er sie als nervend empfindet. Dies machen sich Dienstleister häufig nicht klar, weil die vom Kunden eigenständig zu vollziehenden Schritte zunächst einmal für sie nicht transparent sind. Z. B. könnte dem Haftpflichtversicherer nicht auffallen, dass die Kunden die Antragsformulare als unverständlich oder zu umfangreich empfinden.

Der Anbieter muss sich insofern auch mit den Prozessschritten befassen, die der Kunde eigenständig ausführen muss, und entscheiden,

- was dem Kunden überhaupt zugetraut bzw. ihm abverlangt werden kann und
- auf welche Weise ihm dabei (z. B. durch Information) geholfen werden kann.

(2) Von Dienstleistungsmitarbeitern in Anwesenheit und/oder unter Mitwirkung des Kunden ausgeführte Schritte

Diese Schritte bezeichnet man in der Dienstleistungsliteratur als Kontaktpunkte. Der Ablauf einer Dienstleistung besteht mit den Augen des Kunden betrachtet aus einer Kette aneinandergereihter Kontaktpunkte.

Man kann sich das leicht am Beispiel einer Bahnreise klarmachen. Wenn jemand mit dem Zug fährt, entstehen mit dem Dienstleister – der Deutschen Bahn AG – die Kontaktpunkte Fahrkartenkauf, Warten auf dem Bahnhof, Aufenthalt im Zug, Fahrkartenkontrolle usw. Je nach Verlauf der Reise können weitere Kontaktpunkte hinzukommen, z. B. die Bestellung eines Mittagessens im Bordrestaurant, der Gang zur Toilette, die Frage nach einem Zuganschluss oder der Kauf einer Telefonkarte für das Zugtelefon (Kuhnert/Ramme 1998, S. 91f.).

Das Wichtigste bei der Gestaltung der Dienstleistungsdurchführung sind in der Regel diese Kontaktpunkte. An ihnen kommt der Kunde mit den Mitarbeitern und der technischen Ausstattung des Dienstleisters in Berührung. Sein Urteil über die Dienstleistung ist maßgeblich dadurch geprägt, was er an diesen Kontaktpunkten erlebt. Die (bereits in Kap. 13 erwähnte) Metapher ‚Augenblick der Wahrheit' bringt gut zum Ausdruck, dass auch eine perfekt durchdachte Dienstleistung vom Kunden negativ beurteilt wird, wenn die Kontaktpunkte nicht seinen Wünschen entsprechen.

Aus diesem Grund sollte sich der Anbieter genau überlegen, was an den Kontaktpunkten geschehen soll, konkret,

- was die Dienstleistungsmitarbeiter dort für den Kunden tun sollen und
- welche Handlungen umgekehrt vom Kunden erwartet werden.

(3) Im Unternehmen ohne den Kunden auszuführende Schritte

Bei der Durchführung von Dienstleistungen gibt es meistens auch Schritte, die von den Dienstleistungsmitarbeitern in Abwesenheit des Kunden durchgeführt werden – Bestellung von Ersatzteilen für eine Reparatur, Zubereitung von Mahlzeiten in einem Restaurant oder die Ausführung von Fotoarbeiten.

Diese Schritte können im Prinzip so gestaltet werden, wie es aus Unternehmenssicht optimal ist.

Der Kunde muss allerdings häufig warten, während im Unternehmen ohne seine Beteiligung Prozessschritte ablaufen. Der Anbieter muss sich deshalb überlegen, welche Wartezeiten für den Kunden durch diese Dienstleistungsschritte entstehen und ob die Wartezeiten aus Kundensicht akzeptabel sind.

Die Unterscheidung von Schritten bei der Dienstleistung,
- die der Kunde allein vollzieht,
- die Mitarbeiter im Beisein bzw. unter Mitwirkung des Kunden ausführen
- und die im Unternehmen ohne Beteiligung des Kunden ablaufen,

führt zu folgender Erkenntnis:

Der Dienstleistungsprozess stellt sich aus Kunden- und aus Unternehmenssicht unterschiedlich dar.

Mit Blueprints steht eine Darstellungsmethode zur Verfügung, die auf dieser Erkenntnis beruht und mit der man sich sowohl die Kunden- als auch die Unternehmensperspektive klarmachen kann.

Blueprints

Die Durchführung einer Dienstleistung kann (wie jeder andere Prozess) mit einem Flussdiagramm veranschaulicht werden. Flussdiagramme sind aber für Dienstleistungen nicht besonders gut geeignet, weil sie den Ablauf nur aus Unternehmenssicht abbilden. Die Aktivitäten des Kunden bei der Dienstleistung lassen sich hingegen mit Flussdiagrammen schwer darstellen.

Deshalb hat man für den Ablauf von Dienstleistungen ein anderes Darstellungsmittel gefunden, das sogenannte Blueprint. Mit Blueprints kann man sich nicht nur die aufeinanderfolgenden Schritte zur Durchführung einer Dienstleistung klarmachen (was Flussdiagramme auch leisten würden), sondern sie machen auch verständlich, wie sich die Dienstleistung aus Sicht des Kunden vollzieht.

Die Grundidee von Blueprints ist, die Schritte, die vom Kunden und von den Dienstleistungsmitarbeitern durchgeführt werden, verschiedenen Ebenen zuzuordnen. Diese Ebenen werden jeweils durch den unterschiedlichen Grad der Kundenbeteiligung an der Dienstleistung gebildet.

Dabei gibt es verschiedene Ansätze, die sich durch die Zahl der Ebenen unterscheiden. Einfache Blueprints bestehen aus zwei Ebenen (Biermann 1999, S. 142f.; Haller 2005, S. 199f.), differenzierte aus bis zu sechs (Fließ 2006, S. 64f.). Einfache Blueprints sind sehr anschaulich, aber nicht so aussagekräftig, bei den differenzierten ist es umgekehrt.[1]

Ein guter Kompromiss zwischen Verständlichkeit und Informationsgehalt ist, drei Ebenen vorzusehen, denen – entsprechend der oben beschriebenen Dreiteilung – die Schritte zugeordnet werden,
- die der Kunde alleine ausführt,
- die Dienstleistungsmitarbeiter für den Kunden sichtbar bzw. gemeinsam mit ihm durchführen
- und die im Dienstleistungsunternehmen ohne den Kunden stattfinden.

---

[1] Bei Blueprints hat sich ähnlich wie bei Prozesslandkarten (Kap. 3.1) und unterschiedlich zu Flussdiagrammen (Kap. 3.2) oder Ereignisgesteuerten Prozessketten (Kap. 21) noch kein Standard etabliert. Insofern sind die in der Dienstleistungsliteratur zu findenden Blueprints recht unterschiedlich.

Die in Abb. 14-1 als Beispiel dargestellte Durchführung einer Autoreparatur zeigt, wie ein Blueprint mit drei Ebenen aufgebaut ist:
- Auf der oberen Ebene ist dargestellt, was der Kunde bei dieser Dienstleistung tun muss.
- Die sogenannte Kundeninteraktionslinie trennt die Tätigkeiten des Kunden von denen der Dienstleistungsmitarbeiter. Diese Linie macht zugleich deutlich, welche Kontaktpunkte während der Dienstleistung entstehen.
- Die mittlere Ebene zeigt die Tätigkeiten, die die Mitarbeiter direkt für den Kunden ausführen.
- Die Sichtbarkeitslinie trennt die für den Kunden wahrnehmbaren von den für ihn nicht wahrnehmbaren Anbieteraktivitäten.
- Unterhalb dieser Linie, also in der unteren Ebene des Blueprints, sind die Tätigkeiten zu finden, die die Dienstleistungsmitarbeiter nicht sichtbar für den Kunden ausführen.

Der Nutzen von Blueprints besteht in folgenden Punkten:

Der Dienstleister erhält eine vollständige Übersicht über die Kontaktpunkte, die zwischen Kunden und Mitarbeitern bei der Durchführung der Dienstleistung entstehen. Auf dieser Grundlage kann der Anbieter planen, was an den Kontaktpunkten geschehen soll und wie sich die Mitarbeiter zum Kunden verhalten sollen.

Die Blueprintdarstellung der Autoreparatur zeigt, dass es bei diesem Dienstleistungsprozess acht Kontaktpunkte gibt. Das Autohaus kann nun darangehen, diese Kontaktpunkte zu gestalten: Wie sollen die Aktionen genau aussehen, die von den Mitarbeitern gemeinsam mit den Kunden vollzogen werden? Was soll ein Mitarbeiter, der z. B. eine Reparaturanmeldung entgegennimmt, den Kunden fragen? Welche Daten soll er wie erfassen? Welche Informationen sollen dem Kunden nach der Durchführung der Reparatur gegeben werden? Was müssen die Mitarbeiter wissen und können, damit sie in den Gesprächen mit dem Kunden einen kompetenten Eindruck machen? Wie soll das räumliche Ambiente aussehen, damit sich der Kunde wohlfühlt und Wartezeiten nicht durch eine scheußliche Umgebung als besonders unangenehm empfindet?

Blueprints führen – zweitens – dazu, dass sich der Anbieter auch mit solchen Aktivitäten des Kunden beschäftigt, die dieser selbstständig durchführen muss. Dadurch wird klar, welche Hilfestellungen dem Kunden gegeben werden müssen, damit dieser die entsprechenden Tätigkeiten ohne Probleme ausführen kann.

Das Beispielblueprint zeigt, dass der Kunde sein Auto auf das Firmengelände fahren muss. Vonseiten des Autohauses sollte man sich darüber Gedanken machen, wie er hierbei zurechtkommt. Versteht er, wohin er fahren muss und wo er sein Auto abstellen kann? Sind die räumlichen Gegebenheiten so, dass der Kunde diese Prozedur bequem ausführen kann? Ist die Beschilderung verständlich und ausreichend? Wäre es sinnvoll, ihm z. B. bei der Terminvereinbarung Hinweise zu geben?

Ein weiterer Punkt, über den sich das Autohaus klar werden sollte: Der Kunde muss sich, nachdem die Reparatur abgeschlossen ist, erneut zum Autohaus begeben. Wie soll er das machen, wenn sein Auto in der Werkstatt steht? Ist es notwendig, einen Abholservice anzubieten? Soll dieser Service dem Kunden immer angeboten werden oder nur dann, wenn er danach fragt oder bereit ist, dafür extra zu zahlen?

14 Prozess ‚Dienstleistung durchführen'

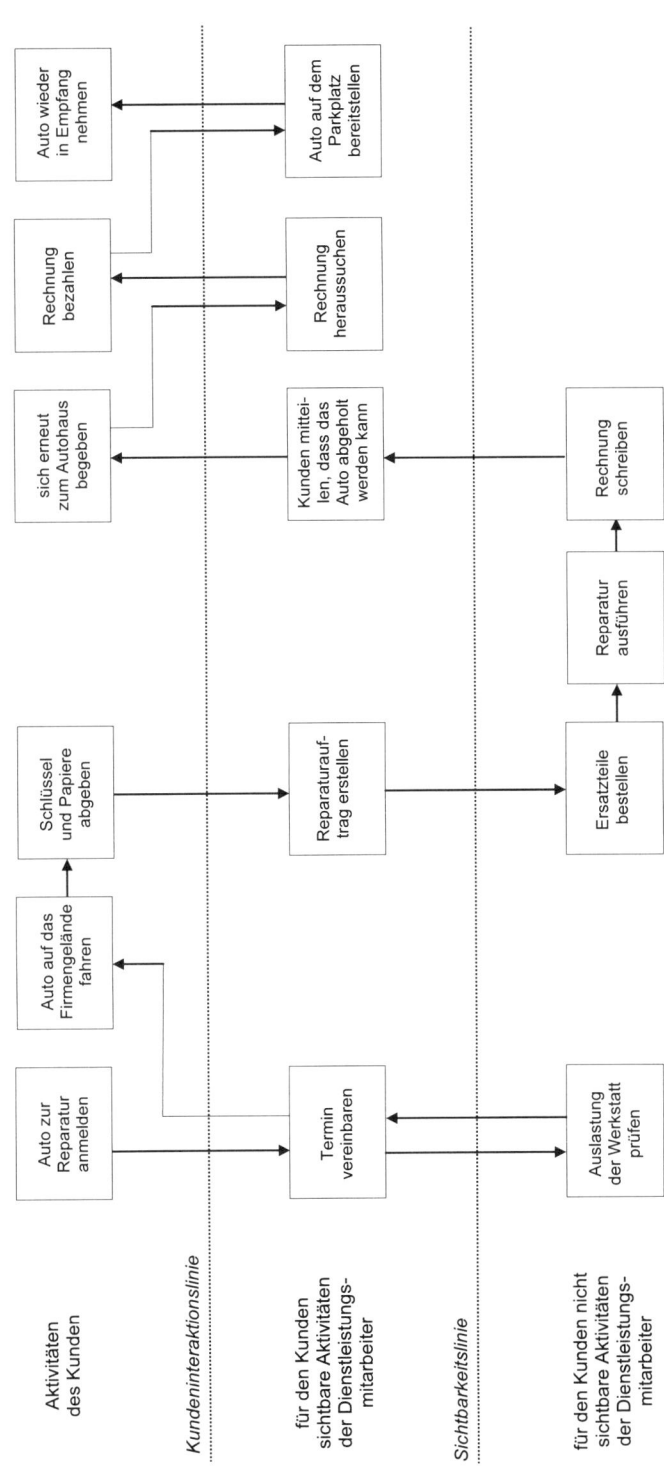

Abb. 14-1: Prozess ‚Autoreparatur durchführen' (Blueprintdarstellung)

Ein dritter Nutzen von Blueprints ist, dass sie beim Anbieter und dessen Mitarbeitern das Bewusstsein dafür fördern, dass es zwischen der Dienstleistung aus Kundensicht und aus Unternehmenssicht Diskrepanzen gibt. Der Kunde sieht (meistens) nur einen Teil dessen, was bei der Durchführung der Dienstleistung geschieht, bildet sich aber zwangsläufig aufgrund des wahrgenommenen Ausschnitts sein Urteil.

In dem Beispielblueprint kann man sehen, dass die eigentliche Durchführung der Autoreparatur für den Kunden nicht wahrnehmbar ist. Er erfährt nicht, was dazu geschieht, und es wird ihn im Einzelnen auch nicht interessieren. Für ihn ist nur wichtig, dass er sein Auto schnell zurückbekommt. Wenn er lange auf die Rückgabe warten muss, mag dies aus Sicht des Autohauses durch die Lieferzeiten der Ersatzteile, Engpässe in der Werkstatt oder durch andere Gründe gerechtfertigt sein. Dem Kunden hingegen werden die Ursachen für die Verzögerungen, die sich bei den für ihn nicht wahrnehmbaren Teilen der Dienstleistung ergeben haben, gleichgültig sein, und er wird die Dienstleistung negativ beurteilen.

Insgesamt: Blueprints sind ein empfehlenswertes Darstellungsmittel, um sich den Ablauf einer Dienstleistung klarzumachen. Sie sind einfach zu erstellen und leicht zu verstehen. Sie können viele nützliche Erkenntnisse dazu liefern, wie die Dienstleistungsdurchführung aus Kundensicht zufriedenstellend definiert werden kann.

Wie kann man die Durchführung von Dienstleistungen optimal gestalten?
Diese Frage lässt sich nicht allgemein beantworten. Dafür sind Dienstleistungen zu unterschiedlich. Abhängig von der jeweiligen Dienstleistung sind verschiedene Dinge wichtig. Im Folgenden werden einige Fragen genannt, die bei der Durchführung von Dienstleistungen oft eine Rolle spielen.

Aufgabenteilung zwischen Kunden und Dienstleistungsmitarbeitern
Ein Blueprint macht deutlich, welche Schritte bei der Dienstleistung dem Kunden und welche den Dienstleistungsmitarbeitern zugeordnet sind.

Bei vielen dieser Tätigkeiten wird es von vornherein klar sein, dass sie nur vom Kunden oder nur von den Dienstleistungsmitarbeitern ausgeführt werden können. Bei anderen Aufgaben kann man entscheiden, ob der Kunde oder ein Dienstleistungsmitarbeiter dafür zuständig sein soll.

Die Antragsdaten für einen Kredit können z. B. vom Kunden erfasst werden, etwa in einem Formular oder im Internet. Die Alternative ist, dass der Bankmitarbeiter die Daten beim Kunden erfragt und sie dann ins System eingibt.

Für die erste Möglichkeit spricht, dass die Bank offensichtlich Kosten spart, wenn sie diese Tätigkeit vom Kunden ausführen lässt. Allerdings könnte sich diese Überlegung als falsch herausstellen. Denn es könnte sein, dass die Kunden wegen fehlenden Wissens oder aufgrund von Lustlosigkeit die Anträge falsch oder lückenhaft ausfüllen und deswegen häufig Rückfragen notwendig sind. In diesem Fall wäre die zweite Möglichkeit vorzuziehen, bei der diese Tätigkeit den Bankmitarbeitern zugeordnet wird.

Bei komplexen Dienstleistungen, die mit einem ausgeprägten Kundenkontakt verbunden sind, ist es ausschlaggebend, die Aufgaben optimal zwischen Kunden und Dienstleistungsmitarbeiter aufzuteilen. Bei einer Unternehmensberatung muss beispielsweise klar sein,

- wer welche Informationen beschaffen bzw. zur Verfügung stellen muss,
- wer was zu entscheiden hat und
- wer für die Umsetzung beschlossener Maßnahmen zuständig ist.

Nur wenn diese Punkte vollständig geklärt sind, wissen die Beteiligten, was sie zu tun haben, was wiederum Voraussetzung für eine erfolgreiche Durchführung der Unternehmensberatung ist.

Notwendige Fähigkeiten und/oder notwendiges Engagement des Kunden
Blueprints zeigen, was der Kunde während der Dienstleistung machen muss. Für jeden einzelnen der vom Kunden zu vollziehenden Schritte sollte sich der Dienstleister überlegen,

- ob der Kunde in der Lage ist, die jeweiligen Tätigkeiten auszuführen, und
- ob er auch dazu bereit sein wird, das zu tun, was von ihm verlangt wird.

Hieran schließt sich die Frage an, wie der Dienstleister ggf. die Fähigkeiten und/oder die Motivation des Kunden verbessern kann. Wie dies im Einzelnen geschehen kann, hängt von der jeweiligen Dienstleistung ab. Möglich sind

- Zeichen und Symbole, damit sich der Kunde schnell und sicher zurechtfinden kann (z. B. in einem Fußballstadion oder auf einem Flughafen),
- Merkblätter oder ‚häufig gestellte Fragen' zur Dienstleistung, in denen dem Kunden erklärt wird, was er während der Dienstleistung tun soll und warum er dies tun soll (etwa bei einer Gruppenreise oder einer Partnerschaftsvermittlung), oder
- Schulungen, durch die dem Kunden zu Beginn der Dienstleistung das notwendige Wissen vermittelt wird (z. B. bei einer Unternehmensberatung).

Grenze zwischen den für den Kunden sichtbaren und nicht sichtbaren Aktivitäten der Dienstleistungsmitarbeiter
Aufgrund der in ein Blueprint eingezeichneten Sichtbarkeitslinie wird klar, welche Aktivitäten der Dienstleistungsmitarbeiter für den Kunden wahrnehmbar sind und welche nicht. Manchmal ist es sinnvoll zu überlegen, ob bisher nicht für den Kunden sichtbare Tätigkeiten der Dienstleistungsmitarbeiter wahrnehmbar gemacht werden sollen, oder umgekehrt.

In einem Restaurant ist die Küche für die Gäste meistens nicht einsehbar. Man kann aber auch entscheiden, dass die Gäste den Köchen bei ihrer Arbeit zusehen dürfen. Dies könnte etwa bei einem Pizzabäcker oder in einem Sushi-Restaurant eine gute Idee sein, weil es zu mehr Atmosphäre führt.

Die Entscheidung, welche Teile der Dienstleistung wahrnehmbar sein sollen, kann auch deren Güte beeinflussen. Die Recherche nach einer (preis)günstigen Flugverbindung in einem Reisebüro kann in An- oder in Abwesenheit des Kunden erfolgen. Für die erste Variante spricht, dass der Kunde sofort die Ergebnisse erfährt und Rückfragen beantworten kann. Wenn jedoch die Recherche aufwendig ist und zu längeren Wartezeiten des Kunden führen würde, ist es wahrscheinlich besser – zweite Variante –, sie in den für den Kunden nicht wahrnehmbaren Bereich zu verlagern.

Wahrnehmung vergehender Zeit durch den Kunden während der Dienstleistung
Wenn der Kunde und die Dienstleistungsmitarbeiter an den Kontaktpunkten zusammentreffen und gemeinsam etwas machen, vergeht Zeit. Zwischen den Kontaktpunkten muss der Kunde häufig eigenständig etwas tun, wofür er ebenfalls Zeit aufwenden muss, oder er muss eine gewisse Zeit warten, bis bestimmte Anbieteraktivitäten abgeschlossen sind.

Bei vielen Dienstleistungsprozessen beeinflusst der Zeitablauf die Zufriedenheit des Kunden enorm. Bei Unterhaltungs- oder Beratungsdienstleistungen wird der Kunde positiv gestimmt sein, wenn er den Eindruck hat, man habe sich für ihn ‚viel Zeit genommen'. Bei anderen Dienstleistungen, bei denen es z. B. um unangenehme oder lästige Dinge geht, wird der Kunde eine zügige Durchführung zu schätzen wissen (etwa bei einer Zahnarztbehandlung).

Dabei ist es häufig gar nicht so entscheidend, wie lange für die Durchführung der Dienstleistung tatsächlich gebraucht wird, sondern wie der Kunde deren zeitliche Dauer subjektiv empfindet.

Es ist häufig sinnvoll, für die im Blueprint dargestellten Schritte zu untersuchen,
- wie lange ihre Ausführung objektiv dauert,
- ob der Kunde auf das Vergehen von Zeit achtet,
- ob dem Kunden die gewartete Zeit ggf. länger oder kürzer vorkommt, als sie tatsächlich ist,
- was der Kunde während des Wartens tun kann und
- wie er die während der Dienstleistung vergehende Zeit bewertet,

um hieraus Schlussfolgerungen für die Gestaltung des Dienstleistungsprozesses zu ziehen.

Reihenfolge der Schritte der Dienstleistung
In einem Blueprint ist dargestellt, wie die vom Kunden und den Dienstleistungsmitarbeitern durchzuführenden Schritte aufeinanderfolgen. Dies hängt natürlich in erster Linie davon ab, welche Ergebnisse durch die Dienstleistung erreicht werden sollen.

Manchmal ist es aber auch egal, welche Prozessschritte zuerst und welche später durchgeführt werden. Der Dienstleister hat in diesem Fall Wahlmöglichkeiten und kann die Reihenfolge der Aktivitäten so gestalten, dass eine verbesserte Wahrnehmung der Dienstleistung durch den Kunden erreicht wird.

Dies kann z. B. geschehen, indem aus Sicht des Kunden eher unangenehme oder langweilige Schritte zusammengefasst und an den Anfang der Dienstleistung platziert werden. Der Besucher einer Messe wird es gut finden, wenn er alle Formalitäten wie Anmelden, Entgegennahme von Unterlagen, Empfang von Ausweisen usw. auf einen Schlag erledigen kann, statt sich mehrfach anstellen zu müssen.

Schritte bei der Dienstleistung, mit denen der Kunde beeindruckt oder besonders positiv beeinflusst werden kann, sollten geschickterweise eher ans Ende der Dienstleistung gestellt werden. Bei einer Unternehmensberatung ist es teilweise gleichgültig, in welcher Reihenfolge die verschiedenen Themen behandelt werden. Im Hinblick auf die Wahrnehmung des Kunden dürfte es am besten sein, die eher normalen Themen zu Beginn der Beratung abzuarbeiten und sich für den Abschluss ein oder zwei Themen aufzuheben, bei denen spektakuläre Erfolge zu erwarten sind.

Der gemeinsame Nenner dieser Überlegungen zur Dienstleistungsdurchführung: Letztlich ist entscheidend, welchen Eindruck der Kunde von der Dienstleistung bekommt. „Bei jedem Servicekontakt – vom einfachen Pizzakauf bis hin zur umfänglichen, langwierigen Kundenberatung – ist die Realität stets das, was die Kunden wahrnehmen." (Chase/Dasu 2001, S. 88)

Weiterführende Literatur zu Teil VI

Die Literatur zum Dienstleistungsmanagement ist längst nicht so umfangreich wie die zum Produktionsmanagement. Dennoch findet der Leser verschiedene Darstellungen, in denen das Thema vollständig und einleuchtend behandelt wird.

Das nach Meinung des Autors beste Buch zum Thema ist ‚Dienstleistungsmanagement. Grundlagen – Konzepte – Instrumente' von S. Haller. Es gelingt der Autorin, einen theoretischen Anspruch mit einer verständlichen, durch viele Beispiele anschaulichen Darstellung zu verbinden (Haller 2005).

Zum Service Engineering kann der Sammelband ‚Service Engineering. Entwicklung und Gestaltung innovativer Dienstleistungen' von H.-J. Bullinger und A.-W. Scheer (Bullinger/ Scheer 2006) empfohlen werden, in dem das Fachgebiet umfassend behandelt wird,

weiterhin

- ‚Prozessorganisation in Dienstleistungsunternehmen' von S. Fließ (Fließ 2006) und
- ‚Service Engineering. Innovationsmanagement für Industrie und Dienstleister' von M. Schmid (Schmid 2005).

Kontrollfragen

K 13-1
Dienstleistungen werden üblicherweise drei gemeinsame Eigenschaften zugeschrieben: Es handelt sich um immaterielle Leistungen. Die meisten Dienstleistungen erfordern eine Teilnahme des Kunden. Schließlich werden sie zum selben Zeitpunkt vom Anbieter erstellt und vom Kunden in Anspruch genommen.

Welche Konsequenzen haben diese drei Eigenschaften für die Prozesse, in denen Dienstleistungen konzipiert und durchgeführt werden?

K 13-2
Warum wird im Service Engineering zwischen Ergebnis-, Prozess- und Potenzialdimension einer Dienstleistung unterschieden? Was bedeutet diese Unterscheidung für die Konzipierung von Dienstleistungen?

K 13-3
Was bedeutet die in der Literatur über Dienstleistungsmanagement gängige Metapher ‚Augenblick der Wahrheit'?

K 13-4
Erläutern Sie die Problematik, die mit der Standardisierung von Dienstleistungen verbunden ist.

K 13-5
Was bedeutet Modularisierung von Dienstleistungen und was sind deren Vorteile?

K 14-1
Was sind Blueprints und worin besteht ihr Nutzen für die Gestaltung von Dienstleistungsprozessen?

VII   Prozesse zur Durchführung von Projekten

15   Prozess ‚Projekt planen und überwachen'

In bestimmten Prozessen zur Herstellung von Produkten bzw. zur Erbringung von Dienstleistungen sind Aufgabenstellungen zu lösen, die inhaltlich komplex sind und bei denen deshalb viele verschiedene Tätigkeiten koordiniert werden müssen. In diesen Fällen bietet es sich an, die entsprechenden Prozesse in Form von Projekten durchzuführen.

Diese Voraussetzung ist insbesondere bei den Prozessen ‚neues Produkt entwickeln' und ‚Fertigung vorbereiten' gegeben, sodass diese Prozesse regelmäßig in Form von Projekten durchgeführt werden (sollten). Bei der Fertigung von Produkten sind Projekte besonders bei Bauvorhaben, im Anlagenbau und bei Softwarelösungen typisch. Auch komplexe Dienstleistungen wie z. B. Unternehmensberatungen finden häufig in Projektform statt.

Die DIN 69901 definiert ein Projekt als „ein Vorhaben, das im Wesentlichen durch die Einmaligkeit der Bedingungen in ihrer Gesamtheit definiert ist." (DIN 69901 1987, S. 1) Diese etwas trockene Definition beschreibt zutreffend, was ein Projekt ausmacht.

- Ein Projekt hat ein festgelegtes Ziel.
- Die zu lösende Aufgabe ist umfangreich.
- Sie ist – jedenfalls in derselben Form – vorher noch nicht gelöst worden.
- Ein Projekt hat einen Anfang und ein Ende und ist insofern zeitlich begrenzt.
- Dem Projekt stehen vorgegebene Mittel zur Verfügung.
- Im Projekt arbeiten in der Regel Fachleute aus verschiedenen Disziplinen.

(Casutt 2005, S. 8)
Anwendungsfälle für den im Folgenden beschriebenen Prozess sind Projekte, in denen

- ein materielles Erzeugnis oder Software entwickelt,
- die Serien- bzw. Massenfertigung eines Produkts vorbereitet,
- die Errichtung eines Gebäudes oder der Bau einer Straße geplant,
- eine Film- oder Fernsehproduktion durchgeführt oder
- eine Großveranstaltung wie etwa eine Messe, eine Fachtagung oder ein Marathonlauf organisiert wird.

Ein wichtiger Punkt ist, ob alle Prozesse, in denen es um ‚einmalige' Vorhaben geht, tatsächlich immer in Form von Projekten ausgeführt werden müssen. Diese Frage stellt sich z. B. oft in Unternehmen, die neue Produkte entwickeln. Hier ist zu entscheiden, inwieweit bei ‚kleinen' Entwicklungsaufgaben darauf verzichtet werden kann, sie in Projektform durchzuführen. Denn oft ist es zweckmäßig, „eine Grenze nach unten zu ziehen und für kleinere Vorhaben den ‚Überbau' der Projektorganisation zu vermeiden." (Casutt 2005, S. 8f.) Wo diese Grenze jeweils liegen soll, muss im Unternehmen individuell festgelegt werden. Es ist möglich, ein festes Kriterium zu definieren (z. B. ein bestimmtes Auftragsvolumen) oder jedes Mal eine Einzelfallentscheidung zu treffen.

Ergebnisse und Kunden des Prozesses
Die angestrebten Ergebnisse des Prozesses bestehen darin, dass
- die Aufgabenstellung des Projekts gelöst ist und hierbei
- der festgelegte Fertigstellungstermin sowie die vorgesehenen Kosten eingehalten werden.

Um welche Ergebnisse es sich hierbei im Einzelnen handelt und welchen (internen oder externen) Kunden diese Ergebnisse zu liefern sind, hängt von dem Prozess ab, der in Form eines Projekts durchgeführt wird.

Durchführung des Prozesses
Die Bewältigung der in einem Projekt zu meisternden Komplexität kann eine enorme Herausforderung sein. Nicht umsonst scheitern viele Projekte. Softwareprojekte, die nach jahrelanger Arbeit ohne jedes Ergebnis eingestellt werden, oder Bauvorhaben, die Jahre später als vorgesehen fertig werden, sind Beispiele dafür. Um zu verhindern, dass ein Projekt mit einem Fiasko endet, müssen durch den Prozess ‚Projekt planen und überwachen' zwei zentrale Voraussetzungen für eine erfolgreiche Projektabwicklung geschaffen werden:
- Im Vorfeld des Projekts muss die komplexe Projektaufgabe in sinnvolle Teile aufgeteilt werden. Darüber hinaus ist sorgfältig zu planen, in welcher Reihenfolge und zu welchen Terminen die einzelnen Vorgänge im Projekt stattfinden sollen.
- Während der eigentlichen Projektabwicklung muss die Umsetzung der Planung sorgfältig überwacht werden, sodass bei Abweichungen und Verzögerungen sofort reagiert und Gegenmaßnahmen eingeleitet werden können.

In der Literatur über Projektmanagement ist es üblich, den Prozess zur Abwicklung eines Projekts in folgende vier Phasen zu unterteilen:
- Startphase
- Planungsphase
- Durchführungsphase
- Abschlussphase

(Braehmer 2005, S. 11; Casutt 2005, S. 14f.; Heerkens 2002, S. 12)
Die folgende Beschreibung des Prozesses folgt dieser Phaseneinteilung.

Ein Projekt wird dadurch initiiert, dass ein Prozess zur Erstellung betrieblicher Leistungen durchgeführt werden soll, der aufgrund seiner Einmaligkeit und seines Umfangs die Organisationsform eines Projekts nahelegt. Anlässe für ein Projekt sind etwa, dass die Entscheidung getroffen wurde, ein neues Standardprodukt anzubieten, und nun dessen Entwicklung ansteht, oder dass der externe Kunde ein Angebot z. B. zum Bau einer industriellen Anlage angenommen hat.

15 Prozess ‚Projekt planen und überwachen'

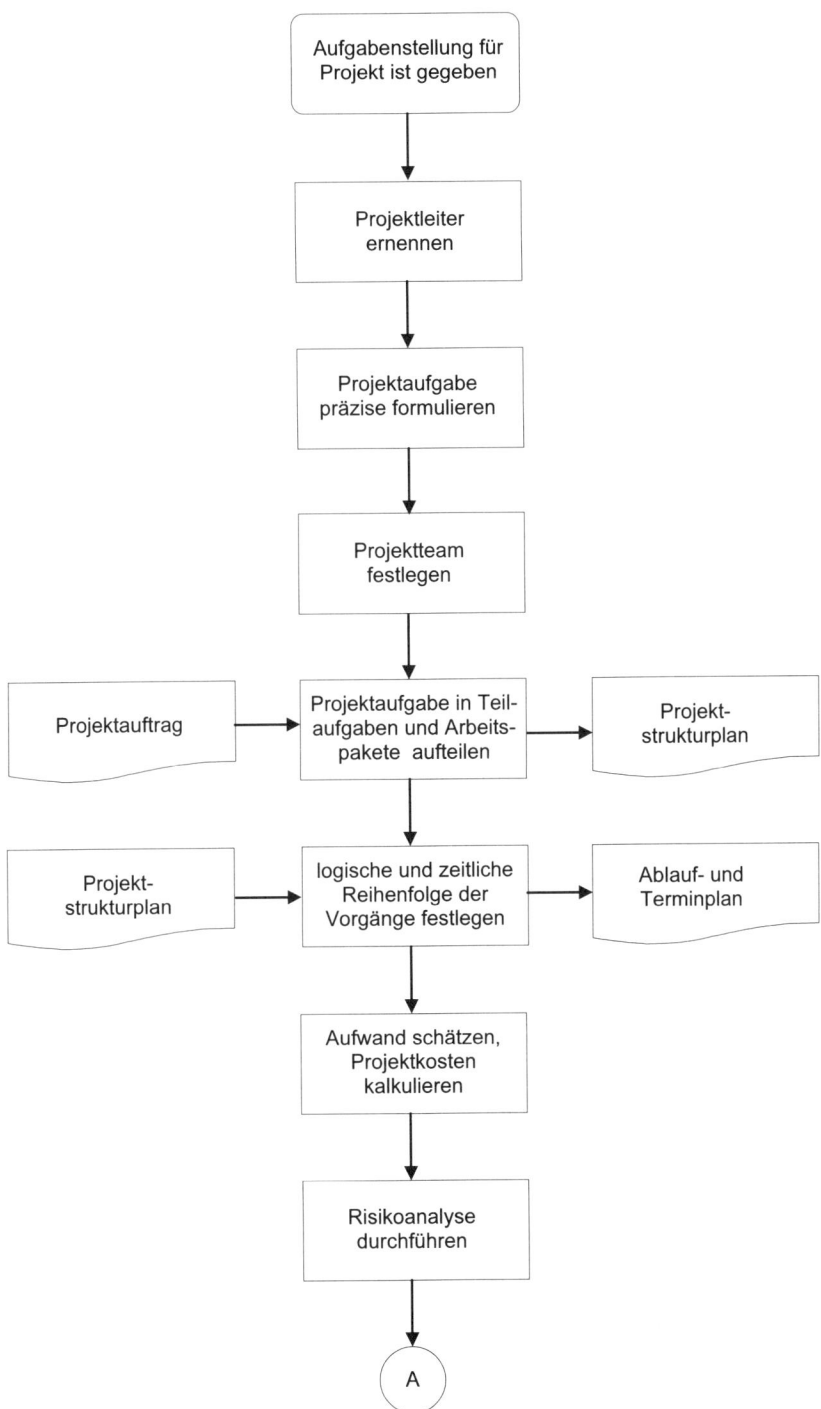

Abb. 15-1: Prozess ‚Projekt planen und überwachen'

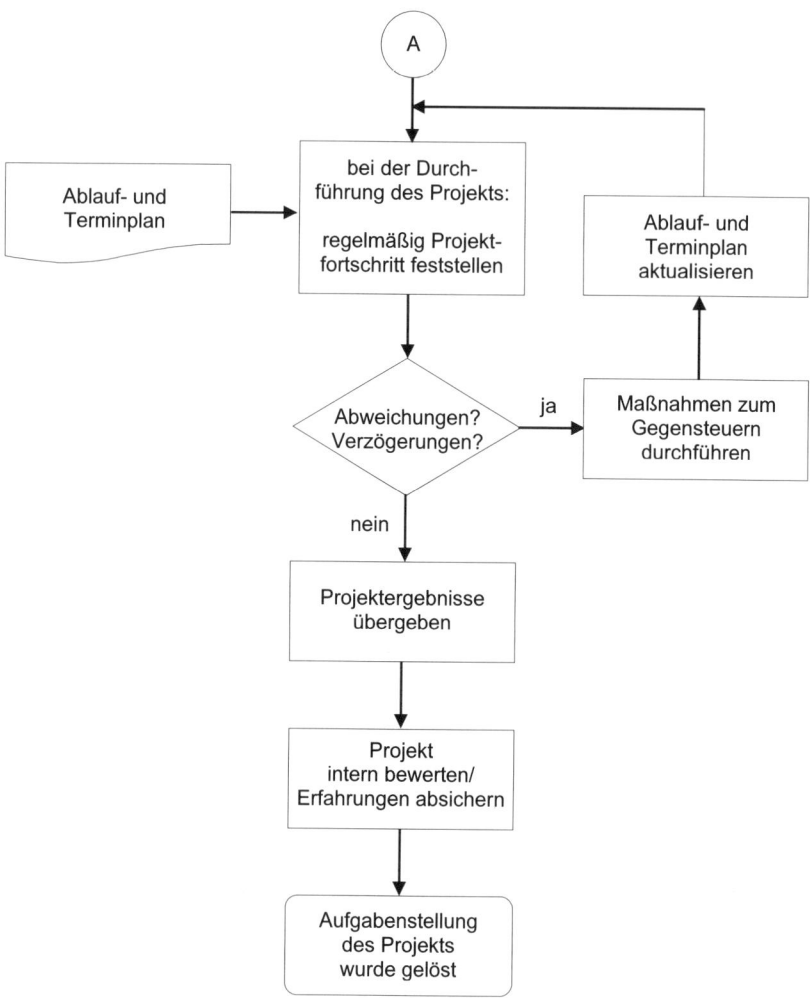

Abb. 15-1: (Fortsetzung)

Die Startphase dient dazu festzulegen,

- wer das Projekt leiten wird,
- was genau in dem Projekt gemacht werden soll und
- wie sich das Projektteam zusammensetzen soll.

Zu Beginn des Projekts ist zu entscheiden, wer Projektleiter werden soll. Der Projektleiter ist die Person, die dafür verantwortlich ist (oder gemacht wird), dass das Projekt erfolgreich ist oder scheitert. Er wird die Tätigkeiten im Projekt planen und koordinieren, er wird die Mitglieder des Projektteams anleiten, er wird Ansprechpartner für den (internen oder externen) Kunden sein und er hat dafür zu sorgen, dass die Ziele des Projekts unter Einhaltung des Termin- und Kostenrahmens erreicht werden.

Vom Projektleiter wird insofern auf unterschiedlichen Gebieten viel verlangt. Er muss über fachliche Kompetenzen und Erfahrung, aber auch über ausgeprägte kommunikative Fähigkeiten verfügen. Unerlässlich ist auch, dass ihm ausreichende Weisungs- und Entscheidungsbefugnisse übertragen werden. Findet das Projekt innerhalb eines funktional aufgebauten Unternehmens statt, besteht ein typisches Problem darin, dass der Projektleiter bezüglich seiner Kompetenzen gegenüber den Abteilungsleitern zu schwach ausgestattet und auf deren ‚guten Willen' angewiesen ist, was den Zugriff auf (personelle und materielle) Ressourcen angeht. Wenn bei diesen beiden Punkten – der Auswahl des Projektleiters und der Ausgestaltung seiner Befugnisse – „in der Phase der Projektbegründung Fehler gemacht werden, ist das Projekt häufig bereits von Anfang an zum Scheitern verurteilt." (Burghardt 2002, S. 63)

Der nächste Prozessschritt besteht darin, die Projektaufgabe präzise zu formulieren. Dazu muss sich der Projektleiter mit dem Auftraggeber für das Projekt (also dem internen oder externen Kunden) darauf verständigen, zu welchen Resultaten das Projekt führen soll und unter welchen zeitlichen und finanziellen Rahmenbedingungen sie erreicht werden sollen.

Die im Projekt zu lösende Aufgabenstellung sollte ‚eigentlich' aufgrund der vorhergehenden Prozesse klar sein – im Falle eines zu entwickelnden Standardprodukts durch die Anforderungsliste, bei einer zu errichtenden Anlage durch das vom Kunden angenommene Angebot. Dennoch ist es empfehlenswert, sich davon zu überzeugen, ob die Projektinhalte wirklich hinreichend klar sind, d. h.,

- welche Leistungen vom Projekt erwartet werden und – ebenso wichtig –
- was *nicht* Projektinhalt sein soll,
- zu welchen Terminen die Ergebnisse des Projekts vorliegen sollen und
- was das Projekt insgesamt kosten darf.

Gefährlich sind in diesem Zusammenhang vermeintliche Selbstverständlichkeiten. Oft zeigt sich am Ende des Projekts, dass tatsächlich recht verschiedene Erwartungen an die Projektergebnisse bestehen. Aus diesem Grunde ist es ausgesprochen sinnvoll, in der Startphase den Projektauftrag schriftlich zu fixieren und dadurch die wesentlichen Eckdaten des Projekts für alle Beteiligten nachvollziehbar zu machen.

Ist die Projektaufgabe definiert, muss festgelegt werden, wie das Projektteam zusammengesetzt sein soll. Ein Projektteam besteht in der Regel aus Vertretern unterschiedlicher Disziplinen bzw. Abteilungen. Der Projektleiter muss sich darüber klar werden, wie viele Mitarbeiter mit welchen Qualifikationen in welchen Zeiträumen voraussichtlich benötigt werden. Ein häufiger Fehler hierbei ist, dass nur fachliche Kompetenzen bedacht werden. Stattdessen sollte auf eine „gute Mischung" verschiedenartiger Persönlichkeiten geachtet werden, die sich ergänzen und deshalb im Team gut zusammenarbeiten können (Casutt 2005, S. 24).

Die folgenden vier Schritte umfassen die Planungsphase des Projekts und dienen dazu, die organisatorischen Bedingungen für dessen Ausführung zu schaffen.

Im Einzelnen geht es darum,

- den Projektauftrag in Teilaufgaben und Arbeitspakete aufzuteilen,
- diese in eine logische und zeitliche Reihenfolge zu bringen,
- den Aufwand für das Projekt zu schätzen und dessen Kosten zu kalkulieren und
- eine Risikoanalyse für das Projekt durchzuführen.

Die Planungsphase beginnt mit der Aufgliederung der Gesamtaufgabe des Projekts in Teilaufgaben, die ihrerseits weiterzerlegt werden, bis sich schließlich überschaubare Arbeitspakete ergeben. Diese können einzelnen Mitarbeitern bzw. Arbeitsgruppen des zu bildenden Projektteams oder auch externen Lieferanten zugewiesen werden.

Die Aufteilung der Projektaufgabe kann sich entweder an den Komponenten des Projektgegenstandes orientieren (z. B. an den Modulen des zu entwickelnden Produkts) oder nach den verschiedenen im Projekt anfallenden Tätigkeiten erfolgen (etwa nach den an der Errichtung eines Gebäudes beteiligten Gewerken) oder aufgrund einer Mischung beider Gliederungskriterien vorgenommen werden. Ergebnis dieses Prozessschritts ist der Projektstrukturplan, der die gefundene Aufteilung der Projektaufgabe in Teilaufgaben und Arbeitspakete ausweist.

Ausgehend von dem Projektstrukturplan kann im nächsten Schritt die logische und zeitliche Reihenfolge der Vorgänge festgelegt werden, die zur Lösung der Projektaufgabe notwendig sind. Dazu muss zunächst ermittelt werden,

- welche Arbeitspakete aufeinander aufbauen und welche anderen unabhängig voneinander sind und
- welcher Aufwand für die Durchführung der verschiedenen Vorgänge erforderlich ist (gerechnet etwa in Arbeitsstunden oder Tagewerken).

Auf dieser Grundlage kann geplant werden, in welcher Reihenfolge im Projekt von welchen Mitarbeitern (bzw. beauftragten Lieferanten) welche Arbeitspakete ausgeführt werden sollen und welche Anfangs- und Endtermine für die Vorgänge gelten sollen.

Bei umfangreichen Projekten ist es darüber hinaus sinnvoll, das gesamte Projekt in größere Phasen zu unterteilen, an deren Ende jeweils sogenannte Meilensteine stehen. Meilensteine sind besonders wichtige Zwischenergebnisse eines Projekts. Ist ein Meilenstein erreicht, werden die erarbeiteten Ergebnisse überprüft. Die nächste Phase wird erst in Angriff genommen, wenn diese Prüfungen positiv verlaufen sind und man sich davon überzeugt hat, dass die vorliegenden Ergebnisse in Ordnung sind. Wenn bei einem (größeren) Projekt Phasen unterschieden und Meilensteine gesetzt werden, wird dadurch die Kontrolle bei der späteren Projektdurchführung enorm erleichtert.

Die Festlegung der logischen und zeitlichen Reihenfolge der durchzuführenden Vorgänge führt zum Ablauf- und Terminplan für das Projekt. Er stellt dar, wer was wann zu tun hat. Es bietet sich an, den Projektplan grafisch zu veranschaulichen. Die gängigen Darstellungsmittel hierzu sind Balkendiagramme (die die Gleichzeitigkeit von Vorgängen sichtbar machen) und Netzpläne (die über die zeitliche Folge von Vorgängen hinaus auch deren logische Abhängigkeiten aufzeigen). Es empfiehlt sich, zur Erstellung der Projektpläne Projektmanagementsoftware zu verwenden.

Die Beziehung zwischen der inhaltlichen Gliederung der Projektaufgabe (Projektstrukturplan) und dem Ablauf- und Terminplan ist in Abb. 15-2 dargestellt.

Auf der Basis dieser beiden Pläne können im nächsten Prozessschritt der benötigte Arbeitsaufwand und daraus abgeleitet die Kosten für das Projekt kalkuliert werden. Hierzu muss geschätzt werden, wie viel Arbeitszeit und welche Sachmittel voraussichtlich für die Ausführung der Arbeitspakete anfallen werden, sodass z. B. auf Basis interner Verrechnungssätze oder von Marktpreisen die Projektkosten berechnet werden können. Ausgehend davon lässt

15 Prozess ‚Projekt planen und überwachen'

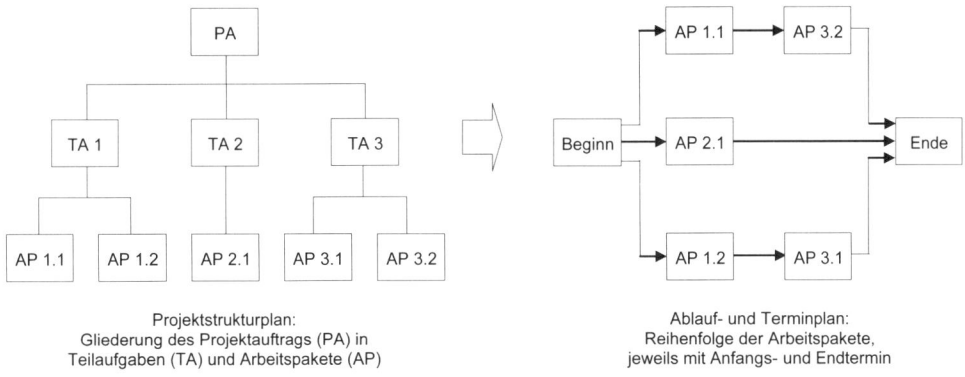

Abb. 15-2: Beziehung von Projektstrukturplan und Ablauf- und Terminplan (nach Burghardt 2002, S. 288)

sich ein Kostenverlaufsplan für das Projekt erstellen, aus dem hervorgeht, welche Finanzmittel während des Projekts wann und für was eingesetzt werden müssen.

Wenn die im Projekt zu erledigenden Tätigkeiten und ihre Reihenfolge festgelegt worden sind und die Projektkosten kalkuliert wurden, ist die Planungsphase im Wesentlichen abgeschlossen. Dies ist ein guter Zeitpunkt, sich über die Risiken Gedanken zu machen, die den Erfolg des Projekts gefährden könnten. Ein Projekt findet stets „in einer Umgebung permanenter Unsicherheit" statt (Heerkens 2002, S. 18), und böse Überraschungen sind immer möglich. Grund genug, eine Risikoanalyse zum bevorstehenden Projekt durchzuführen und sich zu überlegen,

- welche Gründe den Erfolg des Projekts gefährden könnten,
- sodass man Maßnahmen treffen kann, um den Eintritt dieser Risiken unwahrscheinlicher zu machen und/oder dafür zu sorgen, dass diese geringeren Einfluss auf das Projekt haben werden.

Die vier geschilderten Prozessschritte zur Planung des Projekts sind für den Projekterfolg von sehr großer Bedeutung. Dennoch werden diese Prozessschritte oft unzulänglich ausgeführt. Dafür gibt es mehrere mögliche Gründe.

Eine Ursache dafür ist, dass die Projektplanung „nicht immer ernst genug genommen" und als „eine Art ‚Nebenbeschäftigung'" des Projektleiters angesehen wird (Elzer 1989, S. 184). Eine andere Ursache besteht darin, dass oft in den Vorgängerprozessen bereits für die Entwicklung eines neuen Produkts oder für den Abschluss eines Kundenauftrags ‚unmögliche' Termine festgelegt worden sind. Dann gibt es gar keine Chance mehr, eine an den Realitäten ausgerichtete Planung zu erstellen. Die Folgen für das Projekt sind in jedem Fall fatal. Von einer schlechten bzw. unrealistischen Planung erholt sich ein Projekt bis zu seinem Ende normalerweise nicht mehr.

Nachdem die Risikoanalyse durchgeführt worden ist, kann die Durchführungsphase beginnen. In dieser Phase werden die Arbeiten ausgeführt, die die eigentlichen Inhalte des Projekts ausmachen. Bei einem Projekt, in dem ein neues Produkt entwickelt wird, gestalten die Projektmitarbeiter die Module und überprüfen, wie diese zusammenspielen. Bei einem Straßenbauprojekt wird der Dammkörper aufgeschüttet, die Deckschicht asphaltiert, werden Unter-

und Überführungen gebaut, Lärmschutzwände aufgestellt usw. Wenn in einem Projekt eine Großveranstaltung vorbereitet wird, ist der Veranstaltungsort auszuwählen und zu reservieren, sind Werbematerialien zu erstellen, muss der Verkauf der Eintrittskarten veranlasst werden, sind Helfer anzuwerben usw.

Aus organisatorischer Sicht geht es bei der Durchführung eines Projekts darum, dafür zu sorgen, dass

- die vorgesehenen Zwischenergebnisse (Meilensteine) erreicht werden und auf diese Weise der Projektauftrag konsequent umgesetzt wird,
- die geplanten Projektvorgänge innerhalb der vorgesehenen Zeiträume durchgeführt werden und zu den vorgesehenen Terminen abgeschlossen sind und
- der definierte Kostenrahmen nicht überschritten wird.

Aufgrund der Komplexität der in einem Projekt zu lösenden Aufgabenstellung ist es nahezu unvermeidlich, dass es bei der Durchführung eines Projekts immer wieder dazu kommt, dass die Sollvorgaben für das Projekt und der tatsächlich gegebene Stand nicht übereinstimmen – z. B. weil bestimmte Tätigkeiten sich als komplizierter als gedacht herausstellen und deshalb länger dauern, weil Arbeiten durchgeführt werden müssen, die bei der Erstellung der Projektpläne nicht bedacht wurden, weil eingeplante Mitarbeiter, Betriebsmittel oder Materialien nicht zur Verfügung stehen oder aus vielen anderen Gründen mehr.

Entscheidend ist deshalb, dass während der Projektdurchführung ein Überwachungszyklus eingerichtet wird, durch den der Projektleiter (etwa durch Teambesprechungen oder schriftliche Rückmeldungen) in einem regelmäßigen Turnus über den Projektfortschritt informiert wird. Treten Abweichungen oder Terminverzögerungen auf, kann durch ‚geeignete' Maßnahmen gegengesteuert werden, indem etwa bereits ausgeführte Vorgänge wiederholt, zusätzliche Mitarbeiter bereitgestellt, Aufgaben umverteilt bzw. zeitlich verschoben oder auch Abstriche beim Leistungsumfang des Projekts vorgenommen werden. Anschließend ist der Ablauf- und Terminplan zu aktualisieren, sodass auf Grundlage der dem neuen Stand angepassten Planung die Rückkopplungsschleife erneut durchlaufen werden kann.

Ausschlaggebend ist, dass eingetretene Abweichungen und Terminverzögerungen so rasch wie möglich nach ihrem Auftreten erkannt und unverzüglich Gegenmaßnahmen eingeleitet werden. Wenn schnell reagiert wird, ist es meistens ohne größere Schwierigkeiten möglich, die vorgegebenen Projektergebnisse doch noch zu erreichen, gefährdete Termine zu retten oder verlorene Zeit wieder aufzuholen. Falls jedoch die aufgetretenen Probleme längere Zeit unbemerkt bleiben bzw. nicht sofort etwas unternommen wird, vergrößern und vermehren sich die Probleme, und es dauert nicht mehr lange, bis aus dem Projekt ein hoffnungsloser Fall geworden ist.

Die Abschlussphase eines Projekts besteht aus zwei Prozessschritten:

- Die Projektergebnisse werden dem Auftraggeber übergeben.
- Das abgeschlossene Projekt sollte intern bewertet werden, um die Erfahrungen abzusichern.

Mit der Übergabe der Projektergebnisse an den (internen oder externen) Kunden wird festgestellt, ob der Projektauftrag erfüllt wurde. Wie dies geschieht, hängt stark vom Projektgegenstand ab. Im Falle der Entwicklung eines neuen Standardprodukts erfolgt ein unternehmensinternes Annahmeverfahren. Wenn das Projekt im Auftrag eines externen Kunden durchgeführt wurde wie z. B. ein Straßenbauprojekt, sind üblicherweise im Angebot die Kriterien festgelegt, nach denen die erbrachten Leistungen als vertragsgemäß abgenommen werden.

Mit der Übergabe der Projektergebnisse ist das Projekt bezüglich der vorgegebenen Aufgabenstellung abgeschlossen, das Projektteam wird aufgelöst und die im Projekt gebundenen Ressourcen stehen wieder für neue Aufgaben zur Verfügung.

Im Hinblick auf künftige Projekte ist es sinnvoll, als letzten Prozessschritt das durchgeführte Projekt intern zu bewerten. Aus betriebswirtschaftlicher Sicht ist v. a. eine Nachkalkulation wichtig, um herauszufinden, inwieweit die geplanten und die tatsächlichen Kosten des Projekts übereinstimmen und aufgrund welcher Ursachen ggf. Kostenüberschreitungen entstanden sind.

Darüber hinaus sollten (etwa bei einer Abschlussbesprechung des Projektteams) die Erfahrungen aus dem Projekt zusammengefasst werden, um die ‚Lessons learned' für künftige Vorhaben nutzbar zu machen. Die Nachbearbeitung sollte so rasch wie möglich nach dem Ende des Projekts stattfinden. Denn die Lernerfahrungen sind „sehr verderblich". Wenn die Mitarbeiter in einem neuen Projekt eingesetzt werden, tritt das letzte Projekt schnell in den Hintergrund und die gewonnenen Einsichten „lösen sich ... wie Morgennebel auf. Wir müssen schnell handeln, um hier Lerneffekte zu erzielen." (Reinertsen 1998, S. 141)

Weiterführende Literatur zu Teil VII

Zum Thema Projektmanagement findet der Leser eine Reihe umfassender und verständlicher Darstellungen.

Besonders zum Weiterlesen geeignet sind

- ‚Intelligentes Projektmanagement' von C. Aichele (Aichele 2006),
- ‚Projektmanagement für kleine und mittlere Unternehmen' von U. Braehmer (Braehmer 2005),
- ‚Einführung in Projektmanagement. Definition, Planung, Kontrolle, Abschluss' von M. Burghardt (Burghardt 2002),
- ‚Handbuch Projektmanagement' von J. Kuster u. a. (Kuster 2006),
- ‚Projektmanagement. Methoden. Techniken, Verhaltensweisen' von H.-D. Litke (Litke 2004),
- der von H.-D. Litke herausgegebene Sammelband ‚Projektmanagement. Handbuch für die Praxis' (Litke 2005) und
- darin besonders der ausgezeichnete Übersichtsaufsatz ‚Projekt – oder geht es auch einfacher?' von C. Casutt (Casutt 2005).

Zu empfehlen sind auch die Bücher von T. DeMarco

- ‚Spielräume. Projektmanagement jenseits von Burn-out, Stress und Effizienzwahn' (DeMarco 2001),
- ‚Wien wartet auf Dich! Der Faktor Mensch im DV-Management' (DeMarco/Lister 2001) und

- ‚Bärentango. Mit Risikomanagement Projekte zum Erfolg führen' (DeMarco/Lister 2003).

Diese Bücher genießen unter Ingenieuren und Informatikern Kultstatus, da sie darin ihre Erfahrungen bei der Durchführung von Projekten wiedererkennen. In dem Roman ‚Der Termin' wird das Thema erzählerisch aufgearbeitet (DeMarco 1998). Die Hauptperson bekommt in einem fiktiven Land den Auftrag, mehrere sehr große Softwareprojekte zu leiten. Die Probleme, mit denen jeder Projektleiter zu kämpfen hat, werden sehr treffend geschildert, etwa der Druck, ‚von oben' vorgegebene ‚unmögliche' Termine zu halten, die Schwierigkeiten, einen guten Terminplan zu machen, das Austarieren von Personal und Arbeitsanfall oder persönliche Konflikte innerhalb des Projektteams. Das Buch ist auch recht unterhaltsam geschrieben – es lohnt sich, es zu lesen.

Kontrollfragen

K 15-1
Warum ist es notwendig, bestimmte betriebliche Prozesse in Form von Projekten durchzuführen?

K 15-2
Nennen Sie einige typische Gründe, derentwegen Projekte scheitern.

K 15-3
Welcher Zusammenhang besteht zwischen dem Projektstrukturplan und dem Ablauf- und Terminplan eines Projekts?

K 15-4
Was ist während der Durchführung eines Projekts zu tun, damit der Projektauftrag wie vorgesehen ausgeführt werden kann?

VIII   Lieferantenbezogene Prozesse

Um die Prozesse zur Herstellung von Produkten bzw. zur Erbringung von Dienstleistungen ausführen zu können, muss das Unternehmen auf Beschaffungsgüter zurückgreifen, die von anderen Betrieben bereitgestellt werden. Diese Betriebe werden im Folgenden als (externe) Lieferanten bezeichnet.

Bei den Beschaffungsgütern lassen sich folgende Fallgruppen unterscheiden:

- Materialien
  Hierbei handelt es sich um materielle Güter, die in die Produktherstellung bzw. in das Erbringen von Dienstleistungen eingehen und dabei verbraucht werden.
  Beispiele: Ein Fertigungsbetrieb bezieht von seinen Lieferanten Stahlblechtafeln und vorgefertigte Bauteile, um damit Handygehäuse zu fertigen. Ein Restaurant kauft Nahrungsmittel und Getränke.
- Betriebsmittel
  Darunter sind Maschinen, Werkzeuge und weitere Ausstattungsgüter zu verstehen, mit deren Hilfe Produkte gefertigt und Dienstleistungen durchgeführt werden.
  Beispiele: Ein Produktionsunternehmen beschafft Maschinen zur Metallbearbeitung, ein Fitnessstudio Trainingsgeräte, ein Wachdienstbetrieb Hunde und Bewaffnung.
- Ergebnisse ausgelagerter Prozesse (Outsourcing)
  Outsourcing steht für die „Auslagerung von bisher im Unternehmen erbrachten Leistungen an einen externen Dritten." (Zahn 1999, S. 5) Das Unternehmen beauftragt einen anderen Betrieb mit der Ausführung bestimmter Prozesse und nutzt die vom Lieferanten bereitgestellten Prozessergebnisse.
  Beispiele: Ein Betrieb, der Leuchten herstellt, lässt diese von einem externen Dienstleister lackieren. Ein Pharmaunternehmen lässt die hergestellten Medikamente von einer Fremdfirma verpacken. Eine Firma, die Gebäude renoviert, stellt die Gerüste nicht selber auf, sondern lässt sie von einem anderen Unternehmen montieren.

Jedes Unternehmen muss entscheiden, welche Materialien und Betriebsmittel selbst erstellt und welche bezogen werden sollen. Darüber hinaus ist abzuwägen, welche Prozesse vom Unternehmen selbst durchgeführt und welche auf Lieferanten verlagert werden sollen. Entsprechende Make-or-Buy-Entscheidungen sind für das Unternehmen von grundlegender Bedeutung und insofern der Festlegung der Unternehmensstrategie zuzuordnen (Kap. 1.4).

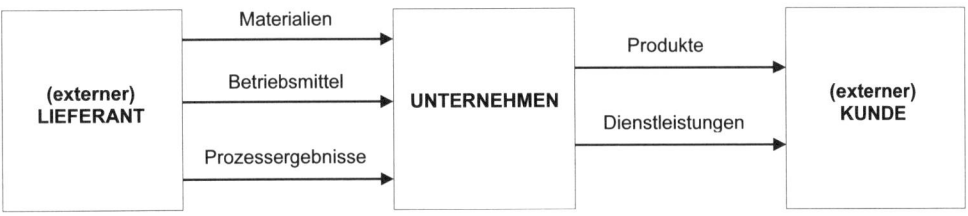

Ein Unternehmen stellt für seine Kunden Produkte und/oder Dienstleistungen bereit. Es ist seinerseits selbst Kunde seiner Lieferanten, von denen es Materialien, Betriebsmittel und/oder Prozessergebnisse erhält. Insofern sind die Prozesse, in denen das Unternehmen bei seinen Lieferanten Leistungen auslöst, spiegelbildlich zu den Prozessen, mit denen die Kunden beim Unternehmen die Herstellung von Produkten bzw. die Erbringung von Dienstleistungen initiieren.

In den Kap. 7 und 8 wurden nach dem Kriterium, ob der Kunde entweder standardisierte oder individualisierte Produkte bzw. Dienstleistungen erhält, zwei verschiedene Prozesse beschrieben. Dieselbe Unterscheidung wird auch in den folgenden Kap. 16 und 17 vorgenommen.

Bei dem in Kap. 16 dargestellten Prozess ‚Lieferant auf Basis eines Angebots beauftragen' geht es darum, dass das Unternehmen auf der Grundlage eingeholter Angebote entscheidet, welchem Lieferanten der Auftrag zur Bereitstellung individualisierter Beschaffungsgüter erteilt werden soll. (Dieser Prozess ist analog zu dem Prozess, in dem das Unternehmen für seine Kunden Angebote erstellt [Kap. 8]).

Durch den in Kap. 17 beschriebenen Prozess ‚beim Lieferanten bestellen' wird die Vorgehensweise festgelegt, in der das Unternehmen die Bereitstellung standardisierter Güter veranlasst. (Der Prozess entspricht auf der Kundenseite dem Prozess ‚Kundenbestellung annehmen' [Kap. 7]).

Nachdem der Lieferant den Auftrag bzw. die Bestellung des Unternehmens ausgeführt hat, müssen die bereitgestellten Beschaffungsgüter in das Unternehmen übernommen werden. Der Prozess ‚Wareneingangsprüfung durchführen' wird in Kap. 18 behandelt. Er dient dazu, sich zu vergewissern, ob die vom Lieferanten stammenden Materialien, Betriebsmittel und/oder Prozessergebnisse in Ordnung sind.

Die Auslagerung von bisher vom Unternehmen selbst ausgeführten Prozessen ist eine Entscheidung von weitreichender Bedeutung. Deshalb werden in Kap. 19 einige Überlegungen vorgestellt, die bei Outsourcing-Entscheidungen zu bedenken sind.

16 Prozess ‚Lieferant auf Basis eines Angebots beauftragen'

Der Prozess bezieht sich auf Beschaffungsgüter, die der Lieferant speziell für das Unternehmen entwickelt oder herstellt, individuell kombiniert oder dem Unternehmen zu speziellen Konditionen zur Verfügung stellt. Üblicherweise ist mit diesem Prozess ein eher großes Beschaffungsvolumen verbunden, das den mit dem Prozess verbundenen Aufwand rechtfertigt.

Mögliche Anwendungsfälle des Prozesses sind:

- Ein produzierendes Unternehmen möchte eine neue Maschine kaufen.
- Ein Restaurant will einem Gaststätteneinrichter den Auftrag geben, die Küche neu einzurichten.
- Ein Betrieb möchte ein Beratungsunternehmen damit beauftragen, die Einführung einer betriebswirtschaftlichen Standardsoftware zu begleiten.

16 Prozess ‚Lieferant auf Basis eines Angebots beauftragen'

Mit dem Prozess ist häufig auch die Absicht verbunden, eine längerfristige Geschäftsbeziehung zu dem Lieferanten zu etablieren, innerhalb deren dieser für das Unternehmen regelmäßige Leistungen durchführt. In diesem Fall gelten die zwischen dem Unternehmen und dem Lieferanten ausgehandelten Konditionen nicht nur für den Erstauftrag, sondern auch für die Folgeaufträge. Dazu wird häufig eine Rahmenvereinbarung getroffen, in der der jährliche bzw. monatliche Bedarf sowie die Konditionen der einzelnen Bestellungen (sogenannte Abrufe) festgelegt werden.

Beispiele hierfür sind:
- Ein Hersteller möchte bestimmte Komponenten seines Produkts dauerhaft von einem Lieferanten fertigen lassen.
- Ein Chemieunternehmen möchte einen Dienstleister damit beauftragen, in regelmäßigen Abständen kontaminierte Abfälle zu entsorgen.
- Eine Fluggesellschaft sucht ein Catering-Unternehmen, das die Bordverpflegung für die Fluggäste bereitstellen soll.

Ergebnisse und Kunden des Prozesses
Die Ergebnisse des Prozesses bestehen darin, dass
- für den zu vergebenden Auftrag derjenige Anbieter ausgewählt wurde, der im Hinblick auf Preis, Lieferzeit, Qualität sowie weitere Kriterien der günstigste ist, und
- die benötigten Beschaffungsgüter dem Unternehmen zur Verfügung stehen.

Der Leser wird erkennen, dass die Entscheidungskriterien für die Auftragsvergabe nicht widerspruchsfrei sind, sondern teilweise in Konkurrenz zueinander stehen. So wird der Lieferant, der die Beschaffungsgüter am preisgünstigsten offeriert, normalerweise nicht derselbe sein, der im Hinblick auf Qualität der beste ist. Für diesen Konflikt gilt es in dem Prozess einen Ausgleich zu finden.

Kunden des Prozesses sind die Verantwortlichen, die in den anschließenden Prozessen mit den bereitgestellten Beschaffungsgütern weiterarbeiten müssen, z. B.
- im Falle der neuen Maschine oder der vom Auftragsfertiger hergestellten Produktkomponenten die Mitarbeiter, die für den Prozess ‚Fertigung planen und steuern' zuständig sind, oder
- bei der Ausstattung der Restaurantküche die Mitarbeiter, die die dort stattfindenden Prozesse zur Durchführung der gastronomischen Dienstleistungen ausführen.
- Im Falle einer einzuführenden betriebswirtschaftlichen Standardsoftware ist der Prozess zur Auswahl des Lieferanten für alle betrieblichen Prozesse relevant, in denen mit dieser Software gearbeitet wird.

Der Prozess beginnt mit der Feststellung, dass bestimmte Beschaffungsgüter vom Unternehmen benötigt werden, die nicht einfach als Standardprodukte bzw. Standarddienstleistungen eingekauft werden können.

Der Bedarf nach individualisierten Beschaffungsgütern kann durch verschiedene Anlässe verursacht werden, z. B.
- durch die Bestellung bzw. den Auftrag eines externen Kunden,
- durch die Absicht, neue Betriebsmittel einzusetzen oder die vorhandenen zu modernisieren,

- aufgrund der getroffenen Entscheidung, bisher vom Unternehmen selbst durchgeführte Prozesse künftig Lieferanten zu übertragen, u. a. m.

Im ersten Schritt des Prozesses sind die Anforderungen an die zu beschaffenden Leistungen festzulegen. Hierzu ist ausgehend von der jeweiligen Aufgabenstellung zu ermitteln, welche Leistungen von den Lieferanten erwartet werden und in welchen Mengen bzw. zu welchen Zeiten diese durchgeführt werden sollen. Die Anforderungen an die Beschaffungsgüter werden in einer Anfrage zusammengefasst, mit der das Unternehmen an infrage kommende Lieferanten herantreten kann.

Allerdings wird dieser Prozessschritt nicht immer mit der gebotenen Sorgfalt durchgeführt. Die häufig „unbefriedigenden Ergebnisse der Anfragetätigkeit" (Arnolds 1998, S. 227) sind in der Regel darauf zurückzuführen, dass man sich bei der Ermittlung der Anforderungen nicht genügend Mühe gibt und deshalb auch nicht klar formuliert ist, was das Unternehmen eigentlich will. Damit verursacht das Unternehmen bei seinen Lieferanten dieselben Probleme, vor die es selbst bei der Angebotsbearbeitung von seinen Kunden gestellt wird (Kap. 8). Da vom Unternehmen z. B. Anforderungen als selbstverständlich vorausgesetzt bzw. aufgrund mangelnden Interesses nicht explizit erwähnt werden, sind die Informationen, die den Lieferanten zur Bearbeitung der Anfrage zur Verfügung gestellt werden, oft lückenhaft und unzureichend – zum Nachteil für beide Beteiligten.

Durchführung des Prozesses

Im nächsten Schritt werden mögliche Lieferanten dazu aufgefordert, Angebote zur Anfrage abzugeben. Es liegt nahe, sich zunächst an die Lieferanten zu wenden, zu denen bereits Geschäftsbeziehungen bestehen. Ist dies nicht möglich bzw. wird dies als nicht sinnvoll betrachtet, muss über eine Marktrecherche herausgefunden werden, welche Lieferanten die benötigten Beschaffungsgüter anbieten. Darüber hinaus ist es möglich, etwa über Ausschreibungen in Printmedien oder im Internet Kontakt zu bisher unbekannten Unternehmen herzustellen, die als Lieferanten infrage kommen.

Die von den Lieferanten abgegebenen Angebote werden geprüft und verglichen. Hierbei ist festzustellen, in welchen der Angebote eine zur Aufgabenstellung des Unternehmens gut passende, einleuchtende Lösung beschrieben wird und welche Angebote im Hinblick auf Preis, Qualität, Lieferzeiten sowie weitere Kriterien am attraktivsten sind.

Mit den in die engere Wahl gekommenen Lieferanten werden anschließend Vergabeverhandlungen geführt. Ebenso wie der Kunde in den Angebotsverhandlungen Zugeständnisse beim Unternehmen zu erreichen sucht, wird sich dieses in den Vergabeverhandlungen darum bemühen, den Lieferanten zum Entgegenkommen zu bewegen. Hierbei kann es z. B. darum gehen, dass die angebotenen Leistungen genauer an die Vorstellungen des Unternehmens angepasst werden, dass zusätzliche Leistungen oder schnellere Lieferzeiten gefordert werden und – praktisch immer – dass der Lieferant dazu gebracht werden soll, seine Preisvorstellungen zu überdenken und die Beschaffungsgüter zu einem günstigeren Preis bereitzustellen.

Nach Abschluss der Vergabeverhandlungen ist die endgültige Entscheidung zu fällen, welcher der Lieferanten den Zuschlag bekommen soll. Für den Erfolg des gesamten Prozesses ist es letztlich entscheidend, welche Auswahlkriterien bei dieser Entscheidung berücksichtigt

16 Prozess ‚Lieferant auf Basis eines Angebots beauftragen'

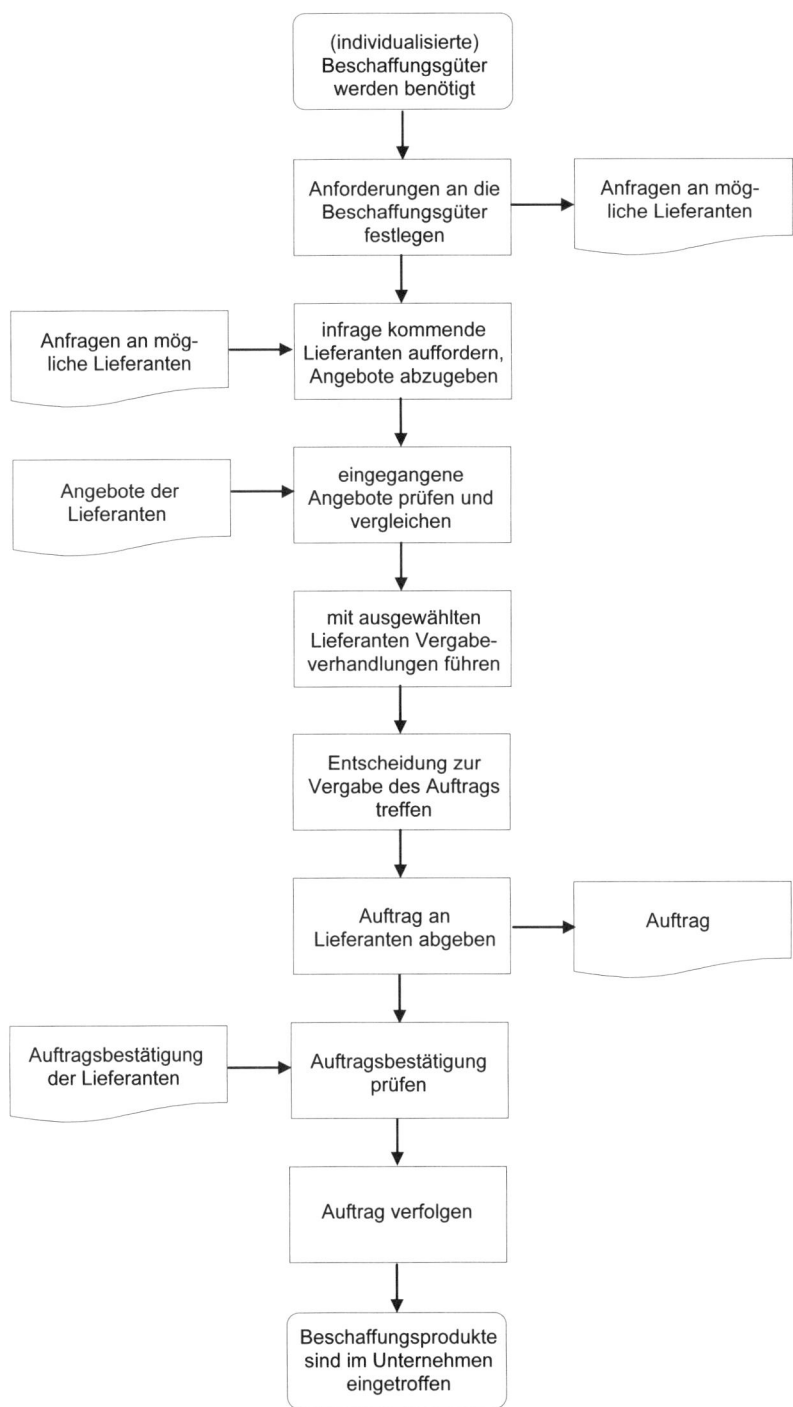

Abb. 16-1: Prozess ‚Lieferant auf Basis eines Angebots beauftragen'

werden und ob es gelingt, eine Lösung für das Problem zu finden, dass diese Kriterien teilweise in Konkurrenz zueinander stehen. Ausschlaggebend ist, dass die für die anschließenden Prozesse wichtigen Auswahlkriterien in die Vergabeentscheidung eingehen. Ist dies nicht der Fall, wird die Entscheidung für den zu beauftragenden Lieferanten mehr oder weniger ausschließlich nach preislichen Gesichtspunkten getroffen. Die Folgen hiervon sind häufig, dass aufgrund unzulänglicher Beschaffungsgüter in den Folgeprozessen Schwierigkeiten auftreten (die sich ebenfalls als Kosten bemerkbar machen und dadurch den Vorteil, das preisgünstigste Angebot ausgewählt zu haben, ggf. wieder zunichtemachen).

Werden hingegen die Anforderungen, die sich aus den Folgeprozessen ergeben, bei der Vergabeentscheidung berücksichtigt, spielen über den Preis hinaus (u. a.) folgende Auswahlkriterien eine Rolle:

- Bietet der pozentielle Lieferant eine Lösung an, die aus Sicht der Folgeprozesse optimal oder zumindest akzeptabel ist?
- Wäre der Lieferant in der Lage, zuverlässig fehlerfreie Beschaffungsgüter zu liefern?
- Ist zu erwarten, dass der Lieferant zugesagte Lieferfristen einhält?
- Passen die betrieblichen Prozesse des Unternehmens gut zu denen des Lieferanten, sodass sie sich gut aufeinander abstimmen lassen?
- Handelt es sich um ein ‚gesundes Unternehmen', das auf absehbare Zeit am Markt bestehen wird, sodass Versorgungssicherheit gegeben ist?

Insgesamt gilt es, einen angemessenen Kompromiss zwischen den sich widersprechenden Gesichtspunkten zu finden, bei dem die Interessen der verschiedenen Beteiligten möglichst vernünftig ausgeglichen werden.

Nachdem die Vergabeentscheidung getroffen ist, wird der Auftrag erteilt, was in aller Regel schriftlich geschieht. Mit dem Auftrag wird dokumentiert, zu welchen Leistungen sich der Lieferant verpflichtet und welche ergänzenden Vereinbarungen (etwa zu Zahlungsbedingungen, Qualitätssicherungsvereinbarungen) getroffen wurden. In vielen Branchen ist es üblich, dass der Lieferant auf den Auftrag mit einer Auftragsbestätigung reagiert. Diese muss auf Übereinstimmung mit dem Auftrag geprüft werden.

Mit dem letzten Prozessschritt ‚Auftrag verfolgen' wird überwacht, ob die zugesagten Beschaffungsgüter zum vereinbarten Termin bereitgestellt werden, sodass der Lieferant bei Überschreiten des Liefertermins gemahnt werden kann. Der Prozess ist abgeschlossen, wenn die Beschaffungsgüter im Unternehmen eingetroffen sind.

17 Prozess ‚beim Lieferanten bestellen'

Der im letzten Kapitel beschriebene Prozess bezog sich auf Beschaffungsgüter, die vom Lieferanten individuell auf das Unternehmen zugeschnitten werden und/oder mit einem größeren Beschaffungsvolumen verbunden sind. Im Gegensatz dazu geht es bei dem Prozess ‚beim Lieferanten bestellen' um standardisierte bzw. um geringerwertige Beschaffungsgüter. Der wesentliche Unterschied zu dem im vorherigen Kapitel dargestellten Prozess besteht darin, dass auf das Einholen von Angeboten verzichtet wird – sei es, weil die infrage kommenden Lieferanten im Prinzip identische Leistungen anbieten, sei es, weil sich Angebote angesichts des eher geringen Beschaffungswerts nicht lohnen.

17 Prozess ‚beim Lieferanten bestellen'

Der hier geschilderte Prozess ist etwa in folgenden Situationen durchzuführen:
- Der Bestellvorgang betrifft Produkte, deren Merkmale z. B. in DIN-Normen oder in VDI-Richtlinien festgelegt sind.
- Ein Unternehmen kauft sogenannte Katalogware (z. B. Werkzeuge, Prüfgeräte).
- Eine Druckerei kauft Papier, um für einen Kunden Plakate herzustellen.
- Eine Kneipe bestellt Bier.
- Eine Autowaschanlage ordert Seife und Reinigungsmittel.

Der Prozess ‚beim Lieferanten bestellen' kann sich auch an den im letzten Kapitel behandelten Prozess ‚Lieferant auf Basis eines Angebots beauftragen' anschließen. Ein typisches Beispiel dafür ist, dass auf Basis des Lieferantenangebots regelmäßige Leistungen vereinbart werden, die dann im Bedarfsfall ‚abgerufen' werden.

Ergebnisse und Kunden des Prozesses
Die Ergebnisse des Prozesses sind, dass
- die benötigten Beschaffungsgüter in der erforderlichen Menge sowie zum richtigen Zeitpunkt zur Verfügung stehen und
- gleichzeitig Verluste vermieden werden, die dadurch entstehen, dass zu viel bzw. zu früh oder zu spät bestellt wird.

Kunden dieses Prozesses sind (wiederum) die Folgeprozesse, in denen mit den Beschaffungsgütern gearbeitet wird.

In den genannten Prozessergebnissen spiegelt sich die klassische betriebswirtschaftliche Problemstellung wider,
- dass die angestrebte Versorgungssicherheit große Beschaffungsmengen nahelegt,
- während umgekehrt die gewünschten geringen Lager- und Kapitalbindungskosten die Forderung nach geringen Bestellmengen nach sich zieht.

Zu Beginn des Prozesses steht die Bedarfsmeldung, die in der Regel von den Verantwortlichen ausgelöst wird, die die Beschaffungsgüter in den Folgeprozessen benötigen.

In den beiden folgenden Prozessschritten ist zu ermitteln, welcher Bedarf an Beschaffungsgütern überhaupt besteht und in welchen Mengen und zu welchen Zeitpunkten diese bestellt werden sollen. Die Betriebswirtschaftslehre hat sich mit den Problemstellungen, die mit zu beschaffenden Materialien zusammenhängen, sehr ausführlich befasst, sodass hier nur die wichtigsten Punkte genannt werden.

Durchführung des Prozesses
Die Ermittlung der Bedarfsmenge an Materialien kann in Fertigungsbetrieben programm- oder verbrauchsorientiert erfolgen.
- Programmorientiert heißt, dass der Bedarf an Materialien aufgrund der geplanten Fertigungsaufträge bestimmt wird.
- Verbrauchsorientiert bedeutet, dass der vermutete künftige Bedarf an Materialien aus den Verbrauchsverläufen der Vergangenheit abgeleitet wird. In diesem Fall werden Bestellvorgänge ausgelöst, wenn bei gelagerten Materialien bestimmte Mindest- bzw. Meldebestände erreicht werden.

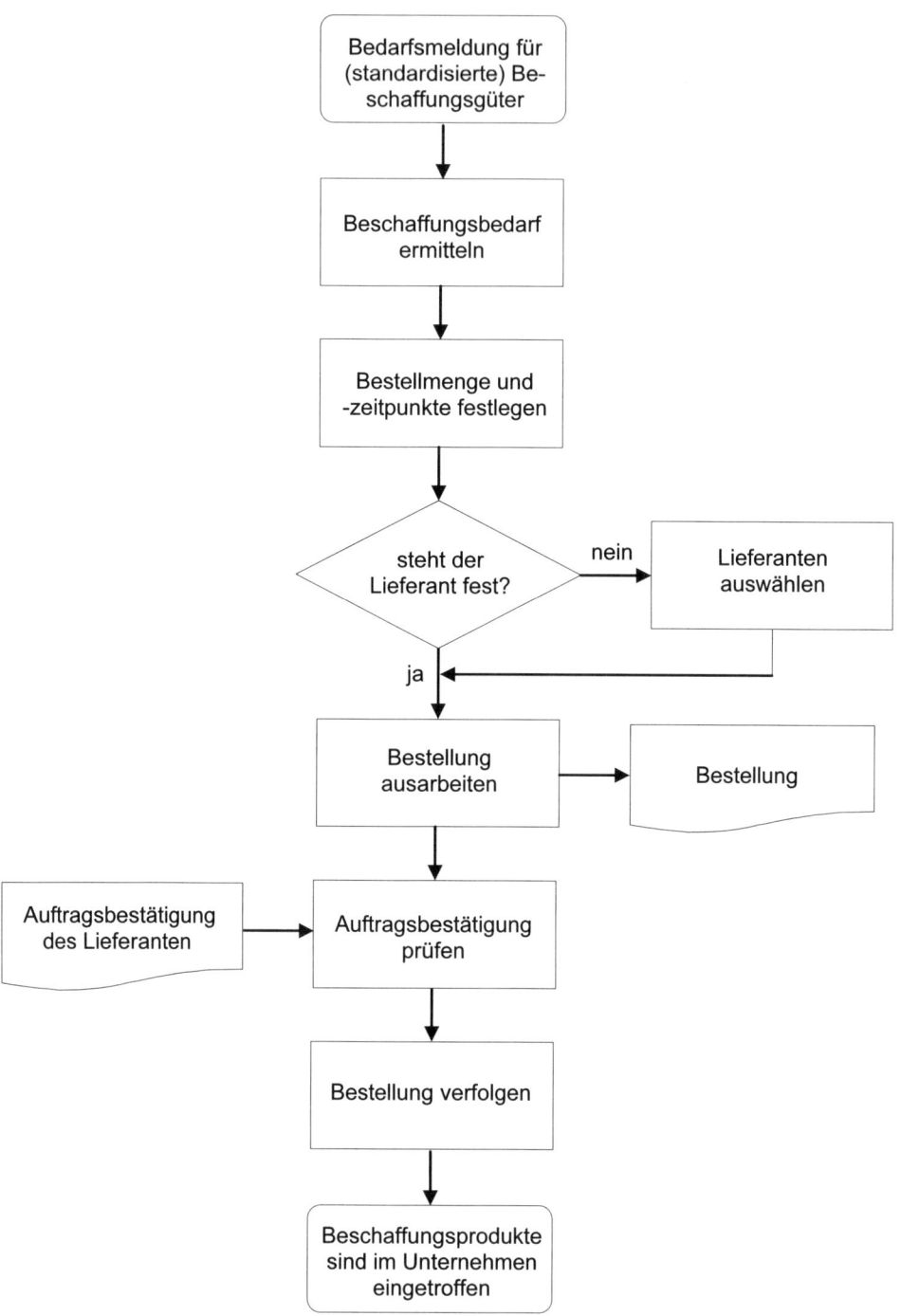

Abb. 17-1: Prozess ‚beim Lieferanten bestellen'

Bei der anschließenden Festlegung der Bestellmengen und -zeitpunkte ist zu entscheiden, ob es besser ist, größere Mengen in zeitlich langen Abständen oder kleinere Mengen in kurzen Abständen einzukaufen. Abhängig von dieser Entscheidung wendet das Unternehmen eine der möglichen Bestellstrategien an (Bestellrhythmusverfahren, Bestellpunktverfahren usw., dazu Arnolds 1998, S. 103f.).

Der überwiegende Anteil der Beschaffungsvorgänge in Fertigungsbetrieben betrifft benötigte Materialien. Insofern werden die beiden Prozessschritte, in denen die Bedarfsmengen festgelegt und materialbezogene Bestellungen ausgelöst werden, von PPS-Systemen umfassend unterstützt.

In Dienstleistungsunternehmen spielen Bestellvorgänge – besonders wenn der materielle Anteil der Dienstleistung gering ist – üblicherweise keine so wichtige Rolle wie in Unternehmen, die Produkte herstellen. Ungeachtet dessen ist es möglich, die eigentlich für die Produktherstellung konzipierten betriebswirtschaftlichen Methoden auch bei Bestellvorgängen von Dienstleistern einzusetzen.

Es gibt vermutlich nur wenige andere Problemstellungen in der Betriebswirtschaftslehre, zu denen so viele einsetzbare Berechnungsmethoden zur Verfügung stehen wie zur Ermittlung des Materialbedarfs sowie zur Bestimmung der optimalen Bestellmengen und -termine. Man sollte sich jedoch darüber im Klaren sein, dass der Einsatz dieser Methoden voraussetzt, dass – ebenso wie bei dem im vorigen Kapitel geschilderten Prozess – Kompromisse zwischen den gegensätzlichen Erwartungen gefunden werden. Aus Sicht der Mitarbeiter, die den Beschaffungsvorgang veranlassen, sind geringe Beschaffungskosten das entscheidende Kriterium. Im Gegensatz dazu werden die Mitarbeiter, die die Folgeprozesse durchführen, die Versorgungssicherheit und die Qualität der Beschaffungsgüter in den Mittelpunkt stellen. Hierbei gilt es, einen angemessenen Ausgleich der Interessen zu finden.

Steht fest, wann wie viel bestellt werden soll, ist der Lieferant auszuwählen, bei dem die benötigten Beschaffungsgüter eingekauft werden sollen. Dieser Prozessschritt entfällt, sofern die Bestellung innerhalb von langfristigen Lieferverträgen stattfindet oder wenn überhaupt nur ein Lieferant infrage kommt.

Soweit es sich um standardisierte Beschaffungsgüter handelt, gibt es üblicherweise kaum Gründe, sich an einen bestimmten Lieferanten langfristig zu binden (Ihde 1996, Sp. 1089). Stattdessen hat das Unternehmen die Möglichkeit, sich von Fall zu Fall zu entscheiden und beim jeweils preisgünstigsten Lieferanten zu bestellen oder zu erproben, ob ein neuer Lieferant im Hinblick auf Qualität oder Termineinhaltung besser ist als die Lieferanten, bei denen man bisher bestellt hat.

Bei der Ausarbeitung der Bestellung werden in vielen Unternehmen Eingabemasken oder Bestellformblätter verwendet, mit deren Hilfe die bestellspezifischen Angaben (Inhalt der Bestellung, Menge, Lieferzeit, Preis) erfasst werden. Die ausgearbeitete Bestellung wird dem Lieferanten telefonisch, per Brief, Fax oder elektronisch übermittelt.

Die beiden zuletzt genannten Prozessschritte ‚Auftragsbestätigung prüfen‘ und ‚Bestellung verfolgen‘ sind dieselben wie bei dem Prozess ‚Lieferant auf Basis eines Angebots beauftragen‘.

Der Prozess zur Durchführung einer Bestellung beim Lieferanten ist abgeschlossen, wenn die Beschaffungsgüter im Unternehmen eingetroffen sind.

Sobald klar ist, was wann und bei welchem Lieferanten bestellt werden soll, ist die eigentliche Ausführung der Bestellung meistens nicht schwierig. Allerdings ergibt sich häufig durch die große Anzahl von Bestellungen ein hoher Arbeitsaufwand – eine Konstellation, die auch bei der Bearbeitung von vielen eingehenden Kundenbestellungen gegeben ist (Kap. 7).

Eine generelle Tendenz v. a. bei produzierenden Unternehmen besteht darin, dass zur Lösung dieses Problems Bestellungen zunehmend auf elektronischem Wege an den Lieferanten geschickt und dort direkt in dessen betriebliches Informationssystem übernommen werden (E-Procurement). Während bislang Bestellungen üblicherweise am Computer erstellt, ausgedruckt und beim Lieferanten ein zweites Mal erfasst werden, entfällt bei der durchgängig elektronischen Abwicklung des Bestellvorgangs der mehrmalige Wechsel des Informationsträgers. Dadurch wird nicht nur der benötigte Arbeitsaufwand verringert, sondern die Ausführung des Prozesses wird auch schneller und sicherer.

18 Prozess ‚Wareneingangsprüfung durchführen'

Dieser Prozess schließt sich unmittelbar an die in den beiden vorherigen Kapiteln dargestellten Prozesse an. Der Lieferant hat die im Angebot zugesagten Leistungen erfüllt und/oder die vom Unternehmen abgegebene Bestellung ausgeführt. Die Beschaffungsgüter sind im Unternehmen eingetroffen.

Anwendungsfälle des Prozesses sind:
- Die vom Lieferanten verchromten Wasserhähne kommen im Unternehmen an.
- Ein bestelltes Prüfgerät wird geliefert.
- Auf einer Baustelle treffen Dachziegel ein.
- Ein Unternehmen erhält Kartons mit bestelltem Büromaterial.
- Der Lieferant hat Frontplatten für Geräte nach vom Unternehmen vorgegebenen Maßen gefertigt.

Ergebnisse und Kunden des Prozesses
Die Ergebnisse des Prozesses bestehen darin, dass
- festgestellt wurde, inwieweit der Lieferant die vereinbarten Leistungen erbracht hat und ob die Beschaffungsgüter die Festlegungen im Angebot bzw. in der Bestellung erfüllen, und auf diese Weise
- die Folgeprozesse vor falschen oder fehlerhaften Beschaffungsgütern geschützt werden.

Die (internen) Kunden des Prozesses ‚Wareneingangsprüfung durchführen' sind die Folgeprozesse, in denen mit den Beschaffungsgütern gearbeitet wird.

Durchführung des Prozesses
Nach Eintreffen der Beschaffungsgüter ist zunächst festzustellen, ob die gelieferten Waren dem (angenommenen) Angebot bzw. der Bestellung entsprechen. Dazu wird das Angebot bzw. die Bestellung mit dem Lieferschein bzw. den tatsächlich gelieferten Gütern verglichen und dadurch kontrolliert, ob die Güter nach Art und Menge stimmen. Im Fall der o. g. Dachziegel wäre etwa festzustellen, ob der bestellte Typ geliefert wurde und ob die Liefermenge

18 Prozess ‚Wareneingangsprüfung durchführen'

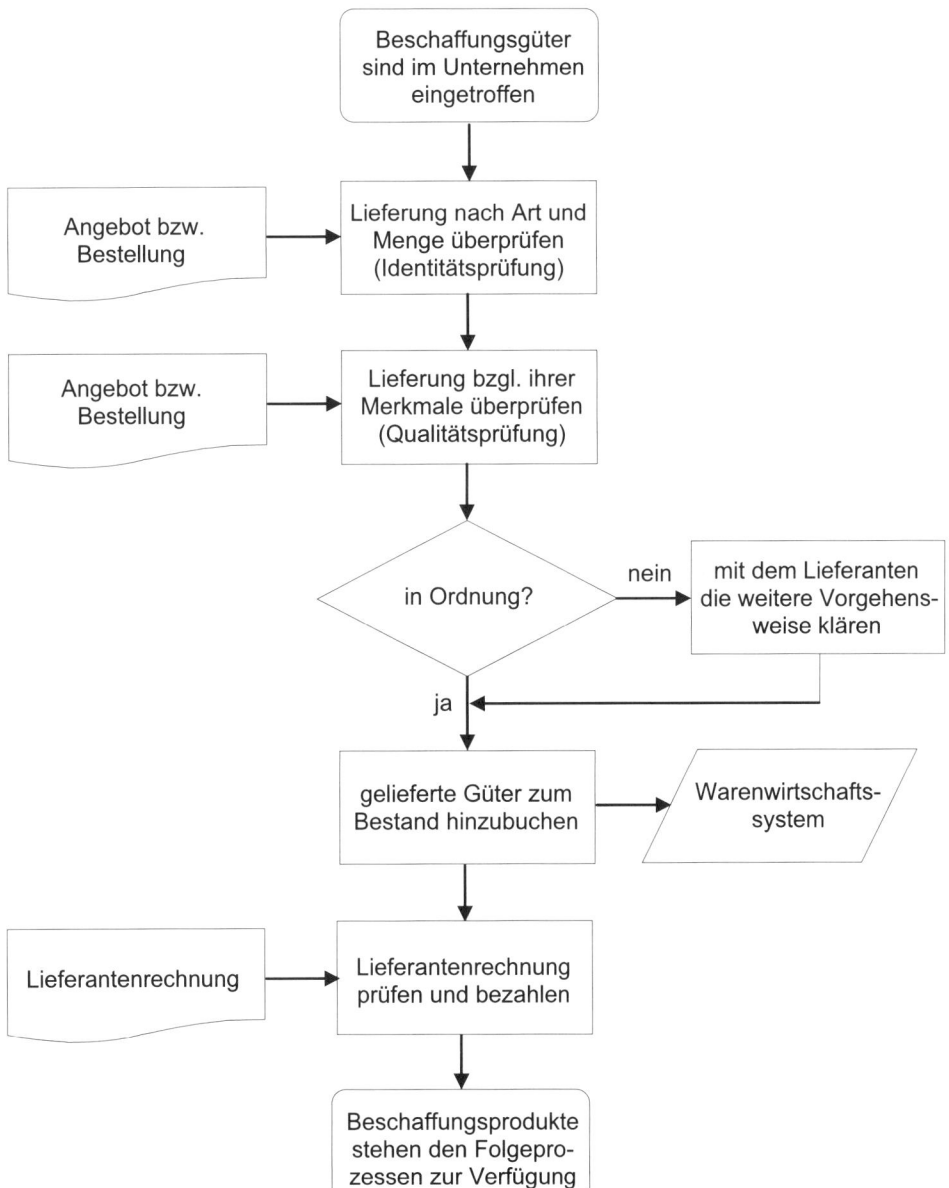

Abb. 18-1: Prozess ‚Wareneingangsprüfung durchführen'

stimmt. Dieser Prozessschritt wird auch als Identitätsprüfung oder formelle Wareneingangsprüfung bezeichnet.

Im Anschluss daran findet im nächsten Schritt eine zweite Prüfung statt, durch die kontrolliert wird, ob die Merkmale der gelieferten Güter mit den Vorgaben des Angebots bzw. der Bestellung übereinstimmen. Dieser auch als Qualitätsprüfung oder technische Wareneingangsprüfung bezeichnete Prozessschritt wird abhängig von der Art der Beschaffungsgüter unterschiedlich durchgeführt. Die Prüfung kann darin bestehen, dass die Beschaffungsgüter gemessen (um die Maße und die Einhaltung von Toleranzen zu überprüfen), optisch begutachtet (verchromte Wasserhähne) oder auf ihre Funktionsfähigkeit getestet werden (geliefertes Prüfgerät). Die Prüfungen können entweder bei allen gelieferten Gütern durchgeführt (100 %-Prüfungen) oder als Stichprobenprüfungen vorgenommen werden.

Es kann auch sein, dass die Qualitätsprüfung entfällt, weil diese nicht nötig (z. B. bei Büromaterial) oder nicht möglich ist (etwa, weil die gelieferten Güter bei einer Prüfung zerstört würden).

Falls bei der Identitäts- oder der Qualitätsprüfung Abweichungen festgestellt werden, ist die weitere Vorgehensweise mit dem Lieferanten zu klären. Sie kann je nach Art der Beschaffungsgüter und der Abweichung darin bestehen, dass der Lieferant Nach- bzw. Ersatzlieferungen vornimmt, Mängel durch Nacharbeit beseitigt oder Prozesse nochmals durchführt, um im zweiten Anlauf einwandfreie Ergebnisse zu erreichen.

In dem sich an die Identitäts- und Qualitätsprüfung anschließenden Prozessschritt werden die als ‚in Ordnung' beurteilten Güter etwa im Warenwirtschaftssystem zum Bestand hinzugebucht (sofern sie gelagert und nicht sofort in den Fertigungs- bzw. Dienstleistungsprozessen verbraucht werden).

Der Prozess wird damit abgeschlossen, dass die Lieferantenrechnung sachlich und rechnerisch überprüft wird. Bei der sachlichen Prüfung wird festgestellt, ob die tatsächlich gelieferten Beschaffungsgüter mit den in Rechnung gestellten übereinstimmen, der vereinbarte und der berechnete Preis identisch sind und die vereinbarten Zahlungsbedingungen eingehalten wurden. Die rechnerische Prüfung dient zur Kontrolle, ob der Rechnungswert korrekt ist.

Mit dem Bezahlen der Lieferantenrechnung ist der Beschaffungsvorgang abgeschlossen. Die geordneten Beschaffungsgüter stehen für die Folgeprozesse zur Verfügung.

19   Ausgelagerte Prozesse (Outsourcing)

Outsourcing bedeutet, dass betriebliche Prozesse, die das Unternehmen bis dahin selbst durchgeführt hat, dauerhaft einem Lieferanten übertragen werden. Grundgedanke ist, dass die Prozesse, die von anderen Betrieben besser durchgeführt werden können bzw. nicht so wichtig sind, ausgelagert werden, sodass sich das Unternehmen im Gegenzug auf die Prozesse konzentrieren kann, bei denen es besonders gut ist.

In dem in Abb. 19-1 angedeuteten Unternehmen wurde der Prozess 3 der Prozessfolge zu einem externen Lieferanten ausgelagert. Um diesen Prozess vollziehen zu können, werden dem Lieferanten die Ergebnisse von Prozess 2 zur Verfügung gestellt. Nachdem der ausgelagerte Prozess von dem Lieferanten ausgeführt worden ist, wird im Unternehmen mit dem Prozess 4 die Prozessfolge fortgesetzt.

Es kann auch sein, dass der erste oder letzte Prozess einer Prozessfolge ausgegliedert wird. Falls der erste Prozess ausgelagert wird, wendet sich der Kunde direkt an den beauftragten Lieferanten. Wird der letzte Prozess in fremde Hände gegeben, stellt der Lieferant die Prozessergebnisse direkt dem Kunden zur Verfügung.

19 Ausgelagerte Prozesse (Outsourcing)

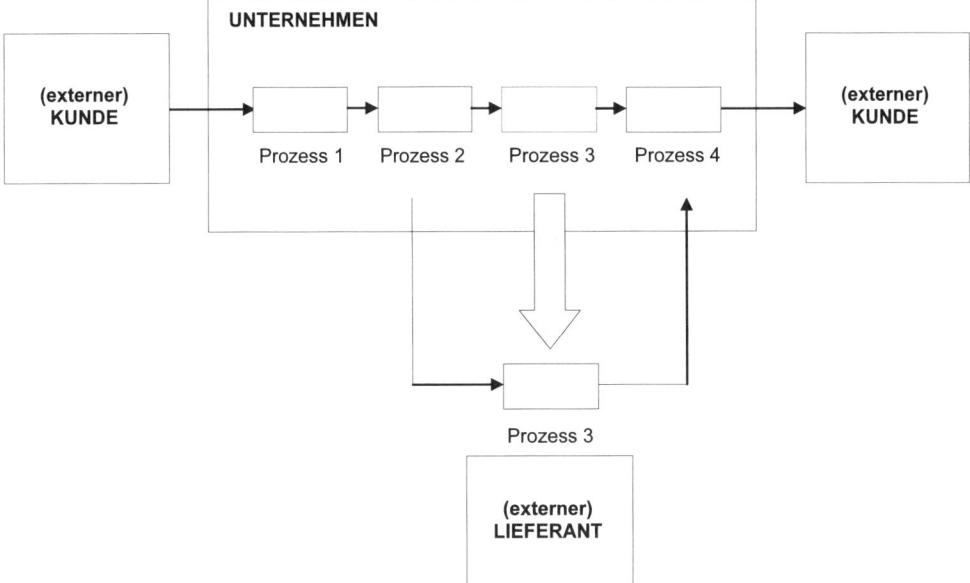

Abb. 19-1: Outsourcing eines Prozesses

Ursprünglich bezog sich Outsourcing lediglich auf die unterstützenden Prozesse, etwa Betreuung des computerunterstützten Informationssystems, Gehaltsabrechnung und Buchhaltung, Instandhaltung der Betriebsmittel usw. Dies hat sich grundlegend geändert. Mittlerweile lagern die Unternehmen in erheblichem Umfang auch ihre Kernprozesse aus. Damit ist Outsourcing zum Mittel „zur Restrukturierung von Unternehmensaktivitäten und zur Neuorientierung von Unternehmen am Markt geworden" (Zahn 1999, S. 4). Es spricht einiges dafür, dass Unternehmen künftig nicht mehr nur danach unterschieden werden, in welcher Branche sie tätig sind, sondern auch danach, ob sie sich z. B. auf die Entwicklung oder auf die Fertigung konzentrieren (Dorfs 2001).

Prinzipiell können alle Prozesse, die in diesem Lehrbuch behandelt werden, auch von Lieferanten ausgeführt werden. Die einzige klare Ausnahme ist der Prozess ‚neue Produkte und Dienstleistungen planen'. In diesem Prozess wird entschieden, welche Produkte und Dienstleistungen das Unternehmen seinen Kunden anbieten möchte (Kap. 6). Es kann als ausgeschlossen betrachtet werden, dass ein Unternehmen diese Entscheidungen an einen Lieferanten delegiert. Darüber hinaus dürfte eine Auslagerung des Prozesses ‚Angebot bearbeiten' (Kap. 8) meistens schwierig sein, insbesondere dann, wenn im Angebot stark individualisierte Leistungen festgelegt werden.

Bei allen anderen Prozessen ist hingegen die Möglichkeit des Outsourcings gegeben:

- Der Prozess ‚Kundenbestellung annehmen' (Kap. 7) kann an einen externen Dienstleister übertragen werden.
  Beispiel: Ein Unternehmen stellt Produkte her, die von den Kunden aufgrund eines Katalogs bestellt werden können. Das Unternehmen beauftragt ein Callcenter, die eingehenden Kundenanrufe entgegenzunehmen.

- Es ist möglich, einen Lieferanten mit dem Prozess ‚neues Produkt entwickeln' (Kap. 9) zu beauftragen.
  Beispiel: Ein Automobilunternehmen beauftragt ein Ingenieurbüro, eine Antenne für ein neues Modell zu entwickeln.
- Umgekehrt kann das Unternehmen die Produktentwicklung selbst vornehmen und die beiden Folgeprozesse ‚Fertigung vorbereiten' (Kap. 10) und ‚Fertigung planen und steuern' (Kap. 11) fremdvergeben.
  Beispiel: Diese Möglichkeit nutzen viele Anbieter von Rechnern, Handys oder Chips, indem sie die Produktion weitgehend Auftragsfertigern überlassen.
- Der Prozess ‚Produkte liefern' (Kap. 12) kann vom Unternehmen selbst, aber auch von beauftragten Logistikunternehmen ausgeführt werden.
- Das Konzipieren einer neuen Dienstleistung (Kap. 13) sowie deren Durchführung (Kap. 14) müssen keineswegs zwingend vom Unternehmen selbst vorgenommen werden, sondern können auch Lieferanten übertragen werden.
  Beispiel: Unternehmen, die im Bereich des Gebäudemanagements tätig sind, verfügen meistens nicht über eigenes Personal für Dienstleistungen wie Gebäudereinigung oder Wachdienst, sondern beauftragen darauf spezialisierte Betriebe damit.
- Der Prozess ‚beim Lieferanten bestellen' (Kap. 17) kann ebenfalls (teilweise) ausgelagert werden.
  Beispiel: Das (v. a. im Bereich des Handels angewandte) Konzept der Efficient Consumer Response sieht u. a. vor, dass der Lieferant nicht auf Bestellungen des Unternehmens wartet, sondern bei diesem vorhandenen Bedarf (etwa durch Überprüfung der Lagerbestände) feststellt und eigenständig fehlende Materialien ergänzt (Wannenwetsch 2002, S. 219f.).
- Auf den Prozess ‚Wareneingangsprüfung durchführen' (Kap. 18) kann teilweise verzichtet werden, wenn sich das Unternehmen auf die Prüfungen verlassen kann, die bereits beim Lieferanten stattgefunden haben.
  Beispiel: Das Unternehmen vereinbart mit einem Lieferanten, welche Prüfungen der Lieferant durchzuführen hat, sodass die Wareneingangsprüfung auf die Identitätsprüfung beschränkt und auf die Qualitätsprüfung verzichtet werden kann.
- Auch der Prozess ‚Kundenbeschwerde bearbeiten' (Kap. 20) kann von beauftragten Lieferanten vorgenommen werden.
  Beispiel: Manche Fluggesellschaften beauftragen externe Dienstleister, Meldungen von Fluggästen zu verloren gegangenen Gepäckstücken entgegenzunehmen und das Wiederfinden des Gepäcks zu veranlassen.

Zur Auswahl eines Outsourcing-Partners ist der in Kap. 16 beschriebene Prozess ‚Lieferant auf Basis eines Angebots beauftragen' durchzuführen. Mögliche Lieferanten, die für das Unternehmen z. B. in Auftrag fertigen oder Dienstleistungsprozesse durchführen sollen, werden um Angebote gebeten, diese werden verglichen, es werden Verhandlungen mit den in die engere Wahl gezogenen Anbietern geführt, schließlich fällt die Entscheidung und der Lieferant wird beauftragt (Köhler-Frost 1999).

Die entscheidende Frage steht jedoch vor dem Auswahlvorgang und betrifft die Entscheidung, bei welchen Prozessen das Unternehmen von der Möglichkeit des Outsourcings Gebrauch machen soll und welche anderen Prozesse im Unternehmen verbleiben sollen.

Für das Outsourcing kommen generell Prozesse infrage, über die sich das Unternehmen nicht gegenüber seinen Wettbewerbern differenzieren kann und die zugleich kostengünstiger von Lieferanten durchgeführt werden. Wenn etwa – wie oben erwähnt – Hersteller von elektronischen Produkten diese selbst entwickeln und deren Fertigung fremdvergeben, ist dies darauf zurückzuführen, dass bei diesen Produkten eine Differenzierung über die Funktionalität und das Design erreichbar ist. Im Unterschied dazu würde es den Anbietern dieser Produkte keine Vorteile bringen, wenn sie die Fertigung selbst durchführten. Insofern ist es besser, die eigentliche Herstellung Auftragsfertigern anzutragen. Diese sind aufgrund größerer Stückzahlen, spezialisierter Betriebsmittel und umfangreicherer Erfahrung in der Lage, die Produkte kostengünstiger herzustellen, als dies ihren Auftraggebern möglich wäre.

Das wesentliche Risiko des Outsourcings besteht darin, dass die falschen Prozesse ausgelagert werden, nämlich genau diejenigen, auf denen bis dahin die Wettbewerbsvorteile des Unternehmens beruht haben. „In diesem Fall ... werden die eigenen Stärken leichtfertig aus der Hand gegeben." (Zahn 1999, S. 13)

Wenn z. B. ein Hersteller von speziellen Geräten den Prozess ‚Kundenbestellung annehmen' an ein Callcenter auslagert, könnte sich dies unter Umständen als schlechte Entscheidung erweisen. Solange er den Prozess selbst ausgeführt hat, war es möglich, die Kunden zu beraten und diesen für ihre Verwendungszwecke geeignete Geräte zu empfehlen. Hierzu sind die Mitarbeiter des beauftragten Callcenters (natürlich) nicht in der Lage. Die Kunden werden hieraus ggf. ihre Konsequenzen ziehen und sich bei Folgebestellungen an einen anderen Anbieter wenden, der ihnen den Beratungsservice auch weiterhin anbietet.

Die Überlegungen zu den Chancen und Risiken des Outsourcings zeigen, dass Outsourcing-Entscheidungen nicht ausschließlich aufgrund von Kostenvergleichen gefällt werden dürfen. Genau das haben aber in den letzten Jahren viele Unternehmen getan – und dafür Lehrgeld bezahlt. Sie mussten erkennen, dass es nicht sinnvoll ist, möglichst viele Prozesse preisgünstigen Lieferanten zu übertragen. Vielfach wurden deshalb Outsourcing-Entscheidungen rückgängig gemacht und Prozesse wieder zurückgeholt – auch Insourcing genannt (Knust 2006). Dies zeigt, dass Outsourcing-Entscheidungen vor dem Hintergrund der Unternehmensstrategie und in dem klaren Bewusstsein getroffen werden müssen, welche Erfolgsfaktoren in dem jeweiligen Geschäftsfeld entscheidend sind.

Weiterführende Literatur zu Teil VIII

Mit den in diesem Teil dargestellten Themen befassen sich die betriebswirtschaftlichen Fachgebiete Materialwirtschaft und Beschaffungslogistik sowie teilweise das Produktionsmanagement. Empfehlenswert sind z. B. folgende Bücher:

- ‚Materialwirtschaft und Einkauf' von H. Arnolds, F. Heege und W. Tussing (Arnolds 1998)
- ‚Beschaffungs- und Lagerwirtschaft. Praxisorientierte Darstellung mit Aufgaben und Lösungen' von K. Bichler und R. Krohn (Bichler/Krohn 2001)
- ‚Renditehebel Einkauf. SCOPE – Supplier and Components Excellence' von T. Deil (Deil 2005)

- ‚Materialwirtschaft. Organisation, Planung, Durchführung, Kontrolle' von H. Hartmann (Hartmann 2002)
- ‚Materialwirtschaft und Logistikmanagement' von G. Hirschsteiner (Hirschsteiner 2006)

Das Thema Outsourcing kann z. B. anhand folgender Bücher vertieft werden:
- ‚Business Process Management. Grundlagen, Methoden, Erfahrungen' von J. Gross, J. Bordt und M. Musmacher (Gross 2006)
- ‚Outsourcing-Projekte erfolgreich realisieren. Strategie, Konzept, Partnerauswahl' herausgegeben von F. Wißkirchen (Wißkirchen 1999)
- ‚Praxishandbuch Outsourcing. Strategisches Potenzial. Aktuelle Entwicklung. Effiziente Umsetzung', herausgegeben von A. Wullenkord (Wullenkord 2005)

Kontrollfragen

K 16-1
Skizzieren Sie, wie ein Lieferant auf Basis eines Angebots beauftragt wird, individualisierte Leistungen bereitzustellen.

K 16-2 und 17-1
Worin besteht der wesentliche Konflikt bei den Prozessen ‚Lieferant auf Basis eines Angebots beauftragen' und ‚beim Lieferanten bestellen', der sich für die Verantwortlichen beider Prozesse sowie für die Zuständigen der Folgeprozesse ergibt?

K 18-1
Wie werden Wareneingangsprüfungen durchgeführt?

K 19-1
Was bedeutet Outsourcing von Prozessen? Nennen Sie einige Beispiele. Welche Gesichtspunkte sind beim Outsourcing von Prozessen zu bedenken?

IX Kundenbezogene Prozesse II

Normalerweise ist die Folge der Prozesse abgeschlossen, wenn der Kunde die Produkte bzw. Dienstleistungen erhalten und dafür gezahlt hat. Es ist jedoch möglich, dass die Bereitstellung der betrieblichen Leistungen nicht zur Zufriedenheit des Kunden verläuft. Wenn der Kunde aus seiner Sicht nicht die Leistungen bekommt, die er bestellt bzw. zu denen er das Unternehmen beauftragt hat, wird er sich unter Umständen beschweren.

Eine Kundenbeschwerde ist dann gegeben, wenn sich der Kunde unzufrieden über die für ihn bereitgestellten Produkte bzw. Dienstleistungen (oder über die Verhaltensweise des Unternehmens) äußert. In der Regel ist eine Beschwerde damit verbunden, dass der Kunde in irgendeiner Weise Wiedergutmachung vom Unternehmen fordert (z. B. Nachbesserung, Preisnachlass, Entschuldigung).[1]

Leider sind die Reaktionsweisen von Unternehmen auf Kundenbeschwerden häufig unbefriedigend. Kunden, die sich beschweren, machen häufig die Erfahrung, dass sich niemand ihres Problems annimmt, sie mit Ausflüchten abgespeist werden, ihnen die Schuld an dem Problem gegeben wird, schriftlich geäußerte Beschwerden nicht beantwortet werden usw.

Dabei gibt es auch im Interesse des Unternehmens gute Gründe dafür, Kundenbeschwerden in angemessener Weise zu bearbeiten. Gelingt es, das der Beschwerde zugrunde liegende Problem zu lösen, bestehen gute Chancen, den Kunden weiterhin an das Unternehmen zu binden. Kommt hingegen keine Lösung des Kundenproblems zustande, schadet dies in aller Regel auch dem Unternehmen – nicht nur, weil der Kunde zum Wettbewerber abwandert, sondern auch, weil er seine negativen Erfahrungen in mehr oder weniger großem Umfang weitererzählt.

Die unzureichende Beschwerdebearbeitung in vielen Unternehmen ist allerdings üblicherweise nicht – wie die Kunden vermuten – auf bösen Willen zurückzuführen. Sie wird stattdessen durch die schlichte Tatsache verursacht, dass keine Regelungen für den Umgang mit Kundenbeschwerden festgelegt worden sind. Insofern ist es oft reiner Zufall, ob eingegangene Kundenbeschwerden bearbeitet werden und auf welche Weise bzw. mit welchen Ergebnissen dies geschieht.

Aus diesen Gründen ist es in den meisten Unternehmen sinnvoll, einen Prozess zur Bearbeitung von Kundenbeschwerden festzulegen.

---

[1] In der Literatur über Beschwerdemanagement werden die verwandten Begriffe ‚Kundenbeschwerde' und ‚Reklamation' wie folgt voneinander abgegrenzt: ‚Beschwerde' ist der umfassendere Begriff. Als ‚Reklamationen' werden solche Beschwerden bezeichnet, die der Kunde ggf. auch rechtlich durchsetzen kann. Der Begriff ‚Reklamation' wird im Folgenden nicht verwendet.

20 Prozess ‚Kundenbeschwerde bearbeiten'

Der in diesem Kapitel beschriebene Prozess kann in folgenden Situationen angewandt werden:

- Der Kunde sagt, dass er falsche bzw. fehlerhafte Produkte bekommen hat.
- Der Kunde eines Chemieunternehmens beanstandet, dass die Merkmalswerte eines gelieferten Stoffs außerhalb der vorgegebenen Toleranzwerte liegen.
- Ein Urlauber möchte vom Reiseveranstalter einen Teil des Reisepreises erstattet bekommen, weil entgegen der Beschreibungen im Prospekt das Hotel nicht ‚in Strandnähe' war.
- Der Hotelgast zweifelt die Rechnung mit dem Argument an, er habe aus der Minibar nichts entnommen. Die Getränke seien ihm insofern zu viel berechnet worden.

Ergebnisse und Kunden des Prozesses

Die Ergebnisse des Prozesses bestehen darin, dass

- die Gründe für die Unzufriedenheit des Kunden ausgeräumt worden sind und
- es gelungen ist, eine Lösung für das Beschwerdeproblem zu finden, die aus Sicht des Kunden (aber auch für das Unternehmen) akzeptabel ist.

Wenn ein Kunde die Mühen einer Beschwerde auf sich nimmt, handelt es sich aus seiner Sicht um ein gravierendes Problem. Insofern ist es für das Unternehmen lohnend, sich mit den Gründen für die Beschwerde auseinanderzusetzen und daraus Schlussfolgerungen zu ziehen. Ein weiteres Ergebnis des Prozesses besteht darin, dass aus den Beschwerdeinformationen Ansätze für Verbesserungen abgeleitet werden.

Bei der Beschwerdebearbeitung ist es ausgesprochen wichtig, wie der Kunde die diesbezüglichen Unternehmensaktivitäten wahrnimmt. Um die Perspektive des Kunden herauszustellen, wird der Prozess der Beschwerdebearbeitung nicht nur als Flussdiagramm (Abb. 20-1), sondern auch als Blueprint (Abb. 20-2) dargestellt.

Das Blueprint macht (im Gegensatz zu einem Flussdiagramm) deutlich, dass der Kunde nach dem Auftreten des Problems mehr oder weniger bewusst eine Abwägung vornimmt, ob sich eine Beschwerde lohnt. Ob er sich zu einer Beschwerde durchringen kann, hängt davon ab, wie er den mit der Beschwerde verbundenen Nutzen und Aufwand einschätzt (Höhe des finanziellen Verlustes, Erfolgsaussichten, mit der Beschwerde verbundene zeitliche und nervliche Belastung usw.).

Das Unternehmen hat Interesse daran, dass sich der Kunde für eine Beschwerde entscheidet, statt sich sang- und klanglos zum Wettbewerber zu verabschieden. Insofern sollte es sich darum bemühen, die Beschwerdequote zu erhöhen, indem es dem Kunden die Artikulation von Beschwerden leicht macht (z. B. durch Angabe von Gesprächspartnern bzw. Servicetelefonnummern) und es darüber hinaus in seiner Kommunikation dem Kunden signalisiert, dass Beschwerden willkommen sind.

Wenn der Kunde (z. B. an der Servicetheke, telefonisch oder per Brief bzw. Fax) seine Unzufriedenheit mit den Leistungen des Unternehmens artikuliert, erfährt das Unternehmen das erste Mal von dem Problem.

20 Prozess ‚Kundenbeschwerde bearbeiten'

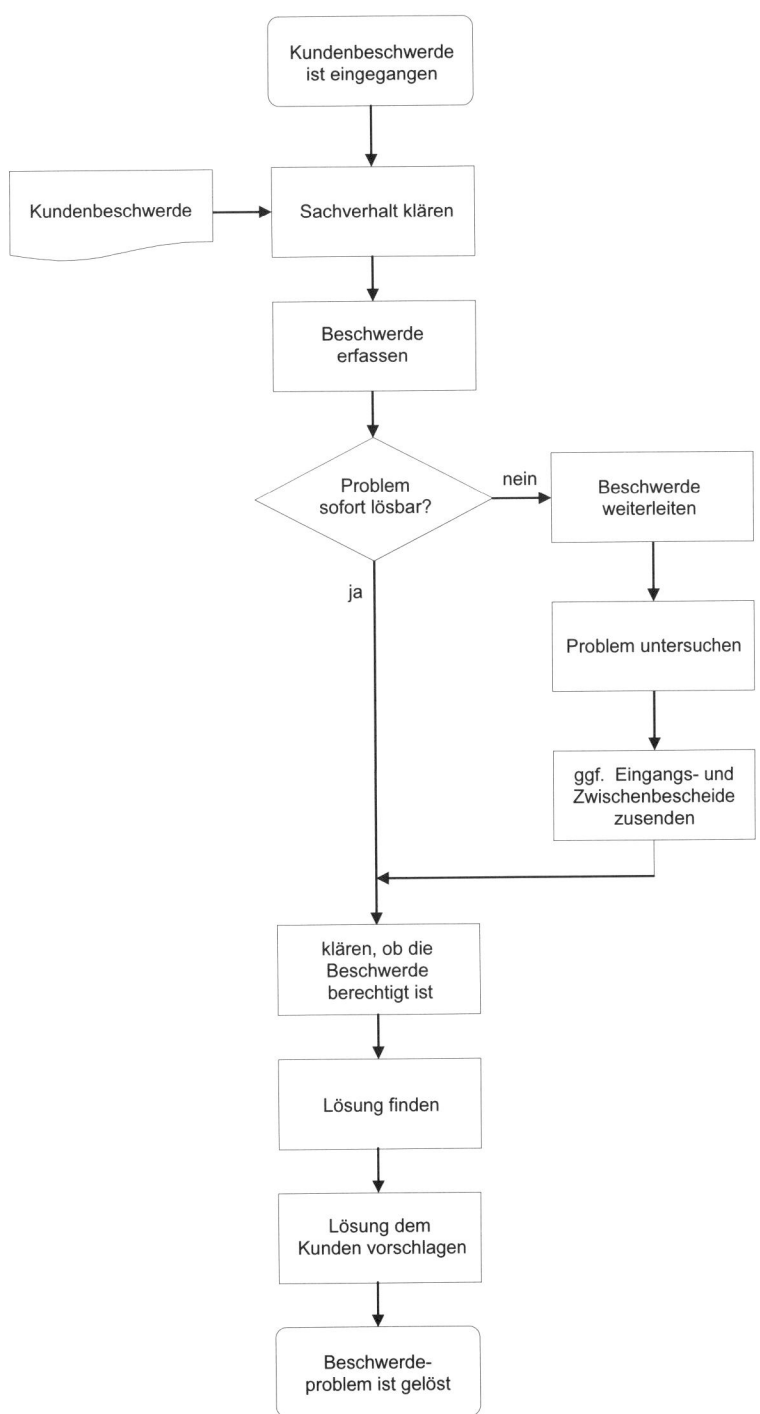

Abb. 20-1: Prozess ‚Kundenbeschwerde bearbeiten'

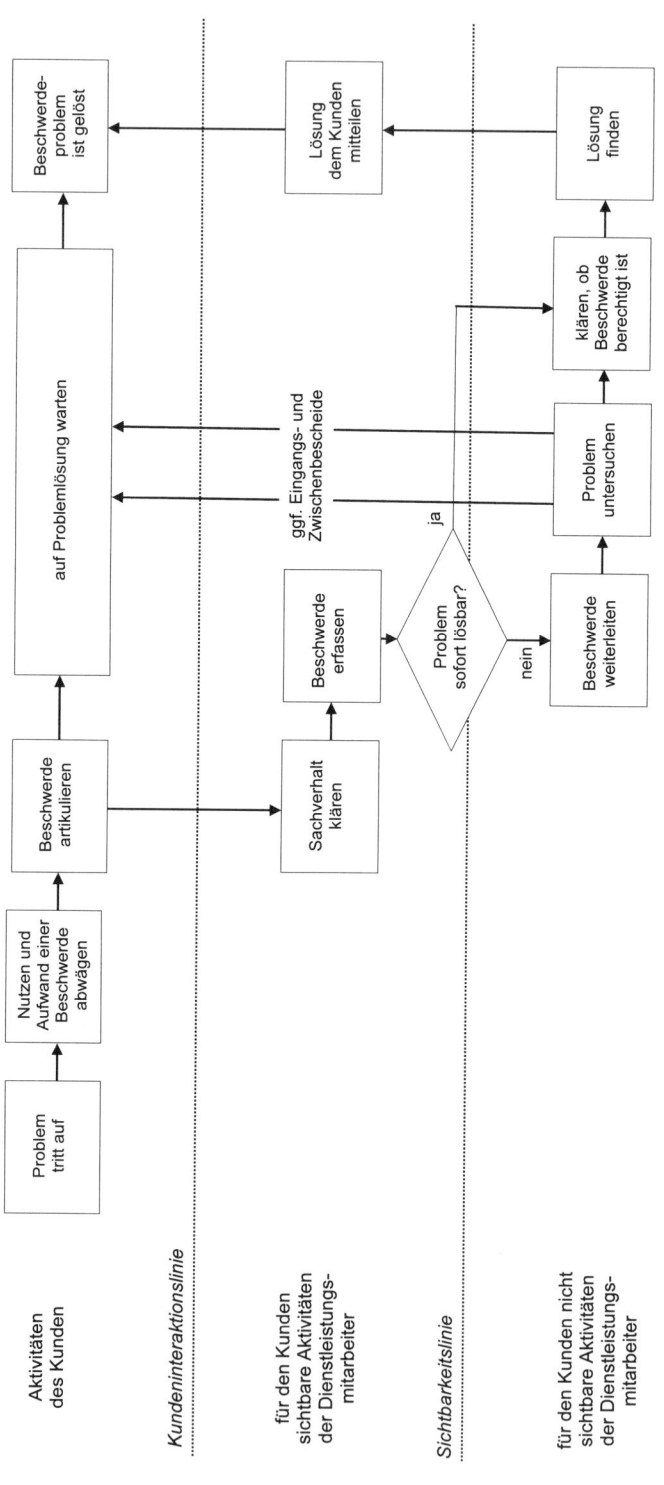

Abb. 20-2: Prozess „Kundenbeschwerde bearbeiten (Blueprintdarstellung)

Dieser Erstkontakt mit dem sich beschwerenden Kunden ist ein besonderer ‚Augenblick der Wahrheit'. Denn von der Reaktion des Mitarbeiters hängt ab, ob die Unzufriedenheit des Kunden abgebaut und die Situation beruhigt werden kann oder ob sich die Verärgerung des Kunden sogar noch vergrößert. Insofern empfiehlt es sich, alle Mitarbeiter, die potenziell Kundenbeschwerden annehmen, dahin gehend zu schulen, wie sie sich in dieser Situation gegenüber den Kunden verhalten sollen.

Der Mitarbeiter, der die Beschwerde entgegennimmt, sollte sich zunächst darum bemühen, den Sachverhalt aufzuklären. Oft ist nicht unmittelbar verständlich, was vorgefallen ist. Deshalb muss der Mitarbeiter so lange nachfragen, bis er das Problem genau verstanden hat.

Es ist häufig sinnvoll, die Beschwerde z. B. mithilfe von Formblättern oder Eingabemasken zu erfassen. Auf diese Weise erhalten die Mitarbeiter, die für die nachfolgenden Prozessschritte zuständig sind, die für die Beschwerdebearbeitung notwendigen Informationen.

In vielen Fällen ist es möglich, das Problem sofort zu klären und dem Kunden unmittelbar eine Lösung anzubieten. Manchmal ist es jedoch notwendig, das Problem genauer zu untersuchen, sodass sich die Bearbeitung der Beschwerde längere Zeit hinzieht. So wird es beim Beispiel des eingangs genannten Chemieunternehmens nötig sein, Laborproben des beanstandeten Stoffs zu analysieren, um herauszufinden, ob die Toleranzwerte tatsächlich nicht eingehalten werden und was ggf. die Gründe dafür sind. Wie das Blueprint zeigt, stellt sich die Untersuchung des Problems aus Sicht des Kunden als Warten auf die Problemlösung dar. Aus diesem Grund kann es sinnvoll sein, dem Kunden eine Eingangsbestätigung und möglicherweise auch Zwischenbescheide zuzusenden, um ihn darüber zu informieren, wann er mit einer Antwort rechnen kann, und ihn um Verständnis dafür zu bitten, dass er sich für die Antwort des Unternehmens etwas gedulden muss.

Der nächste Prozessschritt, der sich entweder sofort an die Annahme der Beschwerde oder an die (länger dauernde) Problemuntersuchung anschließt, besteht darin zu prüfen, ob der Kunde sich zu Recht beschwert. Dadurch wird festgestellt, ob das Unternehmen tatsächlich fehlerhafte Produkte und Dienstleistungen bereitgestellt hat oder ob das Problem aufgrund anderer Ursachen entstanden ist, z. B. weil der Kunde das gelieferte Produkt falsch verwendet hat, Leistungen beansprucht, die nicht vereinbart waren, oder sich geirrt oder gelogen hat.

In manchen Konstellationen ist es eine Überlegung wert, ob auf diesen Prozessschritt verzichtet und stattdessen eine pauschale Anerkennung von Kundenbeschwerden vorgenommen werden soll – unabhängig davon, ob sie berechtigt sind oder nicht. Dies liegt dann nahe, wenn die Ablehnung der Beschwerde zum Verlust eines (profitablen) Kunden führen würde und/oder wenn der Aufwand für die Beschwerdeprüfung größer ist als die Verluste, die durch die Anerkennung nicht berechtigter Beschwerden entstehen würden. So könnte es beispielsweise im Falle der o. g. Minibargetränke zweckmäßiger sein, den Rechnungsbetrag ohne weitere Diskussionen zu reduzieren, statt sich lange mit dem Gast zu streiten und etwa durch Nachforschungen beim Zimmerservice herauszufinden, was der Gast wirklich getrunken hat.

Anschließend ist zu entscheiden, welche Lösung dem Kunden angeboten werden soll. Die dem Kunden vorgeschlagene Lösung hängt von der Art der Produkte und Dienstleistungen sowie von dem Beschwerdeproblem ab. Sie kann darin bestehen, dass dem Kunden Geld erstattet oder ein Preisnachlass eingeräumt wird, er ein anderes Produkt erhält oder eine Reparatur stattfindet, die Dienstleistung erneut durchgeführt wird, das Unternehmen sich entschuldigt oder dem Kunden gegenüber eine Erklärung abgibt. Wenn die Geschäftstätigkeit des Unternehmens mit vielen Kundenkontakten und entsprechend vielen Beschwerdefällen verbunden ist (z. B. im Einzelhandel, im Hotel oder auf einem Flughafen), kann es sich lohnen, für typische Beschwerdefälle Standardmaßnahmen festzulegen, die dem Kunden vorgeschlagen werden, um auf diese Weise die benötigte Zeit für diesen Prozessschritt zu verkürzen.

Der Prozess endet im Hinblick auf den Kunden damit, dass ihm z. B. in einem Brief die gefundene Lösung vorgeschlagen wird und diese sowie die Reaktion des Kunden darauf dokumentiert wird.

Die Informationen über Kundenbeschwerden sollten für Verbesserungen genutzt werden. Dazu müssen die aufgetretenen Beschwerdefälle in regelmäßigen Abständen daraufhin ausgewertet werden, aus welchen Anlässen sich Kunden beschweren und wie häufig diese Probleme vorkommen. Die hierbei gewonnenen Erkenntnisse sollten in den Prozess ‚Prozesse verbessern und erneuern' (Kap. 4.4) eingespeist werden, sodass das Unternehmen seine Produkte und Dienstleistungen sowie die Art seiner Leistungserstellung immer besser an die Kundenwünsche anpassen kann.

Weiterführende Literatur zu Teil IX

Wer sich über die Bearbeitung von Kundenbeschwerden näher informieren will, findet zum Beschwerdemanagement verschiedene Veröffentlichungen.

Das Standardwerk und beste Buch zum Thema ist ‚Beschwerdemanagement. Fehler vermeiden – Leistung verbessern – Kunden binden' von B. Stauss und W. Seidel (Stauss/Seidel 2006).

Empfehlenswert ist weiterhin die DIN ISO 10002 ‚Qualitätsmanagement – Kundenzufriedenheit – Leitfaden für die Behandlung von Reklamationen in Organisationen'. Hilfreich sind
v. a. die in den Anhängen der Norm enthaltenen Arbeitshilfen, insbesondere die Musterformulare zur Erfassung und Verfolgung von Kundenbeschwerden (DIN ISO 10002 2005).

Kontrollfragen

K 20-1
Warum ist es auch aus Sicht des Unternehmens sinnvoll, sich systematisch mit der Bearbeitung von Kundenbeschwerden zu befassen? Warum sollte dazu ein entsprechender Prozess festgelegt werden?

K 20-2
Schildern Sie den groben Ablauf der Bearbeitung einer Kundenbeschwerde.

X Vertiefung zur Darstellung betrieblicher Prozesse

In diesem Lehrbuch wurden als Darstellungsmittel für die betrieblichen Prozesse Flussdiagramme benutzt. In den Unternehmen werden neben Flussdiagrammen häufig Ereignisgesteuerte Prozessketten (EPK) als Methode zur Prozessdarstellung verwendet. EPK sind schwieriger anzuwenden als Flussdiagramme, dafür aber genauer und aussagekräftiger.

Die Nutzung von EPK empfiehlt sich insbesondere dann, wenn mit der Darstellung der Prozesse nicht nur das Ziel verfolgt wird, ihre optimale Durchführung festzulegen, sondern darüber hinaus auch die informationstechnische Unterstützung verbessert werden soll. Denn für den Einsatz betriebswirtschaftlicher Standardsoftware müssen die Prozesse in einem höheren Detaillierungsgrad abgebildet werden, als dieser mit Flussdiagrammen möglich ist.

21 Ereignisgesteuerte Prozessketten (EPK)

Die Methode der EPK wurde von dem Informatiker A.-W. Scheer im Rahmen des ARIS-Konzepts entwickelt (Scheer 1998 [a]; Scheer 1998 [b]).[1] Die breite Anwendung von EPK ist vor allem darauf zurückzuführen, dass diese Darstellungsmethode von dem Marktführer für ERP-Software, der SAP AG, benutzt wird, um die in der angebotenen Standardsoftware enthaltenen Referenzprozesse zu visualisieren.

Im Folgenden wird behandelt,
- welche Elemente bei EPK verwendet werden (Kap. 21.1 und 21.2),
- wie die EPK-Elemente miteinander verknüpft werden können (Kap. 21.3) und
- welche Vor- und Nachteile EPK gegenüber Flussdiagrammen haben (Kap. 21.4).

---

[1] ARIS steht für Architektur integrierter Informationssysteme. Innerhalb von ARIS werden fünf verschiedene Aspekte (sogenannte Beschreibungssichten) unterschieden, um die Strukturen und Prozesse eines Unternehmens systematisch untersuchen zu können (Organisations-, Daten-, Funktions-, Steuerungs- und Leistungssicht). Die Methode der EPK ist der Steuerungssicht zugeordnet, die sich auf die Prozesse des Unternehmens bezieht.
Das ARIS-Konzept wurde in eine Software umgesetzt, die unter der Bezeichnung ARIS-Toolset am Markt angeboten wird. Diese Software wird in Betrieben häufig eingesetzt, um den Einsatz betriebswirtschaftlicher Standardsoftware vorzubereiten.

21.1 Elemente von Ereignisgesteuerten Prozessketten (EPK)

Symbole von EPK

In EPK werden Ereignisse, Funktionen, Operatoren und der Kontrollfluss unterschieden.

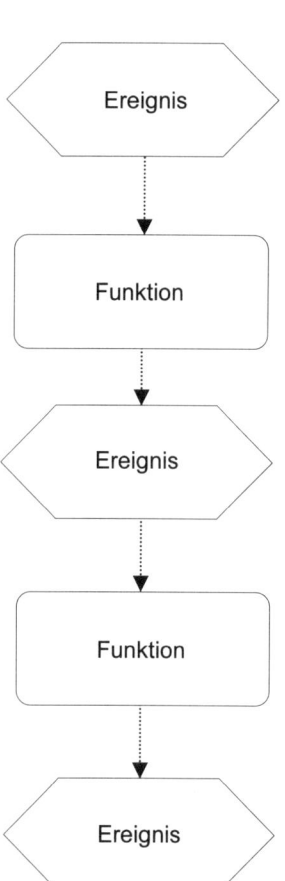

Ereignisse sind Zustände, die sich innerhalb eines Prozesses sowie an dessen Anfang und Ende ergeben können. Sie bestehen darin, dass Prozessobjekte erzeugt („Angebot ist erstellt') oder deren Merkmale verändert werden („gelieferte Ware ist geprüft', „Daten sind eingegeben'). Ereignisse sind stets auf einen Zeitpunkt bezogen. Sie werden durch Sechsecke dargestellt.

Funktionen sind Tätigkeiten oder (um es in der Begrifflichkeit dieses Lehrbuchs auszudrücken) Prozessschritte, die in einem Prozess ausgeführt werden. Im Unterschied zu Ereignissen vollziehen sich Funktionen immer innerhalb eines Zeitraums. Sie werden durch Rechtecke mit abgerundeten Ecken veranschaulicht.

Die Ereignisse und Funktionen von EPK hängen eng zusammen. „Ereignisse lösen Funktionen aus und sind deren Ergebnis." (Scheer 1998 [a], S. 49) Umgekehrt wird die Ausführung einer Funktion stets dadurch veranlasst, dass ein bestimmtes Ereignis eingetreten ist, und führt dazu, dass ein angestrebtes Ergebnis erreicht wird.

Regel:

Die wichtigste Regel zur Erstellung von EPK lautet:

Einem Ereignis folgt stets eine Funktion und einer Funktion immer ein Ereignis. Ereignisse und Funktionen müssen sich also laufend abwechseln.

Es ist strikt verboten, Funktionen bzw. Ereignisse direkt aufeinanderfolgen zu lassen.

Regel:

Besondere Bedeutung haben für eine EPK das Start- und das Schlussereignis eines Prozesses (in der Sprache dieses Lehrbuchs Prozessinput und Prozessoutput). Das Startereignis muss eingetreten sein, damit die erste Funktion des Prozesses stattfinden kann. Das Schlussereignis liegt vor, nachdem die letzte Funktion des Prozesses ausgeführt worden ist. Hieraus ergibt sich folgende Regel:

Am Anfang und am Ende einer EPK liegen nur Ereignisse und nie Funktionen.

Verknüpfung von Ereignissen bzw. Funktionen

Bei linear aufgebauten Prozessen folgt immer eine Funktion einem Ereignis und ein Ereignis einer Funktion. Es kann jedoch sein, dass eine Funktion durch mehrere Ereignisse ausgelöst wird bzw. mehrere Ereignisse als Ergebnis hat. Ebenso ist es möglich, dass mehrere Funktionen erledigt sein müssen, um ein Ereignis zu erreichen, bzw. dass der Eintritt eines Ereignisses die Ausführung mehrerer Funktionen nach sich zieht. Entsprechende Konstellationen werden in EPK als Verknüpfung von Ereignissen bzw. von Funktionen bezeichnet.

Für die Darstellung der Verknüpfungen werden folgende logische Operatoren verwendet:

 Der UND-Operator drückt aus, dass alle Elemente gleichzeitig vorhanden sein müssen (a und b).

 Der ODER-Operator bedeutet, dass von den möglichen Elementen eins, mehrere oder alle eintreten können (a oder b oder [a und b]).

 Beim EXKLUSIV ODER-Operator ist von den gegebenen Elementen genau eins zulässig (a oder b [aber nicht [a und b]]).

In der Literatur findet man statt des nebenstehenden Symbols häufig auch das Symbol XOR.

Wenn Ereignisse miteinander verknüpft werden, müssen beim UND-Operator alle Ereignisse, beim ODER-Operator mindestens eins und beim EXKLUSIV ODER-Operator genau eins eintreten, damit der Prozess weitergeht.

Für verknüpfte Funktionen gilt analog, dass bei dem UND-, ODER- bzw. EXKLUSIV ODER-Operator sämtliche Funktionen, wenigstens eine bzw. exakt eine Funktion auszuführen sind, bevor der Prozess fortgesetzt wird.

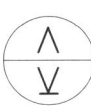 In der grafischen Darstellung werden die Operatoren in einen zweigeteilten Kreis platziert (vgl. nebenstehende Beispiele).

Die obere Kreishälfte gibt an, wie die vorausgehenden Ereignisse bzw. Funktionen miteinander verknüpft sind. Die untere Hälfte leistet dasselbe für die nachfolgenden Elemente.

Geht nur ein Ereignis oder nur eine Funktion voraus bzw. schließt sich nur ein Element an, bleibt die jeweilige Kreishälfte leer.

Regel:

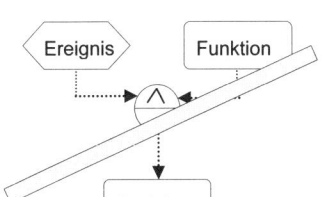

Die Elemente, die mittels Operatoren miteinander verknüpft werden, müssen entweder alle Ereignisse oder alle Funktionen sein. Es ist also nicht erlaubt, Ereignisse und Funktionen mittels Operatoren miteinander zu verbinden.

Die Beziehungen, die sich innerhalb des Prozesses zwischen Ereignissen, Funktionen und Operatoren ergeben, werden als Kontrollfluss bezeichnet. Der Kontrollfluss beschreibt die zeitliche bzw. logische Reihenfolge, in der die Ereignisse eintreten und die Funktionen ausgeführt werden (können).

Die Steuerung des Kontrollflusses erfolgt über die Ereignisse, durch die die Funktionen ausgelöst werden (daher auch die Bezeichnung der Darstellungsmethode Ereignis*gesteuerte* Prozesskette).

Der Kontrollfluss wird (ebenso wie bei Flussdiagrammen) von oben nach unten angeordnet, sodass die Darstellung oben auf der Seite mit dem Startereignis beginnt und unten auf der Seite mit dem Schlussereignis endet.

Der Kontrollfluss wird durch eine gestrichelte Pfeillinie abgebildet.

Beispiel für einen betrieblichen Prozess, dargestellt als EPK
In Abb. 21-1 ist der Prozess ‚Bewerbungsunterlagen bearbeiten' als EPK dargestellt.

Der Prozess wird dadurch ausgelöst, dass die Unterlagen des Bewerbers im Unternehmen eingegangen sind. Er endet damit, dass mit dem Bewerber entweder ein Gesprächstermin vereinbart oder ihm eine Absage erteilt worden ist.

Zur Bearbeitung der Bewerbungsunterlagen wird zunächst festgestellt, ob die Anforderungen an die zu besetzende Stelle formal erfüllt sind (z. B. geforderte Abschlüsse, Berufserfahrung, Mindest- oder Höchstalter usw.). Ist dies nicht der Fall, wird dem Bewerber abgesagt.

Erfüllt der Bewerber die formalen Anforderungen, werden seine Unterlagen genauer geprüft. Gleichzeitig wird der Bewerber gebeten, ein Führungszeugnis vorzulegen.

Aufgrund der Bewerbungsunterlagen und des Führungszeugnisses wird anschließend entschieden, ob der Bewerber zu einem Vorstellungsgespräch eingeladen wird. Bei einer positiven Entscheidung wird ein Termin vereinbart, anderenfalls endet der Prozess mit der Absage an den Bewerber.

Der abgebildete Prozess macht eine Besonderheit von EPK deutlich: Da für alle Funktionen dargestellt werden muss, durch welche Ereignisse sie initiiert werden bzw. zu welchen Ereignissen sie führen, werden EPK sehr lang – besonders, wenn es sich nicht um einen einfachen Prozess wie die Bearbeitung von Bewerbungsunterlagen handelt, sondern um einen komplexen Prozess wie etwa die Entwicklung eines neuen Produkts. In der Praxis hilft man sich damit, dass für die Darstellung keine DIN-A4-Seiten verwendet werden (bei denen eine EPK stets über mehrere Seiten gehen würde), sondern der als EPK dargestellte Prozess auf großen Papierformaten (DIN A3, A2 oder größer) gezeichnet oder gedruckt wird.

Hinweis: Aus diesem Grund wird das von Flussdiagrammen bekannte Symbol für Verbindungsstelle (ein Kreis mit einem Buchstaben) bei EPK üblicherweise nicht benutzt. In Abb. 21-1 wurde dieses Symbol dennoch verwendet, um den Prozess gut lesbar darstellen zu können.

21 Ereignisgesteuerte Prozessketten (EPK)

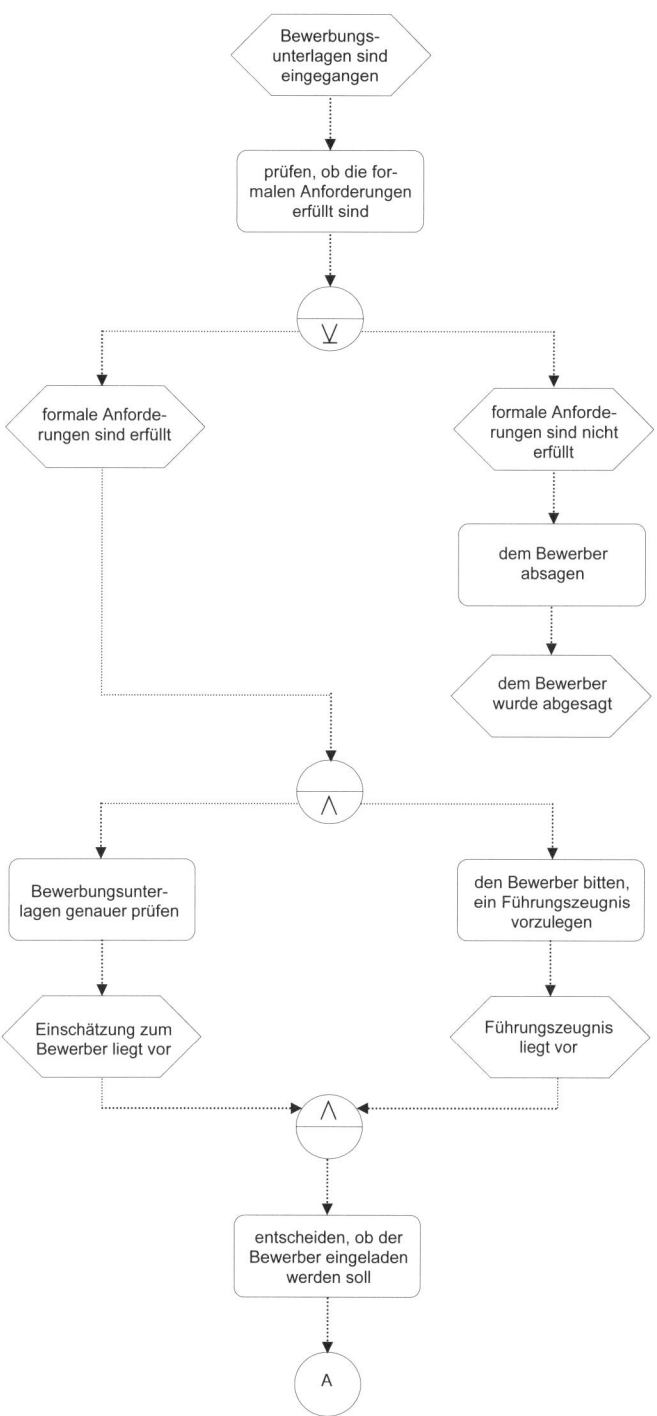

Abb. 21-1: Prozess ‚Bewerbungsunterlagen bearbeiten' (EPK-Darstellung)

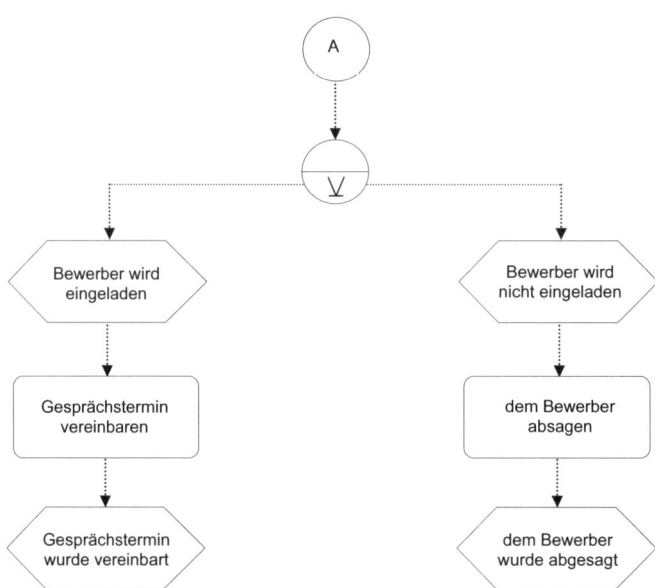

Abb. 21-1: (Fortsetzung)

Der Beispielprozess macht auch deutlich, dass sich bei EPK genauso wie bei Flussdiagrammen das Problem stellt, den richtigen Detaillierungsgrad zu finden (Kap. 3.2). Ebenso wie bei Flussdiagrammen muss auch bei EPK sowohl eine zu grobe als auch eine übergenaue Abbildung des Prozesses vermieden werden. Eine zu grobe Darstellung des Beispielprozesses würde sich etwa durch die Einschätzung ergeben, die Prüfung, ob der Bewerber die formalen Anforderungen erfüllt, sei selbstverständlich und müsse deshalb nicht in die EPK aufgenommen werden. Würde man auf die Darstellung dieser Prüfung verzichten, wäre der grundlegende Ablauf des Prozesses nicht mehr erkennbar. Auf der anderen Seite ist es auch möglich, den Beispielprozess durch die Aufnahme von Sonder- und Ausnahmefällen übertrieben genau darzustellen. Sollen z. B. auch Bewerber berücksichtigt werden, die die formalen Anforderungen zwar nicht vollständig, aber weitgehend erfüllen? Was soll geschehen, wenn Bewerber kein Führungszeugnis vorlegen? Sollen die Unterlagen abgelehnter Bewerber (mit deren Einverständnis) aufbewahrt werden, um bei späteren Einstellungen auf diese zurückkommen zu können? Diese und andere Entscheidungen müssen bei der tatsächlichen Durchführung des Prozesses getroffen werden. Würde man sie jedoch in die EPK aufnehmen, wäre diese aufgrund der vielen Details nicht mehr verständlich.

Als Ergebnis dieser Überlegungen ist festzuhalten, dass EPK (ebenso wenig wie Flussdiagramme) dem Anwender dieser Methode die Entscheidung über den richtigen Detaillierungsgrad nicht abnehmen können. Was jeweils den prinzipiellen Ablauf des Prozesses ausmacht (und deshalb in die EPK aufgenommen werden muss) und was als Einzel- oder Besonderheit einzustufen ist (und insofern weggelassen werden kann), muss bei der Darstellung jedes Prozesses im Einzelfall entschieden werden.

In den Abbildungen auf den folgenden Seiten sind zur Illustration weitere EPK dargestellt.

21 Ereignisgesteuerte Prozessketten (EPK)

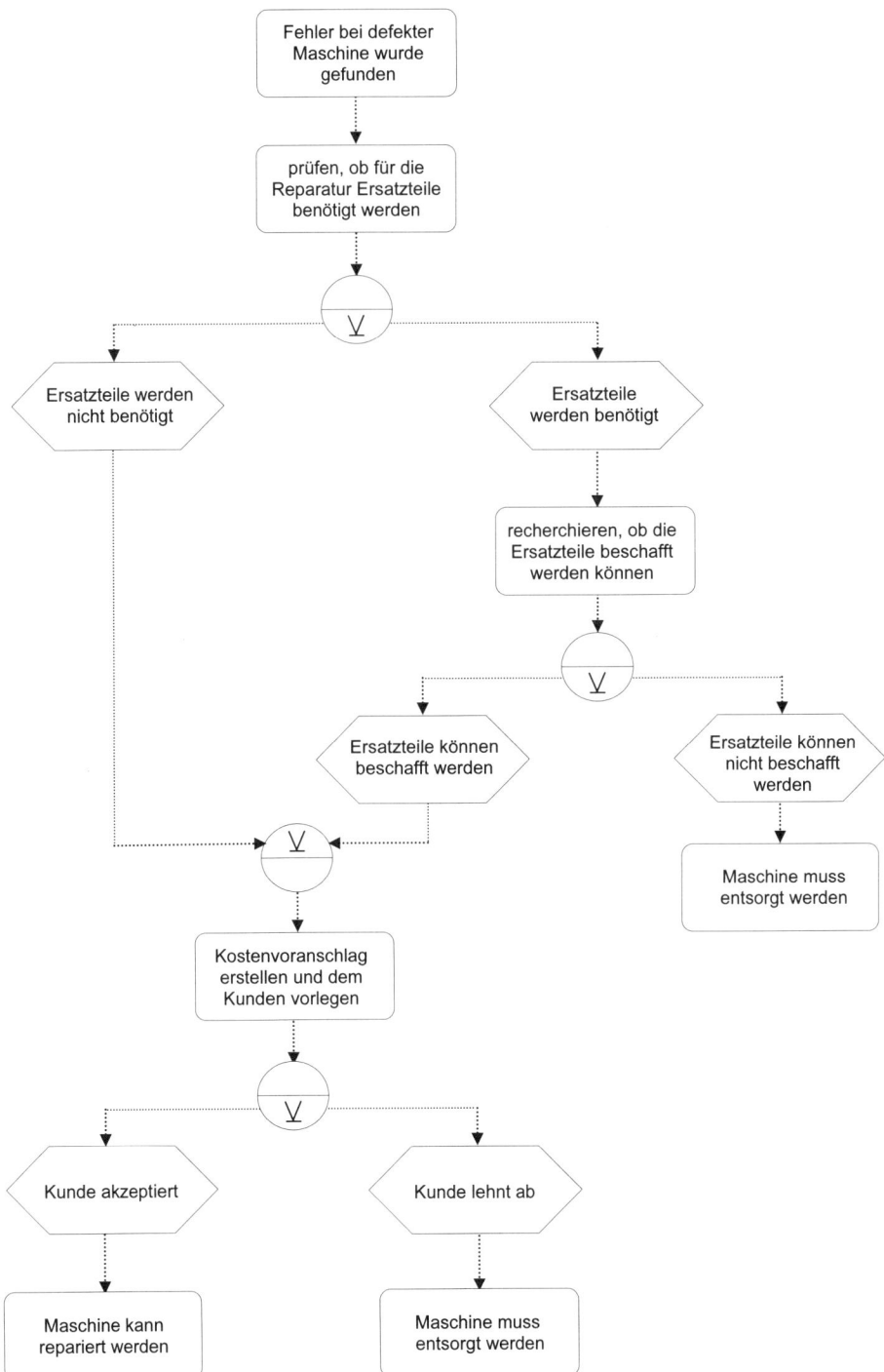

Abb. 21-2: Prozess ‚Ausführbarkeit der Maschinenreparatur feststellen' (EPK-Darstellung)

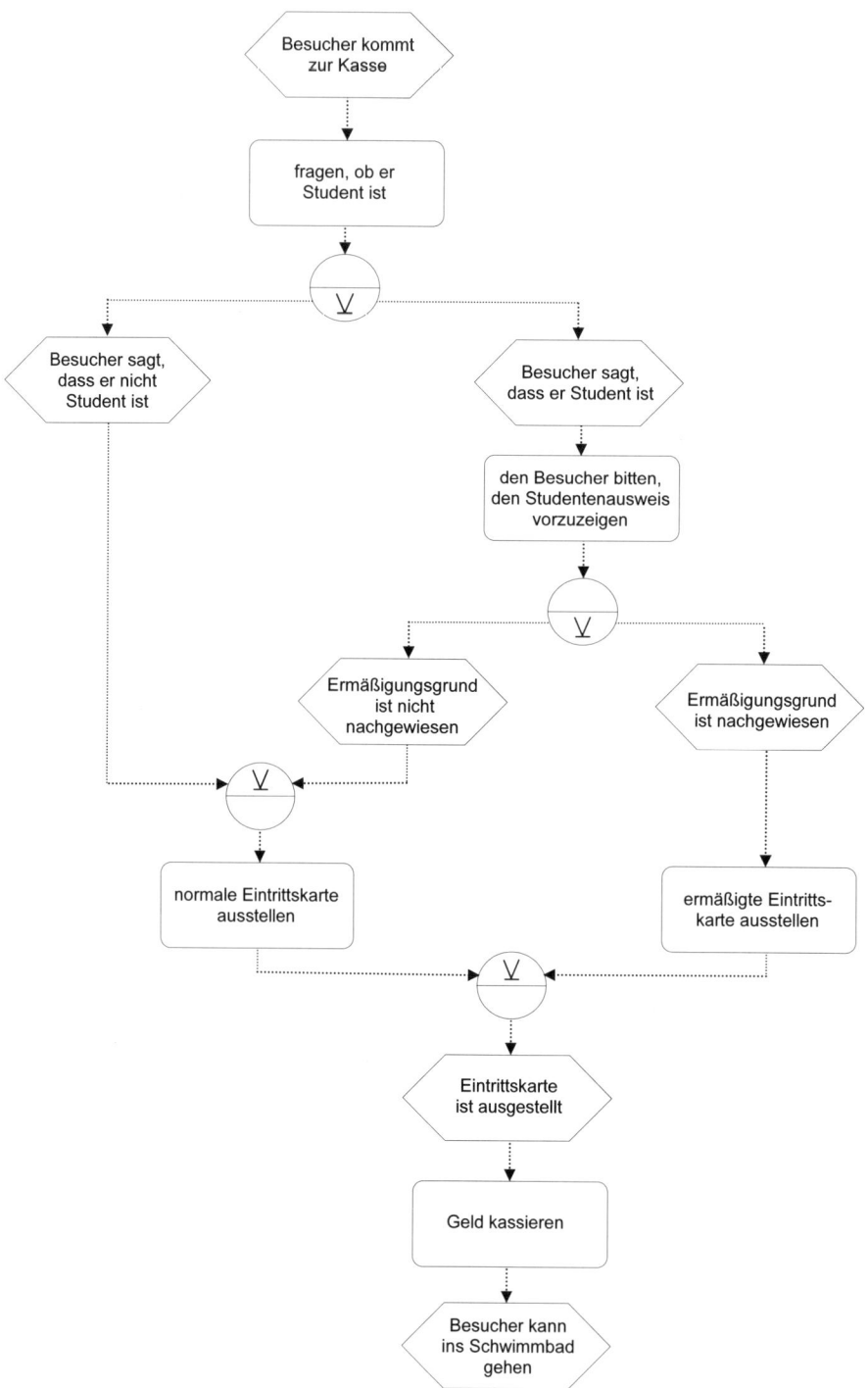

Abb. 21-3: Prozess ‚(ermäßigte) Eintrittskarte verkaufen' (EPK-Darstellung)

In Abb. 21-2 geht es um die Reparatur einer defekten Maschine. Nach Feststellung des Fehlers wird geprüft, ob für die Reparatur Ersatzteile benötigt werden. Falls ja, wird recherchiert, ob diese beschafft werden können. Der Kunde erhält einen Kostenvoranschlag, wenn für die Reparatur keine Ersatzteile benötigt werden oder wenn benötigte Ersatzteile besorgt werden können. Anhand des Kostenvoranschlags kann er entscheiden, ob er will, dass die Reparatur ausgeführt wird. Sofern die Reparatur nicht zustande kommt – sei es wegen fehlender Ersatzteile, sei es, weil sich der Kunde gegen die Reparatur entscheidet –, wird die defekte Maschine entsorgt.

Die EPK in Abb. 21-3 zeigt einen Prozess, der sich in einem Schwimmbad abspielt. An der Kasse wird festgestellt, ob dem Besucher eine Eintrittskarte mit oder ohne Ermäßigung verkauft wird. Voraussetzung für Ermäßigung ist, dass der Besucher Student ist und dies auch durch einen Ausweis nachweisen kann. Falls der Besucher kein Student ist oder dies nicht nachweisen kann, wird der normale Eintrittspreis fällig.

21.2 Elemente von erweiterten Ereignisgesteuerten Prozessketten (eEPK)

Die in Kap. 21.1 vorgestellten Symbole reichen nicht aus, um alle Aspekte von Prozessen abbilden zu können. Mit den erweiterten EPK stehen vier zusätzliche Symbole zur Verfügung.

Zusätzliche Symbole von erweiterten EPK

Mit der Angabe der Organisationseinheit wird klargestellt, welche Abteilung oder Stelle für die Ausführung einer Funktion verantwortlich ist. Die Organisationseinheit wird durch ein ovales Symbol mit einem senkrechten Strich auf der linken Seite dargestellt. Die Verbindung zwischen der Funktion und der für sie zuständigen Organisationseinheit erfolgt mit einer durchgezogenen Linie.

Als Informationsobjekte werden in EPK (auf Papier aufgezeichnete oder in elektronischer Form vorhandene) Informationen bezeichnet, die für die Ausführung von Funktionen benötigt werden. Die Verbindung zwischen den Informationsobjekten und den Funktionen erfolgt mit Pfeilen. Setzt die Ausführung einer Funktion ein Informationsobjekt voraus, zeigt die Pfeilspitze zur Funktion, entsteht umgekehrt das Informationsobjekt durch die Ausführung der Funktion, liegt die Pfeilspitze am Informationsobjekt an.

Das Rechteck mit den beiden senkrechten Strichen links und rechts bezeichnet in EPK ein Anwendungssystem, das die Ausführung einer Funktion unterstützt. Bei dem Anwendungssystem kann es sich z. B. um ERP-Software oder um eine Datenbank handeln. Die Verbindung zwischen dem Anwendungssystem und der zugehörigen Funktion er-

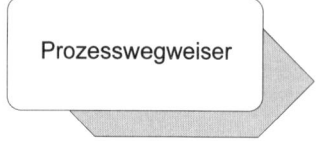

folgt (ebenso wie bei Organisationseinheiten, s. o.) mit einer durchgezogenen Linie.

Der Prozesswegweiser verweist auf einen anderen Prozess, der aus Gründen der Übersichtlichkeit aus der jeweiligen EPK ausgelagert und an anderer Stelle dargestellt wird. Ein Prozesswegweiser steht innerhalb einer EPK anstelle einer Funktion, am Anfang und Ende der EPK anstelle des Start- bzw. Schlussereignisses. Das dafür verwendete Symbol setzt sich aus einem Funktions- und einem darunterliegenden Ereignissymbol zusammen.

Beispiel für einen betrieblichen Prozess, dargestellt als erweiterte EPK
Als Beispiel für die Anwendung der zusätzlichen Symbole ist in Abb. 21-4 der Prozess ‚Kundenbestellung annehmen' in einem Versandkaufhaus dargestellt.

Der Prozess ‚Kundenbestellung annehmen' wird durch den Eingang einer Bestellung ausgelöst und endet mit der Übergabe des Vorgangs an den nachfolgenden Prozess ‚Produkte liefern'.

Die telefonische Bestellung des Kunden wird zunächst von einem Callcenter in der Kundendatenbank erfasst. Anschließend stellt die Abteilung Auftragsabwicklung fest, ob die gewünschten Produkte lieferbar sind. Ist dies nicht der Fall, muss der Prozess ‚Produkte bestellen' durchgeführt werden. Mit dem Abschluss des Beispielprozesses sind die Voraussetzungen für den Folgeprozess ‚Produkte liefern' gegeben.

Der Leser erkennt an dem Beispiel, dass sich durch die zusätzlichen Symbole der erweiterten EPK die Komplexität der Darstellung nochmals erhöht.

Die notwendige Genauigkeit, die mit erweiterten EPK verbunden ist, wird mit verschiedenen Erkenntnismöglichkeiten über den Prozess belohnt:

- Da für jede Funktion die zuständige Organisationseinheit anzugeben ist, werden fehlende bzw. unklare Verantwortlichkeiten sofort sichtbar.
- Erweiterte EPK machen deutlich, wo man es innerhalb eines Prozesses mit Schnittstellen zu tun hat, denen besondere Aufmerksamkeit gewidmet werden sollte (Kap. 4.1). Im Beispielprozess markiert das Ereignis ‚Kundenbestellung ist erfasst' eine Prozessschnittstelle, da hier die Zuständigkeit für den Vorgang vom Callcenter zur Auftragsabteilung wechselt.
- Durch erweiterte EPK erhält man eine vollständige Übersicht, welche Informationsobjekte bei den verschiedenen Funktionen derzeit verwendet bzw. erzeugt und wie diese Informationsvorgänge gegenwärtig mit Anwendungssystemen unterstützt werden. Aufgrund dessen ist leicht zu erkennen, dass die informationstechnische Unterstützung von Funktionen ggf. nicht ausreichend oder unpassend ist.
- Schließlich eignen sich erweiterte EPK auch gut dafür, Medienbrüche aufzuzeigen, an denen innerhalb eines Prozesses ein Wechsel des verwendeten Informationsträgers stattfindet.

Ob diese Erkenntnismöglichkeiten den beträchtlichen Arbeitsaufwand für die Erstellung von erweiterten EPK rechtfertigen, ist im Hinblick darauf zu entscheiden, welche Zwecke mit der

21 Ereignisgesteuerte Prozessketten (EPK)

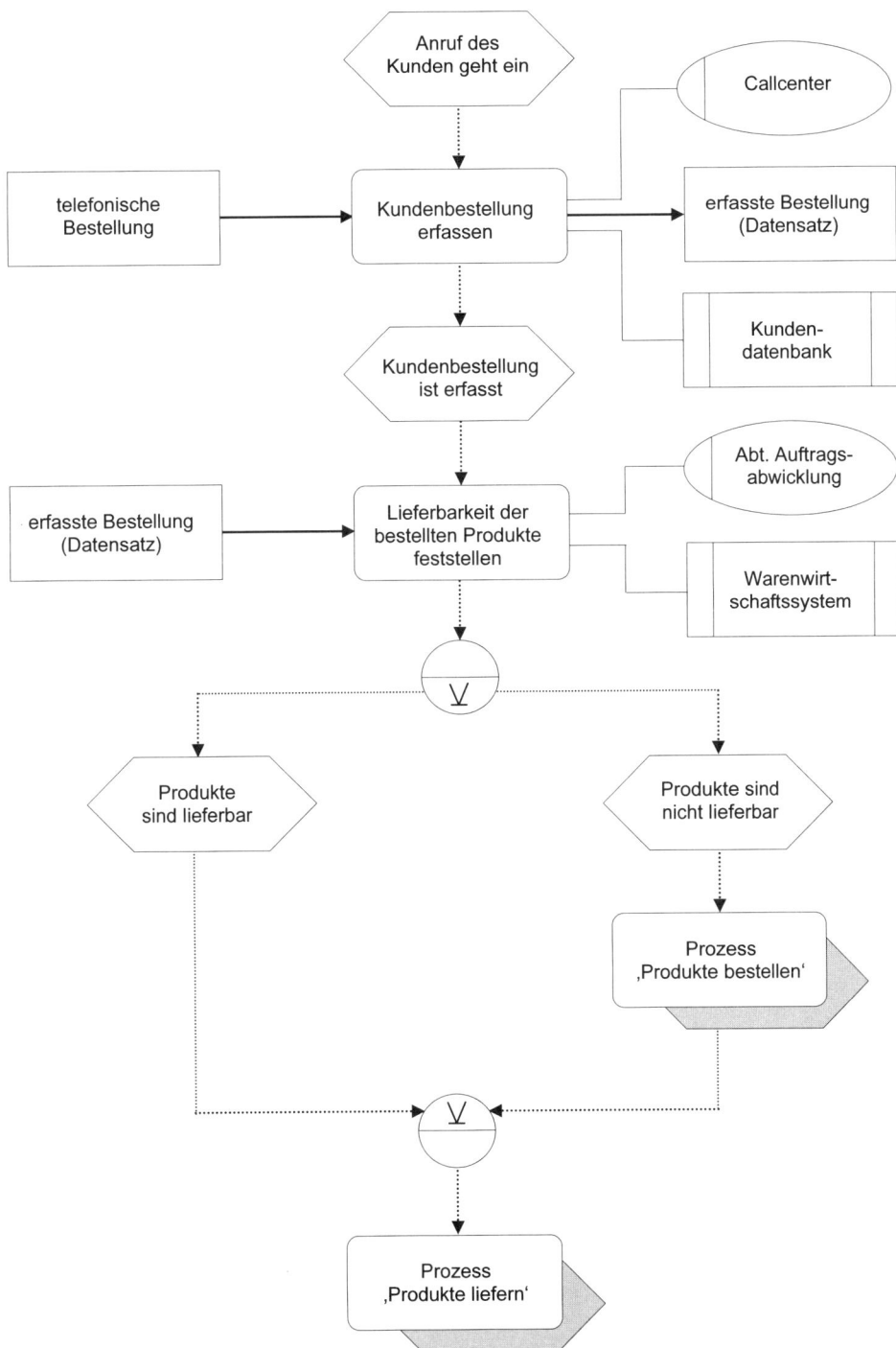

Abb. 21-4: Prozess ‚Kundenbestellung annehmen' (eEPK-Darstellung)

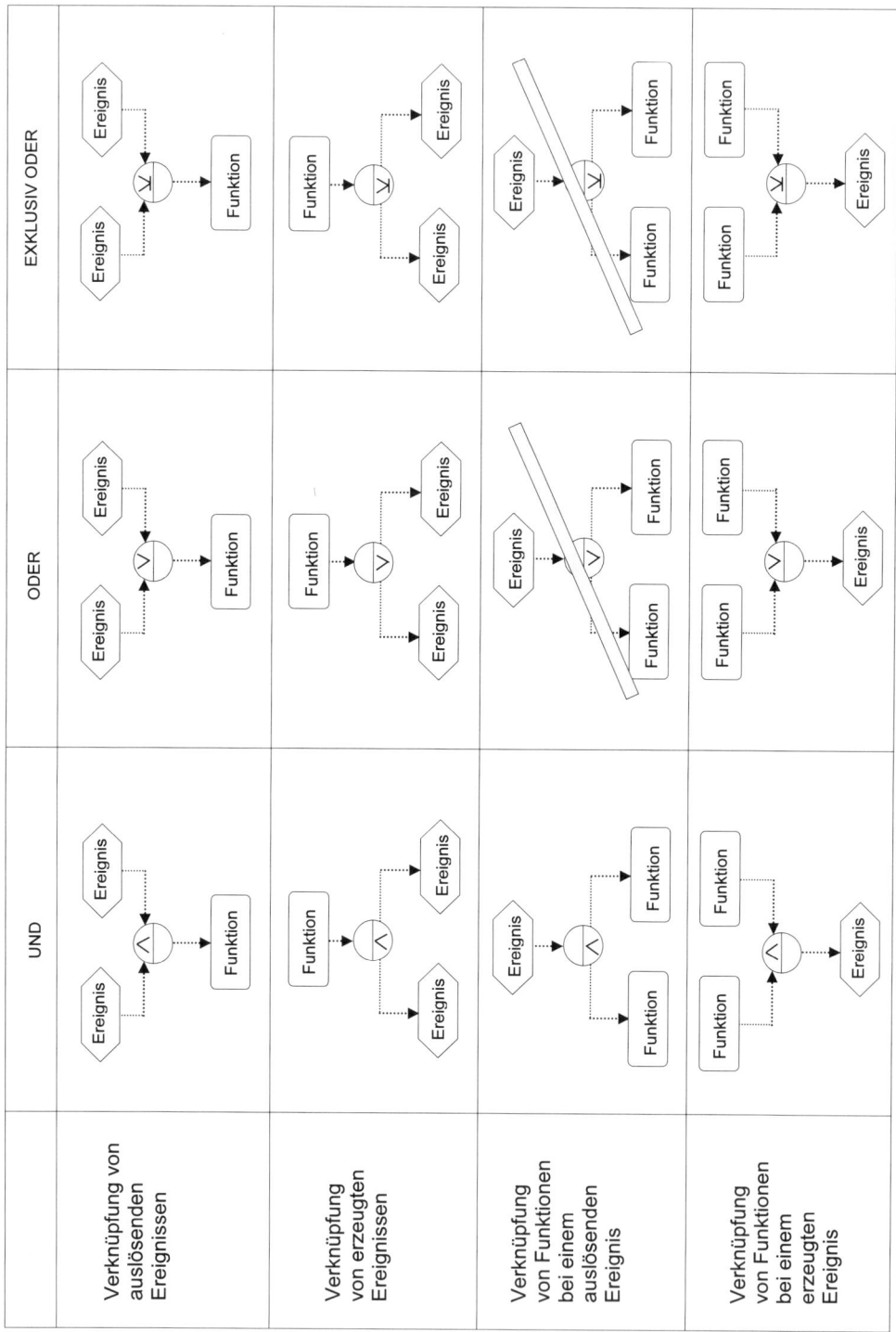

Prozessdarstellung verfolgt werden. In der betrieblichen Praxis werden meistens nur die Grundelemente von EPK – Ereignisse, Funktionen, Operatoren, Kontrollfluss – verwendet, während die Zusatzelemente der erweiterten EPK nur punktuell eingesetzt werden.

21.3 Verknüpfung von Ereignissen und Funktionen

Im Folgenden werden die verschiedenen Konstellationen, die bei der Verknüpfung von Ereignissen und Funktionen entstehen können, genauer betrachtet.

Folgende Fallgruppen sind möglich:
- Die Verknüpfung kann zwischen Ereignissen oder Funktionen erfolgen.
- Bei jeder Verknüpfung können die Ereignisse der Funktion vorausgehen (auslösende Ereignisse) oder sich umgekehrt Ereignisse infolge ausgeführter Funktionen einstellen (erzeugte Ereignisse).
- Die Verknüpfung kann mit dem UND-, ODER- sowie EXKLUSIV ODER-Operator erfolgen.

Wie aus der Übersicht auf Seite 218 hervorgeht, ergeben sich durch diese Kombinationen zwölf mögliche Varianten (von denen allerdings zwei nicht zulässig sind).

Verknüpfung von auslösenden Ereignissen

Diese Konstellation ist gegeben, wenn alle, wenigstens eins oder genau eins von mehreren Ereignissen eintreten müssen, damit die anschließende Funktion starten kann. Bei dieser Fallgruppe geht es darum, die Voraussetzungen für die nachfolgende Funktion abzubilden. Im Beispiel der ODER-Verknüpfung (Abb. 21-5) wird dem Kunden Rabatt eingeräumt, wenn er Stammkunde ist oder mehr als 1000 Stück bestellt hat. (Er bekommt selbstverständlich auch Rabatt, wenn beide Bedingungen erfüllt sind.)

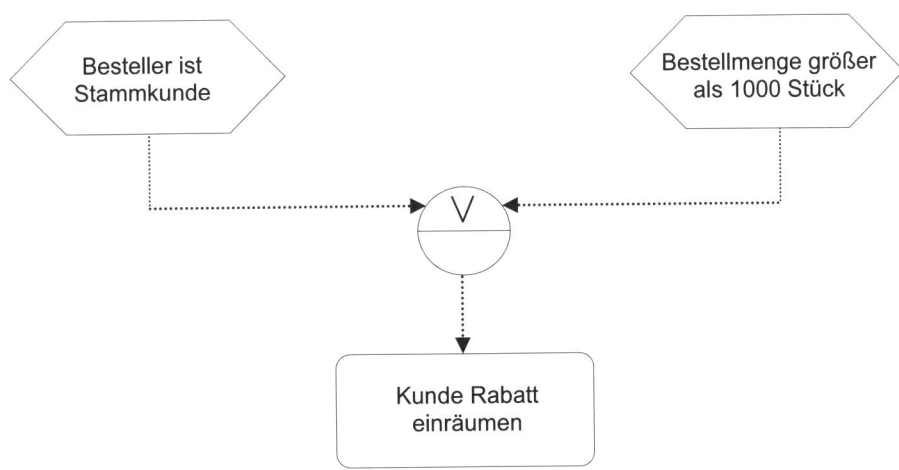

Abb. 21-5: ODER-Verknüpfung auslösender Ereignisse

Verknüpfung von erzeugten Ereignissen

Hierbei führt eine Funktion zu mehreren möglichen Ereignissen, von denen abhängig vom Operator alle, mindestens eins bzw. genau eins eintreten. Die Ereignisse haben den Charakter von Ergebnissen, die durch die Funktion erreicht werden können. Das Beispiel der EXKLUSIV ODER-Verknüpfung (Abb. 21-6) zeigt, zu welchen alternativen Ereignissen die Messung von Produkten führen kann.

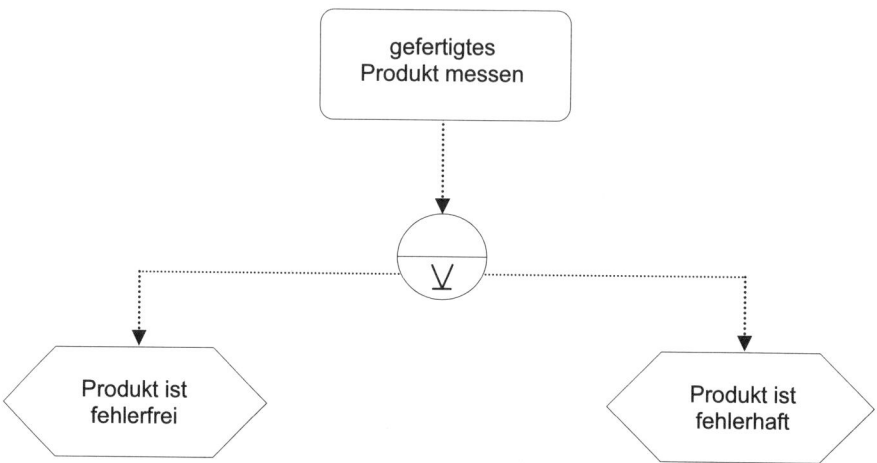

Abb. 21-6: EXKLUSIV ODER-Verknüpfung erzeugter Ereignisse

Verknüpfung von Funktionen bei einem auslösenden Ereignis

Tritt das Ereignis ein, wird dadurch die Ausführung mehrerer Funktionen ausgelöst. Dieser Fall ist gegeben, wenn infolge eines Ereignisses nicht nur eine, sondern mehrere, parallel zu vollziehende Tätigkeiten notwendig werden (Abb. 21-7).

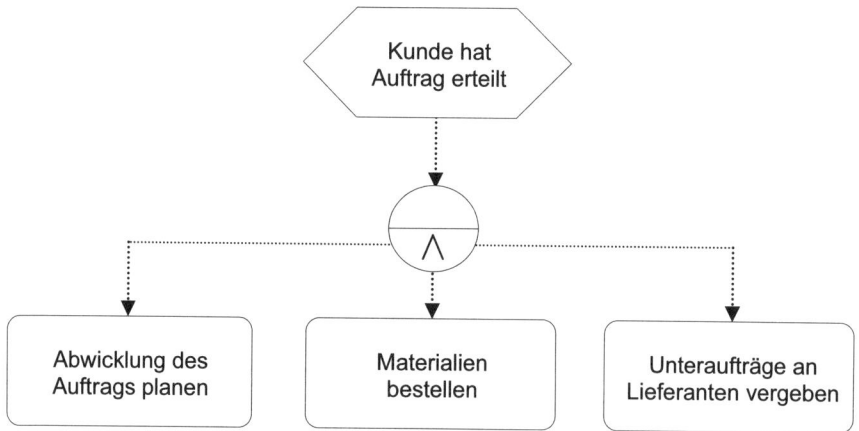

Abb. 21-7: UND-Verknüpfung von Funktionen bei einem auslösenden Ereignis

Die beiden anderen Varianten dieser Fallgruppe – einem Ereignis folgen alternativ auszuführende Funktionen – sind aus Gründen, die weiter unten erläutert werden, nicht zulässig.

Verknüpfung von Funktionen bei einem erzeugten Ereignis

Hierbei müssen mehrere Funktionen ausgeführt werden, bevor das angestrebte Ergebnis erreicht wird – wiederum je nach Operator alle Funktionen bzw. mindestens oder genau eine Funktion. Das eingetretene Ereignis signalisiert, dass mehrere Funktionen (erfolgreich) abgeschlossen wurden (Abb. 21-8).

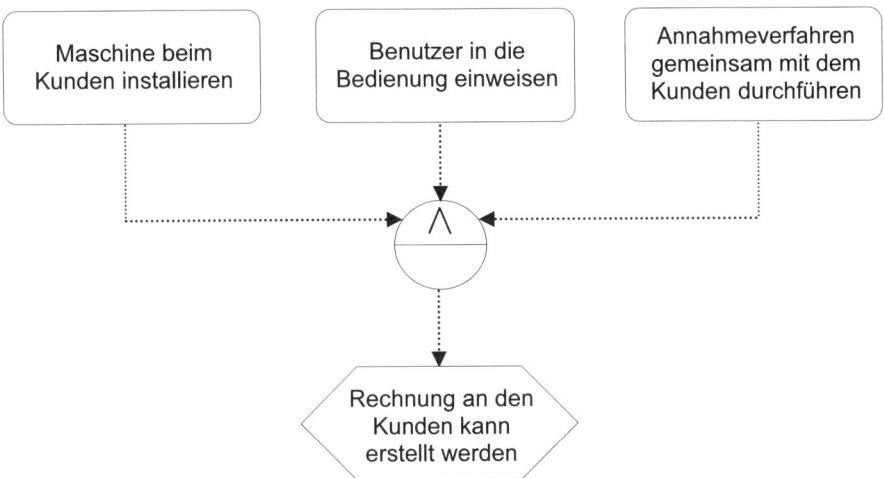

Abb. 21-8: UND-Verknüpfung von Funktionen bei einem erzeugten Ereignis

Folgen von Ereignis- und Funktionsverknüpfungen

Aus Gründen der Übersichtlichkeit wurde bislang vorausgesetzt, dass den verknüpften Ereignissen nur eine Funktion bzw. den verknüpften Funktionen nur ein Ereignis vorausgeht oder folgt. Es ist selbstverständlich aber auch möglich, dass verknüpften Ereignissen mehrere Funktionen folgen und umgekehrt. In diesem Fall sind beide Hälften des Operatorenkreises belegt. Im Beispiel (Abb. 21-9) führt der Eintritt von zwei Ereignissen dazu, dass die beiden Funktionen ausgeführt werden.

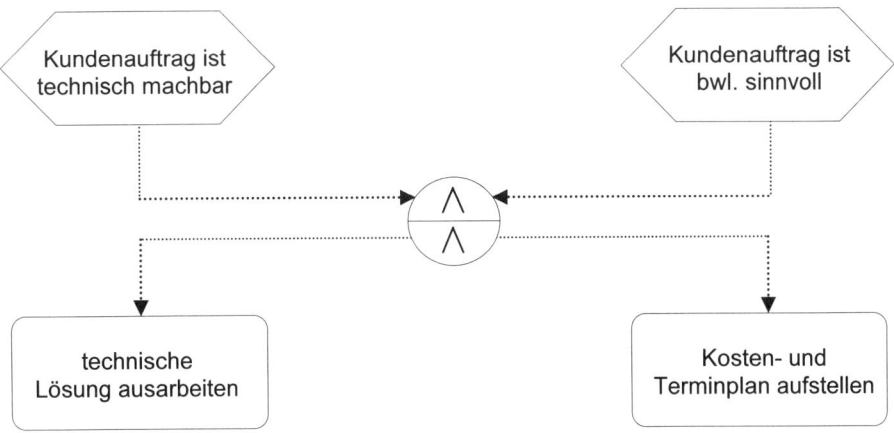

Abb. 21-9: Ereignisverknüpfung, gefolgt von einer Funktionsverknüpfung

Nicht zulässige Verknüpfungen
Wie bereits angedeutet, ist es nicht erlaubt, ein Ereignis über einen ODER- bzw. EXKLUSIV ODER-Operator mit einer nachfolgenden Funktionsverknüpfung zu verbinden. Die Gründe dafür sind nicht offensichtlich. Deshalb soll diese Problematik anhand eines Beispiels diskutiert werden. In einem Reisebüro ergeben sich abhängig davon, ob die Reisebuchung des Kunden ausführbar ist, alternative Funktionen (Abb. 21-10).

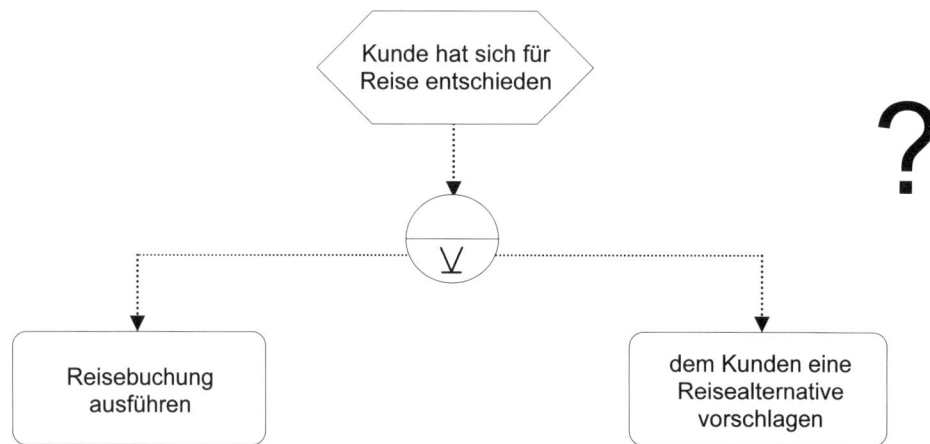

Abb. 21-10: EXKLUSIV ODER-Verknüpfung von Funktionen bei einem auslösenden Ereignis

Die Darstellung ist verständlich und scheint auf den ersten Blick auch korrekt zu sein. Das Problem ist jedoch, dass die Entscheidungsfindung, mit welcher der beiden Funktionen auf das Ereignis zu reagieren ist, in der Darstellung fehlt. „Die EPK ‚springt' sozusagen gleich von dem Ereignis zur Ausführung einer der Funktionen." (Staud 2006, S. 95) Die Tatsache, dass die Darstellung trotz dieses Fehlers nicht unverständlich wird, ist dadurch zu erklären, dass der Betrachter die fehlende Funktion gedanklich ergänzt.

Um den Vorgang korrekt darzustellen, muss in die EPK eine Funktion aufgenommen werden, durch die die Entscheidung zwischen den beiden Funktionen getroffen wird (Abb. 21-11). Dadurch fällt die geänderte Darstellung in die Fallgruppe ‚Verknüpfung erzeugter Ereignisse'.

Das Verbot, einem auslösenden Ereignis alternative Funktionen folgen zu lassen, mag als pingelig erscheinen. Die Einschränkung ist jedoch aufgrund der Logik der EPK berechtigt: Wenn in einem durch eine EPK dargestellten Prozess eine Situation auftritt, nach der auf unterschiedliche Weise gehandelt werden kann, muss eine Entscheidung getroffen werden. Da Ereignisse lediglich den Zustand des Prozessobjekts ausdrücken, sind sie selbst nicht in der Lage, diese Entscheidung zu treffen. Da die Entscheidungsfindung über die weitere Fortsetzung des Prozesses ein aktiver Vorgang ist, kann dieser nur durch eine Funktion abgebildet werden.

> Regel:
> Einem auslösenden Ereignis dürfen keine alternativen Funktionen folgen.

21 Ereignisgesteuerte Prozessketten (EPK)

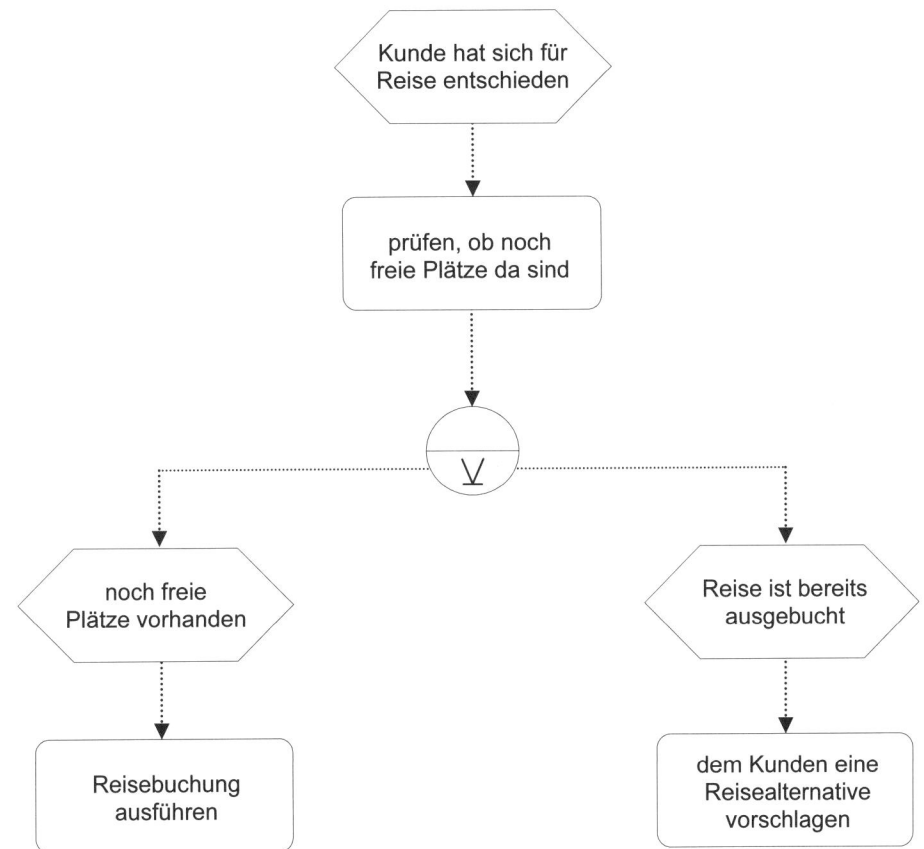

Abb. 21-11: Korrekte Darstellung des Vorgangs aus Abb. 21-10

Öffnen und Schließen von EPK-Sequenzen

Bei der Darstellung von Prozessen in EPK kommt es häufig vor, dass die Folge der Funktionen und Ereignisse in zwei (oder auch mehr) Stränge aufgespalten wird. Nachdem – abhängig vom jeweiligen Operator – ein Handlungsstrang bzw. mehrere oder alle Stränge durchlaufen wurden, vereinigt sich die EPK wieder. (In Kap. 3.2 über Flussdiagramme wurde diese Thematik in Zusammenhang mit den UND- bzw. ODER-Verbindungen behandelt.)

Wenn in einer EPK eine Aufspaltung in Handlungsstränge erfolgt, müssen der öffnende Operator ‚oben' und der schließende Operator ‚unten' identisch sein. Der Leser kann sich am Beispiel der in Abb. 21-12 dargestellten EPK-Sequenz klarmachen, dass die Verwendung von UND bzw. ODER als schließende Operatoren ‚unten' zu logischen Fehlern führt: Würde man einen UND-Operator benutzen, wäre die Fortsetzung des Prozesses an dieser Stelle blockiert, da hierfür die Bonität des Kunden zugleich gegeben und nicht gegeben sein müsste. Bei der Verwendung eines ODER-Operators würden mehr Möglichkeiten zugelassen, als der öffnende Operator zur Verfügung stellt. Aufgrund des EXKLUSIV ODER-Operators ‚oben' ist es ausgeschlossen, dass beide Äste gemeinsam ausgeführt werden.

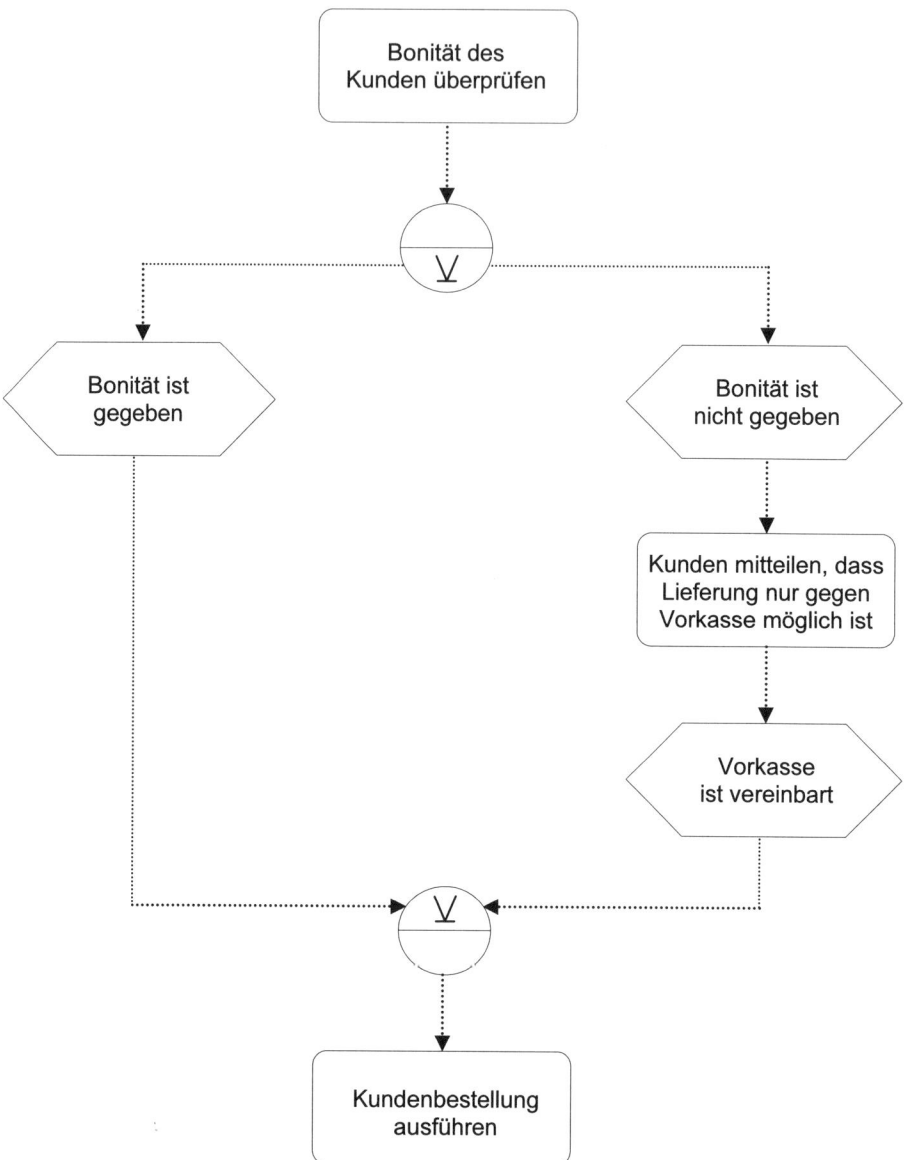

Abb. 21-12: Öffnen und Schließen einer EPK-Sequenz mit EXKLUSIV ODER-Operatoren

Regel:

Wenn in einer EPK eine Aufspaltung in mehrere Handlungsstränge erfolgt, müssen der öffnende und der schließende Operator gleich sein.

Rückschleifen

Rückschleifen sind ein Sonderfall des Öffnens und Schließens von EPK-Sequenzen. Die Besonderheit besteht darin, dass die Handlungsstränge nicht unterhalb, sondern oberhalb der Stelle, an der die Aufspaltung erfolgt, wieder zusammengeführt werden. Der öffnende Operator befindet sich bei Rückschleifen somit ‚unten', der schließende ‚oben' (Abb. 21-13). (Bei Flussdiagrammen wird dies als ODER-Rückkopplung bezeichnet [Kap. 3.2].)

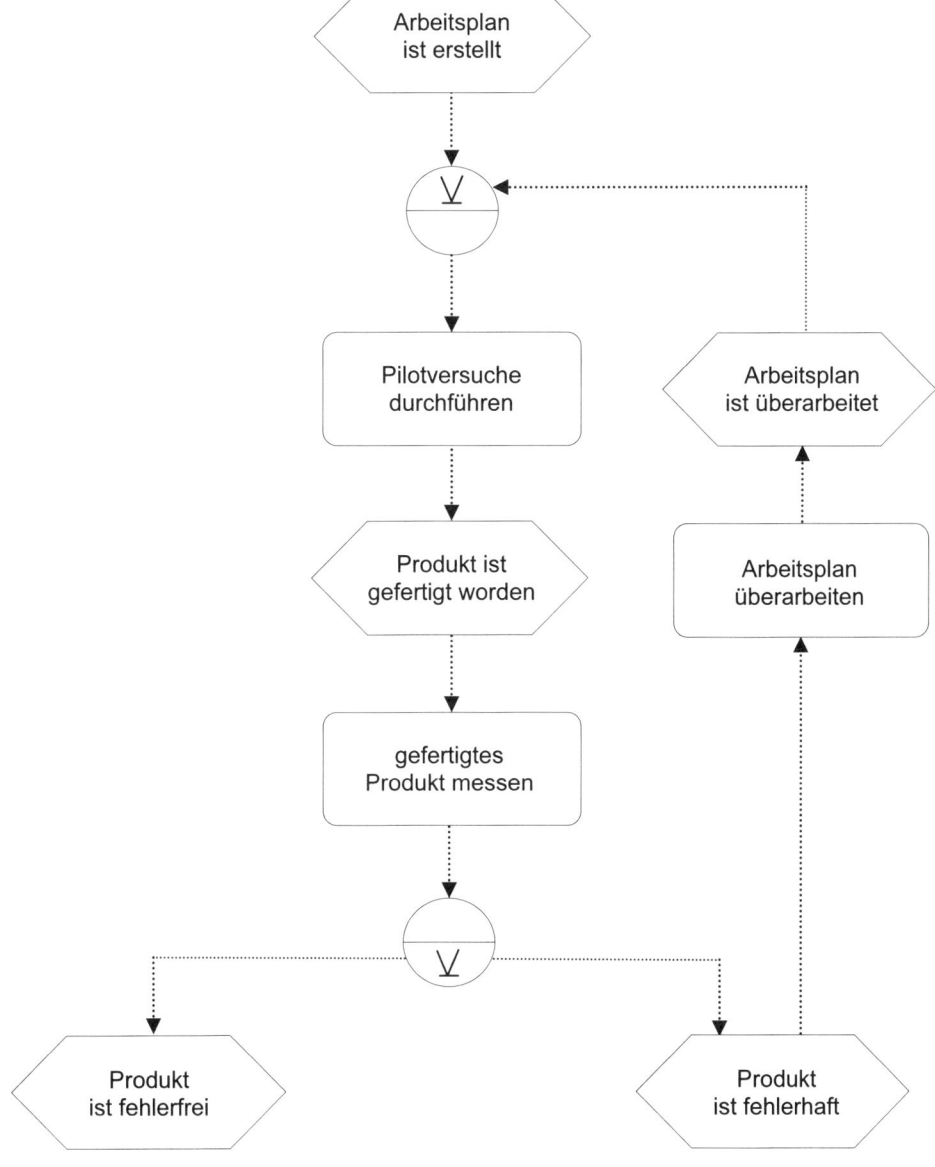

Abb. 21-13: Rückschleife in einer EPK

Die Rückschleife wird durch das Ereignis eingeleitet, das den Bedarf für die Wiederholung der EPK-Sequenz aufzeigt, im Falle des Beispiels in Abb. 21-13 mit ‚Produkt ist fehlerhaft'. Die Pfeillinie, die die Rückschleife darstellt, endet vor der Funktion, mit der die Wiederholung der EPK-Sequenz beginnt.

Der EXKLUSIV ODER-Operator, mit dem die Rückschleife in den Kontrollfluss zurückgeführt wird, hat hier „eine etwas andere Bedeutung als sonst, wo er zwei sich ausschließende Alternativen beschreibt." (Staud 2006, S. 125) Endet der erste Durchgang durch die EPK-Sequenz mit dem Ergebnis ‚Produkt ist fehlerfrei', kommt die Rückschleife, und damit der schließende EXKLUSIV ODER-Operator, überhaupt nicht zum Tragen. Erst wenn die Bedingung für die Rückschleife erfüllt ist, tritt der Fall ein, dass die Funktion ‚Pilotversuche durchführen' sozusagen auch ‚seitlich' durch das Ereignis ‚Arbeitsplan ist überarbeitet' ausgelöst werden kann.

21.4 Vor- und Nachteile von EPK gegenüber Flussdiagrammen

Flussdiagramme sind unschlagbar, was Verständlichkeit und Anschaulichkeit angeht. Die mit ihnen visualisierten Prozesse können intuitiv auch dann verstanden werden, wenn man die verwendeten Symbole und Regeln im Einzelnen nicht kennt. Wenn sich die Prozessdokumentation an (viele) Mitarbeiter richtet, die sich nicht speziell mit dem Thema Prozessorganisation auseinandergesetzt haben, sind Flussdiagramme EPK vorzuziehen.

Im Unterschied dazu sind EPK nicht so leicht nachvollziehbar. Wer sich mit deren Symbolen und Regeln nicht beschäftigt hat, wird nur schwer verstehen, was in einer EPK-Darstellung abgebildet ist. EPK sind auch nicht so anschaulich wie Flussdiagramme. Im Unterschied zu diesen kann man nicht mit einem Blick erfassen, wie der abgebildete Prozess verläuft, sondern man muss den Kontrollfluss und die verschiedenen Verknüpfungen durchgehen, bevor man versteht, was bei dem Prozess passiert.

Der augenfälligste Unterschied zwischen den beiden Darstellungsmitteln besteht darin, dass bei EPK nicht wie bei Flussdiagrammen lediglich das Start- und Schlussereignis (also Prozessinput und -output) abgebildet werden, sondern zusätzlich für jede einzelne Funktion darüber hinaus, durch welche(s) Ereignis(se) diese ausgelöst werden und welche(s) Ereignis(se) nach ihrer Ausführung eintritt bzw. eintreten. Im Unterschied dazu muss der Betrachter eines Flussdiagramms dies aufgrund des jeweiligen Prozessverlaufs selbst erkennen. Dieser Unterschied führt dazu, dass EPK genauer sind, dafür aber auch umfangreicher werden.

Für die ausführlichere Darstellung in EPK spricht, dass man dadurch gezwungen ist, den Prozess präziser zu durchdenken. Der Ersteller einer EPK muss sich darüber klar werden, was die Voraussetzungen und Ergebnisse jeder Funktion sind. Dies kann zu wertvollen Erkenntnissen führen. Oft entpuppen sich vermeintliche Selbstverständlichkeiten als nicht gegeben. Häufig stellt sich heraus, dass die am Prozess Beteiligten unterschiedliche Meinungen dazu haben, unter welchen Bedingungen eine Funktion auszuführen ist und zu welchen Ergebnissen sie zu führen hat. Klarheit hierüber ist v. a. an den Prozessschnittstellen nötig, an denen die Verantwortlichkeiten wechseln. Insofern kann die Darstellung von Prozessen in EPK dazu führen, dass die Abstimmung der an diesen beteiligten Organisationseinheiten vorangebracht wird.

Es ist jedoch nicht zu übersehen, dass mit der expliziten Benennung der den Funktionen vorausgehenden und folgenden Ereignissen nicht immer neue Erkenntnisse über den Prozess verbunden sind. In vielen Fällen zwingt die Forderung, dass sich Ereignisse und Funktionen stets abwechseln müssen, zu einer redundanten Darstellung, durch die triviale Ereignisse ohne Informationsgehalt in die EPK aufgenommen werden. So kann z. B. die Funktion ‚Daten erfassen' schwer zu einem anderen Ereignis führen als ‚Daten wurden erfasst', die Überarbeitung eines Dokuments kaum zu etwas anderem als zu ‚Dokument ist überarbeitet' usw. Die Tatsache, dass sich aus einer Funktion und dem nachfolgenden Ereignis häufig dieselbe Information ergibt, kann zur Konsequenz haben, „dass im ungünstigen Falle die Hälfte aller Diagrammelemente schlichtweg überflüssig ist und das Diagramm auf diese Weise unnötig vergrößert wird." (Mielke 2002, S. 37)

Ein weiterer Unterschied zwischen EPK und Flussdiagrammen besteht darin, dass bei EPK Folgebeziehungen innerhalb des Prozesses mit drei Operatoren dargestellt werden können. Bei Flussdiagrammen steht hingegen nur die Entscheidungsraute zur Verfügung, die dieselbe Bedeutung hat wie der EXKLUSIV ODER-Operator bei EPK. Für den UND- sowie den ODER-Operator gibt es bei Flussdiagrammen keine Entsprechung. Deshalb muss der Betrachter aus dem inhaltlichen Zusammenhang herauslesen oder erahnen, was gemeint ist – ein Beispiel dafür in Abb. 21-14.

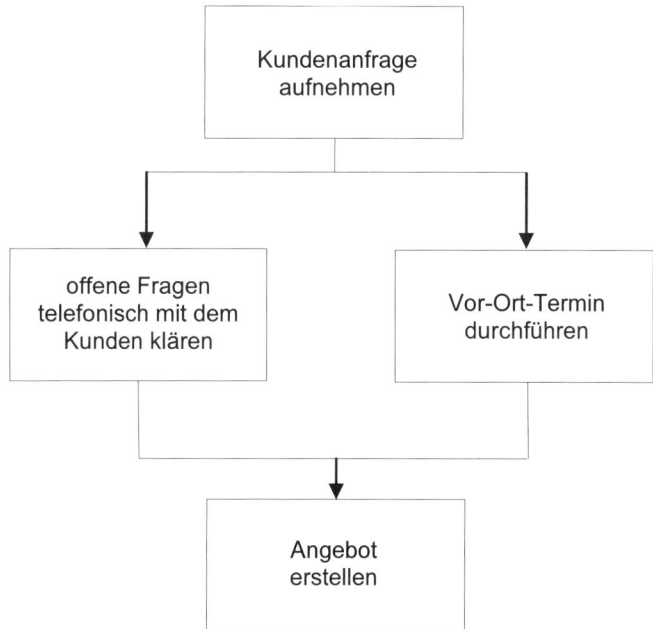

Abb. 21-14: Beispiel für eine nicht eindeutige Prozessdarstellung in einem Flussdiagramm

Dieses Flussdiagramm macht nicht klar, was zu geschehen hat, nachdem die Kundenanfrage aufgenommen wurde: Soll in jedem Fall sowohl ein Telefongespräch mit dem Kunden als ein Vor-Ort-Termin stattfinden? Oder kann auf den Vor-Ort-Termin verzichtet werden, wenn es nach dem Telefongespräch keine offenen Fragen mehr gibt? Oder ist gemeint, dass die

Kundenanforderungen wahlweise durch ein Telefongespräch oder durch einen Vor-Ort-Termin ermittelt werden? Die Antworten auf diese Fragen gehen aus dem Flussdiagramm nicht hervor, und so bleibt es dem Betrachter überlassen zu entscheiden (bzw. zu raten), wie der Prozess verlaufen soll.

Der Vorteil der bei EPK zur Verfügung stehenden drei Operatoren liegt in der größeren Eindeutigkeit. Die Gefahr von Missverständnissen, die durch unterschiedliche Interpretationen des Betrachters entstehen können, ist damit deutlich verringert.

Nachteilig ist, dass EPK aufgrund der verschiedenen Operatoren schwieriger zu erstellen sind als Flussdiagramme. Auch im Grunde simple Prozessverläufe führen häufig zu komplexen Darstellungen. Hinzu kommt, dass es durch die Verletzung der für EPK geltenden Regeln erfahrungsgemäß oft zu Darstellungsfehlern kommt (Langner 1997, S. 486) – eine Gefahr, die bei Flussdiagrammen aufgrund des schlichteren Instrumentariums weniger gegeben ist.

Die Gegenüberstellung der verschiedenen Vor- und Nachteile von EPK und Flussdiagrammen macht deutlich, dass man nicht sagen kann, eines der beiden Darstellungsmittel sei überlegen und deshalb stets vorzuziehen. Stattdessen ist im Hinblick auf die jeweils betrachteten Prozesse zu entscheiden, ob

- die mit EPK erreichbare höhere Genauigkeit der Darstellung stärker gewichtet und dafür die größere Komplexität und relative Unübersichtlichkeit dieses Darstellungsmittels in Kauf genommen werden soll, oder
- die kompaktere Darstellung durch Flussdiagramme vorgezogen wird, die jedoch weniger genau und teilweise interpretationsbedürftig sind.

Weiterführende Literatur zu Teil X

Empfehlenswert zu EPK sind

- ‚Geschäftsprozessanalyse' von J. Staud (Staud 2006) sowie
- ‚Grundkurs Geschäftsprozess-Management' von A. Gadatsch (Gadatsch 2005).

Beide Bücher geben eine ausführliche und verständliche Einführung in die Thematik, die durch eine Fülle von Beispielen illustriert wird.

Kontrollfragen

K 21-1
Bei Ereignisgesteuerten Prozessketten (EPK) werden Symbole für Ereignisse und Funktionen verwendet. Was ist mit ‚Ereignissen' und ‚Funktionen' gemeint? Wie lautet die wesentliche Regel zur Erstellung von EPK?

K 21-2
Was sind bei EPK Verknüpfungen von Ereignissen und Funktionen? Wie sind die Regeln zur Darstellung dieser Verknüpfungen?

K 21-3
Was sind die wesentlichen Unterschiede zwischen der Prozessdarstellung in EPK und in Flussdiagrammen?

K 21-4
Welche Argumente sprechen jeweils für und gegen die Prozessdarstellung in EPK und in Flussdiagrammen?

XI Ausblick

Die Bedeutung der Prozessorganisation wird in den kommenden Jahren nicht nur erhalten bleiben, sondern größer werden. Es ist nicht zu erwarten, dass die Beschäftigung mit den betrieblichen Prozessen – wie bis in die 80er-Jahre – wieder zu einer nebensächlichen Aufgabe werden wird. Denn die Gründe, die zu einer intensiveren Auseinandersetzung mit den Prozessen geführt haben, werden nicht wegfallen, sondern sich im Gegenteil eher verstärken. Die gegebene Markt- und Wettbewerbslage lässt eine Vernachlässigung der Prozesse nicht zu. Kein Betrieb kann sich unzureichende Prozesse leisten, in denen er seine Ressourcen verschwendet und bei denen die Kunden Glück haben müssen, damit sie die versprochenen Produkte und Dienstleistungen erhalten.

Das Wissen und die Methoden, die für die Auseinandersetzung mit den Prozessen benötigt werden, liegen weitgehend vor.

Zweifellos gibt es einige Fragen, bei denen man sich vonseiten der Betriebswirtschaftslehre genauere Erkenntnisse wünschen würde. Das möglicherweise wichtigste Thema sind die unternehmensübergreifenden Prozesse. Durch das verstärkte Outsourcing von Prozessen (Kap. 19) werden die Unternehmen künftig mehr und intensiver zusammenarbeiten (müssen). Dies führt zu der Notwendigkeit, bisher getrennte Prozesse der beteiligten Unternehmen so miteinander zu verknüpfen, dass sich eine optimal aufeinander abgestimmte Folge von Prozessen ergibt. Darüber hinaus wird es dazu kommen, dass bestimmte Prozesse von mehreren Unternehmen gemeinsam durchgeführt werden, sodass die „Unternehmensgrenzen in Teilbereichen fast vollständig verschwinden." (Baumgarten 1996, Sp. 1675) Die in diesem Lehrbuch beschriebenen Vorgehensweisen der Prozessorganisation wurden für Prozesse erarbeitet, die sich innerhalb der Unternehmensgrenzen abspielen. Inwieweit diese auch auf unternehmensübergreifende Prozesse anwendbar sind bzw. im Hinblick auf diese ggf. erweitert werden müssen, ist nicht klar und muss noch untersucht werden.

Trotz dieser (und einiger anderer) offenen Fragen kann man nicht sagen, dass es bei der Prozessorganisation grundlegende Wissensdefizite gibt. Im Großen und Ganzen ist klar, was in den Unternehmen im Hinblick auf das Thema Prozessorganisation zu tun ist.

Das wesentliche Problem liegt in der Umsetzung in die betriebliche Praxis. Es besteht darin, dass die Auseinandersetzung mit den Prozessen nicht mit der gebotenen Konsequenz verfolgt wird. Viele Betriebe haben erkannt, dass sie sich mit ihren Prozessen beschäftigen müssen, und nehmen deshalb eine Bestandsaufnahme der Prozesse vor. Aber nur wenigen Unternehmen gelingt es, die Beschäftigung mit den Prozessen zu einer Daueraufgabe zu machen, die erfassten Prozesse regelmäßig zu beurteilen und aufgrund neuer Erkenntnisse fortlaufend zu verändern, sodass sie immer besser werden. Natürlich profitiert ein Unternehmen auch von einer einmaligen Bestandsaufnahme seiner Prozesse, weil sie dadurch einheitlicher durchgeführt und offensichtliche Schwachstellen beseitigt werden können. Aber der eigentliche, langfristige Nutzen ergibt sich erst dann, wenn die Auseinandersetzung mit den Prozessen regelmäßig erfolgt. Hierzu ist es notwendig, Kraft und Durchhaltevermögen aufzubringen und die Prozesse immer wieder daraufhin zu untersuchen, inwieweit sie angemessen sind und ob sie verbessert werden können. Aber auf Dauer wird das Unternehmen die Früchte seiner Anstrengungen dadurch ernten, dass die Prozesse zur Erstellung seiner Produkte und Dienstleistungen zunehmend perfekter werden.

XII Lösungen zu den Kontrollfragen

Zu Teil I
Grundlagen

K 1-1
Die Entstehung des Fachgebiets Prozessorganisation ist wesentlich auf die Erkenntnis zurückzuführen, dass die Organisationsprobleme eines Unternehmens auf andere Weise angegangen werden müssen, als dies in der Vergangenheit geschah.
Worin sehen Sie den wesentlichen Unterschied zwischen

- *der in der Vergangenheit sowohl in der Betriebswirtschaftslehre als auch in der betrieblichen Praxis üblichen Art und Weise, an Organisationsprobleme heranzugehen,*
- *und der von der Prozessorganisation geforderten Vorgehensweise?*

Der wesentliche Unterschied zwischen der herkömmlichen Auseinandersetzung mit organisatorischen Problemen und der von der Prozessorganisation geforderten Vorgehensweise ist folgender:

- Die Unternehmen und die betriebswirtschaftliche Organisationslehre konzentrierten sich in der Vergangenheit im Wesentlichen auf die Aufbauorganisation (also insbesondere darauf, nach welchen Kriterien Abteilungen gebildet und wie Weisungsbefugnisse ausgestaltet werden sollen). Wenn es überhaupt eine Beschäftigung mit den Abläufen gab, beschränkte sich diese auf die Frage, wie die innerhalb der Abteilungen verlaufenden Vorgänge effizient durchgeführt werden können. Die abteilungsübergreifend ablaufenden Prozesse spielten dagegen überhaupt keine Rolle.
- Im Unterschied dazu stellt die Prozessorganisation gerade die abteilungsübergreifenden Prozesse in den Mittelpunkt. Die Auseinandersetzung mit ihnen soll dazu führen, dass sie auf eine optimale Weise durchgeführt und kontinuierlich verbessert werden.

K 1-2
Welche Konsequenzen entstehen, wenn die Prozesse vernachlässigt und mehr oder weniger sich selbst überlassen werden?
Die Konsequenzen einer mangelnden Auseinandersetzung mit den Prozessen sind:
- Es ist nicht ausreichend klar, zu welchen Ergebnissen die Prozesse führen sollen.
- Die Art und Weise, wie die Prozesse durchgeführt werden, ist ungünstig, unlogisch und fehleranfällig. Die gewünschten Ergebnisse werden (wenn überhaupt) auf nicht optimale Weise erreicht.
- Die gebotene informationstechnische Unterstützung der Prozesse fehlt oder ist unzureichend, da das betriebliche Informationssystem nicht auf die Prozesse zugeschnitten ist.

- Bei vielen Prozessschritten ist ungeklärt, welche Organisationseinheiten für deren Ausführung verantwortlich sind.
- Die Prozessschnittstellen (an denen innerhalb eines Prozesses das Prozessobjekt von einer Abteilung an eine andere übergeben wird) werden sich selbst überlassen, was die Entstehung von Fehlern und zeitlichen Verzögerungen begünstigt.

K 1-3

Es wird vorgeschlagen, die traditionelle funktionale Aufbauorganisation durch eine prozessorientierte Aufbauorganisation zu ersetzen. Was sind die Gründe für diesen Vorschlag und was ist von ihm zu halten?

Eine funktionale Aufbauorganisation ist für die Durchführung der betrieblichen Prozesse ungünstig. Die Prozesse gehen über die Abteilungsgrenzen hinweg, die an einem Prozess mitwirkenden Organisationseinheiten interessieren sich nur für die Prozessschritte, die in ihre Zuständigkeitsbereiche fallen, es gibt keine Gesamtverantwortung für die Prozesse, an den Prozessschnittstellen entstehen häufig Abstimmungsprobleme und Verzögerungen, schließlich kann Ressortegoismus zu unzureichenden Prozessergebnissen führen.

In einer prozessorientierten Aufbauorganisation werden die Abteilungen nicht mehr nach den betriebswirtschaftlichen Funktionen, sondern nach den Prozessen festgelegt. Da in einer so gebildeten Aufbauorganisation jede Abteilung für ihren Prozess komplett verantwortlich ist, erledigen sich die bisherigen o. g. Probleme weitgehend.

Eine prozessorientierte Aufbauorganisation führt jedoch dazu, dass die Ressourcen des Unternehmens nicht mehr so gut genutzt werden, wie dies in einer funktionsorientierten Aufbauorganisation möglich ist. Denn in einer prozessorientierten Aufbauorganisation ist nicht vorgesehen, dass dieselben Ressourcen innerhalb verschiedener Prozesse zum Einsatz kommen.

Insgesamt sollten die funktionale und die prozessorientierte Aufbauorganisation nicht als sich ausschließende Alternativen angesehen werden. Stattdessen gilt es, einen Kompromiss zwischen den beiden Gesichtspunkten zu finden, sodass der Zuschnitt der Abteilungen
- sowohl eine möglichst gute Nutzung der Ressourcen gewährleistet
- als auch eine möglichst flüssige Durchführung der betrieblichen Prozesse erlaubt.

K 1-4

Welche Beziehung besteht zwischen der Festlegung der Unternehmensstrategie und der Definition der betrieblichen Prozesse?

Das Unternehmen muss sich zunächst über seine Strategie klar werden. Erst auf dieser Grundlage ist eine Beschäftigung mit dem Thema Prozessorganisation sinnvoll.

Zur Klärung der Unternehmensstrategie ist festzulegen, welche betrieblichen Leistungen welchen Kunden angeboten werden sollen und welche Erfolgsfaktoren in dem gewählten Geschäftsfeld wichtig sind. Die (logisch) daran anschließende Auseinandersetzung mit den Prozessen betrifft die Fragen, welche Prozesse das Unternehmen braucht, um die angebotenen Produkte und Dienstleistungen zu erstellen, und worauf es bei der Durchführung der Prozesse besonders ankommt.

Wird diese logische Reihenfolge nicht eingehalten, werden bei der Gestaltung der Prozesse falsche Schwerpunkte gesetzt bzw. die Prozesse im Hinblick auf ungeeignete Kriterien ‚verbessert'.

K 2-1
Wie lässt sich ein betrieblicher Prozess allgemein charakterisieren?
Ein betrieblicher Prozess ist gekennzeichnet durch seinen Input und Output sowie durch die dazwischen liegenden Prozessschritte.

Der Input löst den Prozess aus (z. B. etwas geschieht). Der Output eines Prozesses sind dessen Ergebnisse, also das, was man erreicht hat, nachdem der Prozess ausgeführt wurde. Es ist zwingend notwendig, für jeden Prozess In- und Output angeben zu können. Gelingt dies nicht, handelt es sich nicht um einen Prozess.

Die Prozessschritte zwischen In- und Output dienen dazu, von den Prozessvorgaben zu den Ergebnissen zu kommen. Die Folge der Prozessschritte sollte so gewählt werden, dass die angestrebten Prozessergebnisse möglichst sicher und zugleich auf dem günstigsten Weg erreicht werden.

K 2-2
Zu den Grundbegriffen der Prozessorganisation gehören ‚interner Kunde' und ‚interner Lieferant'. Erläutern Sie diese Begriffe und erklären Sie, was mit ihnen gemeint ist.
In vielen Fällen bleiben die Ergebnisse eines Prozesses im Unternehmen und werden innerhalb der anschließenden Prozesse genutzt. Die Organisationseinheiten, die Prozessergebnisse bereitstellen, werden in der Prozessorganisation als ‚interne Lieferanten', diejenigen, die mit den Ergebnissen weiterarbeiten, als ‚interne Kunden' bezeichnet.

Das Verhältnis zwischen aufeinander aufbauenden Prozessen wird somit als Kunde-Lieferant-Beziehung aufgefasst. Damit wird klargestellt, dass ein interner Lieferant die Erwartungen seiner internen Kunden genau verstehen muss und ihnen fehlerfreie und anforderungsgerechte Ergebnisse zur Verfügung zu stellen hat – genauso, als handele es sich um den externen, zahlenden Kunden des Unternehmens.

K 2-3
Welche Bedeutung hat das betriebliche Informationssystem für die Prozesse? Wie kann die Ausführung der Prozesse mit betriebswirtschaftlicher Standardsoftware unterstützt werden? Welche Bedeutung haben in diesem Zusammenhang sogenannte Referenzprozesse?
Um betriebliche Prozesse durchführen zu können, werden Informationen benötigt. Diese werden von dem betrieblichen Informationssystem verarbeitet, übertragen und bereitgestellt. Mit einem leistungsfähigen – d. h. üblicherweise computerunterstützten – Informationssystem werden den Prozessbeteiligten die erforderlichen Informationen bedarfsgerecht, schnell und sicher zugänglich gemacht. Aufgrund einer guten Informationsversorgung wird es möglich, die vorhandenen Prozesse nicht nur effizienter abzuwickeln, sondern darüber hinaus auch auf eine bessere Weise durchzuführen.

Betriebswirtschaftliche Standardsoftware (= ERP-Software) dient dazu, abteilungsübergreifende Prozesse durchgängig zu unterstützen. Entscheidend hierbei sind in der Software enthaltene Referenzprozesse, auf die die informationstechnische Unterstützung zugeschnitten ist. Die Referenzprozesse bilden ab, auf welche Weise die betrieblichen Prozesse (nach der Ansicht des jeweiligen ERP-Anbieters) ‚normalerweise' verlaufen.

Zwischen diesen Referenzprozessen und den Prozessen des jeweiligen, die ERP-Software anwendenden Unternehmens gibt es stets mehr oder weniger große Unterschiede. Insofern muss das Unternehmen, das ERP-Software einsetzen will, entscheiden,

- inwieweit es seine bisherigen Prozesse an die Referenzprozesse angleichen will bzw.
- in welchem Maße umgekehrt die Software an die Prozesse des Unternehmens angepasst werden soll.

K 3-1
Wie hängen die beiden Darstellungsmittel für betriebliche Prozesse – Prozesslandkarte und Flussdiagramme – miteinander zusammen?

Empfehlenswert ist, sich zunächst einen Überblick zu verschaffen, welche Prozesse in einem Unternehmen vorhanden sind, und sich anschließend mit jedem Prozess im Einzelnen zu befassen.

Eine Prozesslandkarte ist ein Darstellungsmittel, mit dem die Prozesse eines Unternehmens aus der Vogelperspektive betrachtet werden. Eine Prozesslandkarte ist eine Übersichtsdarstellung der betrieblichen Prozesse.

Bei Flussdiagrammen ist die Betrachtungsebene konkreter. Sie dienen dazu, jeden der in der Prozesslandkarte aufgeführten Prozesse in seinem Ablauf abzubilden. Aus einem Flussdiagramm geht hervor,

- was Input und was Output eines Prozesses ist,
- welche Prozessschritte zwischen In- und Output liegen,
- welche UND- sowie ODER-Verbindungen in dem Prozess gegeben sind,
- welche Informationen bei den Prozessschritten genutzt werden bzw. entstehen und
- wer für die Ausführung der Prozessschritte verantwortlich ist.

K 3-2
Was ist bei Flussdiagrammen der Unterschied zwischen UND- und ODER-Verbindungen? Was ist eine ODER-Rückkopplung?

Mit UND- bzw. ODER-Verbindungen wird in Flussdiagrammen dargestellt, dass sich die Folge der Prozessschritte in parallel zueinander verlaufende Äste verzweigt.

UND-Verbindungen sind in der Regel so zu verstehen, dass im Sinne von ‚sowohl als auch' alle nebeneinander angeordneten Teilprozesse durchlaufen werden müssen. Es kann aber auch bereits ausreichend sein, wenn entweder der eine oder der andere Handlungsstrang durchlaufen wird.

Im Gegensatz dazu zeigt eine ODER-Verbindung stets alternativ auszuführende Teilprozesse an. ODER-Verbindungen werden in Flussdiagrammen mit dem Symbol Entscheidungsraute dargestellt. Die Bedingung, von der die Fortsetzung des Prozesses abhängt, wird mit einer angedeuteten Frage in der Entscheidungsraute angegeben. Abhängig davon, ob diese Bedingung erfüllt ist oder nicht, werden entweder die einen oder die anderen Prozessschritte ausgeführt.

Eine ODER-Rückkopplung ist eine spezielle ODER-Verbindung. Ihre Besonderheit besteht darin, dass sich die parallel dargestellten Prozessschritte nicht ‚unterhalb', sondern ‚oberhalb' der Entscheidungsraute befinden. Mit einer ODER-Rückkopplung wird ausgedrückt, dass Prozessschritte wiederholt bzw. zusätzliche Schritte durchgeführt werden müssen, falls die in der Entscheidungsraute angegebene Bedingung nicht erfüllt ist.

K 3-3
Worin besteht das Problem, bei der Darstellung eines Prozesses in einem Flussdiagramm den richtigen Detaillierungsgrad zu finden?
Bei einem gut gemachten Flussdiagramm ist für den Betrachter sofort klar, worum es bei dem Prozess geht und wie er im Wesentlichen verläuft. Ein Flussdiagramm wird hingegen unverständlich, wenn der Detaillierungsgrad der Darstellung nicht angemessen ist.

- Wird der Prozess nur in groben Zügen abgebildet, ist nur ungefähr nachvollziehbar, was bei dem Prozess geschieht.
- Werden hingegen bei der Prozessdarstellung alle möglichen Einzelheiten und Ausnahmen berücksichtigt, ist dies für den Betrachter verwirrend und er sieht den Wald vor lauter Bäumen nicht mehr.

Um den richtigen Detaillierungsgrad zu treffen, kann man sich als Anhaltspunkt an den Faustregeln orientieren, dass ein Flussdiagramm

- bis ca. zwölf Prozessschritte enthalten sollte bzw.
- am besten auf eine und höchstens auf zwei Seiten passen sollte.

Es gibt jedoch keine inhaltlichen Kriterien dafür, welcher Detaillierungsgrad für die Prozessdarstellung optimal ist. Denn oft ist es Ansichtssache, ob bestimmte Tätigkeiten in das Flussdiagramm aufgenommen oder ob sie als selbstverständlich bzw. nebensächlich betrachtet und deshalb nicht berücksichtigt werden sollen.

K 4-1
Was bedeutet es, Prozesse zu standardisieren? Was wird mit der Standardisierung der Prozesse erreicht?
Standardisierung (oder Vereinheitlichung) betrieblicher Prozesse bedeutet, dass verbindliche Vorgaben dazu festgelegt werden, welche Ergebnisse die Prozesse haben sollen und wie sie durchzuführen sind.
Die Vorzüge standardisierter Prozesse bestehen darin, dass sie

- verlässlich die Ergebnisse liefern, die der (interne oder externe) Kunde benötigt bzw. erwartet, und
- immer wieder auf dieselbe, nämlich auf die als optimal angesehene Art und Weise durchgeführt werden.

Mit der Standardisierung wird vermieden, dass die Prozesse mal diese und mal jene Ergebnisse haben und ihre Durchführung immer wieder variiert – abhängig davon, von welchen Mitarbeitern und in welchen Situationen die Prozesse jeweils durchgeführt werden.

Um die Prozesse verbindlich festzulegen, muss eine Bestandsaufnahme der gegebenen Prozesse erfolgen und es muss geprüft werden, inwieweit diese sinnvoll sind. Ein weiterer Nutzen der Standardisierung liegt insofern darin, dass vorhandene Schwachstellen erkannt und überwunden werden.

K 4-2
Was ist das größte Problem bei der Standardisierung betrieblicher Prozesse?

Dieses besteht darin, einen angemessenen Standardisierungsgrad zu finden.

Ebenso wie bei der Darstellung von Prozessen in Flussdiagrammen (s. K 3-3) ist hier sowohl ein ‚zu wenig' als auch ein ‚zu viel' schädlich.

- Bei einer zu schwachen Standardisierung bleiben wesentliche Punkte ungeregelt. Folge ist, dass improvisiert wird und die Prozesse nach wie vor uneinheitlich, mal so und mal so durchgeführt werden.
- Ist hingegen die Standardisierung zu stark, werden unnötigerweise viele Kleinigkeiten und Ausnahmefälle geregelt. Folge ist, dass die Prozessbeteiligten schematisch arbeiten (müssen), obwohl eigentlich Entscheidungen nach dem gesunden Menschenverstand angebracht wären, oder sie die Prozessvorgaben schlicht ignorieren.

Welcher Standardisierungsgrad richtig ist, lässt sich allgemein nicht sagen, sondern ist vom jeweiligen Prozess abhängig.

- Bei einfachen, sich oft in gleicher Weise wiederholenden Prozessen ist es meistens gut, die Modalitäten ihrer Durchführung präzise festzulegen – und sie dadurch in starkem Maße zu standardisieren.
- Bei komplexen Prozessen, die jedes Mal anders verlaufen und die von den Beteiligten immer wieder andere Lösungen verlangen, ist es hingegen angebracht, lediglich den wesentlichen Ablauf und die Rahmenbedingungen zu definieren. Eine Standardisierung solcher Prozesse ist ebenfalls möglich und sinnvoll, sollte aber nur schwach ausgeprägt sein, damit den Prozessbeteiligten nicht die benötigten Freiräume verloren gehen.

K 4-3
Wozu dienen prozessorientierte Audits und welche Schlussfolgerungen sind aus ihnen zu ziehen?

Mit prozessorientierten Audits wird festgestellt, inwieweit die (bei der Standardisierung) definierten Vorgaben für die Prozesse tatsächlich umgesetzt werden, konkret, ob die Prozesse die gewünschten Ergebnisse liefern und so wie vorgesehen durchgeführt werden. Weiterhin wird ermittelt, inwieweit sich die Prozessvorgaben in der betrieblichen Praxis als sinnvoll erwiesen haben.

Falls sich herausstellt, dass Prozessvorgaben nicht umgesetzt werden oder sich nicht bewährt haben, liegen sogenannte Abweichungen vor.

Maßnahmen zur Beseitigung der Ursachen für die Abweichungen können darin bestehen, dass

- entweder durch Instruktion der Mitarbeiter, bessere Ausstattung oder auf andere Weise die Diskrepanzen zwischen den Prozessvorgaben und der tatsächlichen betrieblichen Praxis überwunden werden, oder
- Prozessvorgaben, die sich als ungeeignet erwiesen haben, überarbeitet werden.

K 4-4
Warum ist es sinnvoll, Prozesse zu messen? Wie ist bei der Messung von Prozessen vorzugehen?

Aufgrund der Messung der Prozesse kann deren Leistungsfähigkeit mithilfe von Kennzahlen objektiv eingeschätzt werden. Dies macht es möglich,
- quantitative Sollvorgaben für die Prozesse zu definieren,
- bestehende Verbesserungsmöglichkeiten zu erkennen und
- zu beurteilen, welche Fortschritte mit durchgeführten Verbesserungsmaßnahmen tatsächlich erreicht wurden.

Zur Messung eines Prozesses ist zunächst zu überlegen, welches bzw. welche der drei Kriterien ‚Qualität', ‚Zeit' und ‚Kosten' besonders wichtig ist bzw. sind. Anschließend ist zu entscheiden, welche Kennzahl(en) verwendet werden soll(en), um das interessierende Kriterium abzubilden.

Stehen die anzuwendenden Kennzahlen fest, müssen diese regelmäßig ermittelt und ausgewertet werden, um hieraus Maßnahmen zum Prozess ableiten zu können.

K 4-5
Was ist der Unterschied zwischen Prozessverbesserung und Prozesserneuerung? Skizzieren Sie, wie bei der Verbesserung bzw. Erneuerung von Prozessen vorzugehen ist.

Bei der Prozessverbesserung werden viele eher ‚kleine' Veränderungen vorgenommen. Durch diese wird die Leistungsfähigkeit eines Prozesses kontinuierlich gesteigert.

Bei der Prozesserneuerung erfolgt schlagartig eine ‚große' Veränderung des Prozesses, sodass dieser mit anderen Ergebnissen und/oder auf eine andere Weise als bisher durchgeführt wird.

Bei der Prozessverbesserung bzw. -erneuerung sollte in folgenden Schritten vorgegangen werden:
- zu überwindende Probleme analysieren,
- geeignete Maßnahmen festlegen und durchführen,
- beurteilen, ob der geplante Fortschritt erreicht wurde,
- erreichte Ergebnisse absichern.

Zu Teil III
Prozesse zur Festlegung der angebotenen Produkte und Dienstleistungen

K 6-1
Warum ist eine gute Produkt- bzw. Dienstleistungsplanung für ein Unternehmen (lebens-)wichtig?

Aufgrund des Lebenszyklus ist jedes Produkt und jede Dienstleistung zu irgendeinem Zeitpunkt nicht mehr absetzbar. Um die bisherigen Produkte und Dienstleistungen zu ersetzen, muss das Unternehmen immer wieder etwas Neues anbieten können.

Wenn es dem Unternehmen gelingt, aufgrund einer guten Produkt- bzw. Dienstleistungsplanung regelmäßig neue Leistungen anbieten zu können, die die Wünsche der Kunden exakter erfüllen, wird es enorme Wettbewerbsvorteile haben. Wenn das Unternehmen dagegen die Planung von neuen Produkten (Dienstleistungen) vernachlässigt, wird es sich über kurz oder lang in einer Situation wieder finden, in der sein Leistungsangebot von den Kunden als antiquiert und damit als uninteressant empfunden wird.

K 6-2
Skizzieren Sie, wie in einem Unternehmen entschieden werden sollte, ob eine Idee zu einem neuen Produkt bzw. einer neuen Dienstleistung realisiert werden soll.

Es empfiehlt sich, bei der Prüfung einer vorgeschlagenen Produkt- bzw. Dienstleistungsidee folgendermaßen vorzugehen:

Zunächst sollte mit wenig Aufwand aufgrund von Erfahrung bzw. einiger Erkundigungen eingeschätzt werden, ob die Idee grundsätzlich tauglich ist. Ist dies der Fall, erfolgt im zweiten Schritt eine umfassende Prüfung der Produkt- bzw. Dienstleistungsidee.

Sowohl bei der vorläufigen als auch bei der detaillierten Beurteilung der Idee sind die Fragen zu beantworten,

- ob das vorgeschlagene neue Produkt (die Dienstleistung) die Kundenwünsche präzise erfüllt,
- inwieweit die mit der Entwicklung und Durchführung der neuen Leistungen verbundenen technischen Probleme voraussichtlich lösbar sind und
- in welchem Verhältnis absehbare Umsatzerlöse und voraussichtliche Kosten zueinander stehen (Nachweis der Wirtschaftlichkeit).

K 6-3
Welche Bedeutung hat die als Ergebnis der Produkt- bzw. Dienstleistungsplanung vorliegende Anforderungsliste?

Mit der Anforderungsliste wird festgelegt, welche Eigenschaften das neue Produkt bzw. die neue Dienstleistung haben muss, um die Kundenanforderungen zu erfüllen. Wesentlich ist, dass mit der Anforderungsliste die Kundenwünsche vollständig und exakt abgebildet werden. Es darf nicht sein, dass Kundenwünsche vergessen oder umgekehrt Kundenwünsche erfüllt werden, die gar nicht bestehen. Darüber hinaus sollte aus der Anforderungsliste hervorgehen, welche Anforderungen aus Kundensicht zentral und welche weniger bedeutsam sind.

Die Anforderungsliste ist die wesentliche Grundlage für die anschließenden Prozesse, in denen das Produkt entwickelt und gefertigt bzw. die Dienstleistung konzipiert und durchgeführt wird. Ist die Anforderungsliste unzureichend, werden die Weichen für diese Prozesse in die falsche Richtung gestellt.

K 6-4
Warum ist es problematisch, sich mit dem Angebotspreis und den Selbstkosten erst dann zu befassen, nachdem das Produkt entwickelt bzw. die Dienstleistung konzipiert worden ist? Wie wird dieses Problem durch das sogenannte Target Costing überwunden?

Wenn man sich mit der Preisbildung für ein Produkt (eine Dienstleistung) erst im Anschluss an die Prozesse ‚neues Produkt entwickeln' bzw. ‚neue Dienstleistung konzipieren' befasst, kann man leicht eine böse Überraschung erleben: Man hat ggf. ein Produkt entwickelt (eine Dienstleistung konzipiert), das (die) aufgrund zu hoher Selbstkosten zu einem Preis am Markt angeboten werden muss, den die Kunden nicht zu zahlen bereit sind. Das Produkt (die Dienstleistung) ist damit nicht wettbewerbsfähig.

Besser ist, sich bereits während der Produkt- bzw. Dienstleistungsplanung mit den Kosten und dem Angebotspreis zu befassen. Target Costing bedeutet, dass ausgehend von dem erzielbaren Angebotspreis die Kosten ermittelt werden, die bei der Erstellung des Produkts (der Dienstleistung) entstehen dürfen. Die erlaubten Kosten können dann als Vorgaben für die anschließenden Prozesse ‚neues Produkt entwickeln' bzw. ‚neue Dienstleistung konzipieren' festgelegt werden. Die für diese Prozesse Verantwortlichen müssen das neue Produkt (die neue Dienstleistung) so realisieren, dass sowohl die vorgegebenen Anforderungen erfüllt als auch die erlaubten Kosten eingehalten werden.

Zu Teil IV
Kundenbezogene Prozesse I

K 7-1
Skizzieren Sie die wesentlichen Schritte, die in einem Unternehmen zur Annahme einer Kundenbestellung eines Standardprodukts bzw. einer Standarddienstleistung durchzuführen sind.

Nach Eingang der Kundenbestellung ist diese daraufhin zu prüfen, ob eindeutig ist, was der Kunde haben möchte, und ob das Unternehmen aufgrund der angebotenen Produkte und Dienstleistungen die Bestellung grundsätzlich ausführen kann.

Sind diese beiden Punkte positiv geklärt, muss festgestellt werden, ob dem Kunden die gewünschte Art und Menge der Produkte geliefert werden kann bzw. ob es möglich ist, die Dienstleistung in dem vom Kunden gewünschten Zeitraum auszuführen. Bei einem negativen Ergebnis sollten dem Kunden, wenn möglich, Alternativen angeboten werden.

Ist endgültig klar, zu welchen Leistungen sich das Unternehmen gegenüber dem Kunden verpflichtet und was der Kunde dafür zu zahlen hat, erfolgt häufig eine Auftragsbestätigung für den Kunden.

K 7-2
Worin besteht das Hauptproblem des Prozesses ‚Kundenbestellung annehmen' und wie kann es gelöst werden?

Das wesentliche Problem des Prozesses ‚Kundenbestellung annehmen' ergibt sich aus der häufig hohen Anzahl eingehender Bestellungen. Wenn nicht genügend personelle Kapazitäten zur Bearbeitung der Bestellungen bereitgestellt werden, bleiben diese liegen, und es entstehen aus Sicht des Kunden ärgerliche Verzögerungen.

Die Lösungen für dieses Problem sind branchen- bzw. unternehmensspezifisch. Sie können z. B. darin bestehen, dass

- der Personaleinsatz möglichst genau an den Kundenandrang angepasst wird,
- zur effizienten Ausführung der Bestellannahme betriebswirtschaftliche Standardsoftware eingesetzt wird,

- ein Callcenter mit der Entgegennahme von Bestellungen beauftragt wird oder
- dem Kunden bestimmte Prozessschritte (z. B. die Erfassung der Bestellung) übertragen werden (etwa bei Onlineeinkäufen).

K 8-1
Was beinhalten Angebote, die für den Kunden erstellt werden?

In einem Angebot werden dem Kunden Produkte und/oder Dienstleistungen offeriert, die vom Unternehmen bezogen auf eine spezielle Kundensituation zusammengestellt, angepasst oder neu entwickelt werden. Ein Angebot enthält somit eine auf die Aufgabenstellung des Kunden zugeschnittene, individuelle Lösung. Der Kunde muss überlegen, ob er diesen Vorschlag überzeugend findet und das Angebot annimmt.

K 8-2
Schildern Sie, wie der Prozess der Angebotsbearbeitung im Prinzip verläuft.

Bei dem Prozess ‚Angebot bearbeiten' können folgende größere Abschnitte unterschieden werden:

Nachdem die Kundenanfrage (oder Ausschreibung) erfolgt ist, muss zunächst die vorgegebene Aufgabenstellung geklärt werden, auf die sich die dem Kunden anzubietende technische Lösung beziehen soll. Hierzu werden in der Regel mit dem Kunden Gespräche geführt.

Nachdem die Aufgabenstellung verstanden ist, ist zu entscheiden, ob ein Angebot abgegeben werden soll. Hierbei zu bedenkende Kriterien sind, welche Erfolgsaussichten das Angebot hätte, wie groß die technischen Risiken bei der Durchführung des Auftrags wären und ob sich der Auftrag wirtschaftlich lohnen würde.

Hat man sich für die Erstellung eines Angebots entschieden, muss eine technische Lösung für die gegebene Aufgabenstellung erarbeitet werden. Darüber hinaus sind der Liefer- bzw. Ausführungstermin sowie der Preis für die zugesagten Leistungen zu bestimmen.

Nachdem das Angebot abgegeben wurde, kommt es meist zu Verhandlungen mit dem Kunden. Der Prozess endet damit, dass der Kunde das (ggf. überarbeitete) Angebot annimmt oder endgültig ablehnt.

K 8-3
Welche Gesichtspunkte sind bei der Frage zu bedenken, wie detailliert die im Angebot enthaltene technische Lösung dargestellt werden sollte?

Aus Kundensicht ist ein Angebot am überzeugendsten, wenn in ihm eine sorgfältig ausgearbeitete und präzise auf die Aufgabenstellung eingehende Lösung enthalten ist.

Aus Sicht des Unternehmens ist jedoch aufgrund folgender Gesichtspunkte Zurückhaltung geboten, was den Detaillierungsgrad der im Angebot beschriebenen technischen Lösung angeht:

- Der Kunde bezahlt den Aufwand nicht, der mit dem Angebot verbunden ist. Insofern sollte ein detailliertes Angebot nur dann erarbeitet werden, wenn es gute Aussicht auf Erfolg hat. Sind die Chancen, dass das Angebot angenommen wird, eher klein, kann auch der Aufwand für die Angebotserstellung gering gehalten werden.

- Es ist für den Kunden häufig möglich, die beschriebene technische Lösung von einem (preiswerteren) Wettbewerber umsetzen zu lassen bzw. selbst zu realisieren. Ist diese Gefahr gegeben, sollte im Angebot die technische Lösung, wenn möglich, nur angedeutet werden, ohne auf Einzelheiten einzugehen, um auf diese Weise den vorzeitigen Verlust von Know-how zu vermeiden.

Zu Teil V
Prozesse zur Herstellung von Produkten

K 9-1
Erläutern Sie die Schwierigkeiten, die zur Standardisierung von Entwicklungsprozessen zu überwinden sind.

Mit der Standardisierung von Prozessen wird eine bewährte Vorgehensweise zu ihrer Durchführung verbindlich festgeschrieben, sodass der Prozess immer wieder auf dieselbe Art abläuft. Während eine solche Vereinheitlichung bei den meisten anderen Prozessen gut funktioniert, ist es bei dem Entwicklungsprozess nicht möglich, diesen ‚nach Schema F' durchzuführen. Da es bei der Entwicklung stets um bisher ungelöste Aufgabenstellungen geht, müssen immer wieder neue und andere Wege gefunden werden. Insofern sind Entwickler generell misstrauisch, wenn es um organisatorische Regelungen zum Entwicklungsprozess geht. Denn sie befürchten, dass sie mit diesen den notwendigen Freiraum verlieren, den sie für ihre Arbeit brauchen.

Obwohl es problematisch ist, Entwicklungsprozesse zu standardisieren, ist es gleichwohl notwendig: Würde man auf organisatorische Festlegungen zur Entwicklung verzichten, bestünde die Gefahr, dass die vorgegebene Aufgabenstellung aus dem Blick gerät, die Entwicklung chaotisch verläuft, sich endlos verzögert, der Kostenrahmen gesprengt wird usw.

Die Standardisierung von Entwicklungsprozessen ist insgesamt gesehen ein schwieriger Balanceakt:

- Auf der einen Seite kommt man um einen Grundbestand organisatorischer Festlegungen nicht herum.
- Auf der anderen Seite ist darauf zu achten, dass die getroffenen Regelungen die Kreativität der Entwickler nicht unnötig beschränken.

K 9-2
Welche Bedeutung hat das Pflichtenheft für die Durchführung einer Entwicklung?

Im Pflichtenheft werden die technischen Merkmale des zu entwickelnden Produkts dokumentiert. Wird das Pflichtenheft unzureichend erstellt, ist letztlich unklar, was eigentlich entwickelt werden soll. Damit ist auch keine (ausreichende) Bezugsgrundlage vorhanden, gegenüber der die Entwicklungsergebnisse geprüft werden können.

K 9-3
Was sind Module und welche Bedeutung haben sie für die Entwicklung eines neuen Produkts?

Module sind voneinander relativ unabhängige Bestandteile eines zu entwickelnden Produkts, die über (möglichst einfache) Schnittstellen miteinander verbunden sind. Diese Eigenschaften erlauben es, die Module als Arbeitspakete zu definieren, die von Projektmitarbeitern oder von Arbeitsgruppen parallel bearbeitet werden können.

K 10-1
Was ist der Zweck des Prozesses ‚Fertigung vorbereiten'?
In dem Prozess ‚Fertigung vorbereiten' werden die Voraussetzungen geschaffen, ein neu entwickeltes Produkt in Serien- bzw. Massenfertigung herstellen zu können. Hierzu wird das vorgesehene Fertigungsverfahren in einem Arbeitsplan dokumentiert und anschließend in ggf. mehreren Versuchen praktisch erprobt. Der Prozess ist erfolgreich abgeschlossen, wenn die Fähigkeit nachgewiesen wurde, das Produkt praktisch fehlerfrei in dem vorgesehenen Verfahren herstellen zu können.

K 11-1
Unternehmen, deren Fertigung entweder lager- oder auftragsorientiert erfolgt, haben mit unterschiedlichen Schwierigkeiten zu kämpfen.
Worin bestehen die grundsätzlichen Schwierigkeiten dieser beiden Arten der Fertigungsauslösung, die in dem Prozess ‚Fertigung planen und steuern' zu bewältigen sind?
Das Hauptproblem der lagerorientierten Produktion besteht darin, die Art und Menge der zu fertigenden Produkte akkurat an die vorhandenen Verkaufsmöglichkeiten anzupassen – und auf diese Weise zu verhindern, dass entweder zu wenig oder zu viel hergestellt wird.
Die Schwierigkeit auftragsorientierter Produktion ergibt sich daraus, dass der Kapazitätsbedarf von den (zum Teil unvorhersehbaren) Kundenaufträgen bestimmt ist. Hierdurch wird die Planung, wann welche Kundenaufträge abgearbeitet werden, recht kompliziert und muss entsprechend der sich ändernden Auftragslage immer wieder überarbeitet werden.

K 12-1
Ein schwieriger Schritt des Prozesses ‚Produkte liefern' ist die sogenannte Kommissionierung. Worum handelt es sich hierbei und wie ist bei der Kommissionierung vorzugehen?
Eine Kommissionierung fällt bei der Lieferung von Standardprodukten an. Bei diesen werden eingehende Kundenbestellungen aus dem Lager der Fertigprodukte bedient, in dem diese artikelbezogen vorgehalten werden. Um eine Bestellung ausführen zu können, müssen die Produkte für den Kunden zusammengestellt, also ‚kommissioniert' werden.
Hierzu wird zunächst ein Kommissionierauftrag erstellt, dem neben den Informationen aus der Kundenbestellung Angaben zu entnehmen sind, die zum Auffinden der bestellten Produkte notwendig sind. Anschließend erfolgt die Entnahme der zu kommissionierenden Positionen. Die Vorgehensweise hierbei ist im Einzelnen von dem verwendeten Lager- und Transportsystem und der jeweiligen Organisation des Vorgangs abhängig.

Zu Teil VI
Prozesse zur Erbringung von Dienstleistungen

K 13-1
Dienstleistungen werden üblicherweise drei gemeinsame Eigenschaften zugeschrieben: Es handelt sich um immaterielle Leistungen. Die meisten Dienstleistungen erfordern eine Teilnahme des Kunden. Schließlich werden sie zum selben Zeitpunkt vom Anbieter erstellt und vom Kunden in Anspruch genommen.

Welche Konsequenzen haben diese drei Eigenschaften für die Prozesse, in denen Dienstleistungen konzipiert und durchgeführt werden?

Aufgrund der Immaterialität ist es oft schwer, die angestrebten Dienstleistungsergebnisse eindeutig zu definieren.

Die Teilnahme am Dienstleistungsprozess führt dazu, dass der Kunde die Dienstleistung nicht nur aufgrund ihrer Ergebnisse, sondern auch aufgrund ihres Ablaufs beurteilt. Insofern kann der Anbieter die Durchführung der Dienstleistung nicht einfach so festlegen, wie es aus seiner Sicht am besten ist, sondern er muss sich überlegen, wie sich der Dienstleistungsprozess aus der Perspektive des Kunden darstellt.

Die Gleichzeitigkeit der Erstellung und Inanspruchnahme von Dienstleistungen führt oft zu großen Problemen, die bereitgestellten und die benötigten personellen Ressourcen aufeinander abzustimmen.

K 13-2
Warum wird im Service Engineering zwischen Ergebnis-, Prozess- und Potenzialdimension einer Dienstleistung unterschieden? Was bedeutet diese Unterscheidung für die Konzipierung von Dienstleistungen?

Die Unterscheidung der drei Dimensionen führt dazu, dass sich die Komplexität der Entwicklung einer neuen Dienstleistung verringert. Denn sie erlaubt es, sich nacheinander mit folgenden Aspekten zu befassen (anstatt sich alles auf einmal überlegen zu müssen):

- Zunächst sollte man darüber nachdenken, was der Kunde durch die Dienstleistung bekommen soll (Ergebnisdimension).
- Steht fest, was man dem Kunden bieten möchte, kann man die dafür notwendigen Tätigkeiten und deren Reihenfolge definieren (Prozessdimension).
- Weiß man, auf welche Weise die Dienstleistung durchgeführt werden soll, kann man sich schließlich mit den Ressourcen befassen, die hierfür notwendig sind (Potenzialdimension).

K 13-3
Was bedeutet die in der Literatur über Dienstleistungsmanagement gängige Metapher ‚Augenblick der Wahrheit'?

Als ‚Augenblick der Wahrheit' wird in der Literatur über Dienstleistungsmanagement die Situation bezeichnet, in der der Dienstleistungsmitarbeiter auf den Kunden trifft und in Interaktion mit ihm die Dienstleistung ausführt. Die Metapher bringt zum Ausdruck, dass es für die Beurteilung der Dienstleistung durch den Kunden entscheidend darauf ankommt, ob der

Mitarbeiter sowohl fähig als auch willens ist, die Dienstleistung so wie vorgesehen durchzuführen.

Der Dienstleister muss deshalb

- genau überlegen, welche fachlichen und persönlichen Voraussetzungen für die Durchführung der Dienstleistung notwendig sind,
- die Mitarbeiter praxisnah auf die Situationen vorbereiten, in denen sie auf den Kunden treffen, und
- während der Durchführung der Dienstleistung überwachen, ob sich die Mitarbeiter tatsächlich so wie vorgesehen verhalten.

K 13-4
Erläutern Sie die Problematik, die mit der Standardisierung von Dienstleistungen verbunden ist.

Eine Dienstleistung ist standardisiert, wenn sie unabhängig davon, von wem und für wen sie durchgeführt wird,

- stets denselben Nutzen für den Kunden hat,
- immer wieder auf dieselbe Art und Weise abgewickelt wird und
- jedes Mal denselben Verbrauch von Ressourcen auslöst.

Grundsätzlich ist es sinnvoll, Dienstleistungen auf diese Weise zu vereinheitlichen. Würde man dies nicht tun, wären Ergebnisse und Durchführung immer wieder anders, ohne dass die Gründe für diese Schwankungen nachvollziehbar wären.

Allerdings sollte darauf geachtet werden, dass die Standardisierung nicht über das sinnvolle Maß hinausgeht. Welcher Standardisierungsgrad angemessen ist, hängt davon ab, um welche Art von Dienstleistungen es sich handelt.

- Bei eher einfachen Dienstleistungen ist eine weitgehende Standardisierung erreichbar und (auch im Interesse des Kunden) wünschenswert.
- Bei komplexen und stark vom individuellen Kunden abhängigen Dienstleistungen ist dagegen eine Standardisierung weit weniger möglich. Bei diesen sollte sich die Standardisierung auf das Festlegen von Rahmenbedingungen beschränken.

K 13-5
Was bedeutet Modularisierung von Dienstleistungen und was sind deren Vorteile?

Modularisierung von Dienstleistungen heißt, dass diese – vergleichbar zu Bauelementen – aus eindeutig festgelegten Komponenten aufgebaut sind. Die Module sind zugleich Bestandteile mehrerer Dienstleistungen. Ein Modul kann z. B. dadurch gebildet werden, dass ein bestimmter Umfang von Tätigkeiten als zusammengehörig definiert wird.

Die wesentlichen Vorteile modularer Dienstleistungen:

- Die Module lassen sich flexibel zu (vielen) unterschiedlichen Dienstleistungen kombinieren. Auf diese Weise kann der Anbieter ohne großen Aufwand verschiedenartigen Kundenwünschen entsprechen.

- Die Anpassung vorhandener Dienstleistungen z. B. an geänderte Kundenanforderungen ist leichter, da dafür meistens nur ein oder mehrere Module, aber nicht die komplette Dienstleistung überarbeitet werden muss.
- Schließlich können vorhandene Module in neu entwickelten Dienstleistungen wiederverwendet werden.

K 14-1
Was sind Blueprints und worin besteht ihr Nutzen für die Gestaltung von Dienstleistungsprozessen?

Eine grundlegende Eigenschaft von Dienstleistungen ist, dass der Kunde regelmäßig an ihrer Durchführung teilnimmt. Deshalb ist es wichtig, dass sich der Anbieter klarmacht, wie die Dienstleistung aus der Perspektive des Kunden verläuft. Dabei können Blueprints eine Hilfe sein.

Sie dienen dazu darzustellen,
- welche Aktivitäten der Kunde vollziehen muss, um die Dienstleistung in Anspruch zu nehmen,
- bei welchen dieser Aktivitäten eine Interaktion mit den Dienstleistungsmitarbeitern entsteht und
- welche für den Kunden unsichtbaren Tätigkeiten des Unternehmens notwendig sind, um die Dienstleistung durchführen zu können.

Der Nutzen von Blueprints besteht darin, dass im Dienstleistungsunternehmen erkannt wird,
- wie der Kunde bei seinen Aktivitäten zur Inanspruchnahme der Dienstleistung unterstützt werden muss bzw. kann,
- wie die Kontaktpunkte zwischen Kunden und den Dienstleistungsmitarbeitern zu planen sind und
- wie der Ablauf der Dienstleistung aus der Sicht des Kunden erscheint (sodass Maßnahmen eingeleitet werden können, um die Wahrnehmung der Dienstleistung durch den Kunden zu verbessern).

Zu Teil VII
Prozesse zur Durchführung von Projekten

K 15-1
Warum ist es notwendig, bestimmte betriebliche Prozesse in Form von Projekten durchzuführen?

Bei einigen betrieblichen Prozessen sind umfangreiche und schwierige Aufgaben zu lösen (z. B. bei der Entwicklung eines neuen Produkts oder dem Bau einer industriellen Anlage). Um die Komplexität bewältigen zu können, werden diese Prozesse in Form von Projekten durchgeführt. Hierzu wird
- eine auf das jeweilige Vorhaben bezogene Organisationsstruktur eingerichtet (Projektleiter, Projektteam),

- die gesamte Aufgabenstellung in kleinere, überschaubare Teilaufgaben sowie Arbeitspakete untergliedert (Projektstrukturplan) und
- die Bearbeitung der verschiedenen Arbeitspakete bezüglich ihrer logischen und zeitlichen Reihenfolge geplant (Ablauf- und Terminplan).

K 15-2
Nennen Sie einige typische Gründe, derentwegen Projekte scheitern.

Typische Gründe für das Scheitern von Projekten sind:
- Es ist nicht klar bzw. nur vage festgelegt, zu welchen Resultaten das Projekt führen soll und unter welchen finanziellen und zeitlichen Restriktionen diese Ergebnisse erreicht werden sollen.
- Dem Projektleiter fehlen fachliche und persönliche Voraussetzungen, um das Projekt zum Erfolg zu führen, und/oder er hat keine ausreichenden Weisungs- und Entscheidungsbefugnisse.
- Im Vorfeld des Projekts sind bereits ‚unmögliche Termine' festgeschrieben worden (z. B. um einen Kundenauftrag zu bekommen), sodass keine Chancen mehr gegeben sind, realistisch zu planen.
- Die der eigentlichen Projektausführung vorangehenden Planungsschritte – die Gliederung der Gesamtaufgabe in Teilaufgaben und die Festlegung des Projektablaufs – werden überhaupt nicht oder nicht sorgfältig genug ausgeführt.
- Abweichungen zwischen dem geplanten und tatsächlichen Projektverlauf werden nicht oder zu spät bemerkt.
- Die Abweichungen werden zwar bemerkt, es wird aber nicht mit Gegenmaßnahmen reagiert, z. B. weil man darauf hofft, die Dinge würden sich von alleine wieder zum Guten wenden.

K 15-3
Welcher Zusammenhang besteht zwischen dem Projektstrukturplan und dem Ablauf- und Terminplan eines Projekts?

Der Projektstrukturplan weist aus, wie die vorgegebene Aufgabenstellung des Projekts in Teilaufgaben sowie Arbeitspakete aufgeteilt wird. Gliederungskriterien dabei sind die Bestandteile des Projektgegenstandes und/oder die verschiedenen im Projekt auszuführenden Tätigkeiten.

Im Ablauf- und Terminplan werden die im Projektstrukturplan enthaltenen Arbeitspakete in eine logische und zeitliche Reihenfolge gebracht. Dieser Plan zeigt, in welchen Zeiträumen von welchen Mitgliedern oder Arbeitsgruppen des Projektteams welche Arbeitspakete auszuführen sind. Der Ablauf- und Terminplan sollte grafisch veranschaulicht werden (z. B. mit Balkendiagrammen oder Netzplänen).

K 15-4
Was ist während der Durchführung eines Projekts zu tun, damit der Projektauftrag wie vorgesehen erfüllt wird?

Es gibt kaum ein Projekt, das von Anfang bis Ende so wie geplant verläuft. Es kommt immer wieder vor, dass Tätigkeiten nicht wie vorgesehen durchgeführt werden können, unvermutete Schwierigkeiten auftreten oder Verzögerungen eintreten.

Deshalb ist es wichtig, dass der Projektfortschritt überwacht wird. Stellt sich dabei heraus, dass das Projekt noch nicht so weit gekommen ist, wie es laut Ablauf- und Terminplan eigentlich sein sollte, müssen Gegenmaßnahmen durchgeführt werden.

Entscheidend ist, dass Abweichungen vom geplanten Projektverlauf so früh wie möglich bemerkt und sie sofort beseitigt werden. Geschieht dies nicht, bestehen schnell keine Chancen mehr, die Dinge wieder ins Lot zu bringen.

Zu Teil VIII
Lieferantenbezogene Prozesse

K 16-1
Skizzieren Sie, wie ein Lieferant auf Basis eines Angebots beauftragt wird, individualisierte Leistungen bereitzustellen.

Der Prozess wird dadurch ausgelöst, dass das Unternehmen Beschaffungsgüter benötigt, die am Markt nicht einfach als Standardprodukte oder Standarddienstleistungen eingekauft werden können und/oder dass bezüglich der Bereitstellung von Gütern besondere Konditionen mit dem Lieferanten vereinbart werden sollen.

Das Unternehmen legt zunächst seine Anforderungen an die zu beschaffenden Leistungen fest. Anschließend werden Anfragen an in Betracht kommende Lieferanten gerichtet, in denen diese gebeten werden, Angebote abzugeben. Die eingegangenen Angebote werden geprüft und verglichen.

Meistens werden einige Lieferanten in die engere Wahl genommen und mit ihnen Vergabeverhandlungen geführt. Nach Abschluss der Verhandlungen ist die endgültige Entscheidung zu treffen, welcher Lieferant beauftragt werden soll.

Der Prozess ist abgeschlossen, wenn die vom Lieferanten bezogenen Beschaffungsgüter im Unternehmen eingetroffen sind.

K 16-2 und 17-1
Worin besteht der wesentliche Konflikt bei den Prozessen ‚Lieferant auf Basis eines Angebots beauftragen' und ‚beim Lieferanten bestellen', der sich für die Verantwortlichen beider Prozesse sowie für die Zuständigen der Folgeprozesse ergibt?

Bei den Mitarbeitern, die die Beschaffungsprozesse durchführen, stehen meistens preisliche Überlegungen im Vordergrund. Sie werden im Zweifel den Lieferanten beauftragen, der am preisgünstigsten anbietet, bzw. Materialien in solchen Mengen und zu solchen Zeitpunkten bestellen, dass die Beschaffungskosten möglichst gering sind.

Für die Mitarbeiter, die in den anschließenden Prozessen mithilfe der beschafften Güter Produkte fertigen bzw. Dienstleistungen durchführen, sind hingegen andere Kriterien ausschlaggebend: Sie erwarten, dass die Beschaffungsgüter für die jeweiligen Verwendungszwecke optimal sind und dass jederzeit Versorgungssicherheit gewährleistet ist.

Zur Lösung des Konflikts gilt es, einen vernünftigen Ausgleich zwischen diesen gegensätzlichen Erwartungen zu finden.

K 18-1
Wie werden Wareneingangsprüfungen durchgeführt?

Bei Wareneingangsprüfungen wird üblicherweise zunächst festgestellt, ob die gelieferten Produkte nach Art und Menge mit dem Auftrag bzw. der Bestellung übereinstimmen (Identitätsprüfung).

Im Anschluss daran findet eine zweite Prüfung statt, bei der die Merkmale der Beschaffungsgüter auf Fehlerfreiheit kontrolliert werden. Dies kann z. B. durch Messen, optisches Begutachten oder Funktionstests geschehen (Qualitätsprüfung).

Die Beschaffungsgüter, die die Wareneingangsprüfung bestanden haben, können in den anschließenden Fertigungs- und Dienstleistungsprozessen verwendet werden.

K 19-1
Was bedeutet Outsourcing von Prozessen? Nennen Sie einige Beispiele. Welche Gesichtspunkte sind beim Outsourcing von Prozessen zu bedenken?

Outsourcing von Prozessen bedeutet, dass Prozesse, die das Unternehmen bislang selbst durchgeführt hat, dauerhaft einem Lieferanten übertragen werden.

Beispiele hierfür sind:

- Ein Handelsunternehmen beauftragt ein Callcenter, eingehende Kundenbestellungen anzunehmen.
- Ein Unternehmen konzentriert sich darauf, neue Produkte zu entwickeln, und überlässt die eigentliche Herstellung einem Auftragsfertiger.
- Ein Unternehmen, das Getränkeautomaten in öffentlichen Gebäuden betreibt, beauftragt eine andere Firma, die Automaten mit Flaschen nachzufüllen und das eingeworfene Geld zu kassieren.

Outsourcing kann bei Prozessen erwogen werden, die

- von vielen Anbietern gleich gut durchgeführt werden und mit denen sich das Unternehmen nicht profilieren kann, und/oder
- von Lieferanten z. B. aufgrund höherer Stückzahlen oder besserer Betriebsmittel kostengünstiger durchgeführt werden können.

Die Gefahren des Outsourcings von Prozessen bestehen darin, dass

- gerade solche Prozesse ausgelagert werden, aus denen sich bislang Wettbewerbsvorteile des Unternehmens ergeben haben, und
- mit der Auslagerung von Prozessen eine Verschlechterung des Leistungsniveaus einhergeht und die Kunden deshalb nicht mehr zufrieden sind.

Zu Teil IX Kundenbezogene Prozesse II
Kundenbez

K 20-1
Warum ist es auch aus Sicht des Unternehmens sinnvoll, sich systematisch mit der Bearbeitung von Kundenbeschwerden zu befassen? Warum sollte dazu ein entsprechender Prozess festgelegt werden?

Es gibt aus Sicht des Unternehmens gute Gründe, Kundenbeschwerden in angemessener Weise zu bearbeiten, anstatt sie – wie dies häufig geschieht – zu ignorieren oder herunterzuspielen. Wenn einem Kunden, der sich beschwert, eine ihn überzeugende Lösung angeboten wird, bleibt er dem Unternehmen in der Regel erhalten. Wenn die Beschwerde hingegen nicht zu seiner Zufriedenheit bearbeitet wird, wechselt er meistens zum Wettbewerber. Damit geht nicht nur das Umsatz- und Gewinnpotenzial verloren, das in der Geschäftsbeziehung zum Kunden liegt. Der abwandernde Kunde wird darüber hinaus anderen (potenziellen) Kunden von seinen schlechten Erfahrungen berichten und dadurch diese ggf. von Käufen abhalten. Eine systematische Behandlung von Kundenbeschwerden sollte insofern Bestandteil eines umfassenderen Konzepts zur Entwicklung und Aufrechterhaltung von Kundenbeziehungen sein.

Hierzu muss allerdings ein Prozess zur Bearbeitung von Kundenbeschwerden eingerichtet werden. Verzichtet man darauf, hängt es vom Zufall ab, ob sich jemand findet, der die oft unangenehme Aufgabe übernimmt, sich mit Kundenbeschwerden zu befassen. Darüber hinaus sind ohne einen definierten Prozess die Vorgehensweise und die Kriterien der Beschwerdebearbeitung beliebig und ausschließlich davon abhängig, was der jeweilige Mitarbeiter für richtig hält.

K 20-2
Schildern Sie den groben Ablauf der Bearbeitung einer Kundenbeschwerde.

Zur Bearbeitung einer Kundenbeschwerde ist zunächst der Sachverhalt aufzuklären. Dies kann dadurch geschehen, dass dem Kunden Fragen gestellt, Unterlagen zu den beanstandeten Produkten bzw. Dienstleistungen überprüft oder Versuche bzw. Analysen durchgeführt werden.

Sobald der Sachverhalt klar ist, muss entschieden werden, ob die Kundenbeschwerde berechtigt ist. Im Falle einer berechtigten Beschwerde hat das Unternehmen tatsächlich unzureichende Leistungen erstellt. Bei einer unberechtigten Beschwerde liegt das Problem meist beim Kunden (z. B. weil er etwas missverstanden hat, das Produkt falsch verwendet o. Ä.).

Ist die Beschwerde berechtigt, muss dem Kunden eine dem Problem angemessene Lösung angeboten werden. Diese kann darin bestehen, dass der Kunde ein anderes Produkt erhält, Leistungen wiederholt werden, der Kunde materiell entschädigt wird oder sich das Unternehmen entschuldigt. Auch bei einer unberechtigten Beschwerde kann es sinnvoll sein, dem Kunden entgegenzukommen und ihm aufgrund von Kulanz einen Vorschlag zu machen, der ihn zufriedenstellt.

Der Prozess der Beschwerdebearbeitung führt insgesamt dazu, dass das Beschwerdeproblem ‚aus der Welt geschafft' und die gefährdete Kundenbeziehung wieder stabilisiert ist.

Zu Teil X
Vertiefung zur Darstellung betrieblicher Prozesse

K 21-1
Bei Ereignisgesteuerten Prozessketten (EPK) werden Symbole für Ereignisse und Funktionen verwendet. Was ist mit ‚Ereignissen' und ‚Funktionen' gemeint? Wie lautet die wesentliche Regel zur Erstellung von EPK?

‚Ereignisse' sind Zustände, die am Anfang und Ende sowie während eines Prozesses eintreten können. Sie werden durch ein sechseckiges Symbol dargestellt.

Mit ‚Funktionen' sind die Prozessschritte gemeint, die in einem Prozess auszuführen sind. Das Symbol dafür ist ein Rechteck mit abgerundeten Ecken.

Die wesentliche Regel zur Erstellung von EPK ist, dass Ereignisse und Funktionen sich immer abwechseln müssen:

- Ein Ereignis ist stets Ergebnis der vorausgehenden Funktion(en) und zugleich Voraussetzung für die anschließende(n) Funktion(en).
- Eine Funktion kann nur ausgeführt werden, wenn das (die) vor ihr liegende(n) Ereignis(se) eingetreten ist (sind). Ihre Durchführung hat zur Konsequenz, dass das (die) Anschlussereignis(se) erreicht wird (werden).

K 21-2
Was sind bei EPK Verknüpfungen von Ereignissen und Funktionen? Wie sind die Regeln zur Darstellung dieser Verknüpfungen?

Verknüpfungen liegen vor, wenn in einer EPK Ereignisse bzw. Funktionen nebeneinander angeordnet werden. Ein Beispiel ist, dass zwei Ereignisse eingetreten sein müssen, bevor eine nachfolgende Funktion durchgeführt werden kann.

Die Art der Verknüpfung wird durch Operatoren dargestellt:

- Bei einem UND-Operator müssen alle verknüpften Elemente realisiert werden.
- Der ODER-Operator drückt aus, dass von den verknüpften Elementen mindestens eins vorhanden sein muss. Es können aber auch mehrere oder alle Elemente gegeben sein.
- Ein EXKLUSIV ODER-Operator bedeutet, dass von den verknüpften Elementen genau eins möglich ist. Alle anderen Elemente sind ausgeschlossen.

Für die grafische Darstellung wird das Operatorsymbol in einen zweigeteilten Kreis eingezeichnet.

Die wichtigste Regel zu EPK-Verknüpfungen lautet, dass nur Ereignisse mit Ereignissen bzw. nur Funktionen mit Funktionen verknüpft werden dürfen. Eine direkte Verknüpfung von Ereignissen und Funktionen ist verboten.

Weiterhin ist zu beachten, dass einem Ereignis keine alternativen, also mit ODER bzw. EXKLUSIV ODER verknüpften Funktionen folgen dürfen.

K 21-3
Was sind die wesentlichen Unterschiede zwischen der Prozessdarstellung in EPK und in Flussdiagrammen?

Ein erster Unterschied liegt in der Verständlichkeit bzw. Anschaulichkeit. Die Erstellung und Nutzung von EPK setzt voraus, dass man sich in diese Darstellungsmethode eingearbeitet hat. Im Gegensatz dazu können EPK intuitiv verstanden werden, auch wenn man sich mit ihren Symbolen und Regeln nicht beschäftigt hat.

Bei EPK wird – zweiter Unterschied – für jede Funktion innerhalb des Prozesses dargestellt, durch welche Gegebenheiten die Ausführung der Funktion initiiert wird (auslösende Ereignisse) bzw. welche Ergebnisse vorliegen, nachdem die Funktion vollzogen worden ist (erzeugte Ereignisse). Bei Flussdiagrammen beschränkt man sich hingegen darauf, den Anfangs- und Endzustand des Prozesses (Prozessinput und -output) explizit darzustellen. Bei den einzelnen Prozessschritten verzichtet man darauf.

Ein dritter Unterschied liegt darin, dass bei EPK drei Operatoren zur Verfügung stehen, um Verknüpfungen innerhalb von Prozessen abzubilden, bei Flussdiagrammen hingegen nur einer: Der EXKLUSIV ODER-Operator (‚Von mehreren Möglichkeiten wird genau eine erfüllt') hat dieselbe Bedeutung wie die Entscheidungsraute bei Flussdiagrammen. Für den UND-Operator (‚Alle gegebenen Möglichkeiten müssen realisiert werden') und den ODER-Operator (‚Von verschiedenen Optionen wird mindestens eine erfüllt') gibt es hingegen keine Entsprechung, sodass der Betrachter diese Informationen den Inhalten des Flussdiagramms entnehmen muss.

K 21-4
Welche Argumente sprechen jeweils für und gegen die Prozessdarstellung in EPK und in Flussdiagrammen?

Bei EPK muss (müssen) für jede Funktion das (die) auslösende(n) Ereignis(se) sowie das (die) erzeugte(n) Ereignis(se) abgebildet werden. Der Vorteil davon ist, dass der Ersteller eines EPK-Diagramms sich bei jeder Funktion über deren Voraussetzungen und Ergebnisse klar werden muss. Dabei stellt sich häufig heraus, dass diese keineswegs so klar sind, wie es auf den ersten Blick erscheint. Der Nachteil ist jedoch, dass die explizite Darstellung der Ereignisse manchmal nicht mit zusätzlichem Erkenntnisgewinn verbunden ist, sondern aus den Ereignissen dieselben Informationen hervorgehen wie aus den vorangehenden Funktionen (wenn z. B. der Funktion ‚Auftrag bestätigen' das Ereignis ‚Auftrag bestätigt' folgt). In diesem Fall wird die Darstellung lediglich umfangreicher und damit unübersichtlicher, ohne dass damit neue Erkenntnisse über den Prozess verbunden sind.

Da bei EPK drei Operatoren (und nicht nur einer wie bei Flussdiagrammen) angewendet werden können, wird eine wesentlich präzisere Darstellung der Prozesse möglich. Der Vorteil besteht darin, dass der Betrachter im Unterschied zu Flussdiagrammen die Informationen über die Art der Verknüpfung nicht aus dem abgebildeten Prozess herauslesen muss. Die Gefahr von Fehlinterpretationen wird dadurch weitgehend gebannt. Der Nachteil besteht darin, dass EPK durch das anspruchsvollere Instrumentarium schwieriger zu erstellen sind als Flussdiagramme und dadurch Darstellungsfehler wahrscheinlicher werden.

Für die Entscheidung, ob EPK oder Flussdiagramme angewandt werden sollen, ist abzuwägen, ob der mit EPK erreichbare höhere Genauigkeitsgrad oder der geringere Aufwand für die Erstellung der Flussdiagramme sowie deren leichtere Verständlichkeit als wichtiger eingeschätzt werden.

XIII   Literaturverzeichnis

Aichele, C.: Intelligentes Projektmanagement, Stuttgart 2006

Allweyer, T.: Geschäftsprozessmanagement. Strategie, Entwurf, Implementierung, Controlling, Herdecke/Bochum 2005

Arnaout, A.: Anwendungsstand des Target Costings in deutschen Großunternehmen. Ergebnisse einer empirischen Untersuchung, in: Controlling, Heft 6/2001, S. 289–299

Andt, P.: Ereignisgesteuerte Prozessketten, Seminararbeit am Fachbereich Wirtschaftswissenschaften der Hochschule Merseburg (FH), Merseburg 2001

Arnolds, H./Heege, F./Tussing, W.: Materialwirtschaft und Einkauf, 10. Auflage, Wiesbaden 1998

Balzert, H.: Lehrbuch zur Software-Technik. Software-Entwicklung, 2. Auflage, Heidelberg/Berlin 2000

Baumgarten, H.: Prozesskettenmanagement, in: Kern 1996, Sp. 1669–1682

Becker, M./Kampschulte, T./Vauth, W.: Standard für Prozesse. VDI/DGQ 5505: Richtlinie zum Prozessmanagement als Bestandteil von TQM, in: Qualität und Zuverlässigkeit, Heft 12/1998, S. 1472–1476

Becker, J./Kugeler, M./Rosemann, M. (Hrsg.): Prozessmanagement. Ein Leitfaden zur prozessorientierten Organisationsgestaltung, 5. Auflage, Berlin/Heidelberg/New York 2005

Becker, J./Kahn, D.: Der Prozess im Fokus, in: Becker 2005, S. 3–16,

Bichler, K./Krohn, R.: Beschaffungs- und Lagerwirtschaft. Praxisorientierte Darstellung mit Aufgaben und Lösungen, 8. Auflage, Wiesbaden 2001

Biermann, T.: Dienstleistungs-Management, München/Wien 1999

Binner, H. F.: Prozessorientierte Arbeitsvorbereitung, München/Wien 2003

Bobby, D./Boonstra, A./Kennedy, G.: Managing Information Systems. An Organisational Perspective, Harlow (England) 2002

Böhmann, T./Krcmar, H.: Modulare Servicearchitekturen, in: Bullinger/Scheer 2006, S. 377–401

Braehmer, U.: Projektmanagement für kleine und mittlere Unternehmen, München/Wien 2005

Bruhn, M.: Marketing. Grundlagen für Studium und Praxis, 7. Auflage, Wiesbaden 2004

Bruhn, M.: Markteinführung von Dienstleistungen – Vom Prototyp zum marktfähigen Produkt, in: Bullinger/Scheer 2006, S. 227–248

Bruhn, M./Stauss, B.: Dienstleistungsqualität. Konzepte – Methoden – Erfahrungen, 3. Auflage, Wiesbaden 2000

Bullinger, H.-J./Ohlhausen, P./Kugel, R.: Target Costing bei einem Unternehmen der Heizungstechnik, in: Konstruktion, Heft 9/1994, S. 309–312

Bullinger, H.-J./Scheer, A.-W.: Service Engineering. Entwicklung und Gestaltung innovativer Dienstleistungen, Berlin/Heidelberg/New York 2006

Bullinger, H.-J./Warschat, J.: Forschungs- und Entwicklungsmanagement. Simultaneous Engineering – Projektmanagement – Produktplanung – Rapid Product Development, Stuttgart 1997

Burghardt, M.: Einführung in Projektmanagement. Definition, Planung, Kontrolle, Abschluss, 4. Auflage, Erlangen 2002

Burr, W.: Chancen und Risiken der Modularisierung von Dienstleistungen aus betriebswirtschaftlicher Sicht, in: Herrmann 2005, S. 17–44

Casutt, C.: Projekt – oder geht es auch einfacher?, in: Litke 2005, S. 1–72

Chase, R. B./Dasu, S.: Wie erlebt der Kunde Ihren Service? Was am ‚Dienstleisten' verbessert werden kann, zeigen neue Ergebnisse der Verhaltensforschung, in: Harvard Business Manager, Heft 6/2001, S. 88–94

Conrad, K.-J.: Grundlagen der Konstruktionslehre. Methoden und Beispiele für den Maschinenbau, 2. Auflage, München/Wien 2005

Cooper, R. G.: Top oder Flop in der Produktentwicklung. Erfolgsstrategien: Von der Idee zum Launch, Weinheim 2002

Corsten, H. (Hrsg.): Management von Geschäftsprozessen. Theoretische Ansätze – Praktische Beispiele, Stuttgart/Berlin/Köln 1997

Corsten, H.: Geschäftsprozessmanagement – Grundlagen, Elemente und Konzepte, in: Corsten 1997 (a), S. 11–57

Davenport, T. H.: Passt Ihr Unternehmen zur Software?, in: Harvard Business Manager, Heft 1/1999, S. 89–99

Deil, T.: Renditehebel Einkauf. SCOPE – Supplier and Components Excellence, Aachen 2005

DeMarco, T.: Der Termin. Ein Roman über Projektmanagement, München/Wien 1998

DeMarco, T.: Spielräume. Projektmanagement jenseits von Burn-out, Stress und Effizienzwahn, München/Wien 2001

DeMarco, T./Lister, T.: Wien wartet auf Dich! Der Faktor Mensch im DV-Management, 2. Auflage, München/Wien 2001

DeMarco, T./Lister, T.: Bärentango. Mit Risikomanagement Projekte zum Erfolg führen, München/Wien 2003

Deutsche Gesellschaft für Qualität (DGQ): Kennzahlen für erfolgreiches Management von Organisationen. Umsetzung von EFQM Excellence – Qualität messbar machen, DGQ-Band 14-24, Frankfurt (Main) 1999

Deutsches Institut für Normung (DIN): Service Engineering. Entwicklungsbegleitende Normung (EBN) für Dienstleistungen, DIN-Fachbericht 75, Berlin 1998

Deutsches Institut für Normung (DIN): Wege zu erfolgreichen Dienstleistungen. Normen und Standards für die Entwicklung und das Management von Dienstleistungen, Berlin 2005

Deutsches Institut für Normung (DIN): Informationsverarbeitung. Sinnbilder und ihre Anwendung, DIN 66001, Dezember 1983

Deutsches Institut für Normung (DIN): Projektmanagement. Projektwirtschaft, Begriffe, DIN 69901, August 1987

Deutsches Institut für Normung (DIN): Qualitätsmanagementsysteme. Grundlagen und Begriffe, DIN EN ISO 9000, Dezember 2005

Deutsches Institut für Normung (DIN): Qualitätsmanagementsysteme. Anforderungen, DIN EN ISO 9001, Dezember 2000

Deutsches Institut für Normung (DIN): Qualitätsmanagementsysteme. Leitfaden zur Leistungsverbesserung, DIN EN ISO 9004, Dezember 2000

Deutsches Institut für Normung (DIN): Qualitätsmanagement – Kundenzufriedenheit – Leitfaden für die Behandlung von Reklamationen in Organisationen, DIN ISO 10002, April 2005

Deutsches Institut für Normung (DIN): Leitfaden für Audits von Qualitätsmanagement- und/oder Umweltmanagementsystemen, DIN EN ISO 19011, Dezember 2002

Dorfs, J.: Firmen konzentrieren sich aufs Wesentliche, in: Handelsblatt, 28./29. 12. 2001

Ehrlenspiel, K.: Integrierte Produktentwicklung, München/Wien 1995

Ehrlenspiel, K.: Konstruktion, in: Kern 1996, Sp. 904–922

Elzer, P. F.: Management von Softwareprojekten, in: Informatik Spektrum, Heft 4/1989, S. 181–197

Eversheim, W. (Hrsg.): Innovationsmanagement für technische Produkte, Berlin/Heidelberg/New York

Eversheim, W./Kuster, J./Liestmann, V.: Anwendungspotenziale ingenieurwissenschaftlicher Methoden für das Service Engineering, in: Bullinger/Scheer 2006, S. 423–462

Eversheim, W./Schuh, G. (Hrsg.): Integrierte Produkt- und Prozessgestaltung, Berlin/Heidelberg/New York 2005

Fähnrich, K.-P./Opitz, M.: Service Engineering – Entwicklungspfad und Bild einer jungen Disziplin, in: Bullinger/Scheer 2006, S. 85–112

Feldmayer, J./Seidenschwarz, W.: Marktorientiertes Prozessmanagement. Wie Process Mass Customization Kundenorientierung und Prozessstandardisierung integriert, München 2005

Finkenzeller, K.: Röchel, brumm, rassel, zisch! Wie Sound-Designer den Klang von Haushaltsgeräten komponieren, in: Financial Times Deutschland, 21. 1. 2001

Fischer, J.: Prozessorientiertes Controlling: Ein notwendiger Paradigmawechsel?, in: Controlling, Heft 4/1996, S. 222–231

Fischermanns, G.: Praxishandbuch Prozessmanagement, 6. Auflage, Gießen 2006

Fließ, S.: Prozessorganisation in Dienstleistungsunternehmen, Stuttgart 2006

Gadatsch, A.: Grundkurs Geschäftsprozess-Management. Methoden und Werkzeuge für die IT-Praxis: Eine Einführung für Studenten und Praktiker, 4. Auflage, Wiesbaden 2005

Gaitanides, M.: Prozessorganisation, München 1983

Gaitanides, M./Scholz, R./Vrohlings, A./Raster, M.: Prozessmanagement. Konzepte, Umsetzungen und Erfahrungen des Reengineering, München/Wien 1994

Gaitanides, M./Scholz, R./Vrohlings, A.: Prozessmanagement – Grundlagen und Zielsetzungen, in: Gaitanides 1994 (a), S. 1–19

Gausemeier, J./Ebbesmeyer, P./Kallmeyer, F.: Produktinnovation. Strategische Planung und Entwicklung der Produkte von morgen, München/Wien 2001

Gietl, G./Lobinger, W.: Leitfaden für Qualitätsauditoren. Planung und Durchführung von Audits nach ISO 9001: 2000, 2. Auflage, München/Wien 2004

Glaser, H.: Prozesskostenrechnung – Darstellung und Kritik, in: Zeitschrift für betriebswirtschaftliche Forschung (zfbf), Heft 3/1992, S. 275–288

Gogoll, A.: Untersuchung der Einsatzmöglichkeiten industrieller Qualitätstechniken im Dienstleistungsbereich, Berlin 1996

Gogoll, A.: Service-QFD: Quality Function Deployment im Dienstleistungsbereich, in: Bruhn/Stauss 2000, S. 363–377

Goldratt, E.: Das Ziel. Ein Roman über Prozessoptimierung, 3. Auflage, Frankfurt (Main)/New York 2002

Göpfert, J./Steinbrecher, M.: Modulare Produktentwicklung leistet mehr, in: Harvard Business Manager, Heft 3/2000, S. 20–30

Gross, J./Bordt, J./Musmacher, M.: Business Process Management. Grundlagen, Methoden, Erfahrungen, Wiesbaden 2006

Günther, H.-O./Tempelmeier, H.: Produktion und Logistik,
6. Auflage, Berlin/Heidelberg/New York 2005

Haak, L./Eekhoff, H.: Erweiterte Funktionalität bei Softwarewerkzeugen zur Geschäftsprozessmodellierung, in: Industrie Management, Heft 1/2004, S. 64–72

Haller, S.: Dienstleistungsmanagement. Grundlagen – Konzepte – Instrumente, 3. Auflage, Wiesbaden 2005

Hammer, M. H./Champy, J. C.: Business Reengineering. Die Radikalkur für das Unternehmen, Frankfurt (Main)/New York 1996

Harrington, H. J./Esseling, E. K./van Nimwegen, H.: Business Process Improvement Workbook. Documentation, Analysis, Design and Management of Business Process Improvement, New York/San Francisco/Washington, D.C. 1997

Hartmann, H.: Materialwirtschaft. Organisation, Planung, Durchführung, Kontrolle, 8. Auflage, Gernsbach 2002

Hausschildt, J.: Innovationsmanagement, München 2004

(Heerkens, G. R.: Project Management, New York/Chicago/San Francisco 2002

Henschel, G.: Die wirrsten Grafiken der Welt, Hamburg 2003

Herrmann, T./Kleinbeck, U./Krcmar, H. (Hrsg.): Konzepte für das Service Engineering. Modularisierung, Prozessgestaltung und Produktivitätsmanagement, Heidelberg 2005

Hess, T.: Entwurf betrieblicher Prozesse, Dissertation an der Universität St. Gallen, Wiesbaden 1996

Hirschsteiner, G.: Materialwirtschaft und Logistikmanagement, Ludwigshafen (Rhein) 2006

Hornung, M./Staiger, T. J./Wißler, F. E.: Prozesse mitarbeitergerecht dokumentieren, in: Qualität und Zuverlässigkeit, Heft 12/1996, S. 1374–1380

Horvath & Partners (Hrsg.): Prozessmanagement umsetzen. Durch nachhaltige Prozessperformance Umsatz steigern und Kosten senken, Stuttgart 2005

Huber, H./Poestges, A.: Geschäftsprozessmanagement – Prinzipien und Werkzeuge für ein erfolgreiches Gestalten von Geschäftsprozessen, in: Corsten 1997 (a), S. 73–93

Hungenberg, H.: Strategisches Management im Unternehmen. Ziele – Prozesse – Verfahren, Wiesbaden 2000

Hunt, V. D.: Process Mapping, How to Reengineer Your Business Processes, New York/Chichester/Brisbane 1996

Ihde, G. B.: Lieferantenintegration, in: Kern 1996, Sp. 1086–1095

Imai, M.: KAIZEN. Der Schlüssel zum Erfolg im Wettbewerb, München 2001

Kamiske, G. F./Brauer, J.-P.: Qualitätsmanagement von A bis Z, Erläuterungen moderner Begriffe des Qualitätsmanagements, 5. Auflage, München/Wien 2006

Kern, W./Schröder, H.-H./Weber, J. (Hrsg.): Handwörterbuch der Produktionswirtschaft, 2. Auflage, Stuttgart 1996

Klotz, M.: Geschäftsprozessmodellierung, Lehrbrief der Fernstudienagentur des Fachhochschul-Fernstudienverbundes der Länder Berlin, Brandenburg, Mecklenburg-Vorpommern, Sachsen-Anhalt und Thüringen (FVL), Berlin 2000

(Knust, C.: Abgeschnitten. Manager lieben das Outsourcing, werden aber vorsichtiger, in: Süddeutsche Zeitung vom 15. 5. 2006

Köhler-Frost, W.: Evaluierung und Auswahl des problemgerechten Outsourcing-Partners – Erfolgsfaktoren, Vorgehensweisen, Markttransparenz, in: Wißkirchen 1999, S. 187–204

Kosiol, E.: Organisation der Unternehmung, Wiesbaden 1962

Kotler, P./Armstrong, G./Saunders, J./Wong, V.: Grundlagen des Marketings, 4. Auflage, Stuttgart 2007

Kramer, F./Kramer, M.: Bedeutung der Erfolgsfaktoren Qualität, Zeit und Kosten für eine erfolgreiche Produktentwicklung, in: Konstruktion, Heft 5/1996, S. 167–174

Krings, K.: Vom Anlass zum Führungsprinzip, in: Qualität und Zuverlässigkeit, Heft 9/2005, S. 27

Kugeler, M./Vieting, M.: Gestaltung einer prozessorientiert(er)en Aufbauorganisation, in: Becker 2005, S. 221–267

Kuhnert, B./Ramme, I.: So managen Sie Ihre Servicequalität. Messung und Umsetzung für erfolgreiche Dienstleister, Frankfurt (Main) 1998

Kurbel, K.: Produktionsplanung und -steuerung im Enterprise Resource Planning und Supply Chain Management, 6. Auflage, München/Wien

Kuster, J./Huber, E./Lippmann, R./Schmid, A./Witschi, U./Wüst, R.: Handbuch Projektmanagement, Berlin/Heidelberg/New York 2006

Lambardt-Mitschke, U./Weber, J./Radermacher, V.: EDV-gestützte Modellierung von Geschäftsprozessen, in: Walther 2000, S. 35–72

Langner, P./Schneider, C./Wehler, J.: Prozessmodellierung mit ereignisgesteuerten Prozessketten (EPKs) und Petri-Netzen, in: Wirtschaftsinformatik, Heft 5/1997, S. 479–489

Lindemann, U.: Methodische Entwicklung technischer Produkte. Methoden flexibel und situationsgerecht anwenden, Berlin/Heidelberg/New York 2004

Litke, H.-D.: Projektmanagement. Methoden, Techniken, Verhaltensweisen, 4. Auflage, München/Wien 2004

Litke, H.-D. (Hrsg.): Projektmanagement. Handbuch für die Praxis, München/ Wien 2005

Luczak, H./Liestmann, V./Gill, C.: Service Engineering industrieller Dienstleistungen, in: Bullinger/ Scheer 2006, S. 443–462

Ludewig, J./Lichter, H.: Software Engineering. Grundlagen, Menschen, Prozesse, Techniken, Heidelberg 2007

Magnusson, K./Kroslid, D./Bergman, B.: Six Sigma umsetzen. Die neue Qualitätsstrategie für Unternehmen, München/Wien 2001

Mayer, R./Coners, A./von der Hardt, G.: Anwendungsfelder und Aufbau einer Prozesskostenrechnung, in: Horvath & Partners 2005, S. 123–140

Meffert, H.: Marketing. Grundlagen marktorientierter Unternehmensführung, Konzepte – Instrumente – Praxisbeispiele, 9. Auflage, Wiesbaden 2005

Mertens, P.: Die Kehrseite der Prozessorientierung, in: Controlling, Heft 2/1997, S. 110–111

Mielke, C.: Geschäftsprozesse. UML-Modellierung und Anwendungs-Generierung, Heidelberg/Berlin 2002

Mussnig, W.: Dynamisches Zielkostenmanagement, in: Controlling, Heft 3/2001, S. 139–148

Neumann, S./Probst, C./Wernsmann, C.: Kontinuierliches Prozessmanagement, in: Becker 2005, S. 299–325

Opitz, M./Schwengels, C.: Unterstützung der Dienstleistungsstandardisierung durch Service Systems Engineering, in: DIN 2005, S. 22–45

Osterloh, M./Frost, J.: Prozessmanagement als Kernkompetenz. Wie Sie Business Reengineering strategisch nutzen können, 5. Auflage, Wiesbaden 2006

Pfohl, H.-C.: Logistiksysteme. Betriebswirtschaftliche Grundlagen, 7. Auflage, Berlin/Heidelberg/New York 2004

Porter, M. E.: Wettbewerbsvorteile. Spitzenleistungen erreichen und behaupten, 6. Auflage, Frankfurt (Main)/New York 2000

Rebstock, M.: Grenzen der Prozessorientierung, in: Zeitschrift für Führung und Organisation (zfo), Heft 5/1997, S. 272–278

Rehfeld, J.: Softwaretools zum Geschäftsprozessmanagement, Master-Thesis am Fachbereich Wirtschaftswissenschaften der Hochschule Merseburg (FH), Merseburg 2006

Reinertsen, D. G.: Die neuen Werkzeuge der Produktentwicklung, München/Wien 1998

Riekhof, H.-C. (Hrsg.): Beschleunigung von Geschäftsprozessen. Wettbewerbsvorteile durch Lernfähigkeit, Stuttgart 1997

Rosemann, M.: Vorbereitung der Prozessmodellierung, in: Becker 2005, S. 45–103

Rosenkranz, F.: Geschäftsprozesse. Modell- und computergestützte Planung, 2. Auflage, Berlin/Heidelberg/New York 2006

Rummler, G. A./Brache, A. P.: Improving Performance. How to Manage the White Space On the Organization Chart, San Francisco 1995

Scheer, A.-W.: Wirtschaftsinformatik. Referenzmodelle für industrielle Geschäftsprozesse, 2. Auflage, Berlin/Heidelberg/New York 1998

Scheer, A.-W.: ARIS – Modellierungsmethoden, Metamodelle, Anwendungen, Berlin/Heidelberg/New York 1998

Schelle, H.: Projektmethoden und -techniken im Überblick, in: Streich 1996, S. 15–30

Scherer, H.: Das überzeugende Angebot. So gewinnen Sie gegen Ihre Konkurrenz, Frankfurt (Main)/New York 2006

Schlüter, F./Schneider, H.: Produktionsplanung und -steuerung, in: Schneider 2000, S. 225–286

Schmelzer, H. J./Sesselmann, W.: Geschäftsprozessmanagement in der Praxis. Kunden zufriedenstellen – Produktivität steigern – Wert erhöhen, 5. Auflage, München/Wien 2006

Schmid, M.: Service Engineering. Innovationsmanagement für Industrie und Dienstleister, Stuttgart 2005

Schneider, H. (Hrsg.): Produktionsmanagement in kleinen und mittleren Unternehmen, Stuttgart 2000

Schober, H.: Theoretische Grundlagen und Gestaltungsoptionen, Wiesbaden 2002

Schuh, G./Friedli, T./Gebauer, H.: Fit for Service: Industrie als Dienstleister, München/Wien 2005

Schulte, C.: Logistik. Wege zur Optimierung der Supply Chain, 4. Auflage, München 2005

Schulte-Zurhausen, M.: Organisation, München 1999

Schütte, R./Vering, O./Wiese, J.: Erfolgreiche Geschäftsprozesse durch standardisierte Warenwirtschaftssysteme. Marktanalyse, Produktübersicht, Auswahlprozess, Berlin/Heidelberg/New York 2000

Schwab, J.: Geschäftsprozessmanagement mit Visio, ViFlow und MS Project, 2. Auflage, München/Wien 2006

Schwarzer, B./Krcmar, H.: Wirtschaftsinformatik. Grundzüge der betrieblichen Datenverarbeitung, Stuttgart 1996

Seidelmann, U.: Revolution in der Prozessdarstellung, in: Qualität und Zuverlässigkeit, Heft 12/1998, S. 1457–1460

Seidenschwarz, W.: Target Costing, München 1993

Shields, M. G.: ERP-Systeme und E-Business schnell und erfolgreich einführen. Ein Handbuch für IT-Projektleiter, Weinheim 2002

Specht, G./Beckmann, C./Amelingmeyer, J.: F & E Management. Kompetenz im Innovationsmanagement, 2. Auflage, Stuttgart 2002

Specht, G./Fritz, W.: Distributionsmanagement, 4. Auflage, Stuttgart 2006

Stanke, A./Ulbricht, B.: Modelle und Methoden der Neuproduktplanung, in: Bullinger/Warschat 1997, S. 134–173

Staud, J.: Geschäftsprozessanalyse. Ereignisgesteuerte Prozessketten und objektorientierte Geschäftsprozessmodellierung für Betriebswirtschaftliche Standardsoftware, 3. Auflage, Berlin/Heidelberg/New York

Stauss, B.: ‚Augenblicke der Wahrheit' in der Dienstleistungserstellung – Ihre Relevanz und ihre Messung mit Hilfe der Kontaktpunkt-Analyse, in: Bruhn/Stauss 2000, S. 321–340

Stauss, B.: Plattformstrategien im Service Engineering, in: Bullinger/Scheer 2006, S. 321–340

Stauss, B./Seidel, W.: Beschwerdemanagement. Fehler vermeiden – Leistung verbessern – Kunden binden, 5. Auflage, München/Wien 2006

Streich, R. K./Marquardt, M./Sanden, H. (Hrsg.): Projektmanagement. Prozesse und Praxisfelder, Stuttgart 1996

Tenner, A. R./DeToro, I. J.: Process Redesign. The Implementation Guide for Managers, Reading 1996

Vahs, D./Burmester, R.: Innovationsmanagement. Von der Produktidee zur erfolgreichen Vermarktung, Stuttgart 2005

Verein deutscher Ingenieure (VDI): Produktplanung. Ablauf, Begriffe und Organisation, VDI-Richtlinie 2220, Mai 1980

Verein deutscher Ingenieure (VDI): Methodik zum Entwickeln und Konstruieren technischer Systeme und Produkte, VDI-Richtlinie 2221, Mai 1993

Verein deutscher Ingenieure (VDI): Konstruktionsmethodik. Methodisches Entwickeln von Lösungsprinzipien, VDI-Richtlinie 2222, Blatt 1, Juni 1997

Verein deutscher Ingenieure (VDI)/Deutsche Gesellschaft für Qualität (DGQ): Total Quality Management. Prozesse, VDI/DGQ-Richtlinie 5505 (Entwurf), Dezember 1998

VDI-Gesellschaft Entwicklung Konstruktion Vertrieb (Hrsg.): Angebotsbearbeitung – Schnittstelle zwischen Kunden und Lieferanten. Kundenorientierte Angebotsbearbeitung für Investitionsgüter und industrielle Dienstleistungen, Berlin/Heidelberg/ New York 1999

Walther, J. (Hrsg.): Zertifiziert und was dann? Unternehmensqualität ganzheitlich steigern, Frankfurt (Main) 2000

Wannenwetsch, H.: Integrierte Materialwirtschaft und Logistik. Eine Einführung, Berlin/Heidelberg/ New York 2002

Wiendahl, H.-P.: Betriebsorganisation für Ingenieure, 4. Auflage, München/Wien 2004

Wilhelm, R.: Qualitätsmanagement bei der Leistungserstellung in KMU, Lehrbrief der Fernstudienagentur des Fachhochschul-Fernstudienverbundes der Länder Berlin, Brandenburg, Mecklenburg-Vorpommern, Sachsen-Anhalt und Thüringen (FVL), Berlin 2002

Winter, S.: Analyse und Bewertung von Serviceprozessen bei der Wohnungsgesellschaft der Stadt Delitzsch, Diplomarbeit am Fachbereich Wirtschaftswissenschaften der Hochschule Merseburg (FH), Merseburg 2005

Wirtz, B. W.: Business Process Reengineering – Erfolgsdeterminanten, Probleme und Auswirkungen eines neuen Reorganisationsansatzes, in: Zeitschrift für betriebswirtschaftliche Forschung (zfbf), Heft 11/1996, S. 1023–1036

Wißkirchen, F. (Hrsg.): Outsourcing-Projekte erfolgreich realisieren. Strategie, Konzept, Partnerauswahl, Stuttgart 1999

Wullenkord, A. (Hrsg.): Praxishandbuch Outsourcing. Strategisches Potenzial. Aktuelle Entwicklung. Effiziente Umsetzung, München 2005

Zahn, E./Barth, T./Hertweck, A.: Outsourcing unternehmensnaher Dienstleistungen – Entwicklungsstand und strategische Entscheidungstatbestände, in: Wißkirchen 1999, S. 3–37

XIV Stichwortverzeichnis

A
Ablauforganisation 10f.
Ablauf- und Terminplan 181f
Abweichungen 77f.
Anforderungsliste 105
Angebot (an den Kunden) 1f., 5f., 112f.
Angebot (des Lieferanten) 186f.
Angebotskapazität 118f.
Arbeitsplan 134f., 142
Auditierung (von Prozessen) 72f.
Aufbauorganisation 9f.
   funktionale 10f.
   prozessorientierte 15f.
   im Verhältnis zur Prozessorganisation 15f.
„Augenblick der Wahrheit" 158

B
Betriebswirtschaftliche Standardsoftware 8, 14, 31f., 60
Bestellung (beim Lieferanten) 193f.
Bestellung (des Kunden) 108f.
Beschaffung 186f.
Blueprinting 168f., 210
   Beispiele 170, 210
Business Process Reengineering 15

C
Customizing 31

D
Dienstleistungen (gemeinsame Charakteristika) 154f.
Dienstleistungen (Ergebnis-, Prozess- und Potentialdimension) 154f., 157f., 162f.
Dienstleistungsdurchführung 158
Dienstleistungskonzept 158
Dienstleistungsmodularisierung 163f.
Dienstleistungsstandardisierung 161f.
Dienstleistungstests 161
Durchlaufzeit 80, 82

E
Ereignisgesteuerte Prozessketten (EPK) 212f.
   Beispiele 216f., 219f., 223
   Detaillierungsgrad 217
   grundsätzlicher Aufbau 213f.
   Symbole 213f., 221f.
Erfolgsfaktoren 20f.
ERP-Software
   Betriebswirtschaftliche Standardsoftware
EXKLUSIV ODER-Operator 214, 233

F
Fehlerrate 79, 82
Fertigung planen und steuern 141f.
   bei auftragsorientierter Fertigung 140f., 143f.
   bei lagerorientierter Fertigung 140ff.
Fertigung vorbereiten 135f.
Festpreisangebot 118
Flussdiagramme 43f., 63f.
   Beispiele 55f.
   Detaillierungsgrad 58
   Erstellung 54
   grundsätzlicher Aufbau 45
   Symbole 43f.
Folgebeziehungen (in Flussdiagrammen) 47f.
Freigabeverfahren 138
Führungsprozesse 96

H
Herstellkosten (eines Produkts) 128

I
Information (innerhalb von Prozessen) 8, 14, 29f., 67f.
Insourcing 203
Interne Leistungsvereinbarungen 66
Interner Kunde 24f., 66
Interner Lieferant 24f., 66
Iteratives Vorgehen 128

K
Kernprozesse 94
Kette (von Prozessschritten) 48
Kommissionieren 146
Kundenanforderungen 104f., 117, 130, 157
Kundenbeschwerde bearbeiten 205f.

L
Leistungsübersicht 118

M
Markteinführung 107
Meilensteine 130, 183
Module 131

N
Nullserie 137

O
ODER-Operator 209
ODER-Rückkopplungen 53
ODER-Verbindungen 51f.
ODER-Verknüpfungen 52
ODER-Verzweigungen 51
Outsourcing (von Prozessen) 186, 197

P
Pflichtenheft 129
Pilotversuche (bei Produkten) 135f.
Preisbildung 105f., 120
Produkt entwickeln 126
Produkte und Dienstleistungen planen 98f.
Produkte liefern 144f.
Produktionsplanung und -steuerung 137f.
Produktdokumentation 131, 133
Projekt planen und steuern 174
Projektbegriff 174
Projektleiter 177
Projektstrukturplan 179f.
Prozessbegriff 1f.
Prozessdokumentation 64, 70f.
   Beispiel 71f.
Prozessinput und -output 1f., 26f.
Prozesskennzahlen 79f., 81f.
Prozesskosten 78, 81f.
Prozesskostenrechnung 14, 61, 81
Prozesslandkarten 35f., 63f.
   Beispiele 39f.
   Erstellung 38
   grundsätzlicher Aufbau 35f.
   hierarchische 42
Prozessorganisation
   Aufgaben 2f.
   Entstehung 14f.
Prozessmessung 78f.
Prozessschnittstellen 9, 14f., 18, 68f.,
Prozessstandardisierung 59f.
Prozessverantwortlicher 69

Prozessverbesserung und -erneuerung 84f.
Prozesszeit 79, 81f.

Q
Qualität (von Prozessergebnissen) 79ff.
Qualitätsmanagement 14, 61

R
Referenzprozesse 31f., 92, 208
Ressortegoismus 7f., 13
Ressourcen (für die Durchführung von Prozessen) 17f.
Richtpreisangebot 118
Rückschleifen 226f.

S
Service Engineering 153
Standardisierungsgrad (von Prozessen) 69f.
Stücklisten 131, 133
Supportprozesse 94

T
Target Costing 104f.
Termintreue 80f.

U
UND-Operator 209
UND-Verbindungen 49f.
UND-Verknüpfungen 50
UND-Verzweigungen 49
Unternehmensstrategie 20, 99
   im Verhältnis zur Prozessorganisation 19f.

V
Verantwortlichkeiten (innerhalb von Prozessen) 9, 14, 47f., 68
Verknüpfungen von Ereignissen bzw. Funktionen (bei EPK) 209, 219f.

W
Wareneingangsprüfungen durchführen 195f.
Wertschöpfungskette (Wertkette) 23

Z
Zielkostenrechnung
   Target Costing
Zeichnungen 131, 133